从入门到精通 系列丛书

液晶彩色电视机维修从入门到精通

（第2版）

2nd Edition

王晓东 编著

人民邮电出版社

北京

图书在版编目（CIP）数据

液晶彩色电视机维修从入门到精通 / 王晓东编著
. -- 2版. -- 北京 : 人民邮电出版社, 2012.11（2021.1 重印）
（从入门到精通系列丛书）
ISBN 978-7-115-29222-3

Ⅰ. ①液… Ⅱ. ①王… Ⅲ. ①液晶电视机—彩色电视机—维修 Ⅳ. ①TN949.192

中国版本图书馆CIP数据核字(2012)第192856号

内 容 提 要

这是一本使电视机维修人员快速掌握液晶彩色电视机维修技术的图书。本书通过"入门篇"和"精通篇"，循序渐进、由浅入深地介绍了液晶彩色电视机的组成和各组件的故障判定方法，以及各组件的工作原理、检修方法和维修技巧。与其他液晶电视原理与维修图书不同的是，本书还特别介绍了逆变器和逻辑板的原理及其故障检修方法。

本书内容丰富、资料翔实，不仅可供广大彩色电视机维修人员使用，也可作为大中专职业院校、职业技术院校及短期培训机构相关专业的师生参考用书。

从入门到精通系列丛书

液晶彩色电视机维修从入门到精通（第 2 版）

◆ 编　　著　王晓东
　责任编辑　张　鹏

◆ 人民邮电出版社出版发行　　北京市丰台区成寿寺路 11 号
　邮编　100164　　电子邮件　315@ptpress.com.cn
　网址　http://www.ptpress.com.cn
　北京七彩京通数码快印有限公司印刷

◆ 开本：787×1092　1/16
　印张：18.25
　字数：448 千字　　2012 年 11 月第 2 版
　印数：11 001-11 300 册　　2021 年 1 月北京第 14 次印刷

ISBN 978-7-115-29222-3

定价：38.00 元

读者服务热线：(010)81055493　印装质量热线：(010)81055316
反盗版热线：(010)81055315
广告经营许可证：京东市监广登字 20170147 号

前　言

液晶彩色电视机在短短几年内，经历了传统液晶电视（背光源为冷阴极灯管）到LED电视（背光源为LED）、网络LED电视、3D电视、3D智能电视等一系列的升级。随着销量的逐年攀升，传统液晶电视、LED电视、网络LED电视使用过程中出现故障后的维修服务，也成为消费者关注的重点。了解和掌握液晶彩色电视机的结构和控制关系、典型电源的电路分析及维修技巧、主信号处理板的控制原理和维修方法、背光板的电路分析与检修技巧、逻辑板的电路分析与检修技巧，已成为从事彩色电视机维修的技术人员的当务之急。因此，为了普及液晶彩色电视机（含LED液晶彩色电视机）的维修技术，我们特对此书进行了改版。

本书在上一版介绍液晶彩色电视机的结构的基础上，增加了LED液晶电视的结构、智能电视的结构；在故障判定和各部分典型电路的分析与检修方法方面，增加了LED液晶电视的逻辑控制关系、LED驱动板电路原理图、LED驱动板的故障检测方法及实例等内容，以便更好地指导维修人员和电子爱好者，使他们快速提升技术水平，全面地掌握液晶系列电视的维修技巧和方法，成为液晶彩色电视机维修的行家里手。为此，本书按照循序渐进的原则将全书内容分为“入门篇”和“精通篇”。

“入门篇”主要介绍液晶屏的分类与识别、TFT液晶屏的结构、液晶屏的显像原理、液晶彩色电视机整机组成及拆卸、液晶彩色电视机整机逻辑控制关系及液晶彩色电视机的常见故障判定。掌握本篇内容即可了解液晶彩色电视机的结构和常见故障判定方法，为今后的维修工作打下坚实基础。

“精通篇”介绍了几种典型电源方案的原理、维修方法、维修实例及维修参考数据，两种典型主板方案（MST6M69FL、MT8222）的电路原理、维修方法、维修实例及维修参考数据，典型逆变器的控制原理、检修方法、维修实例及维修参考数据，典型二合一（电源+逆变器）电源的控制原理、检修方法、维修实例及维修参考数据，典型逻辑板电路的控制原理、检修方法。掌握本篇内容，您就可以在检修中快速排除故障，并可进一步提高维修液晶彩色电视机的理论水平和故障判定能力，快速成为家电维修的高手。

本书力求做到深入浅出、点面结合、图文并茂、通俗易懂。

参加本书编写的还有罗隆利、李正茂、苏晟、李钰阳等同志，在此对他们表示衷心的感谢。

由于作者水平有限，编写时间仓促，书中错误在所难免，恳请广大读者批评指正。

编　者

目　录

入门篇

精通篇

入门篇

第1章　液晶彩色电视机显示技术基础

第1节　液晶基本知识

一、液晶的概念

液晶一词的英文为 Liquid Crystal，缩写为 LC。液晶是一种在一定温度范围内呈现既不同于固态、液态，又不同于气态的特殊物质态的物质，它既具有各向异性的晶体所特有的双折射性，又具有液体的流动性。

我们知道，对于水而言，固态冰受热时，当温度超过冰点便会融化变成液体。而液晶则不一样，当其固态受热后，并不会直接变成液态，而会先熔解成液晶态；当持续加热时，才会再熔解成液态，这就是所谓的二次熔解现象。如超过一定温度范围，液晶就不再呈现液晶态，温度低了出现结晶现象；温度升高了，就变成液体。

二、液晶的种类

目前世界上发现或人工合成的液晶已不下几千种，因为种类很多，所以不同研究领域的人对液晶会有不同的分类方法。如果按偏光显微镜所观察到的结果来分，液晶可大致分为层状液晶、向列相液晶及胆甾相液晶 3 类。

1. *层状液晶*

层状液晶的结构由棒状或条状液晶分子组成。分子排列成层，每一层液晶分子的长轴方向相互平行，并且液晶分子长轴的方向垂直于所在层面或与所在层面有一倾斜角。分子的重心位于同一平面内，这些分子层又相互堆垛起来，但是在同一分子层内分子的间距不规则。因分子排列整齐，其规整性接近于晶体，故近晶相分子存在二维位置有序。这是由于分子侧面之间的作用力大于分子末端之间的作用力，使液晶分子形成一个侧面紧贴的液晶层，而每层液晶之间会形成一个弱作用力的层间面，其厚度为 0.2～0.8mm。层状液晶的层与层之间结合不很牢固，使得分子层比较柔软，层面往往是弯曲的，会因温度的升高而断裂，层与层间较易滑动。每一层的液晶分子结合较强，分子质心位置在层内无序，可以自由平移，具有流动性，但黏度很大，所以不易被打断，用手摸有肥皂的滑腻感。其在光学上具有正性双折射。

由于分子长轴与层面角度的不同，有时具有双轴晶体的光学特性。而其结构中的液晶分子，除了每一层的液晶分子都具有倾斜角度之外，层与层之间的倾斜角度还会形成螺旋形的结构。

2. 向列相液晶

向列相液晶由长径比很大的棒状分子所组成。分子质心没有长程有序性，具有类似于普通液体的流动性。分子排列成层，它能上下、左右、前后滑动，只在分子长轴方向上保持相互平行或近于平行，分子间短程相互作用力很微弱。

在偏光显微镜下向列相液晶常见的结构图是丝状的，所以又称丝状液晶。从宏观整体上看，向列相液晶由于其液晶分子中心混乱无序，并可在三维范围内移动，可以像液体一样流动，所有液晶分子的长轴大体指向一个方向，使向列相液晶具有单轴晶体的光学特性。向列相液晶在电学上具有明显的介电各向异性，这样可以利用外加电场对具有各向异性的向列相液晶分子进行控制，改变原有的分子排列方式，从而改变液晶的光学性能，实现液晶对外界光的调制，达到显示的目的。

向列相液晶这种明显的电学、光学各向异性，加上其黏度较小，使其成为现在的TFT液晶显示器常用的TN（Twisted Nematic，扭曲向列）型液晶。

3. 胆甾相液晶

胆甾相液晶是因其来源于胆甾醇衍生物而得名的。此类液晶分子呈扁平状，排列成层，层内分子互相平行，分子长轴平行于层平面，不同层的分子长轴方向稍有变化，沿层的法线方向排列成螺旋状结构。胆甾相液晶的螺距约为300nm，与可见光波长同一量级，这个螺距会随外界温度、电场条件不同而改变，因此可用调节螺距的方法对外界光进行调制。

胆甾相液晶在显示技术中十分有用，它大量用于向列相液晶的添加剂，可以引导液晶在液晶盒内沿面180°、270°等扭曲排列，形成超扭曲（STN）显示。

近年来，人们利用胆甾相液晶的旋光性、选择性、光散射性、圆偏振二色性等特性开发出了多种新型显示器件。

三、液晶的物理特性

1. 介电常数各向异性$\Delta\varepsilon$

介电常数反映了液晶分子在电场作用下介质极化的程度，$\Delta\varepsilon$的数值可正可负。根据实验发现：在外加电场的作用下，不同类型的液晶分子，其长轴大致平行或垂直于分子电偶极矩（电场的方向）。

我们把分子电偶极矩平行于分子长轴的液晶称为正性液晶（N_p），垂直于分子长轴的液晶称为负性液晶（N_n），这两类液晶的电光效应是不同的。在大部分液晶显示屏（LCD）中，我们加入的是正性液晶。

2. 电阻率ρ和电导率σ

液晶的电阻率ρ的数量级一般为10^8～$10^{12}\Omega\cdot cm$，它接近于半导体和绝缘体的边界。当$\rho<10^{10}\Omega\cdot cm$时，在外加强电场作用下，会引起液晶这类有机化合物的电化学分解，破坏液晶分子结构，直至失去液晶性能，这样使液晶电光显示的寿命大大降低。一个实用的液晶材料的电阻率$\rho>10^{10}\Omega\cdot cm$，$\rho$越高越纯，液晶质量越好，使用寿命也越长，但要求液晶纯度太高，将会使液晶制备的产率大大降低，因此一般电阻率ρ取10^8～$10^{12}\Omega\cdot cm$即可。

电阻率ρ的倒数为电导率σ，液晶的电导率也是各向异性的。

3. 光学折射率的各向异性

光学折射率的各向异性直接影响液晶器件的光学特性，如能改变入射光的偏振状态或偏振方向，能使入射光相应于左旋或右旋进行反射或透射等，它对于液晶器件的电光效应有着重要的决定作用。

4. 黏滞系数

黏滞系数也是各向异性的，它直接影响液晶器件的响应速度，是液晶器件最重要的性能参数之一。

5. 施加电场时的液晶分子排列

我们由分子学原理可知：分子的自由能越小则分子的物理性质越稳定，因此可得到以下结论。

对于$\Delta\varepsilon>0$的正性液晶施加某一强度以上的电场时，为使自由能最小，液晶分子长轴（指向矢）会发生与电场E平行的再排列。

对于$\Delta\varepsilon<0$的负性液晶施加某一强度以上的电场时，为使自由能最小，液晶分子长轴（指向矢）会发生与电场E垂直的再排列。

大部分液晶显示器件的工作原理都是以上述理论为基础的：在外场作用下，液晶分子的长轴排列方向发生变化，进而影响液晶的光学性质。如果液晶充当一个光阀，则对外就表现出不同的视觉特性，这也就达到了显示的目的。

第 2 节　液晶屏的分类与识别

一、液晶屏的分类

液晶屏（Liquid Crystal Display）是液晶显示屏的简称，英文缩写为 LCD。液晶屏的种类很多，常用的有 TN、STN 和 TFT 型液晶屏。

① TN（Twisted Nematic，扭曲向列）型液晶屏。将涂有透明导电层的两片玻璃基板间夹上一层正介电异向性液晶，液晶分子沿玻璃表面平行排列，排列方向在上下玻璃之间连续扭转 90°。然后上下各加一偏光片，底面加上反光片，基本就构成了 TN 型液晶屏。它主要用于电子表、计算器等产品上。

② STN（Super TN）型液晶屏。跟 TN 型结构大体相同，只不过液晶分子扭曲 180°，还可以扭曲 210°或 270°等。其特点是电光响应曲线更好，可以适应更多的行列驱动。它主要用于手机、PDA 等产品上。

③ TFT（Thin Film Transistor，薄膜晶体管）型液晶屏。TFT 有源矩阵液晶显示器件在每个像素点上设计一个场效应开关管，这样就容易实现真彩色、高分辨率的液晶显示器件。现在的 TFT 型液晶屏一般都实现了 24bit 以上的彩色，广泛应用在台式计算机显示器、笔记本式计算机显示屏、液晶电视显示屏中。

二、TFT 液晶屏的类型

目前，市场上最常见的液晶屏技术有 5 种，分别是 CPA、MVA/S-MVA、PVA/S-PVA、IPS/S-IPS 和 AS-IPS。按技术类型分，又分为 VA 和 IPS 两种。其中 CPA、MVA/S-MVA、PVA/S-PVA 面板技术属于 VA 类型，即垂直配向技术（常态时，液晶分子长轴垂直于面板平面）；IPS/S-IPS 和 AS-IPS 面板技术属于 IPS 类型，即水平配向技术（常态时，液晶分子长轴与面板平面平行）。

给液晶彩色电视机（以下简称液晶电视）供货的面板厂家主要有三星、LPL（LG 与 Philips 合资，也可写为 LG-Philips）、奇美（Chi Mei）、友达（AU）和夏普等。近几年，国内投资面板的厂家也逐渐增多，但主要是引进上述厂家的技术。各厂家的技术类型见表 1-2-1。

表 1-2-1　液晶面板厂家的技术类型

面板类型	面板技术	面板厂家	备　注
VA	CPA	夏普	日本
	MVA/S-MVA	奇美、友达	中国台湾
	PVA/S-PVA	三星	韩国
IPS	IPS/S-IPS	LG-Philips	韩国
	AS-IPS	IPS Alpha（阿尔法）	日本（东芝、松下、日立合资）

三、TFT 液晶屏的识别

液晶屏的型号不能与电视后面的机号混淆。拆开电视后盖，在液晶屏的背面贴有屏条形码，从屏条形码上面可以识别该屏的生产厂家、生产日期、具体型号等。下面以三星、奇美、友达、LG-Philips 几家公司生产的液晶屏为例介绍液晶屏的识别方法。

1. 三星液晶面板

三星液晶面板以 TM、LT、LTN、LTA 等开头，在大屏幕液晶电视中，一般都采用的是 LTA 开头的屏。以三星公司 2008 年生产的 LTA320WT-L05-GTL 屏型号为例，三星屏型号标签各代码的含义如图 1-2-1 所示。

图 1-2-1　三星屏型号标签的识别

2. 奇美液晶面板

中国台湾奇美液晶面板以 N、M、V 等开头，在大屏幕液晶电视中，一般都采用的是 V 开头的屏。以奇美公司 2007 年生产的 V420H1-L11 屏型号为例，奇美屏型号标签各代码的含义如图 1-2-2 所示。

3. 友达液晶面板

中国台湾友达液晶面板以 T 和 M 等开头，在大屏幕液晶电视中，一般都采用 T 开头的屏。以友达公司 2009 年生产的 T315XW02 VS00 屏型号为例，友达屏型号标签各代码的含义如图 1-2-3 所示。

图 1-2-2　奇美屏型号标签的识别

图 1-2-3　友达屏型号标签的识别

4. LG-Philips 液晶面板

LG-Philips 液晶面板以 LP、LM、LS、LA、LC 等开头，在大屏幕液晶电视中，一般都采用的是 LC 开头的屏。以 LG-Philips 公司 2006 年生产的 LC260WX2-SLB3-F11 屏型号为例，LG-Philips 型号标签各代码的含义如图 1-2-4 所示。

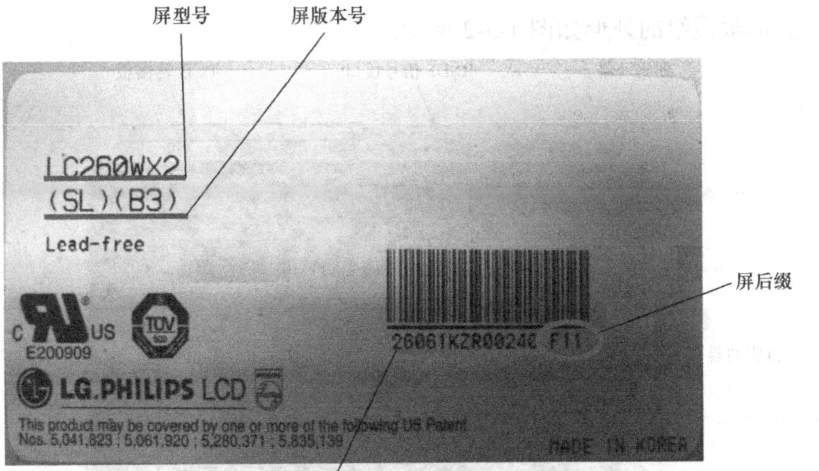

图 1-2-4　LG-Philips 屏型号标签的识别

第 3 节　TFT 液晶屏的结构

液晶屏由于其连接和装配需要专用的工具和设备以及高度净化的环境，因此各液晶屏生产厂家在产品出厂时将液晶面板、背光模组用铝板封起来，留有背光灯和驱动电路插座，其组成示意图如图 1-3-1 所示。

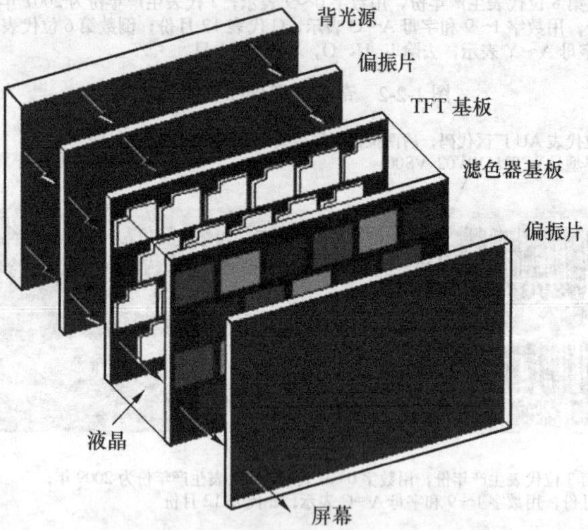

图 1-3-1　液晶屏的组成示意图

从图 1-3-1 可以看出，TFT（薄膜三极管）液晶屏是一种薄型的显示器件，主要由背光模组、TFT 液晶面板模组两部分组成。

一、TFT 液晶面板模组

TFT 液晶面板模组的外形如图 1-3-2 所示。

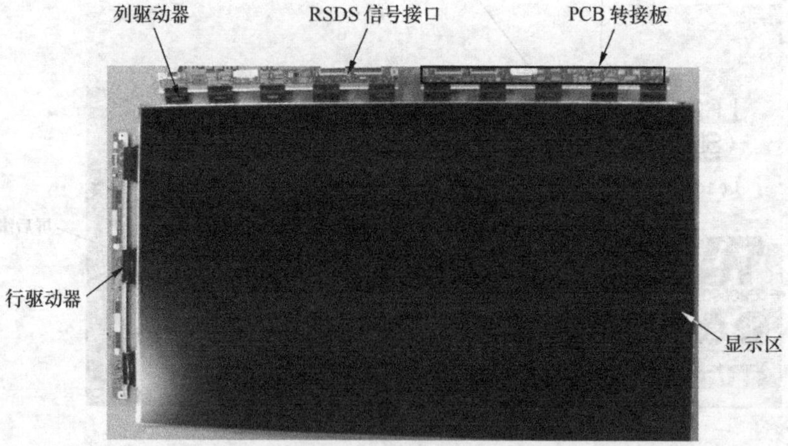

图 1-3-2　TFT 液晶面板模组的外形

TFT 液晶面板模组由 TFT 基板、滤色器基板、液晶 3 个部分组成，TFT 液晶面板模组的结构如图 1-3-3 所示。

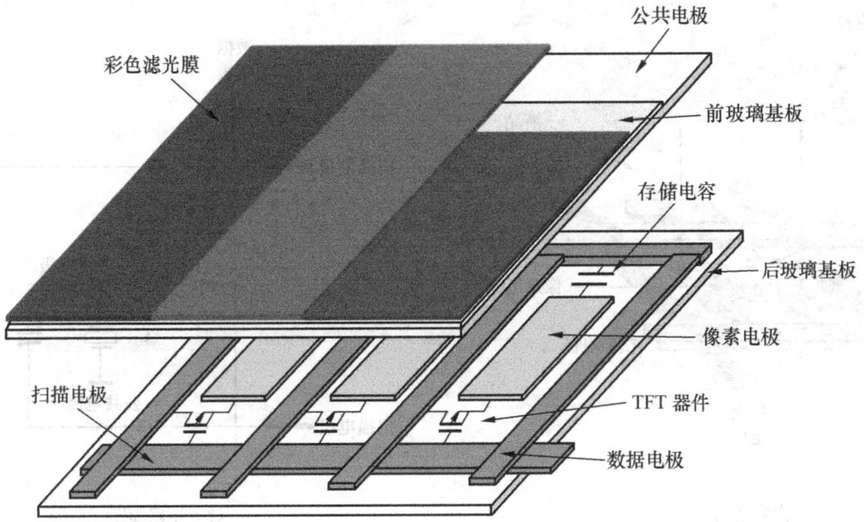

图 1-3-3　TFT 液晶面板模组的结构

从图 1-3-3 可以看出，TFT 液晶面板的后玻璃基板上蚀刻着许多的 TFT 器件，每个 TFT 器件的源极连接到后玻璃基板上的像素电极。每一行上 TFT 器件的栅极连接在一起，形成行电极，即扫描电极；将同一列上 TFT 器件的漏极连接在一起，形成列电极，即数据电极。在 TFT 液晶显示器件的前玻璃基板上分布着像素的另一个电极，这个电极全部连接在一起，称为公共电极。

玻璃基板在靠近液晶的一侧并不是光滑的表面，而是有锯齿状的细沟槽，从而会使液晶分子沿沟槽平行放置。在组装 TFT 液晶显示器件时，要使两个玻璃板内表面处液晶分子的取向互相垂直，即液晶分子呈扭曲 90° 方式排列，这样在两个玻璃板之间液晶分子的取向（指向矢）逐渐扭曲。

1．TFT 基板结构

（1）液晶电容与存储电容

由于液晶充注在上下两层玻璃基板之间，便会形成平行板电容器，我们称之为液晶电容 C_{LC}（Capacitor of Liquid Crystal），它的一端接到显示电极上（位于同一块玻璃基板上），另一端接在公共电极上（位于另一块玻璃基板上），容量约为 0.1pF。在实际应用中，液晶电容无法将电压保持到下一次更新画面数据的时候；也就是说，当 TFT 对这个电容充好电时，该电容无法将电压保持到下一次 TFT 再对此点充电的时候（以一般 60Hz 的画面更新频率，需要保持约 16ms）。因为电压有了变化，所以显示的灰阶就会不正确。因此，一般在液晶屏的设计上，会再加一个存储电容 C_S（容量约为 0.5pF）来保持这个充好电的电压到下一次更新画面的时候。

（2）像素电极与公共电极

像素电极分布在后玻璃基板上，公共电极分布在前玻璃基板上，它们共同构成像素单元。图 1-3-4 所示为一个像素单元的结构及电路简图。

（3）TFT 器件

TFT 玻璃基板上蚀刻有 TFT，用来开关像素电极的电压信号。TFT 器件工作时，像一个电压控制的双向开关，当栅极不施加电压时，TFT 器件处于截止状态，即漏极与源极不连通，数据电极电压不能加到像素电极；当栅极施加一个大于导通电压的正电压时，TFT 器件处于导通状态，即漏极与源极连通，此时数据电极电压通过 TFT 器件的漏、源极加到像素电极。

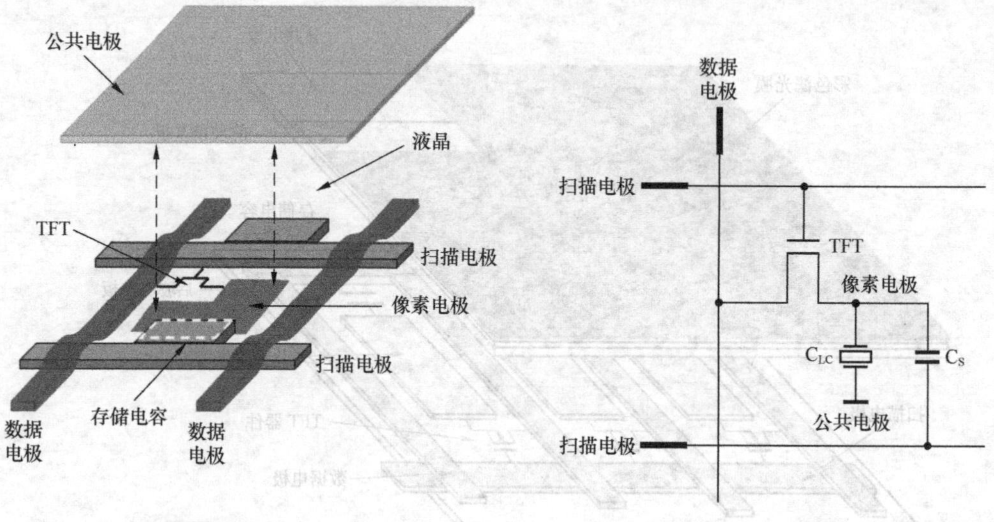

（a）像素结构　　（b）电路简图

图 1-3-4　像素单元的结构及电路简图

（4）行、列电极

TFT 液晶屏将所有的行电极作为扫描行，连接到扫描驱动器上，将所有列电极连接到数据驱动器上，从而形成驱动阵列。

2．滤色器基板结构

滤色器玻璃基板上贴有彩色滤光片（Color Filter），用红、绿、蓝（R、G、B）三基色滤色器构成像素，并在滤色器上制作透明公共电极。彩色滤光片的基本结构是由玻璃基板、黑色矩阵、彩色层、保护层、ITO 导电膜组成的。如果拿着放大镜靠近液晶屏，会发现图 1-3-5（a）所显示的样子。每一个 RGB 点之间的黑色部分就是黑色矩阵块，用来遮挡不打算透光的部分，如 TFT 的部分。

若仔细观察会发现，液晶屏的彩色滤光片因生产厂家和使用方式不一样，其排列方式也会不一样。图 1-3-5（b）所示为应用在液晶电视上的几种排列方式，目前广泛使用的是三角和四画素两种方式的彩色滤光片。

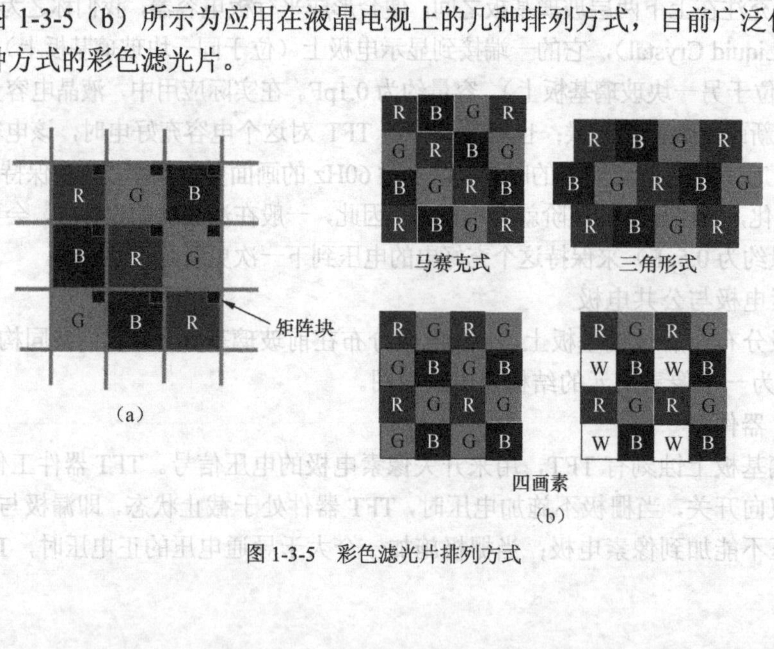

图 1-3-5　彩色滤光片排列方式

二、背光模组结构

由于液晶本身不能发光，它只能调制光，因此必须在液晶面板上加一个发光源，为液晶面板提供足够亮度与分布均匀的光源，使其能正常显示影像。由于该光一般加在液晶盒的背面，故称之为背光源。而背光模组则是包括背光源在内的能为液晶面板提供足够亮度与分布均匀面光源的一个光学组件，它是液晶屏中的一个关键部件，背光模组的透光效率高低直接影响整个液晶屏的性能。在一定意义上讲，背光模组的寿命决定了液晶屏的寿命。

目前液晶电视主要采用冷阴极荧光灯（CCFL）为背光源，但显示的图像质量在彩色鲜艳度，图像的柔和、自然、真实性等方面不如自发光的 CRT、PDP 电视。新一代的 LED 背光源作为液晶电视的背光源，具有色域宽、彩色还原性好等一系列的优点，用它替代 CCFL 背光源明显提高和改善了液晶电视的图像质量。

1. CCFL 背光源

CCFL 作为液晶电视的背光源技术已经非常成熟，已被广泛应用在大屏幕的液晶电视、笔记本式计算机和台式计算机显示器等产品中。但由于液态晶体本身不发光，所以液晶电视显示图像的性能（如色域覆盖率、彩色的饱和度和鲜艳度、柔和性和真实感、屏幕的亮度和均匀性等）主要取决于液晶面板背光源系统的性能。因此，要提高和改善液晶电视的图像质量也必须提高背光源的性能。

CCFL 背光模组分为直下式与侧光式两种结构。液晶电视中主要采用的是直下式结构，有效地解决了侧光式结构亮度均匀性很难控制的问题。但耗电量会随着灯管的增加而增大，同时模组厚度也会跟着加大，但可获得较大的亮度。直下式背光模组主要由光源（包括 CCFL、LED 等）、反射板、导光板、扩散板（1～2 片）、增亮膜（1～2 片）及外框等组件组成，其结构示意图如图 1-3-6 所示。

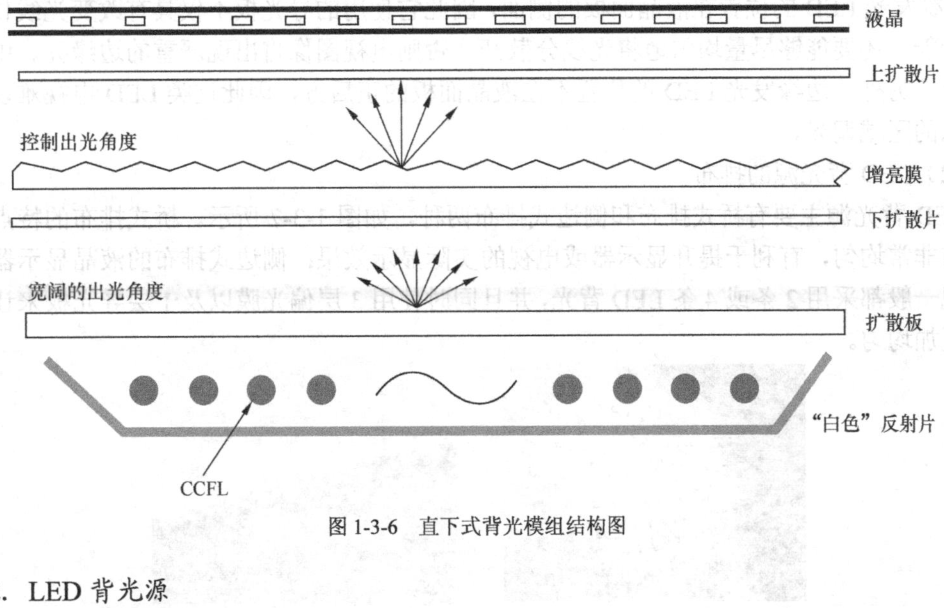

图 1-3-6　直下式背光模组结构图

2. LED 背光源

（1）LED 电视背光源的种类

LED 是 Light Emitting Diode（发光二极管）的缩写，属于一种半导体器件。这种产品在

20 世纪 60 年代就开始出现，并在我们的现实生活中随处可见，作为背光源技术在显示器产品上的应用来说，它则是一种新技术。目前 LED 电视背光源可分为 3 种，即白光 LED、RGB-LED 和边缘发光 LED。

① 白光 LED。白光 LED 背光源就是指其只能发出白色的光，和普通的 CCFL 背光源发出的光线完全相同，对显示器的色彩及色域没有任何影响；在结构上和 CCFL 背光源基本一致，主要的区别在于 CCFL 是线光源而 LED 是点光源。白光 LED 采用了只能发出白色光的 LED 光源代替原来的 CCFL，因此白光 LED 电视的对比度会很高。

② RGB-LED。RGB-LED 背光源是诞生时间比较早的一种技术。RGB-LED 通过 R、G、B 三基色相互排布的模式桥接在一起，调制成白光，大大增加了显示设备的色域（类似将 CCFL 背光源中加入磷粉等物质，但色域值 RGB-LED 会更大）。RGB-LED 背光源的位置和以往的 CCFL 相比变化并不大，仍然在液晶面板层正后方。因此从结构上看，采用这种技术的液晶电视，在外观上和普通 CCFL 液晶电视没有很明显的差异，主要区别在于色彩表现力和对比度两方面。

此外，RGB-LED 电视也可以支持背光区域调整技术，很容易实现亮度调节，因此在对比度方面也能够达到很高的动态对比度，提高了电视的图像质量。虽然 RGB-LED 电视具有众多优点，但成本高，需要单独的调光电路和更好的散热结构，在一定程度上导致电视结构复杂，难以做到轻薄化。

③ 边缘发光 LED。边缘发光 LED 被业界称为第三代 LED 背光技术，它是将 LED 光源放置在电视的边框位置，紧挨液晶面板排列。采用白光 LED 作为背光源，通过特殊结构和材料的应用，大大提高了色域和对比度，机身厚度也大幅度下降。

边缘发光 LED 发出的光和液晶面板平行，光线必须通过特殊的导光板，改变传播方向后才透过液晶面板层。由于电视面板尺寸较大，为了实现均匀的亮度，其导光板的结构相对复杂。边缘发光 LED 的位置在液晶面板的侧面，因此它使用的导光板不仅具有改变光线传播方向的功能，还要能够尽量均匀地将光线分散开，否则电视图像将出现严重的边缘亮、中间暗的现象。另外，边缘发光 LED 的位置不在液晶面板的正后方，因此这类 LED 电视难以实现背光源的区域调光。

（2）LED 背光源的排布

LED 背光源主要有桥式排布和侧边式排布两种，如图 1-3-7 所示。桥式排布的特点是背光分布非常均匀，有利于提升显示器或电视的实际显示效果；侧边式排布的液晶显示器和液晶电视一般都采用 2 条或 4 条 LED 背光，并且同时使用 3 层偏光膜以及 1 层导光板来让背光分布更加均匀。

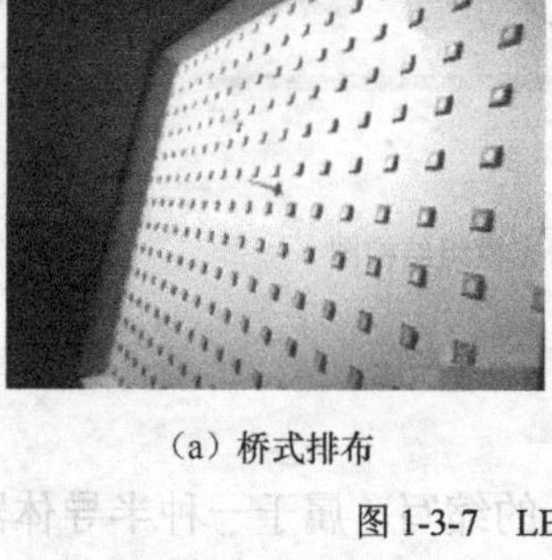

（a）桥式排布

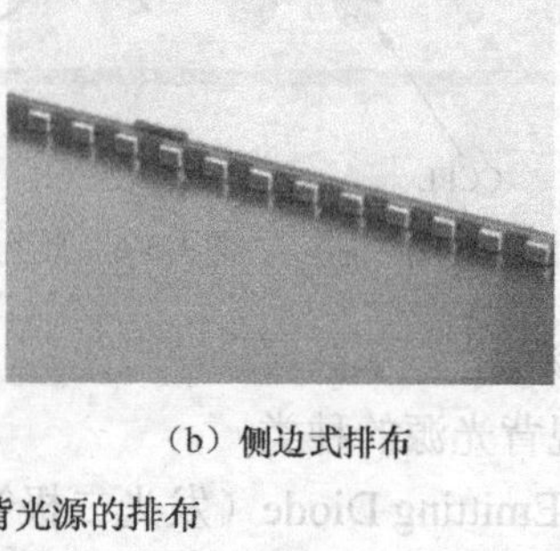

（b）侧边式排布

图 1-3-7 LED 背光源的排布

（3）LED 背光源的优点

① 亮度均匀性好。LED 是一种平面点光源，最基本的发光单元是 3～5mm 边长的正方形组合在一起的面光源，具有较好的亮度均匀性。

② 色域宽、彩色还原性好。采用 LED 背光源的液晶屏具有足够宽的色域，色彩还原性好，色彩表现力强于 CCFL 背光源，可弥补液晶显示设备色彩数量不足的缺陷，其色域可达到 NTSC 色域的 100%以上。

③ 图像清晰稳定。LED 背光源可以灵活调整发光频率，且频率大大高于 CCFL（CCFL 灯管的发光频率较低，在显示图像时，可能产生画面跳动或闪烁）。

④ 寿命长。LED 的使用寿命可长达 5×10^4～10^5h，即便每天连续使用 10h，也可以连续用上 27 年（只对背光源而言）。

⑤ 无高压，安全可靠。LED 使用的是低电压直流驱动，十分安全，消除了电磁辐射造成的电磁干扰和电磁污染。

⑥ 环保性能好。

⑦ 环境适应性强。LED 在−40℃可以无延时启动，但 CCFL 在该温度条件下通常无法工作。

（4）LED 背光源的缺点

① 成本高，价格昂贵。LED 背光源与同等尺寸 CCFL 背光源相比，LED 电视是 CCFL 电视价格的 1.5～2 倍。

② 发光效率低，亮度低。目前 CCFL 的输出光通量多在 5 000～8 000lm 范围，液晶屏的亮度可达 500cd/m^2 以上，而多数 LED 背光源发光效率低于这一指标。因此要增加电视屏幕的亮度，就要选用高辉度的 LED，在 LED 的使用数量方面也会因为电视屏幕的增大而大幅度增加，功耗也相应增加。

第 4 节　液晶屏的显像原理

一、TFT 液晶屏的工作过程

前面介绍了液晶屏的结构，下面结合图 1-4-1 所示电路框图，简要分析 TFT 液晶屏的显像过程。

TFT 器件的栅极连接到扫描驱动器的扫描选通信号上，该信号由扫描驱动器控制。TFT 器件的源极连接到一个数据驱动器内数/模转换器（D/A 转换器）的输出端。D/A 转换器输出的是模拟电压，作为显示像素的模拟驱动电压。

当选通某个像素时，在 TFT 器件的栅极上施加正向的导通电压，使 TFT 器件进入导通状态。同时显示数据通过 D/A 转换器加到 TFT 器件的源极，通过导通的 TFT 器件，到达 TFT 的漏极，在像素电极与前面板公共电极间形成电场，使液晶分子根据电场强弱发生扭转，实现对背光的调制。

当去掉栅极电压时，TFT 器件关断，进入截止状态。TFT 器件在截止期间的关断电阻非常大，与液晶电容、存储电容结合，形成比较大的放电时间常数，使得施加在像素电极上的电压慢慢释放，让该像素的显示效果可以保持相当长一段时间。加在液晶层上的模拟驱动电压可存储，使液晶层能稳定地工作，这个驱动电压通过 TFT 也可在短时间内重新写入，因此能够满足图像品质的要求。

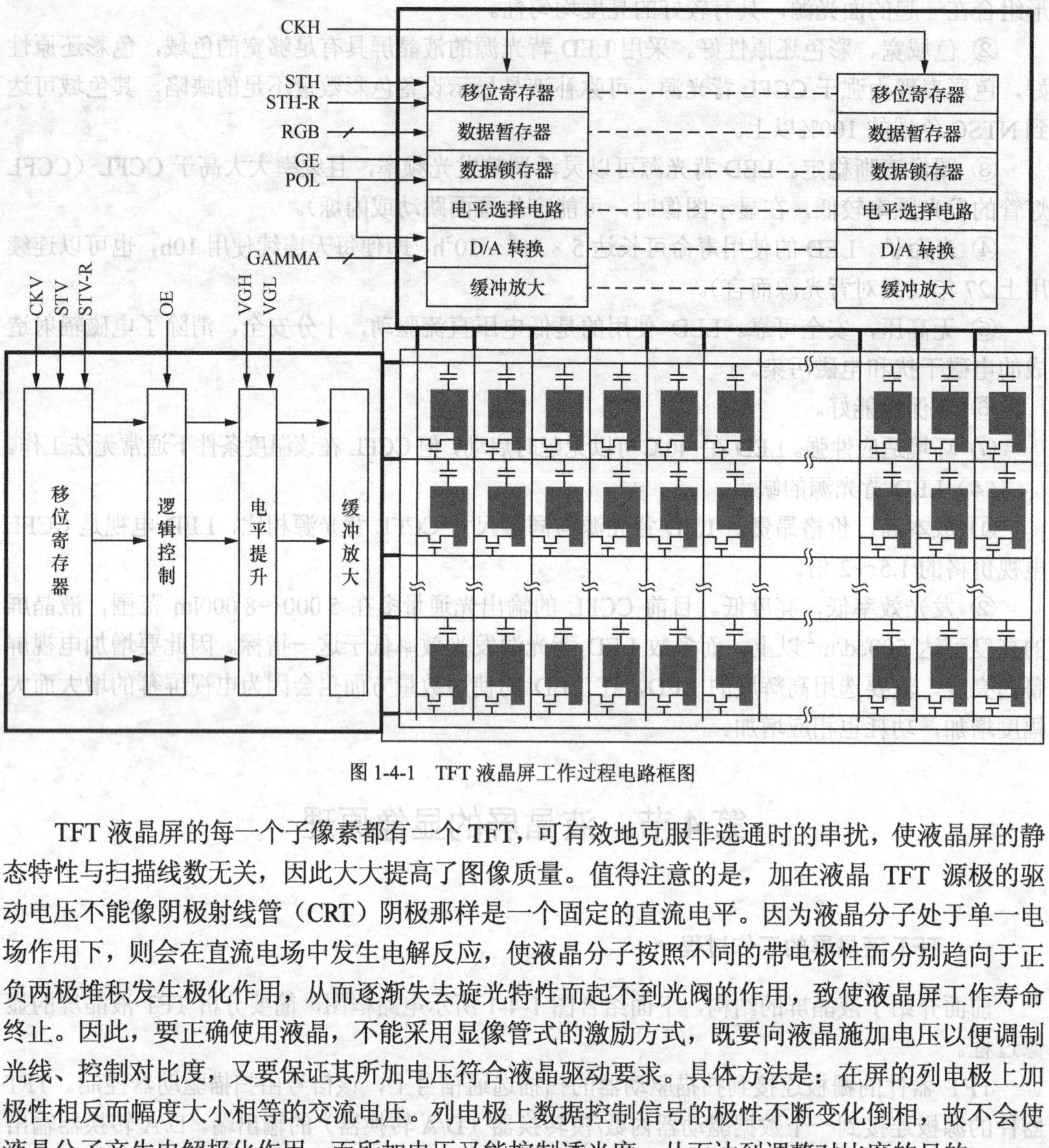

图 1-4-1　TFT 液晶屏工作过程电路框图

TFT 液晶屏的每一个子像素都有一个 TFT，可有效地克服非选通时的串扰，使液晶屏的静态特性与扫描线数无关，因此大大提高了图像质量。值得注意的是，加在液晶 TFT 源极的驱动电压不能像阴极射线管（CRT）阴极那样是一个固定的直流电平。因为液晶分子处于单一电场作用下，则会在直流电场中发生电解反应，使液晶分子按照不同的带电极性而分别趋向于正负两极堆积发生极化作用，从而逐渐失去旋光特性而起不到光阀的作用，致使液晶屏工作寿命终止。因此，要正确使用液晶，不能采用显像管式的激励方式，既要向液晶施加电压以便调制光线、控制对比度，又要保证其所加电压符合液晶驱动要求。具体方法是：在屏的列电极上加极性相反而幅度大小相等的交流电压。列电极上数据控制信号的极性不断变化倒相，故不会使液晶分子产生电解极化作用，而所加电压又能控制透光度，从而达到调整对比度的目的。

提示　像素是指组成图像的最小单位，也即发光“点”。液晶面板上一个完整的彩色像素由 R、G、B 这 3 个子像素组成。

像素点距是指液晶屏上相邻两个像素点之间的距离。点距=屏幕物理长度/在这个长度上显示的点的数目。

分辨率也称像素分辨率，指液晶显示屏显示的像素个数，通常用每列像素数乘每行像素数表示。

二、液晶屏的灰度控制原理

TFT 液晶屏的驱动电路通过控制施加在像素电极上的电压大小，从而控制像素电容和存储电容充入的电荷多少，即建立在像素电极上的电场强度和时间不同，从而液晶分子的电光效应也就不同，在液晶屏上产生的显示效果就不同，即灰阶的显示效果不同。

灰度控制电路被集成在数据驱动器中，在数据驱动器的数据锁存器和 D/A 转换电路之间加入了电平选择电路。驱动输出的电平不是选择电平和非选电平的二选一，而是多级电平的选择。此时的显示数据也不是一个像素对应一位数据，而是一个像素对应多位数据。例如，一个 8 位的 TFT 面板，每个像素有 8 位数据，当驱动板将这 8 位数据传输给带灰度控制的数据驱动器时，这 8 位数据被锁存在锁存器中，通过使能信号 OE 和极性反转信号的控制，锁存器的 8 位数据通过电平选择电路进行电压提升后送到 D/A 转换电路中，D/A 转换电路在 18 路伽马电平 V_0～V_{17} 中选一，将其变成模拟的灰度电压输出，使液晶屏呈现灰度显示的效果。

三、TFT 液晶屏显示彩色图像的工作原理

TFT 液晶屏能够显示出色彩逼真的彩色，是由 TFT 液晶屏内部的彩色滤色片和 TFT 场效应管协调完成的，下面结合图 1-4-2 进行说明。

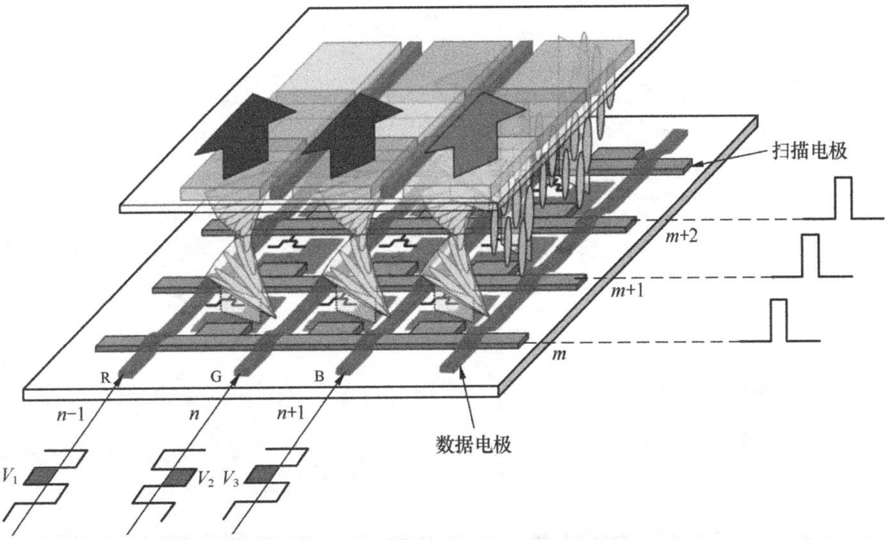

图 1-4-2　液晶屏上一个像素的显像示意图

从图 1-4-2 可以看出，R、G、B 数据信号从数据驱动器输出，分别加到数据电极 $n-1$、n、$n+1$ 上，即各 TFT 的源极上。此时扫描驱动器输出的行驱动脉冲若只出现在第 m 行，那么，m 行的所有 TFT 开关管导通。于是，R、G、B 驱动电压 V_1、V_2、V_3 分别通过第 m 行导通的 TFT 加到漏极像素电极上，故 R、G、B 三基色像素单元透光，送到彩色滤光片上，经混色后显示一个白色像素点。

从上面介绍的 R、G、B 三基色像素的驱动电压波形可以看出，相邻的两点加上的是极性相反、幅度大小相等的交流电压。也就是说，R、G、B 数据电极的驱动电压是逐点倒相的，只需要 R、G 两像素单元加上电压，使 R、G 透光显示出滤色片的颜色；同时，不给 B 像素

单元加电压，因此，B 像素单元不能透光而呈黑暗状态。也就是说，在三基色单元中，只有 R、G 两单元发光，故能呈现黄色。

由上可见，如果将视频信号加到列电极上，再通过扫描电极对 TFT 场效应管逐行选通，即可控制液晶屏上每一组像素单元的发光与否，从而达到显示彩色图像的目的。各基色像素单元的列电极，按照三基色的色彩不同而分为 R、G、B 3 组，分别施加各基色的视频信号，就可以控制三基色的比例，从而使液晶屏显示出不同的色彩。

第2章 液晶电视的组成与拆卸

液晶电视是液晶彩色电视机的简称，一般也称液晶彩电、LCD 电视、LCD-TV 等。液晶电视具有超薄、节能、无辐射和高清显示等优点，备受广大消费者的青睐。为便于广大读者对液晶电视的结构有一个全面的了解，本章主要介绍液晶电视的结构及各部件的作用、液晶电视整机逻辑控制关系等内容。

第1节 液晶电视整机组成

打开液晶电视后盖，我们会发现，液晶电视的结构十分简单，主要由液晶屏（包括液晶面板、驱动板、逆变器）、主信号处理板、电源板、遥控接收板、按键板等几块电路板组件组成，如图 2-1-1 所示。

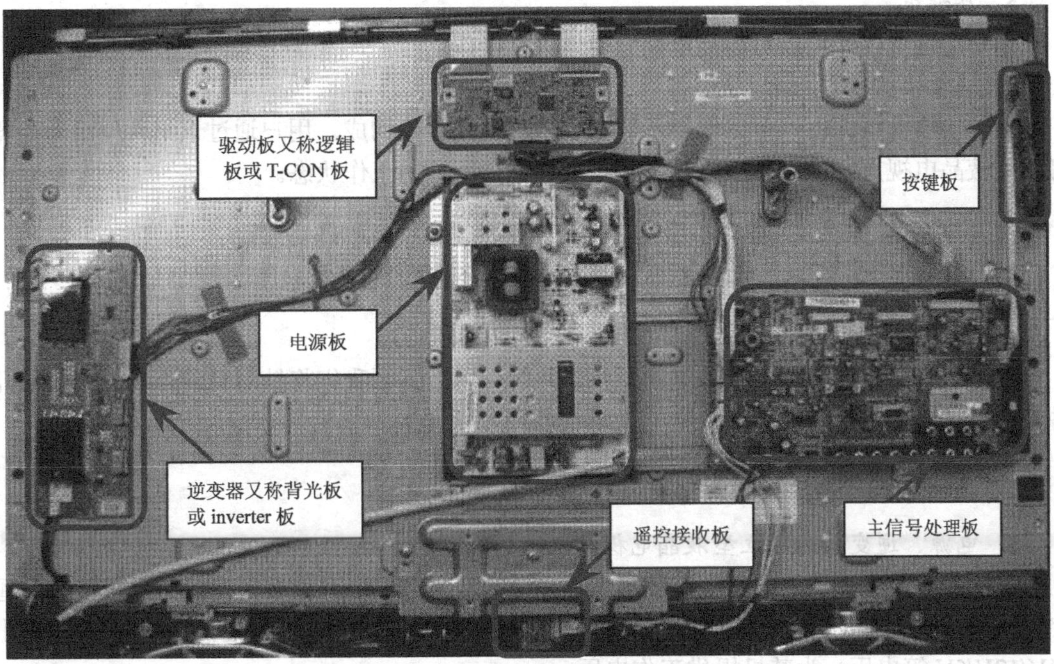

图 2-1-1 液晶电视的组成部件实物图

1. 主信号处理板

主信号处理板是液晶电视中信号处理的核心部分，在系统控制电路的作用下承担着将外接输入信号转换为统一的液晶显示屏所能识别的数字信号的任务。

主信号处理板主要包含信号输入电路、信号切换电路（USB/HDMI/TV/PC/YUV 等）、音频信号切换电路、模/数（A/D）转换电路、音视频信号处理电路、格式变换电路、微处理器控制电路、LVDS 信号形成电路、伴音功率放大电路、DC/DC 变换电路等。

2. 电源板

电源板组件主要产生各组电压，给主信号处理板、驱动板、逆变器等电路供电。电源板输出的电压有 5VSTB 供主板的 CPU 待机用，5V 供主板小信号处理部分电路使用，12V 或 24V 供主信号处理板伴音功放，12V 或 24V 供驱动板和逆变器。

3. 逆变器

逆变器又称背光板或 inverter 板，是一个 DC/AC 变换电路，工作状态受主信号处理板输出的信号控制。其作用是将开关电源输出的低压直流电（12V 或 24V）或 PFC 电路产生的高压直流电（400V）转换为 CCFL 所需要的 800～1 500V 的交流电压，为液晶屏的背光灯管供电，点亮液晶屏模块的背光灯单元，使用户可以看到液晶显示屏上的图像。

4. 驱动板

驱动板又称逻辑板或 T-CON 板，其作用是将从主板送来的 LVDS 信号（包括数据信号、同步信号、时钟信号、使能信号）转换成数据驱动器和扫描驱动器所需要的时序信号和视频数据信号；将上屏电压经过 DC/DC 变换成扫描驱动器（行驱动器或栅极驱动器）的开关电压 VGH/VGL、数据驱动器（列驱动器或源极驱动器）的工作电压 VDA 及时序控制电路所需的工作电压 VDD，从而驱动液晶屏正常工作而显像。

5. 按键板

用户通过该组件可以对液晶电视方便地进行操作。

6. 遥控接收板

遥控接收板组件由一个工作指示灯和一个遥控接收头构成。用户通过该组件使用遥控器可以对液晶电视方便地进行操作以及知道液晶电视所处的工作状态。

第 2 节　液晶电视的结构

在上节中，我们介绍了液晶电视的各部件的作用，下面我们将针对目前市场上销售的几种液晶电视结构进行分别介绍。

一、CCFL 背光源的液晶电视整机结构

1. 电源、逆变器为独立型液晶电视整机结构

目前，市场上销售的电源、逆变器为独立型的液晶电视中，大多采用的是主板接收到遥控或按键发出的二次开机信号后，发出二次开机指令（PS-ON）到电源板，电源板输出 24V/12V/5V 等电压，为整机提供工作电压。

主板在得到正常工作电压后，发出逆变器开机指令，打开逆变器产生高频电压点亮背光源，为显示图像提供准备。随后，主板输出上屏供电指令，产生上屏电压到逻辑板。逻辑板得电后，将主板送来的 LVDS 信号转换成行列电极所需要的时序信号和视频数据信号，从而在屏幕上显示出图像。

除了上述结构的液晶电视整机外，还有一种超低待机功耗的液晶电视，其整机结构实物如图 2-2-1 所示。超低待机功耗的液晶电视，在待机时只有待机电源板工作，产生按键板、

遥控接收板和主板相关电路的工作电压。

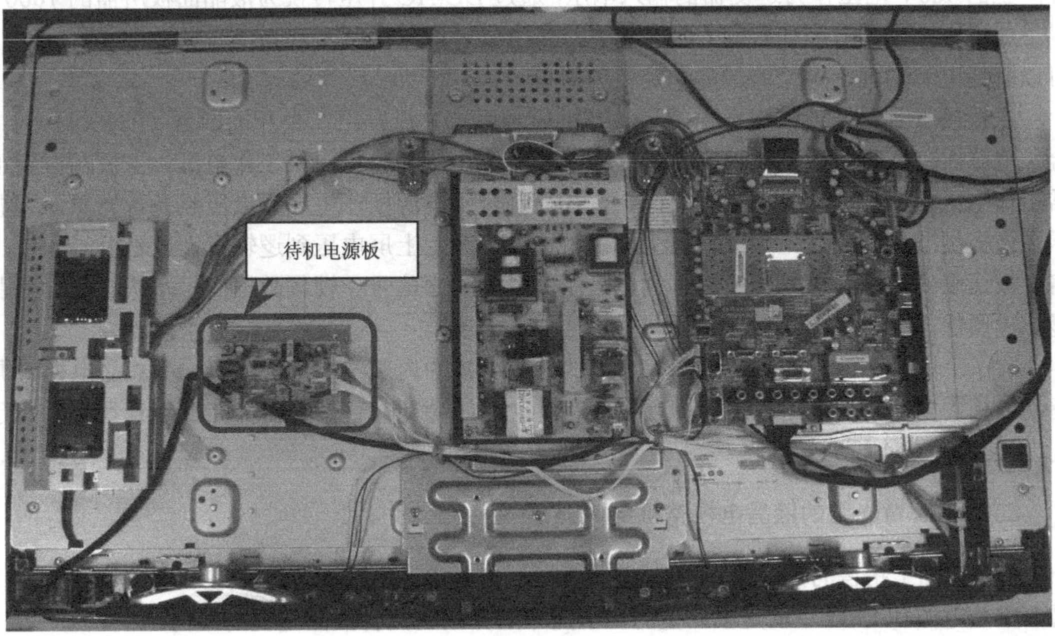

图 2-2-1 超低待机功耗液晶电视整机内部结构

2. 二合一电源（电源+逆变）液晶电视整机结构

目前市面上销售的液晶电视，除了电源、逆变器是独立型的外，还有一类是电源板和逆变器做在一起的液晶电视，其整机结构实物如图 2-2-2 所示。

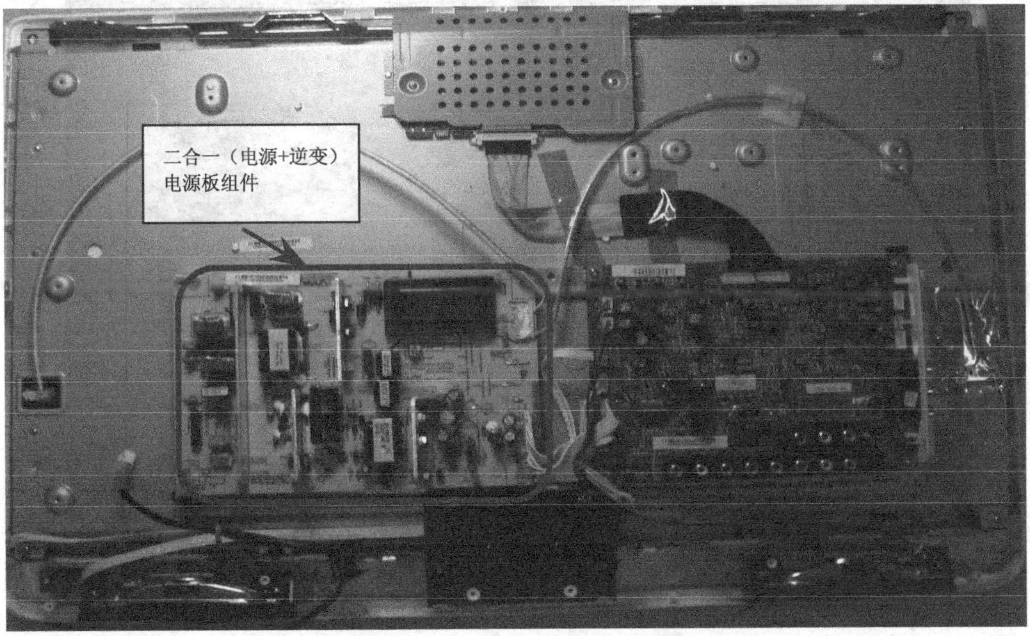

图 2-2-2 二合一电源（电源+逆变）液晶电视整机内部结构

二合一电源（电源+逆变）是将逆变器上的相关电路整合到电源板上，直接采用 PFC 部分产生的 400V 电压作为逆变器的输入电压，通过 DC-AC 升压转换为液晶面板所需的 1000V 以上的电压，驱动液晶面板的 CCFL 背光灯或 EEFL 背光灯发光。二合一电源（电源+逆变）可以降低电源功耗，维修的故障判定更为简单。

主板接收到遥控或按键发出的二次开机信号后，主板发出二次开机指令（PS-ON）到二合一电源板，二合一电源板输出 24V/12V/5V 等电压，为整机提供工作电压。主板在得到正常工作电压后，发出逆变部分开关指令，打开二合一电源板产生高频电压点亮背光源，为显示图像提供准备。随后，主板输出上屏供电指令，产生上屏电压到逻辑板。逻辑板得电后，将主板送来的 LVDS 信号转换成行列电极所需要的时序信号和视频数据信号，从而在屏幕上显示出图像。

除了上面介绍的电源和逆变器二合一的液晶电视的内部结构外，还有一类液晶电视将屏驱动板相关电路整合到主板上（即主板兼有驱动板的功能，直接输出 RSDS 信号到面板的行列电极），在此不再介绍。

二、LED 背光源的液晶电视整机结构

目前市面上销售的 LED 背光源液晶电视，一类是电源、LED 驱动做在一起的液晶电视，另一类是电源和 LED 驱动是独立型的，下面分别介绍这两种液晶电视的结构。

1. 二合一型（电源+LED 驱动）液晶电视整机结构

目前市面上销售的电源、LED 驱动做在一起的 LED 背光源液晶电视，使用的屏多数是三星屏，其整机结构实物如图 2-2-3 所示。

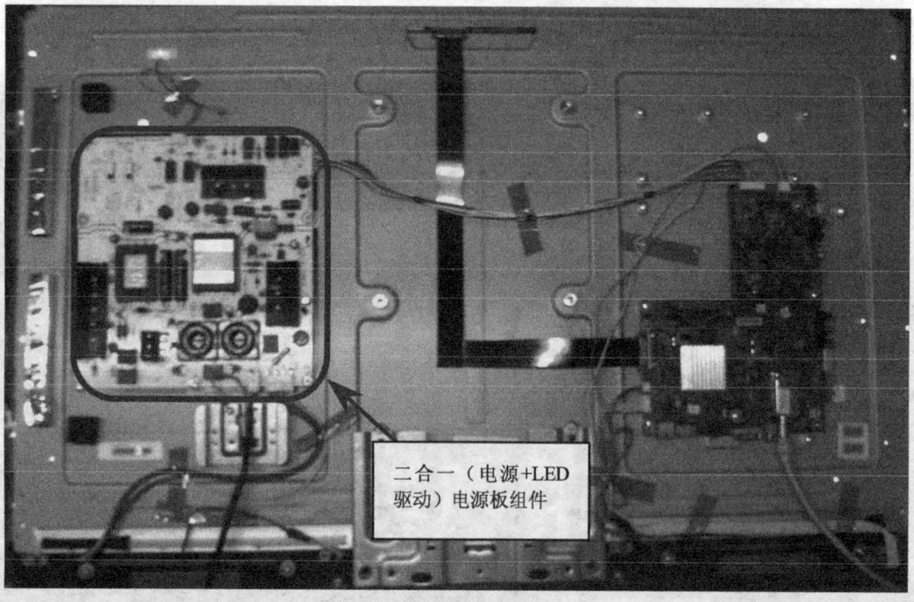

图 2-2-3　二合一电源（电源+LED 驱动）LED 液晶电视整机内部结构

二合一电源（电源+LED 驱动）是将 LED 驱动上的相关电路整合到电源板上，将电源电路产生的 24V 电压通过升压电路产生 140V 电压（不同型号的屏，驱动电压也不一样），作为

LED 的输入电压，通过均流电路转换为 LED 背光源所需的工作电压，驱动液晶面板的 LED 背光灯发光。

主板接收到遥控或按键发出的二次开机信号后，发出二次开机指令（PS-ON）到二合一电源板，二合一电源板输出 24V/12V/5V 等电压，为整机提供工作电压。主板在得到正常工作电压后，发出背光部分开关指令，打开二合一电源板 LED 驱动部分电路，通过升压电路和均流电路产生 LED 背光灯所需工作电压点亮背光源，为显示图像提供准备。随后，主板输出上屏供电指令，产生上屏电压到逻辑板。逻辑板得电后，将主板送来的 LVDS 信号转换成行列电极所需要的时序信号和视频数据信号，从而在屏幕上显示出图像。

2. 电源、LED 驱动为独立型的液晶电视整机结构

目前市面上销售的电源、LED 驱动分开的 LED 背光源液晶电视，使用的屏主要有 LG 屏、AU 屏等，其整机结构实物如图 2-2-4 所示。除了图 2-2-4 所示 LED 液晶电视的结构外，还有网络 LED 液晶电视和智能电视（3D 网络 LED 液晶电视）。智能电视的整机内部结构如图 2-2-5 所示。

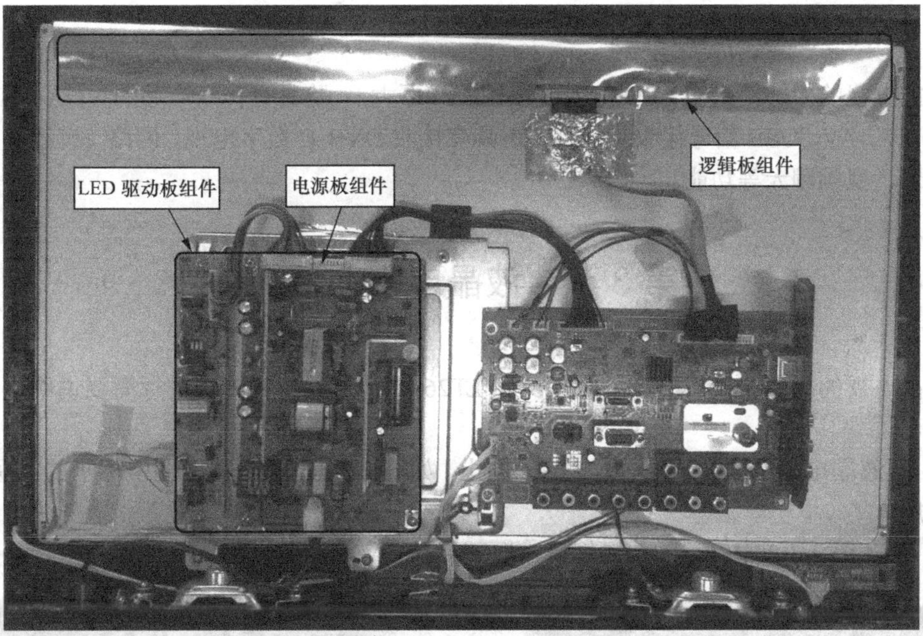

图 2-2-4　电源、LED 驱动为独立型的 LED 液晶电视整机内部结构

主板接收到遥控或按键发出的二次开机信号后，发出二次开机指令（PS-ON）到电源板，电源板输出 24V/12V/5V 等电压，为整机提供工作电压。

主板在得到正常工作电压后，发出背光信号（LED 驱动）开机指令，打开 LED 驱动振荡器电路，通过升压电路和均流电路产生 LED 背光灯所需工作电压点亮背光源，为显示图像提供准备。随后，主板输出上屏供电指令，产生上屏电压到逻辑板。逻辑板得电后，将主板送来的 LVDS 信号转换成行列电极所需要的时序信号和视频数据信号，从而在屏幕上显示出图像。

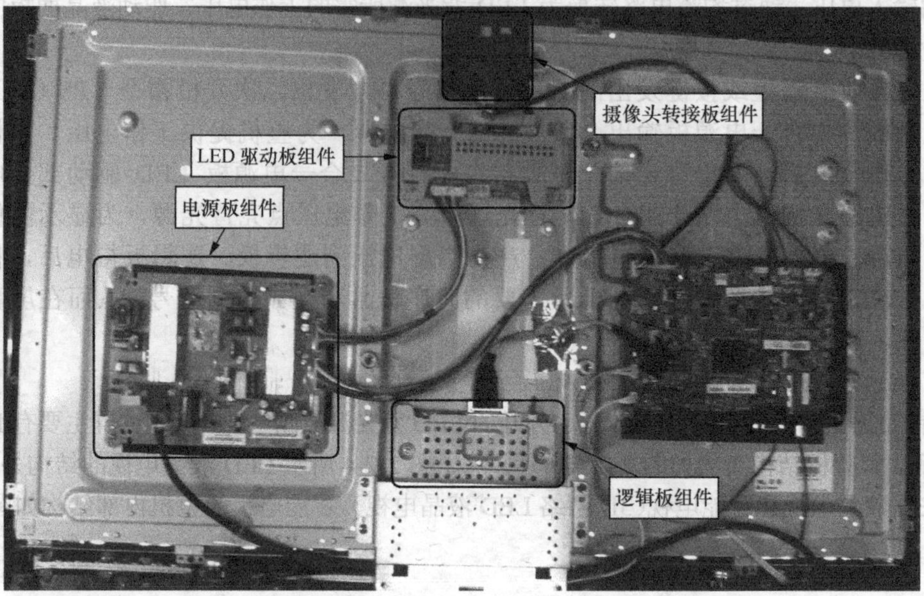

图 2-2-5　智能电视（3D 网络 LED 液晶电视）的整机内部结构

智能电视的内部结构与 LED 电视的结构差异不大，除具有传统产品的 VGA、HDMI、PYBP、TV、AV、USB 信号接收功能外，还具有接收 DVB-C 数字电视、网络（有线和无线）、智能语音、视频聊天等功能。

第 3 节　液晶电视的拆卸

液晶电视的拆卸比较简单，下面以长虹 LT26920E 液晶电视为例进行简要说明，其拆卸步骤如下。

① 把液晶电视平放在干净、柔软的平面上，如图 2-3-1 所示。旋开图中标示的 4 颗螺钉，去掉底座。

② 旋开图 2-3-2 中标示的 7 颗螺钉，取下后盖。

图 2-3-1　拆卸底座

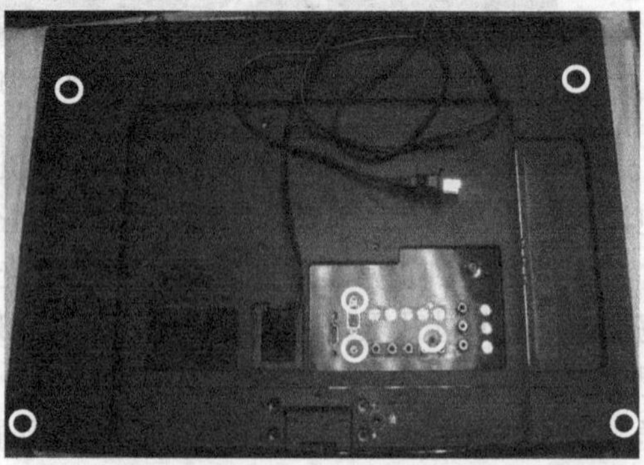

图 2-3-2　拆卸后盖

③ 旋开图 2-3-3 中标示的 2 颗螺钉，取下主板上的屏蔽盖。此时，可方便地进行故障判定。

④ 旋开图 2-3-4 中标示的 2 颗螺钉，拔起与主板连接的线材，取下主板。

图 2-3-3　拆卸主板屏蔽盖

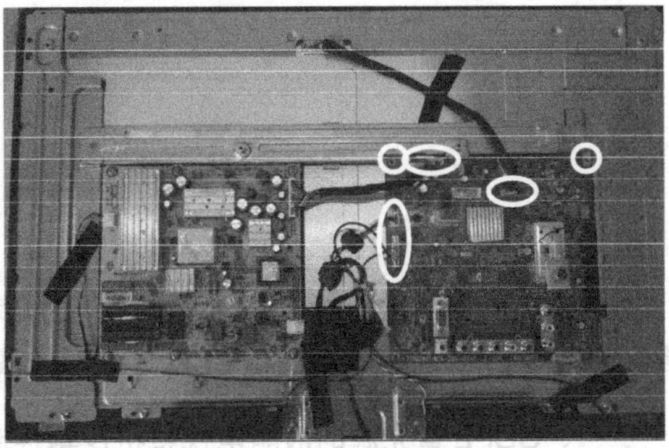

图 2-3-4　拆卸主板

⑤ 旋开图 2-3-5 中标示的 6 颗螺钉，拔起与电源板（LED 驱动板）连接的线材，取下电源板。取下主板和电源板后如图 2-3-6 所示。

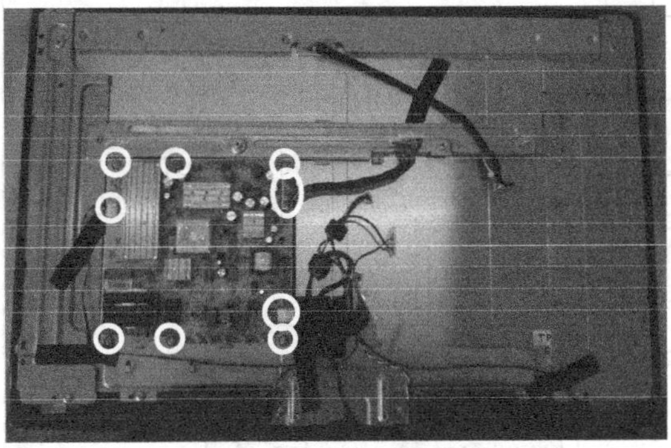

图 2-3-5　拆卸电源板

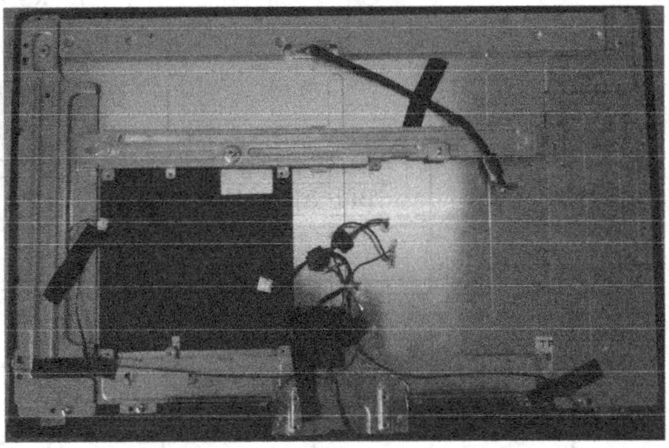

图 2-3-6　拆卸主板和电源板后的实物

第 3 章　液晶电视的故障判定

第 1 节　液晶电视整机逻辑控制

在前面的章节中，对目前市场上销售的几种液晶电视的结构进行了介绍，下面将分别介绍 CCFL 背光源的液晶电视和 LED 背光源的液晶电视整机逻辑控制关系。

一、CCFL 背光源的液晶电视整机逻辑控制

1. 电源、逆变器为独立型的液晶电视整机逻辑控制

电源、逆变器为独立型的液晶电视整机逻辑控制框图如图 3-1-1 所示。

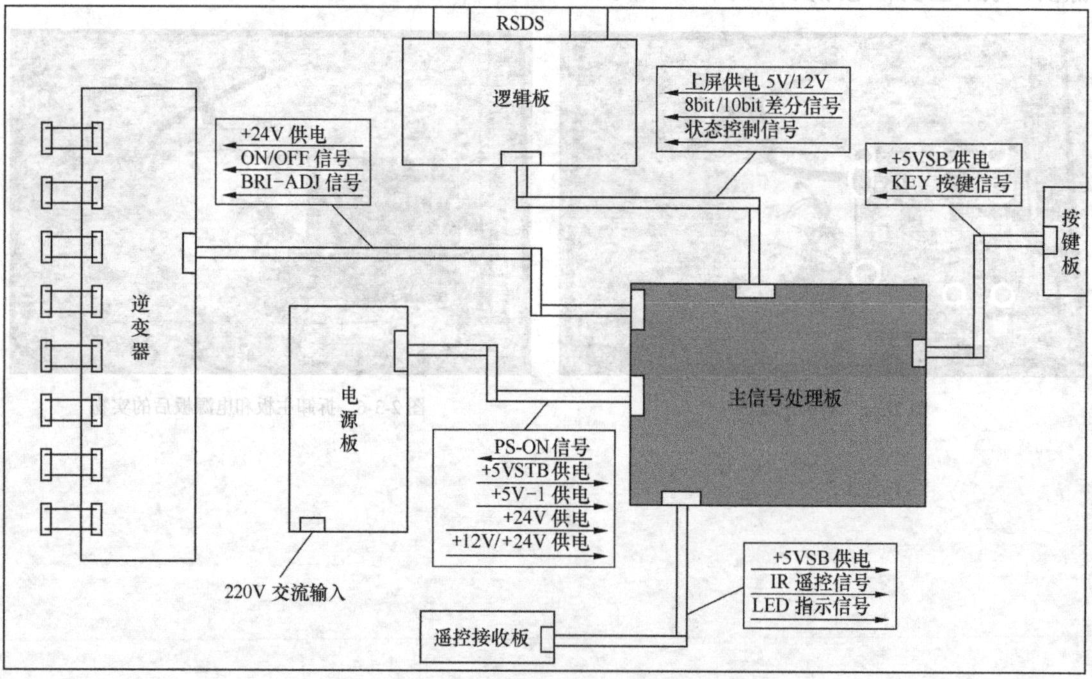

图 3-1-1　电源、逆变器为独立型的液晶电视整机逻辑控制框图

当 220V 交流电供给电源板后，待机电源电路开始工作，电源板产生 5VSTB 电压供给主板相关电路，主板得到该工作电压后，CPU 及相关电路开始工作；当接收到遥控或键控等指令时，主板发出二次开机指令（PS-ON）给电源板，电源板接收到二次开机指令后，内部主电源及 PFC（功率因数校正）电路开始工作，电源板产生 5V-1、+24V、+12V/+24V 等电压供给主板相关电路（其中一路 24V 电压供逆变器）。

主板在得到 5V-1、+24V 或+12V 电压后，输出逆变器开关（ON/OFF 或 ON-BACK）信号和亮度控制（BRI-ADJ 或 PWM-ADJ）信号给逆变器，逆变器在接收到主板送来的开关信号后，高频振荡器开始工作，产生基准的方波信号与主板送来的亮度控制信号一起在振荡器内进行比较，输出高频信号去控制高频升压电路，在高频变压器和电容的谐振下，产生 1 000V 以上的电压，驱动液晶面板的 CCFL 背光灯或 EEFL 背光灯发光。

主板在发出逆变器开关（ON-BACK）信号后，输出上屏电压控制指令（ON-PANEL）控制 DC/DC 电路，产生适合屏工作的上屏电压（不同屏的上屏电压不相同）。上屏电压经过 DC/DC 变换成扫描驱动器（行驱动器或栅极驱动器）的开关电压 VGH/VGL、数据驱动器（列驱动器或源极驱动器）的工作电压 VDA 及时序控制电路所需的工作电压 VDD，从而驱动液晶屏正常工作而显像。同时，从主板送来的 LVDS 信号（包括数据信号、同步信号、时钟信号、使能信号）转换成数据驱动器和扫描驱动器所需要的时序信号和视频数据信号。

2. 二合一电源（电源+逆变）液晶电视整机逻辑控制

二合一电源（电源+逆变）液晶电视整机逻辑控制框图如图 3-1-2 所示。二合一电源组件将 AC/DC 变换、DC/DC 变换和逆变器整合在同一块电路板上，在经过对市电的整流、PFC 和滤波并获得 400V 直流电压后，将直接采用 400V 作为逆变器的输入电压，通过 DC/AC 升压转换为背光灯管所需的 1000V 甚至高达 2000V 的电压。

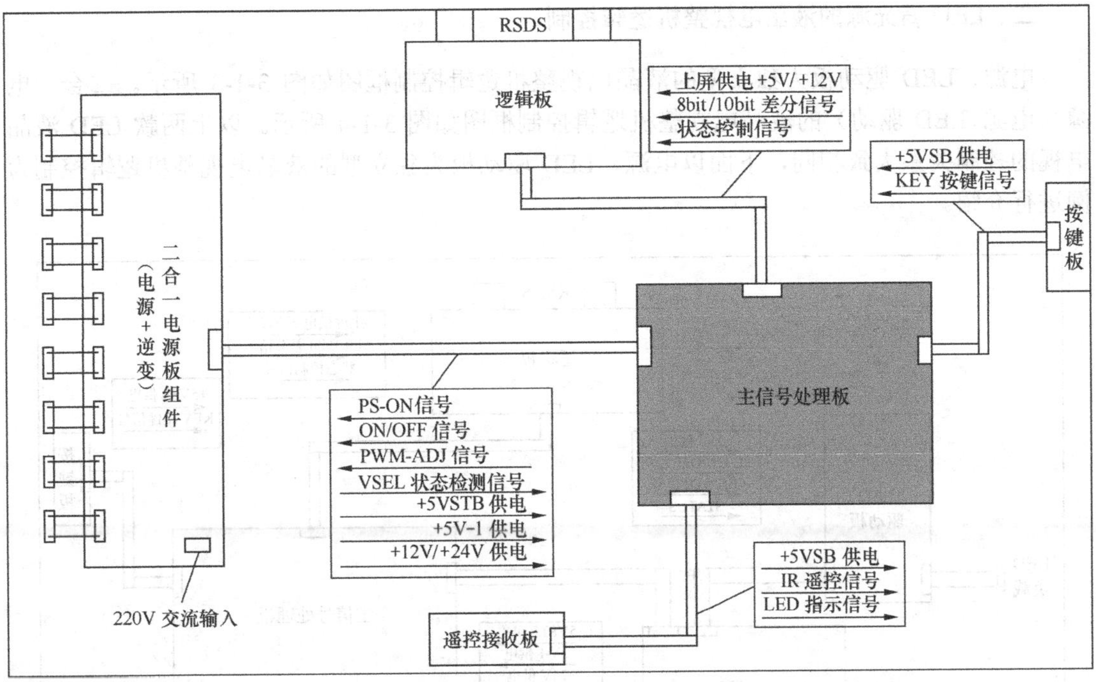

图 3-1-2 二合一电源（电源+逆变）液晶电视整机逻辑控制框图

二合一电源组件有两种典型的架构：一是 IPS 架构，逆变电路由 PFC 电路产生的 400V 供电，采用单个升压变压器，以驱动 EEFL，被 LG 和 AU 等厂家采用；二是 LIPS 架构，逆变电路由 PFC 电路产生的 400V 供电，经多个升压变压器给灯管提供电流，与传统的逆变器相类似，以驱动 CCFL，被奇美、三星等厂家采用。

当 220V 交流电供给二合一电源组件后，待机电源电路开始工作，产生 5VSTB 电压供给主板相关电路，主板得到该工作电压后，CPU 及相关电路开始工作；当接收到遥控或键控等指令时，主板发出二次开机指令（PS-ON）给二合一电源组件。二合一电源组件接收到二次开机指令后，内部主电源及 PFC 电路开始工作，电源板产生 5V-1、+24V、+12V 等电压供给主板相关电路，PFC 电路产生的 400V 电压供逆变器高压变换电路。

主板在得到 5V-1、+24V、+12V 电压后，输出逆变器开关（ON-BACK）信号和亮度控制（PWM-ADJ）信号给二合一电源组件，二合一电源组件逆变部分的高频振荡器开始工作，产生基准的方波信号与主板送来的亮度控制信号一起在振荡器内进行比较，输出高频信号去控制高压变换电路，在高频变压器和电容的谐振下，产生 1 000V 以上的电压驱动液晶面板的 CCFL 背光灯或 EEFL 背光灯发光。

主板在输出逆变器开关（ON-BACK）信号后，输出上屏电压控制指令（ON-PANEL）控制 DC/DC 电路，产生适合屏工作的上屏电压（不同屏的上屏电压不相同）。上屏电压经过 DC/DC 变换成扫描驱动器（行驱动器或栅极驱动器）的开关电压 VGH/VGL、数据驱动器（列驱动器或源极驱动器）的工作电压 VDA 及时序控制电路所需的工作电压 VDD，从而驱动液晶屏正常工作而显像。同时，从主板送来的 LVDS 信号（包括数据信号、同步信号、时钟信号、使能信号）转换成数据驱动器和扫描驱动器所需要的时序信号和视频数据信号。

二、LED 背光源的液晶电视整机逻辑控制

电源、LED 驱动板为独立型的液晶电视整机逻辑控制框图如图 3-1-3 所示。二合一电源（电源+LED 驱动）的液晶电视整机逻辑控制框图如图 3-1-4 所示。以上两款 LED 液晶电视的控制关系大致相同，下面以电源、LED 驱动板为独立型的液晶电视整机逻辑控制为例进行介绍。

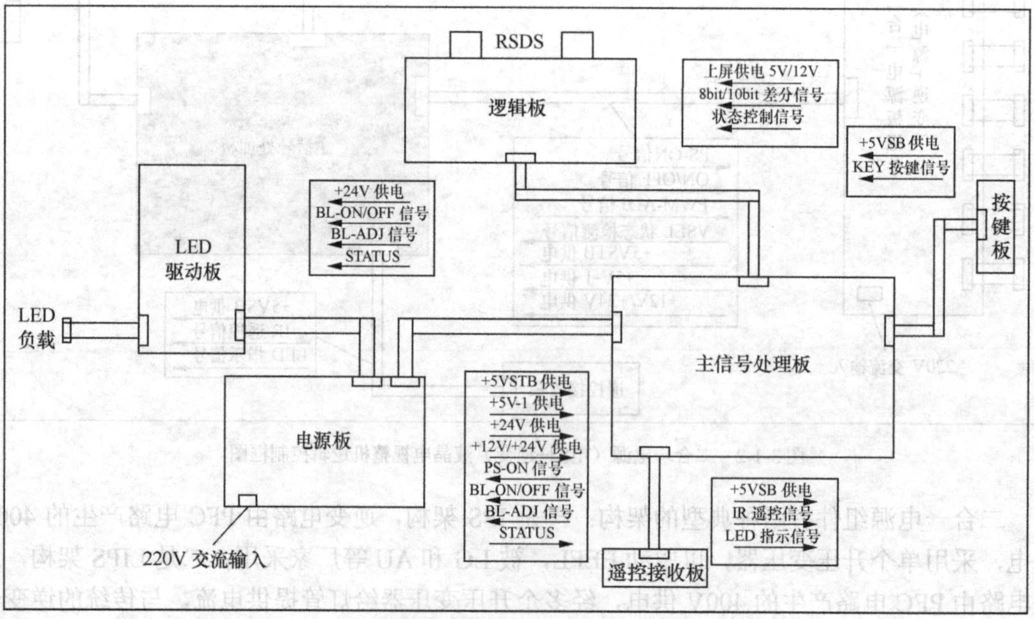

图 3-1-3　电源、LED 驱动板为独立型的液晶电视整机逻辑控制框图

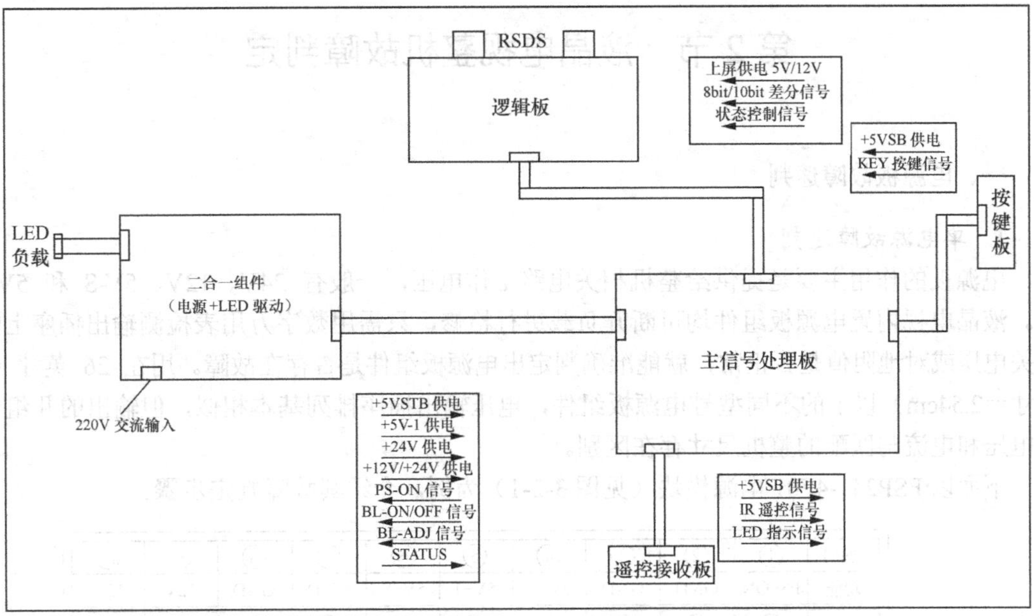

图 3-1-4　二合一电源（电源+LED 驱动）的液晶电视整机逻辑控制框图

当 220V 交流电供给电源板后，待机电源电路开始工作，电源板产生 5VSTB 电压供给主板相关电路，主板得到该工作电压后，CPU 及相关电路开始工作；当接收到遥控或键控等指令时，主板发出二次开机指令（PS-ON）给电源板，电源板接收到二次开机指令后，内部主电源及 PFC 电路开始工作，电源板产生 5V-1（小信号处理部分）、+24V（上屏控制）、+12V/+24V（伴音部分）等电压供给主板相关电路。

主板在得到 5V-1、+24V 或+12V 电压后，输出 LED 驱动开关（BL-ON/OFF）信号和亮度控制（BL-ADJ）信号通过电源板供给 LED 驱动板。LED 驱动板在接收到主板送来的开关（BL-ON/OFF）信号后开始工作，振荡器设定的 PWM 调光信号去控制升压电路，在电感和电容的谐振下，产生 140V 左右的电压驱动 LED 灯串。亮度控制（BL-ADJ）信号输入振荡器 PWM 调光端，与从 LED 灯串负极反馈回芯片内部的电流信息进行比较，进行全局调光，从而控制每一根灯条的光都进行相同的明暗变化。STATUS 为 LED 状态输出脚，正常工作时为高电平（约 5V），反馈回主板，主板获得该控制信号后，便认为 LED 驱动板工作正常。当任一 LED 灯串开路、发生短路保护、发生过压保护、发生过温保护时，该状态控制信号将变为低电平输出，主板将停止工作。

主板在发出 LED 驱动开关（BL-ON/OFF）信号后，输出上屏电压控制指令（ON-PANEL）控制 DC/DC 电路，产生适合屏工作的上屏电压（不同屏的上屏电压不相同）。上屏电压经过 DC/DC 变换成扫描驱动器（行驱动器或栅极驱动器）的开关电压 VGH/VGL、数据驱动器（列驱动器或源极驱动器）的工作电压 VDA 及时序控制电路所需的工作电压 VDD，从而驱动液晶屏正常工作而显像。同时，从主板送来的 LVDS 信号（包括数据信号、同步信号、时钟信号、使能信号）转换成数据驱动器和扫描驱动器所需要的时序信号和视频数据信号。

第 2 节　液晶电视整机故障判定

一、电源板故障速判

1. 单电源故障速判

电源板的作用主要是提供给整机相关电路工作电压，一般有 24V、12V、5V-S 和 5V-1 等。液晶电视内置电源板组件均可断开负载进行检修，只需用数字万用表检测输出插座上的相关电压或对地阻值是否正常，就能准确判定出电源板组件是否存在故障。用在 26 英寸（1 英寸＝2.54cm）以上的不同型号电源板组件，电压输出插座排列基本相似，但输出的几组供电电压和电流与匹配的整机尺寸存在区别。

下面以 FSP241-4F01 电源模块（见图 3-2-1）为例，介绍其故障判定步骤。

CNS1	①	②	③	④	⑤	⑥	⑦	⑧	⑨	⑩
功能	PS-ON	GND	GND	5V-1	5V-1	5V-S	GND	GND	12V	12V
CNS2	①	②	③	④	⑤	⑥	⑦	⑧		
功能	12V	12V	GND	GND	GND	GND	24V	24V		

CNS3	①	②	③	④	⑤	⑥
功能	GND	GND	GND	24V	24V	24V
CNS4	①	②	③	④	⑤	⑥
功能	GND	GND	GND	24V	24V	24V

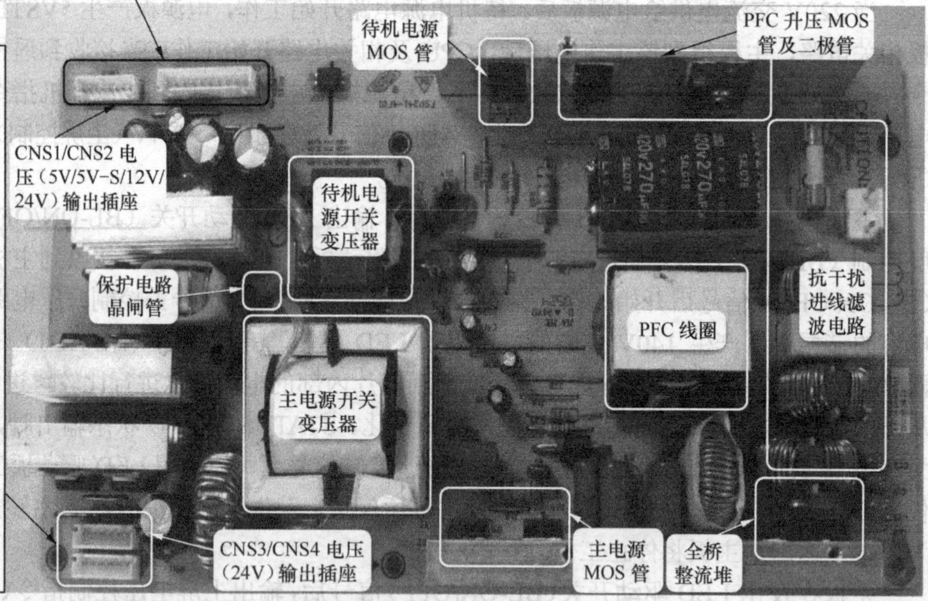

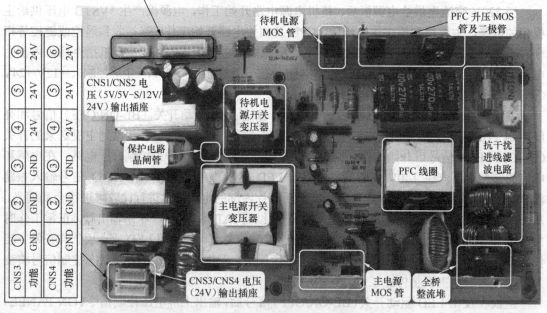

图 3-2-1　FSP241-4F01 电源模块图解

① 接上交流电于电源板组件，检测其插座 CNS1 的⑥脚 5V-S，若有 5.2V 左右电压输出，其他几组电压处于关断状态，说明电源板待机部分工作正常；反之，该电源板待机部分存在故障。

② 给电源板组件 CNS1 的①脚强行施加一个高电平（5V）模拟二次开机（直接将 5V-S 短接到 CNS1 的①脚即可），其他几组电压输出正常，说明电源板是好的；反之，该电源板的

主电源部分和 PFC 电路存在故障。（备注：GP 系列电源板组件需要在 CNS1 或 JP804 的④、⑤脚与地间加一个 5W/2～10Ω电阻作为假负载才有输出。）

2. 二合一电源板（电源+逆变）故障速判

二合一电源板的作用一方面是提供给整机相关电路工作电压（24V/12V、5V-S 和 5V-1 等）；另一方面是在主板的背光灯开关控制信号作用下控制逆变部分的高频振荡器，使之产生基准的方波信号与主板送来的亮度控制信号一起在振荡器内进行比较，输出高频信号去控制高压变换电路，在高频变压器和电容的谐振下，产生 1 000V 以上的电压，驱动液晶面板的 CCFL 背光灯或 EEFL 背光灯发光。

液晶电视内置二合一电源板组件也可断开负载进行检修，电源部分的故障判定方法与单独电源板的故障判定方法相同。逆变部分的故障判定需要断开保护电路或接上负载（假负载），不能用数字万用表直接检测逆变器输出的电压或对地阻值，否则将烧毁万用表（万用表是低阻的）。可采用 3 种方法来测试高压变压器是否有驱动电压输出：一是用一个螺丝刀接近高压变压器输出端，看是否有拉弧现象；二是将示波器的表笔靠在灯管的供电线路上，观察开机瞬间是否有波形；三是将指针万用表的表笔靠在灯管的供电线路上，看表针是否来回摆动。

下面以 FSP160-3PI01 二合一电源组件（见图 3-2-2）为例，介绍其故障判定步骤。

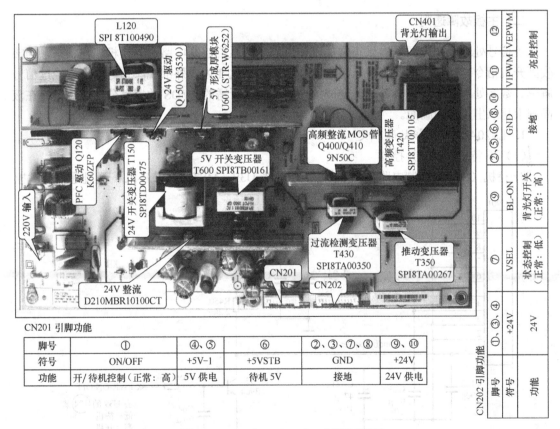

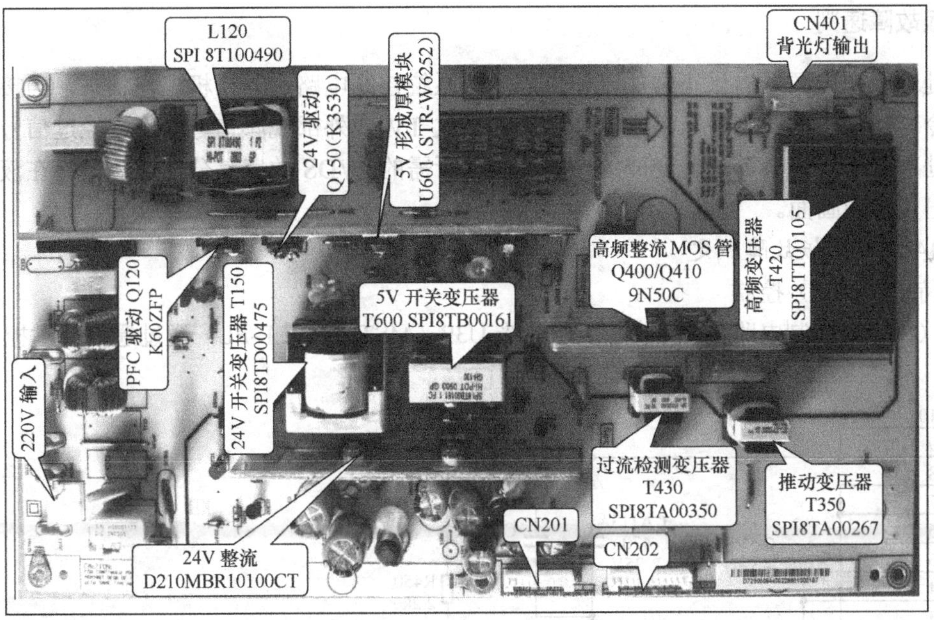

CN201 引脚功能

脚号	①	④、⑤	⑥	②、③、⑦、⑧	⑨、⑩
符号	ON/OFF	+5V-1	+5VSTB	GND	+24V
功能	开/待机控制（正常：高）	5V 供电	待机 5V	接地	24V 供电

CN202 引脚功能

脚号	符号	功能
①、③、④	+24V	24V
⑦	VSEL	状态控制（正常：低）
⑨	BL-ON	背光灯开关（正常：高）
②、⑤、⑥、⑧、⑩	GND	接地
⑪	VIPWM	亮度控制
⑫	VEPWM	亮度控制

图 3-2-2　FSP160-3PI01 二合一电源组件图解

① 接上交流电于电源板组件，检测 CN201 插座的⑥脚（+5VSTB），正常的话，有 5V

电压输出。CN201 的⑨、⑩和④、⑤脚+24V 和+5V-1 处于关断状态，说明二合一电源待机电源部分是好的；通电后插座 CN201 的⑥脚（+5VSTB）无电压输出，说明二合一电源待机电源部分存在故障。

② 给二合一电源组件 CN201 的①脚强行施加一个高电平 5V 模拟二次开机（将电源板上三极管 Q2 的基极、发射极短路或将 CN201 的①脚和⑥脚短接），此时二合一电源组件就应输出正常的+5V-1、+24V 电压，但逆变部分电路不工作，灯管未被点亮；若不输出+24V 电压，说明二合一电源组件的主电源部分存在故障。

③ +5VSTB、+24V 电压正常后，先将二合一电源组件 CN202 的⑪脚（VIPWM）与 CN201 的⑥脚短接，再将二合一电源组件 CN202 的⑨脚（BL-ON）与 CN201 的⑤脚短接（注：本机先加亮度控制信号，若先加逆变器开关信号，则背光灯闪亮一下后熄灭）。若背光灯管点亮，说明二合一电源组件是好的，反之二合一电源组件存在故障。

上述操作步骤总结如下。

将 CN201 的⑥脚+5VSTB 与①脚短接（模拟主板发出的 PS-ON 信号），再将 CN202 的⑪脚与 CN201 的⑥脚短接（模拟主板发出的背光灯亮度控制信号），最后将 CN202 的⑨脚与 CN201 的⑤脚短接（模拟主板发出的背光灯开关控制信号），若电源板组件正常，背光灯被点亮。

二、主板故障速判

主信号处理板在电源板提供正常的工作供电后，系统控制电路进入待机工作状态，当接收到开机指令时，将二次开机进入正常工作状态，接收 TV 或外部视频信号输入，经过信号解码、数字处理和格式变换等，转变成统一的液晶屏所需的 LVDS 数字差分信号，最终在液晶屏上显示出正常的画面。

1. LS20A 机芯主板故障判定

（1）开/待机（STB）控制

开/待机（STB）控制电路如图 3-2-3 所示。当 U39（MST6M69LF-FL）通过遥控或键控

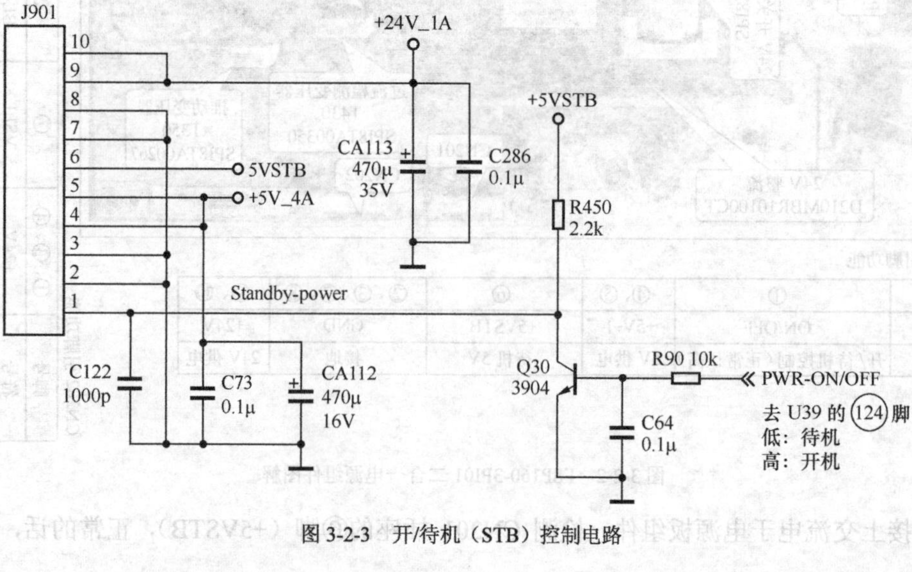

图 3-2-3 开/待机（STB）控制电路

得到二次开机指令后，指示灯开始闪烁；当 U39 内电路和外部程序、DDR 工作正常后，就从 U39 的㉔脚输出 STBY 低电平，Q30 截止，5VSTB 经 R450、J901①脚给电源板提供开机高电平，实现电源二次开机，输出+24V、+5V 给整机相应各电路。如果没有开/待机高电平控制，电源组件将无法正常输出整机工作所需的各路电压。

（2）上屏电压控制

上屏电压控制电路如图 3-2-4 所示。二次开机后，电源板工作正常后，从主板 U39（MST6M69LF-FL）的⑯脚输出低电平（上屏指令），经 Q2、Q1 倒相后加到 U2（上屏电压开关）内部 MOS 管的 G 极，V_{gs} 为负压时导通，从漏极⑤～⑧脚输出供屏驱动工作的电压（本机上屏电压 12V）。如果上屏供电不正常，过高就会烧坏驱动板，过低或没有会出现图异或黑屏的现象。

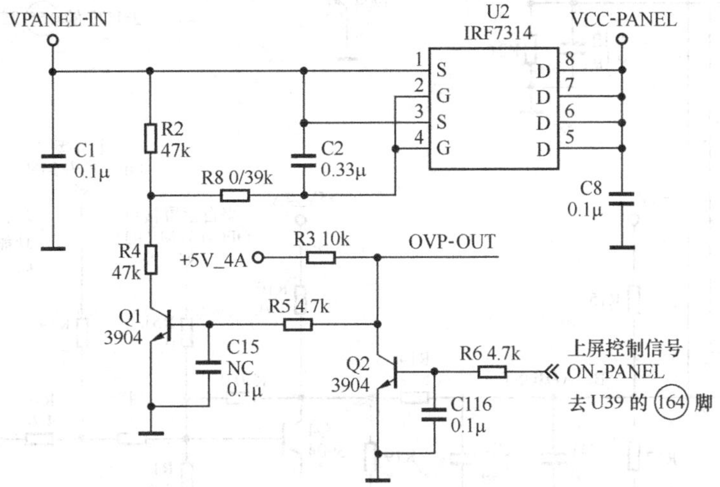

图 3-2-4　上屏电压控制电路

（3）逆变器背光灯开关控制电路

逆变器背光灯开关控制电路由 U39 的⑯脚内外部电路构成，如图 3-2-5 所示。当电视机开机后，U39 的⑯脚输出 0V 低电平，Q3 截止，Q3 的集电极电压（高电平）分别经 J908 的④脚、J909 的④脚送到左右逆变器组件，左右逆变器组件被开启，背光灯被点亮；反之，当电视机关闭时，U39 的⑯脚输出 5V 高电平，Q3 导通，左右逆变器组件关闭，背光灯熄灭。背光灯电路要正常工作此电压必须正常。

（4）逆变器亮度控制

逆变器的亮度控制电路由 U39 的㉕脚、Q4 及外围元器件构成，如图 3-2-5 所示。由 U39 的㉕脚输出 PWM 信号经 Q4 后送至插座 J908 的②脚、J909 的②脚，经插座至逆变器，从而达到控制背光灯亮度的目的。有的液晶显示屏是将该信号通过分压电阻接固定电压或地，使背光灯的亮度不受主芯片 U39 的控制。

（5）LVDS 信号上屏电路

上屏线传输的 LVDS 信号为数字差分脉冲信号，检测中若使用示波器就能直观判定是否有正常的信号到逻辑板。但上门服务时，只能使用万用表对其直流电平进行检测，不能准确地判定故障部位。检测中，只有对比在有信号输出和无信号输出时电压的差异，再结合故障现象判断故障点部位。

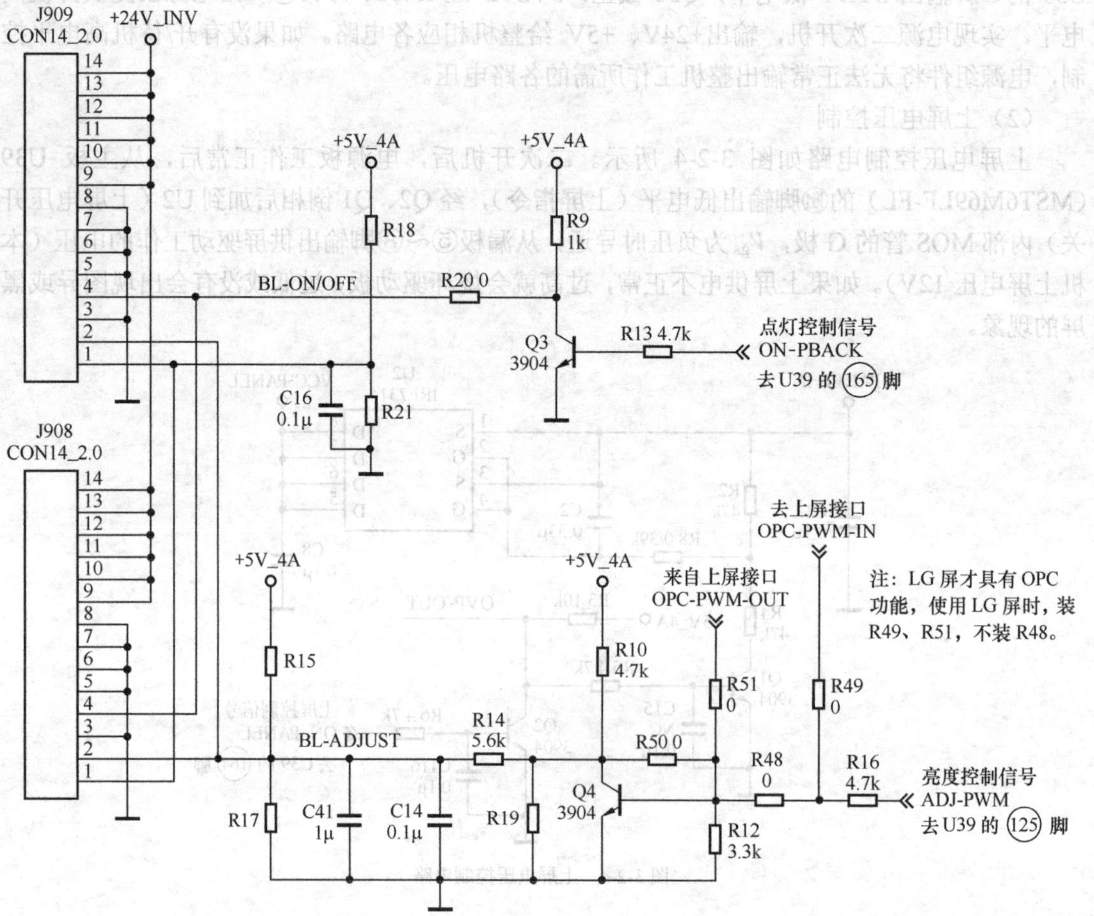

图 3-2-5　逆变器背光灯开关和亮度控制电路

上屏线传输的 LVDS 信号为数字差分脉冲信号，其主要传输的 LVDS 信号的差分信号电压在 1.20V 左右。高清屏的上屏信号和普通屏的上屏信号直流电压基本一致，高清屏的上屏是双路 LVDS 信号。

2. LS23 机芯主板故障判定

（1）开/待机（STB）控制

开/待机（STB）控制电路如图 3-2-6 所示。当 U13（MST721DU）通过遥控或键控得到二次开机指令后，指示灯开始闪烁；当 U13 内电路工作正常后，就从⑫脚输出 STBY 低电平，Q2 截止，5V 经 R5 给电源板提供开机高电平，实现电源二次开机，输出+12V、+5V 给整机相应各电路。

（2）上屏电压控制

上屏电压控制电路如图 3-2-7 所示。在 U13 的⑫脚输出 STB 二次开机指令后，紧跟着从⑪脚输出低电平 0V 上屏电压控制信号，打开供上屏电压通道的 MOS 管，为屏驱动电路提供 12V 工作电压。

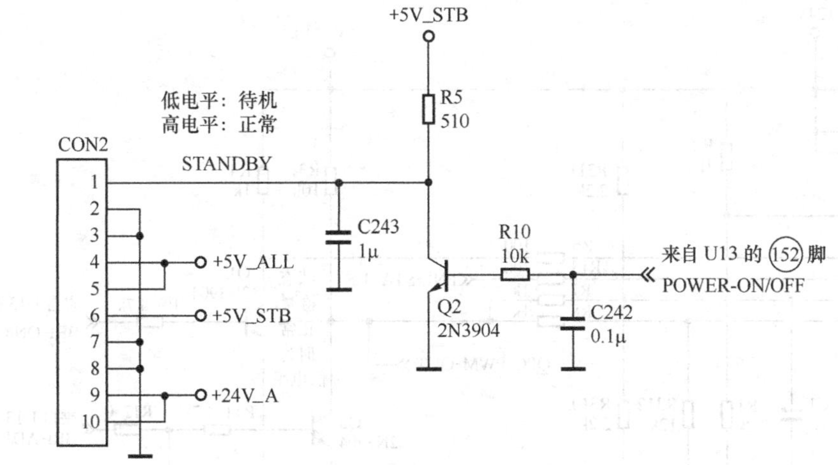

图 3-2-6　开/待机（STB）控制电路

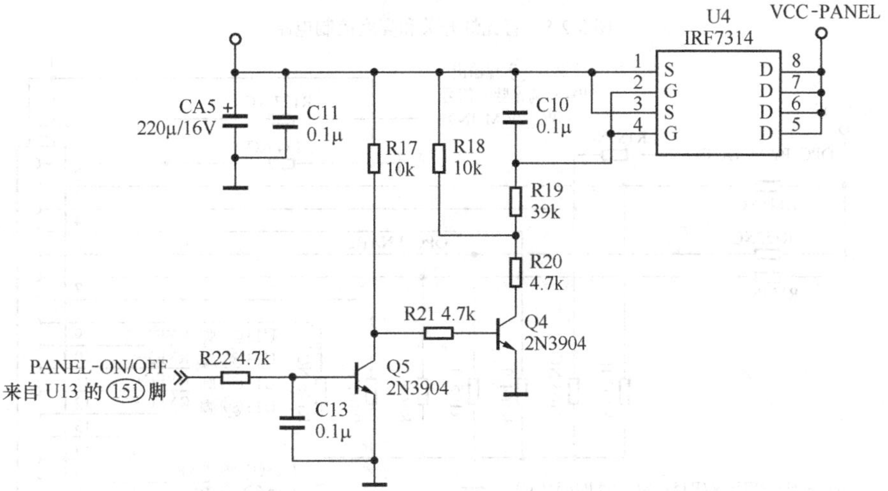

图 3-2-7　上屏电压控制电路

PANEL-ON/OFF 指令经 Q5 和 Q4 两级倒相后加到 U4 内部 MOS 管的 G 极，该 MOS 管为 P 沟道增强型，V_{gs} 为负压时便导通，从漏极⑤～⑧脚输出供屏驱动工作的电压。

（3）背光灯开关和亮度控制电路

背光灯开关和亮度控制电路如图 3-2-8 所示。开机时，从 U13 的⑩脚输出逆变器开关控制信号，Q1 截止，在 C 极得到约 5V 的高电平，通过 CON1 的③脚输往逆变器，打开逆变振荡器，逆变器正常工作。另一路由软件对图像信号处理后，从㊿脚输出 PWM 亮度控制信号，Q3 截止，通过 CON1 的①脚输往逆变器实现自动调光。OPC 功能在 LG 屏使用，作用是进行亮度调节，该信号与上屏接口相连。

（4）LVDS 信号上屏控制

LVDS 信号上屏接口电路如图 3-2-9 所示，上屏接口在有信号时各接口电压参考数据见表 3-2-1。上屏线传输的 LVDS 信号为数字差分信号，检测中若使用示波器就能很好判定是否有正常信号到逻辑板。但上门服务时，只能用万用表对其直流电平进行检测，不能准确地判定故障部位。检测中，只有对比在有信号输出和无信号输出时电压的差异，再结合故障现象，判断故障点部位。

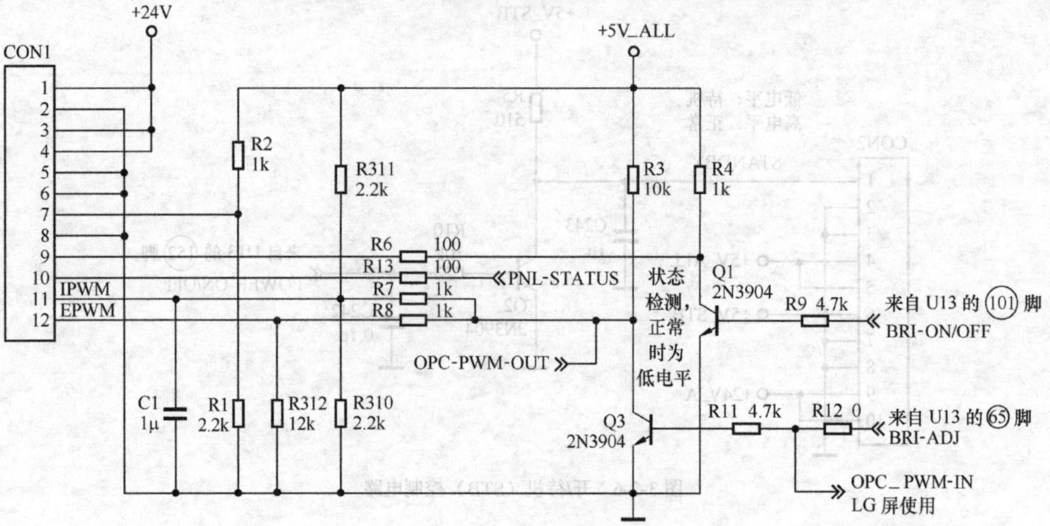

图 3-2-8　背光灯开关和亮度控制电路

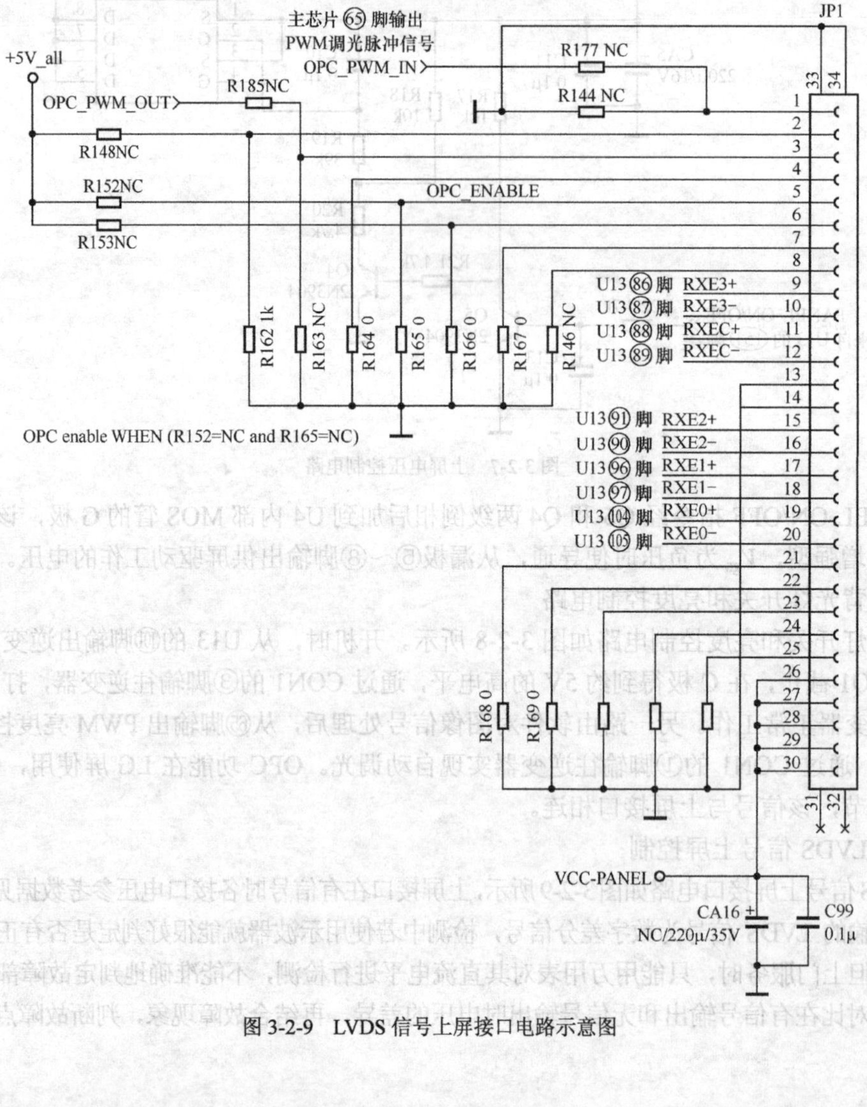

图 3-2-9　LVDS 信号上屏接口电路示意图

综上所述，结合电原理图分析，若出现“不开机”、“图声光”异常等，再检查上述条件，若异常，或检查相关电路电压及波形或输出至上屏插座的相应电压和波形异常时，可判断故障原因属主信号处理板出现问题。

表 3-2-1　　　LVDS 上屏接口功能及维修参考数据　　　（单位：V）

脚号	符　号	功　能	电压	脚号	符　号	功　能	电压
①	OPC-PWM-IN	OPC 输入	0.24	⑯	RXE2−	差分信号	1.2
②		地址电阻	0	⑰	RXE1+	差分信号	1.13
③	OPC-PWM-OUT	OPC 输出	0.22	⑱	RXE1−	差分信号	1.34
④		地址电阻	0	⑲	RXE0+	差分信号	1.14
⑤	OPC-ENABLE	OPC 同步	0	⑳	RXE0−	差分信号	1.33
⑥		地址电阻	0	㉑		地址电阻	0
⑦		地址电阻	0	㉒		地址电阻	0
⑧		地址电阻	0	㉓	GND	接地	0
⑨	RXE3+	差分信号	1.08	㉔	GND	接地	0
⑩	RXE3−	差分信号	1.39	㉕	GND	接地	0
⑪	RXEC+	像素时钟	1.27	㉖	VCC-PANEL	上屏供电	11.6
⑫	RXEC−	像素时钟	1.26	㉗	VCC-PANEL	上屏供电	11.6
⑬	GND	接地	0	㉘	VCC-PANEL	上屏供电	11.6
⑭	GND	接地	0	㉙	VCC-PANEL	上屏供电	11.6
⑮	RXE2+	差分信号	1.12	㉚	VCC-PANEL	上屏供电	11.6

三、逻辑板故障速判

逻辑板主要由时序控制器、TFT 偏压电路、伽马电路组成。时序控制器将主板送来的 LVDS 信号转换成数据驱动器和扫描驱动器所需要的时序信号和视频数据信号。TFT 偏压电路主要产生扫描驱动器（行驱动器或栅极驱动器）的开关电压 VGH、VGL 和数据驱动器的工作电压 VDA，以及 TFT 时序控制电路所需的工作电压 VDD。伽马电路主要作用是配合液晶的特性，调整数据驱动器中 D/A 转换器参考电压的设定，通常输出 12～18 路 D/A 转换器参考电压。

逻辑板出现故障时，通常会出现花屏、白屏、图暗、负像等故障现象，有些故障可能出在主板，也有可能出在逻辑板。如屏幕出现花屏故障时，故障可能出在主板或逻辑板。逻辑板上 DC/DC 变换电路产生的 VGH、VGL 等电压不正常，屏幕上将显示各种不同现象的花屏；主板输出的 LVDS 信号不正常，图像上常表现有红色或绿色噪波点。由于相关厂家对资料的控制，如何快速掌握逻辑板的故障判断已显得相当重要。

1. 故障判定方法

（1）电阻检测法

① 检查逻辑板上的保险电阻是否开路。

② 检查逻辑板上相关集成电路的电源脚和地间是否击穿。

③ 检查逻辑板上三极管是否漏电或不良。

电阻检测法基本上是在逻辑板不通电的情况下进行电阻检测。

（2）对照法

因上游厂家对屏上组件资料的控制，没有电路图可参考，又对 PCB（Printed Circuit Board）图不太熟悉时，我们可拿一块好的逻辑板与坏逻辑板进行对比测试，用此方法可获得一手维修资料，迅速地排除故障。

（3）上电测试法

① 检查上屏电压是否正常（不同型号的屏，上屏电压存在差异，上屏电压主要有 5V 和 12V 两种）。

② 检查逻辑板上 DC/DC 变换电路产生的 3.3V、2.5V 或 1.8V 供电是否正常（不同屏厂家的标注不相同，如 AU T420HW04 屏逻辑板上 3.3V 用 V3D3 标注）。

③ 检查逻辑板上 DC/DC 变换电路产生的 VDA 电压是否正常，该电压通常在 15.8V 左右（不同屏厂家的标注不相同，电压也有些差异，如 AU T420HW04 屏逻辑板上用 AVDD 标注，电压为 15.81V）。

④ 检查逻辑板上 DC/DC 变换电路产生的 VGH、VGL 电压是否正常，VGH 电压通常在 18～27V 之间，VGL 电压通常在−5.3～−6.3V 之间（不同屏厂家的标注不相同，电压也有些差异，如 AU T420HW04 屏逻辑板上用 VGHC、VGL 标注，VGHC 电压为 26.58V，VGL 电压为−6.11V）。

⑤ 检查逻辑板上伽马电路产生的伽马电压是否正常，伽马电压通常是以 VDA 电压为基准，逐渐递减（不同屏的伽马电压各不相同）。

⑥ 检查逻辑板上时序控制芯片产生的各控制信号（POL、OE、TP1、STH、STH-R、STV、STV-R、CKV、VSCM）是否正常。

（4）替换法

如遇到逻辑板上各检测点电压正常，屏幕出现很多无规则的竖线、灰屏或只有一半图像，则需要代换逻辑板来判断是屏的问题还是逻辑板的问题。

2. 故障判定示意

（1）LG 公司屏逻辑板故障判定

下面以 LG 公司生产的 LC370WXN-SBC1 屏所配逻辑板为例进行举例，该逻辑板各测试点正常工作电压如图 3-2-10 所示。

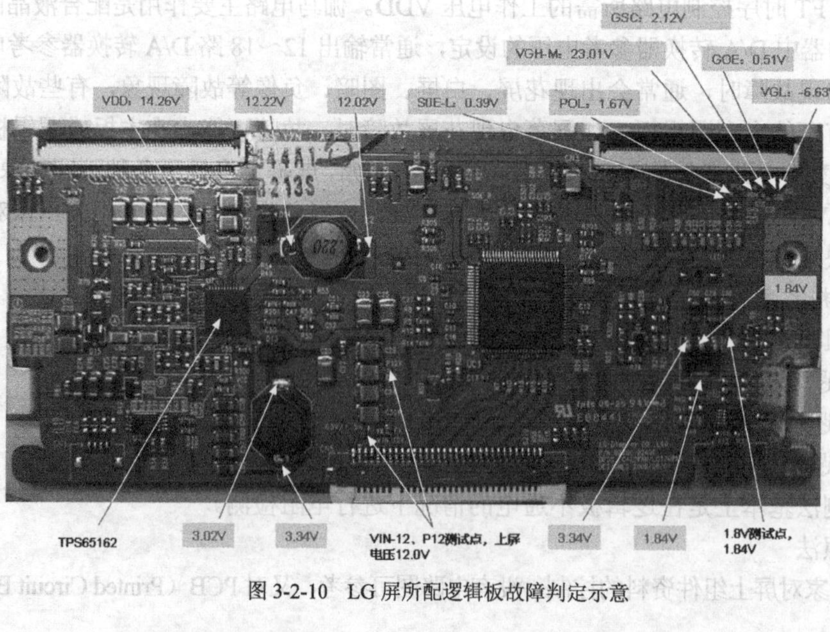

图 3-2-10　LG 屏所配逻辑板故障判定示意

（2）奇美公司屏逻辑板故障判定

下面以奇美公司生产的 V420H1-C12 屏所配逻辑板为例进行举例，该逻辑板各测试点正常工作电压如图 3-2-11 所示。

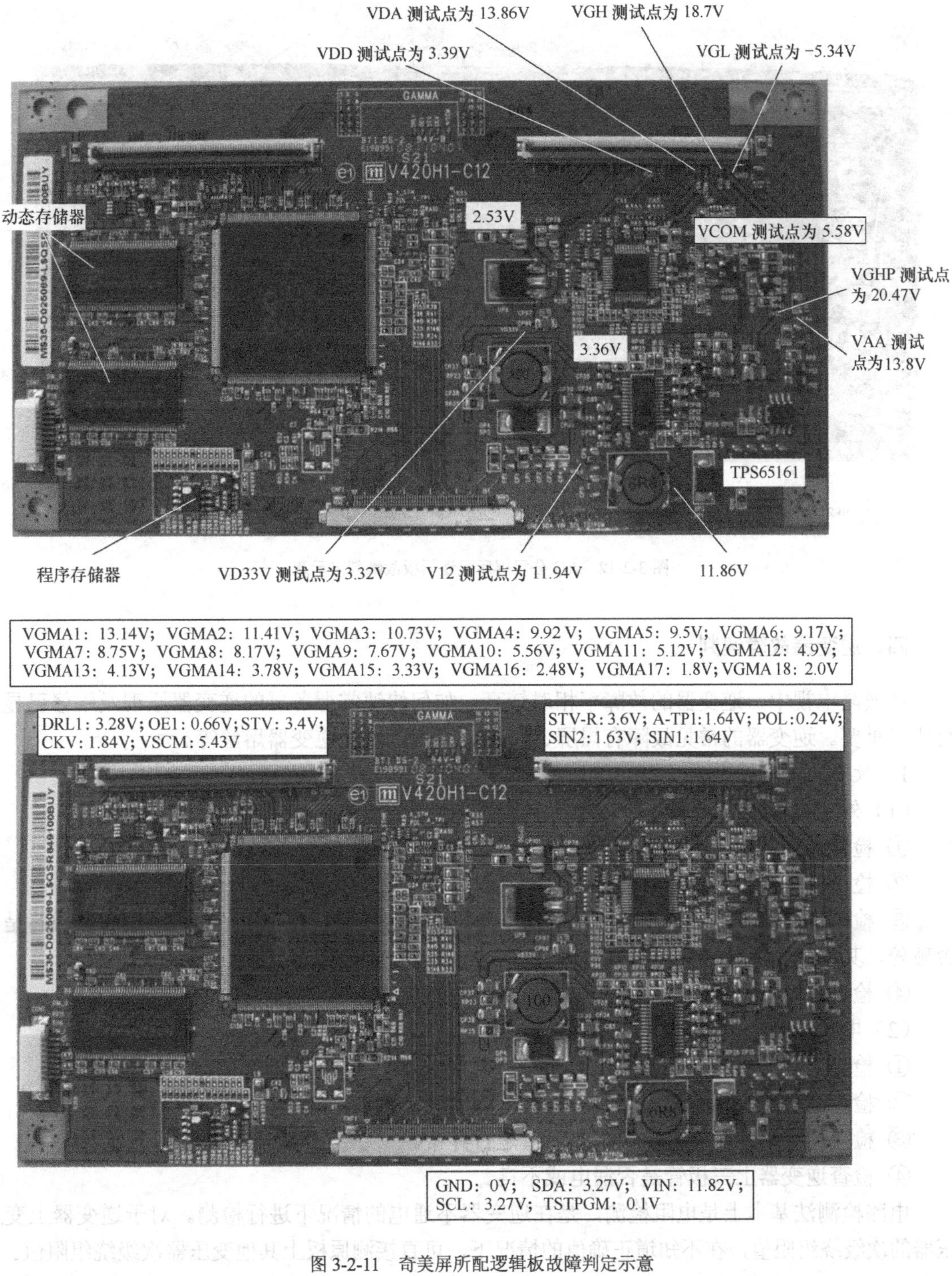

图 3-2-11　奇美屏所配逻辑板故障判定示意

（3）AU 公司屏逻辑板故障判定

下面以 AU 公司生产的 T420HW04-V0 屏所配逻辑板进行举例，该逻辑板各测试点正常工作电压如图 3-2-12 所示。

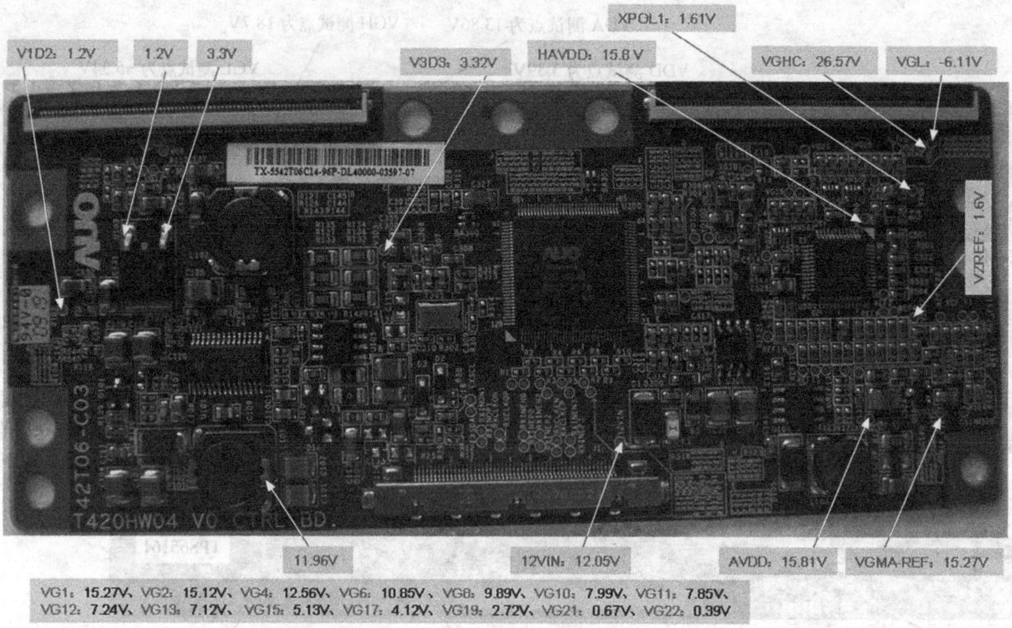

图 3-2-12　AU 公司屏所配逻辑板故障判定示意

四、逆变器故障速判

在液晶电视中，逆变器的故障率相对较高，如何快速掌握各屏的逆变器原理及维修已显得相当重要。逆变器的常见故障有黑屏、闪烁、干扰以及烧逆变器熔丝等。

1. 故障检测方法

（1）外观检查法

① 检查逆变器上是否有元器件或集成电路烧黑、炸裂。

② 检查逆变器上的贴片元器件是否掉落。

③ 检查逆变器上高压变压器（又称升压变压器）的外观是否有损坏，高压变压器磁芯是否破碎，其引脚附近是否有打火现象。

④ 检查逆变器上相关插座、变压器引脚是否有虚焊。

（2）电阻检测法

① 检查逆变器上的保险电阻是否开路。

② 检查逆变器上相关集成电路的电源脚和地间是否击穿。

③ 检查逆变器上变压器次级绕组阻值是否异常。

④ 检查逆变器上三极管是否漏电或不良。

电路检测法基本上是电阻检测，是在逆变器不通电的情况下进行检测。对于逆变器上变压器的次级绕组阻值，在不知道正确值的情况下，可直接测原板上其他变压器次级绕组阻值。

因逆变器上有多个高压变压器，不可能全坏，用此方法可获得一手维修资料。

（3）短接法

一般情况下，脉宽调制集成电路中有一脚是控制或强制输出的，对地短路该脚则其将不受取样电路的影响，强制输出脉冲波，此时逆变器一般均能点亮，并进行电路测试。但要注意：由于具体故障位置未找到，短路过久可能会导致一些意想不到的后果，如高压线路接触不良时，强制输出可能会导致线路打火而烧板。

（4）上电测试法

上电测试法适合不知道逆变器是否有故障的检测。由于逆变器装在整机上，工作状态受主板控制，如果主板存在异常，则会影响逆变器的正常工作，因此在上电检测中，有时还必须断开主板对逆变器的控制。

实际维修中，可将逆变器和主板的连接线断开，将电源板输出的 24V 电压加到逆变器插座的供电引脚，再将电源板的 5V 输出端串接一个电阻（4.7kΩ）加到逆变器的背光 ON/OFF 控制端，如果该板是好的，则液晶屏的背光灯就应点亮。

若检测逆变器供电、开关控制信号等正常，出现背光灯管不亮的情况，可采用 3 种方法来测试高压变压器是否有驱动电压输出。第一种方法是用一个螺丝刀接近高压变压器输出端，看是否有拉弧现象；第二种方法是将示波器的表笔靠在灯管的供电线路上，观察开机瞬间是否有波形；第三种方法是将指针万用表的表笔靠在灯管的供电线路上，看表针是否来回摆动。

2. 常见故障检修

（1）黑屏，有声音

检修这种故障时首先观察背光灯是否点亮，若背光灯没有点亮，则检查逆变器的供电是否正常，逆变器开关控制信号是否正常，若正常，则检查 CCFL 控制器的控制信号输出端是否有激励脉冲信号输出（可用万用表测电压，通常该电压都在 2V 左右），若电压正常，则检查直流变换电路、MOS 管驱动及高压变压器部分，出现故障较多的是高压变压器损坏。

（2）开机瞬间能见光但瞬间就黑屏

检修这种故障时首先检修电源输出的 24V 电压带负载能力是否减弱，可通过在开机瞬间测 24V 供电是否有变化来判定。如果开机瞬间电压正常，逆变器打开后电压马上下降或很低，说明故障是由电源带负载能力弱引起。其次是检测逆变器输出是否过流或过压，导致逆变器内部保护电路动作，引起该故障的原因主要有以下两个。

① 灯管异常损坏或者老化，可暂时断开电流保护检测电路来观察屏幕是否黑屏，或在逆变器的输出端接一只 10W/150kΩ的水泥电阻作为假负载来进行判定。

② 逆变器输出端的高压变压器某一组开路或短路，通常是采用对比法测变压器的阻值来判定高压变压器是否开路或短路；或暂时断开过压保护检测电路，观察灯管是否有某一根或几根未点亮来进行判定。

（3）工作一段时间后黑屏，关机后再开能重新点亮

这种故障主要由高压驱动电路末级或供电部分元器件发热量大，长期工作造成虚焊所致。可以通过轻轻敲击逆变器的高压变压器（多发故障部位）等来辅助判断，找出故障点后补焊即可。

（4）亮度偏暗

这种故障主要由逆变器上的亮度控制线路不正常、24V 供电偏低、脉宽调制集成电路输

出驱动脉冲偏低、高压电路不正常等引起。部分可能伴随着加热几十秒后保护，产生无显示，主要是高压变压器绕组存在匝间短路或高压输出电容失效所致。

（5）干扰

主要有水波纹干扰、画面抖动/跳动、星点闪烁等现象，主要是逆变器的工作频率导致干扰图像所致。

3. 维修技巧

在大屏幕液晶电视中，逆变器是一个耗电量大、发生故障部位较多的组件，在检修过程中，可以采用测电压、测波形或断保护等方法来判定故障部位。

① 检修逆变器的主要工具是万用表和示波器。因为逆变器的工作频率高，所以可采用示波器测量。万用表可用普通的高内阻机械表（500 型）和数字万用表测量。需注意的是，不要用万用表去测试高压输出端，高压输出端是交流电，同时电压较高，容易对万用表造成损坏。更不能用低内阻的万用表去检修逆变器，以避免对被测电路的影响。

逆变器高压端输出的为 50～80kHz、600V 左右的高频交变电压，若采用普通万用表去测量，由于普通万用表内阻低、分流大，会造成电视机保护关机，最好使用高内阻数字万用表测量，其峰值为 320V 左右，也可以采用示波器测量及万用表笔（1 只）触碰放电法。

② 要使液晶屏整个屏幕亮度均匀、稳定，逆变器高压驱动电路的供电电压和电流必须稳定。所以，为了避免因液晶屏中某只背光灯管异常损坏或出现性能不良，造成液晶屏亮度不均匀，甚至出现暗区，严重影响收看的效果，可专门在电路上设计 CCFL 高压驱动电路自动保护性关机电路。

逆变器电路上采用了几组完全相同的驱动电路，分别为各个灯管供电，检修时可相互对照，几组同时损坏的可能性较小。

③ 逆变器上设有电流保护检测电路，通过对高压输出电流的检测，判断高压输出或灯管是否正常。

电流保护检测电路的作用是稳定背光灯管工作电流和稳定电压。当某只灯管异常或性能不良出现暗区，有故障的灯管会无电流或电流很小，电流保护检测电路一旦检测到灯管电流异常，就会向 CCFL 高压驱动电路送出停止工作的信号，使整个 CCFL 高压驱动电路停止工作（出现屏幕闪烁一下就黑屏），等待检修或更换。

④ 逆变器还有一个亮度控制信号，这个信号受主板 MCU 发出的亮度调节信号控制，此信号电压值改变，会改变 CCFL 振荡器输出的 PWM 激励脉冲的占空比，进而改变了高压输出变压器输出的信号幅度，也就改变了 CCFL 的亮度，实现了电视的亮度调节。用万用表测试，该电压为一固定电平（3.3V）或有平滑的高低变化，这取决于主板的调光方式。

精 通 篇

第 4 章　电源板电路分析与检修

从前面的学习中，大家可以很清楚地了解到电源主要有两大类：一类是独立型的电源模块，只产生主板、逆变器所需的各组电压；另一类是电源、逆变合二为一的电源板组件，整合了逆变器的功能。本章主要讲解独立型的电源板电路原理与检修方法。

第 1 节　STR-V152+STR-X6759N 方案电路分析与检修

该方案将以长虹公司生产的 GP02 电源为例进行分析，其电路原理图如图 4-1-1 所示。该开关电源是一个双电源系统，STR-V152 和变压器 T806 组成一个电源系统，提供+5V 和+5VSTB 电压；STR-X6759N 和变压器 T801、T802 组成一个电源系统，提供+24V 和+12V 电压。整个电源模块在待机状态下只有 STR-V152 和变压器 T806 组成的开关电源工作，提供+5V 和+5VSTB 待机电压，我们称之为副开关电源，其中+5V 电压供液晶电视信号处理电路使用；+12V、+24V 电压由 STR-X6759N 及相关电路产生，我们称之为主开关电源，+24V 电压供逆变器使用，+12V 电压供伴音功放使用。

一、电源进线滤波抗干扰电路

电源抗干扰电路由 R800、C862、L801、C860、C861、C863、L802、C864、C824、C827 共同组成，其作用是增强电视的电磁兼容性。该电路具有双向性：一方面它可以抑制高频干扰进入电视，确保电视正常工作；另一方面它可抑制开关电源产生的高频干扰，防止高频脉冲进入电网而干扰其他电气设备。

220V/50Hz 工频交流电经 J801 进入液晶电视开关电源组件，先经过延迟保险管 FU801，然后进入由 R800、C862、L801、C860、C861、C863、L802、C864、C824、C827 组成的二级低通滤波网络，滤除市电中的高频干扰信号，同时保证开关电源产生的高频信号不窜入电网。L801、L802 为共模扼流圈，它是绕在同一磁环上的两只独立的线圈，圈数相同，绕向相反，在磁环中产生的磁通相互抵消，磁芯不会饱和，主要抑制共模干扰，电感值愈大对低频干扰的抑制效果愈佳。电容 C862 主要抑制相线和零线之间的干扰，电容值愈大对低频干扰抑制效果愈佳，在这里选用 0.68μF/250V。为了避免电网电压波动造成开关电源损坏，设置了保险管 FU801，从而保护后级电路。

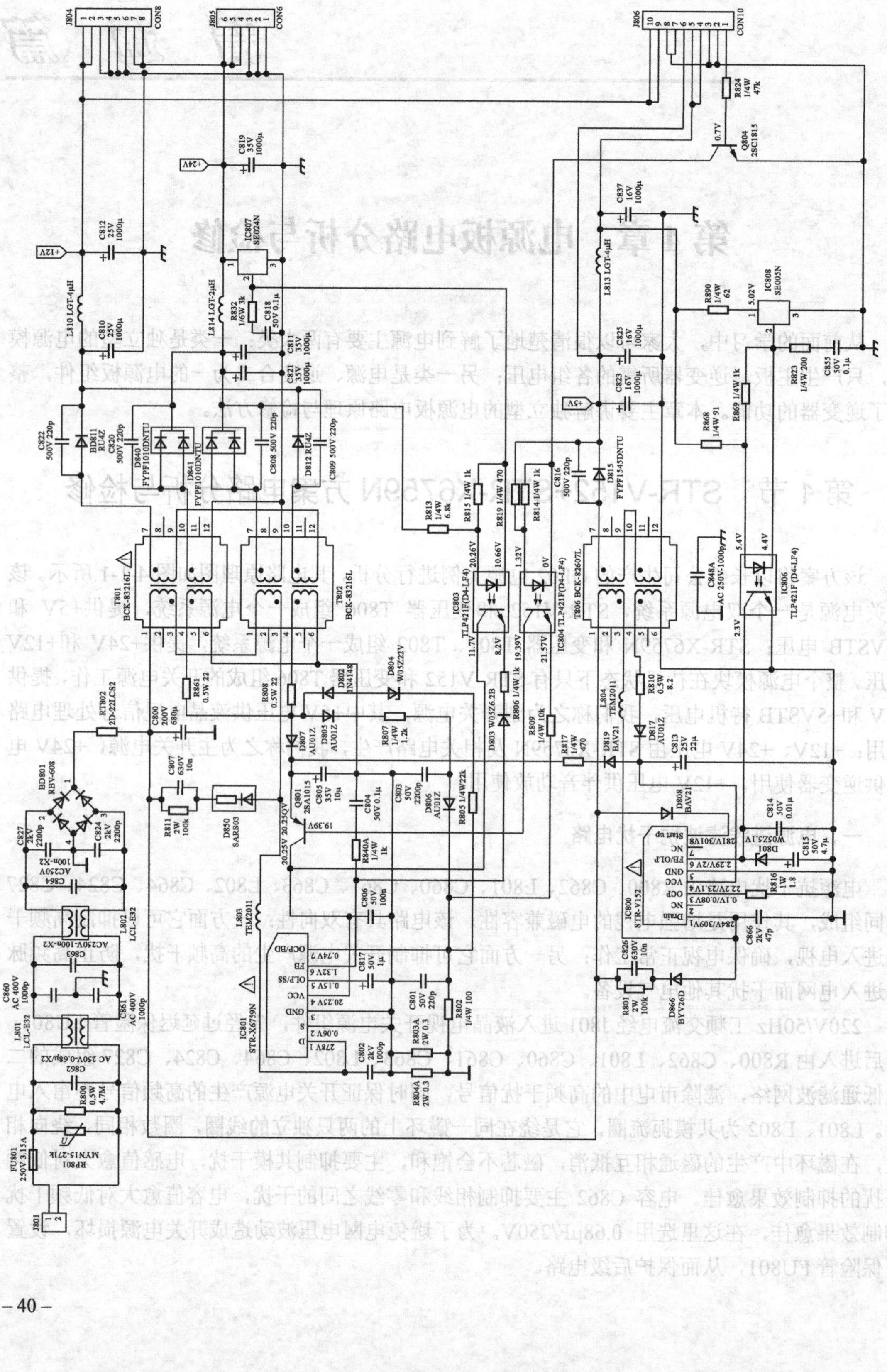

图 4-1-1 GP02 电源电路

二、STR-V152 组成的副开关电源电路

副开关电源由 IC800（STR-V152）、IC808（SE005N）、IC805（TLP421）、T806（BCK-82607L）等主要器件组成，副电源在整机通电后立即启动，一直处于工作状态，输出 5V 电压供整机 CPU 使用。STR-V152 内部集成有启动电路、振荡驱动电路及功率场效应管。STR-V152 的内部控制框图如图 4-1-2 所示，由 STR-V152 构成的副开关电源电路如图 4-1-3 所示。

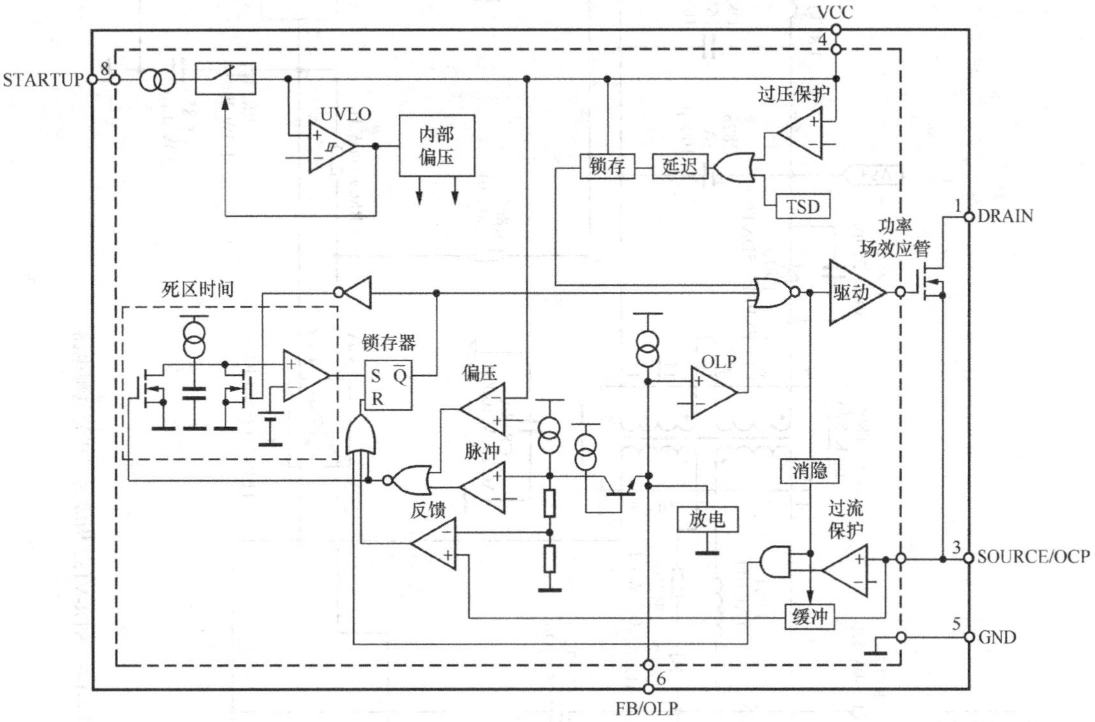

图 4-1-2　STR-V152 的内部控制框图

1. 开关电源的启动、振荡电路

经 BD801 整流、C800 滤波得到的 300V 电压分为两路：一路去 STR-X6759N 主电源，另一路到 IC800（STR-V152）副电源。到副电源的 300V 电压再分两路：一路经变压器 T806 的 1—3 绕组、L804，送到 IC800 的①脚内部大功率 MOS 管漏极；另一路作为启动电压经 D808 送到 IC800 的⑧脚。IC800 的①脚和⑧脚加上电压后，⑧脚内部的启动电路开始工作，IC800 内的场效应管进入开关工作状态。IC800 的⑥脚外接有软启动电容 C814 和稳压管 D801、电解电容 C815。IC800⑥脚在启动瞬间，经内部限流电路处理后得到 800μA 左右的电流向④脚外接电容 C813 充电，IC800 内的场效应管的导通时间逐渐延长，最后达到正常工作时的导通时间，避免了开机瞬间时，由于过大的电流损坏 IC800 内的场效应管。当电容 C813 正端电压上升到 17.5V 时，IC800 内部振荡及逻辑电路启动并输出一个开关脉冲，经内部推挽缓冲放大后加到内部大功率 MOS 开关管的栅极，MOS 开关管导通，开关电源被启动；若电源启动后，IC800 的④脚无持续的电压供给，④脚充得的电压将随着电流的消耗逐渐下降，当下降到 10V 时，电源停止工作。

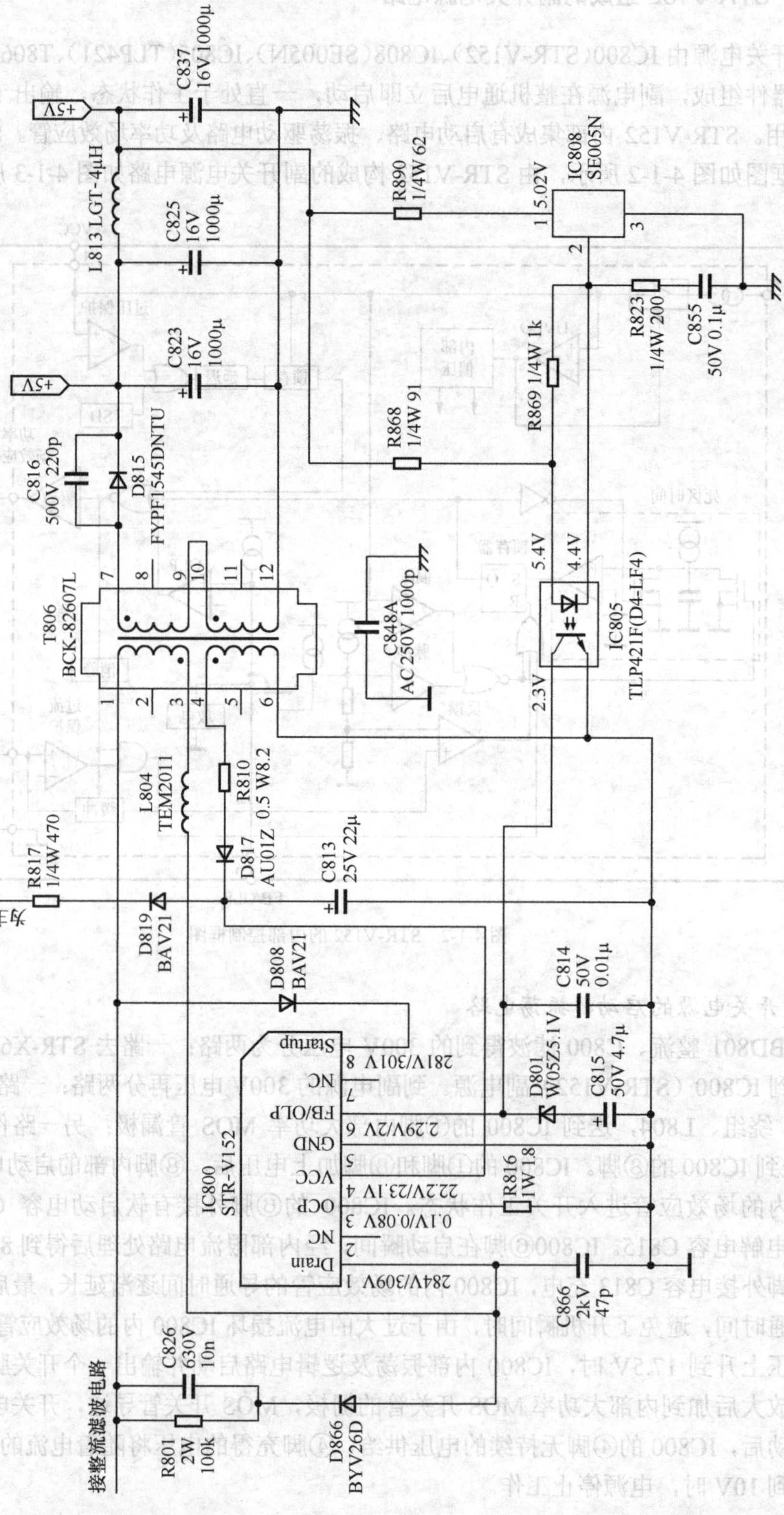

图 4-1-3 STR-V152 构成的副开关电源电路

当 IC800 内的场效应管进入开关工作状态后，IC800 内部的大功率 MOS 开关管开始导通，开关变压器 T806 的 1—3 绕组就产生相应的交变电流，T806 的次级均产生感应脉冲。其中，4—6 绕组产生的感应脉冲经 R810 限流、D817 整流、C813 滤波后，产生约 22V 的电压供给 IC800 的④脚，使 IC800 能持续稳定地工作。

2. STR-V152 的稳压过程

IC800 的稳压控制电路由 IC808、IC805 及 IC800⑥脚内部电路等组成。开关变压器 T806⑦脚输出的 5V 电压一路经 R890 加到 IC808 的①脚；另一路经 R868、R869//IC805 加到 IC808 的②脚。当某种原因使开关电源输出电压升高时，IC808 的①脚电压升高，其②脚电压降低，IC805 内部发光二极管发光增强，IC800⑥脚电流增大，电压下降，低于 2.3V。此时，IC800 内部输出控制信号控制振荡器输出的开关脉冲宽度变窄，内部大功率 MOS 开关管导通时间缩短，输出电压下降；当某种原因使输出电压下降时，其稳压控制过程与上述相反。

3. 次级直流电压输出

开关电源正常工作时，开关变压器各绕组中均会产生与绕组匝数成正比的感应电压，通过整流滤波便可形成整机工作电压。

从 T806⑦脚输出的脉冲电压经 D815 整流，C823、C825、L813、C837 滤波得到 5.5V 直流电压，从 J806④、⑤脚输出+5V 电压，提供给主板信号处理电路。

4. 保护电路

开关稳压电源工作在高频、高压和大电流条件下，需加入各种保护电路，一方面保护开关电源本身不致因过压、过流损坏，同时也避免因开关电源故障而损坏其他电路。

（1）过流保护电路

过流保护电路由 R816、IC800③脚内部电路构成。该电路通过检测 IC800 内部大功率开关管漏极电流来实现过流保护。液晶电视正常工作时，IC800①脚内部大功率开关管漏极电流从③脚源极输出，经电阻 R816 到地形成回路，在 R816 上形成压降并反馈到 IC800③脚内部。当某种原因导致 IC800③脚内部大功率开关管漏极电流增大时，在 R816 上的压降增大，反馈到 IC800③脚内部的电压升高到 0.77V，内部过流保护电路启动，开关电源停止工作。

（2）过压保护

过压保护由 IC800④脚内部电路完成。IC800④脚内部含有一电压监测器。当某种原因使开关电源输出电压大幅度升高时，副开关电源变压器 T806 辅助绕组 4—6 感应电压也随之升高，经 D817 整流、C813 滤波加到 IC800④脚的电压随之大幅度升高，当该脚电压升高到 31V 时，内部过压保护电路启动，开关电源停止工作。

（3）过载保护

过载保护由 IC800⑥脚内部电路完成。当某种原因造成开关电源负载过重时，开关电源次级 5V 电压会严重下跌，由稳压控制原理可知，IC800⑥脚电压将大幅度上升，当该脚电压上升到内部过载保护门坎电压 7.2V 时，内部过载保护电路启动，IC800 开关电源停止工作，实现了过载保护。

（4）过热保护

过热保护电路集成在 IC800 内部，当某种原因造成 IC800 内部温度升高到 135℃以上时，内部过热保护电路启动，开关电源停止工作。

三、STR-X6759N 组成的主开关电源电路

STR-X6759N 组成的主开关电源电路主要由 IC801（STR-X6759N）、Q801、T801、T802、IC803、IC804、IC807、D840、D841、D811、D812 等元器件组成。STR-X6759N 内部集成有启动电路、振荡驱动电路及功率场效应开关管，STR-X6759N 的内部控制框图如图 4-1-4 所示，由 STR-X6759N 组成的主开关电源电路如图 4-1-5 所示。

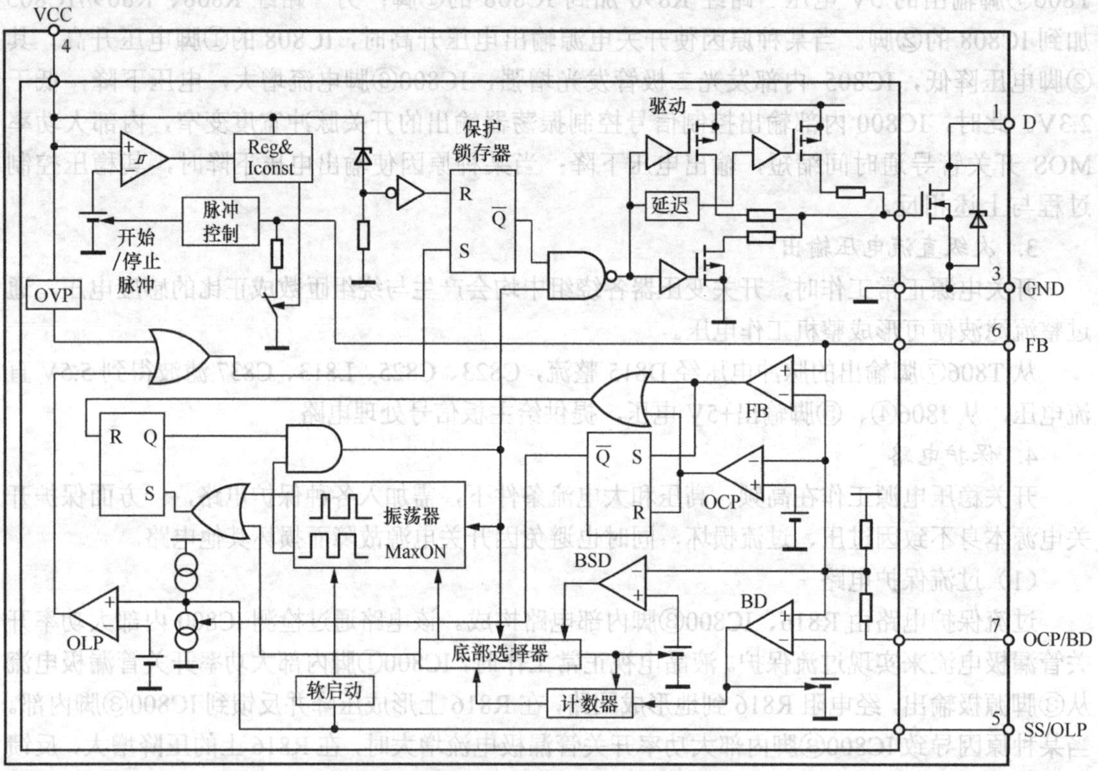

图 4-1-4　STR-X6759N 的内部控制框图

1．开关电源的启动、振荡电路

经 BD801 整流、C800 滤波得到的 300V 电压经 T801 的 1—3 绕组、T802 的 1—3 绕组后加到 STR-X6759N 的①脚，即内部大功率 MOS 管漏极。

在待机状态时，T806 4—6 绕组产生的感应电压经 D819 整流、R817 限流、C805 滤波后得到 23V 直流电压加到 Q801 的发射极。此时，光耦 IC804 处于截止状态，Q801 截止，STR-X6759N 的④脚无电压输入。当电视从待机状态转为开机状态时，J806 的①脚输入一个高电平，Q804 导通，光耦 IC804 导通，Q801 导通，23V 直流电压对 C806 充电，当电压上升到 18.2V 时，STR-X6759N 的④脚内部振荡电路、逻辑电路启动，同时输出开关脉冲经缓冲放大后驱动大功率 MOS 管工作在开关状态。

STR-X6759N 主开关电源启动后，主开关变压器 T801 的 1—3 初级绕组、T802 的 1—3 初级绕组中有电流流过，T802 的 4—6 绕组中将产生互感电压，经 R808 限流、D807 整流、C805 滤波后得到约 22V 电压，经 Q801 向 STR-X6759N④脚提供持续的工作电压。

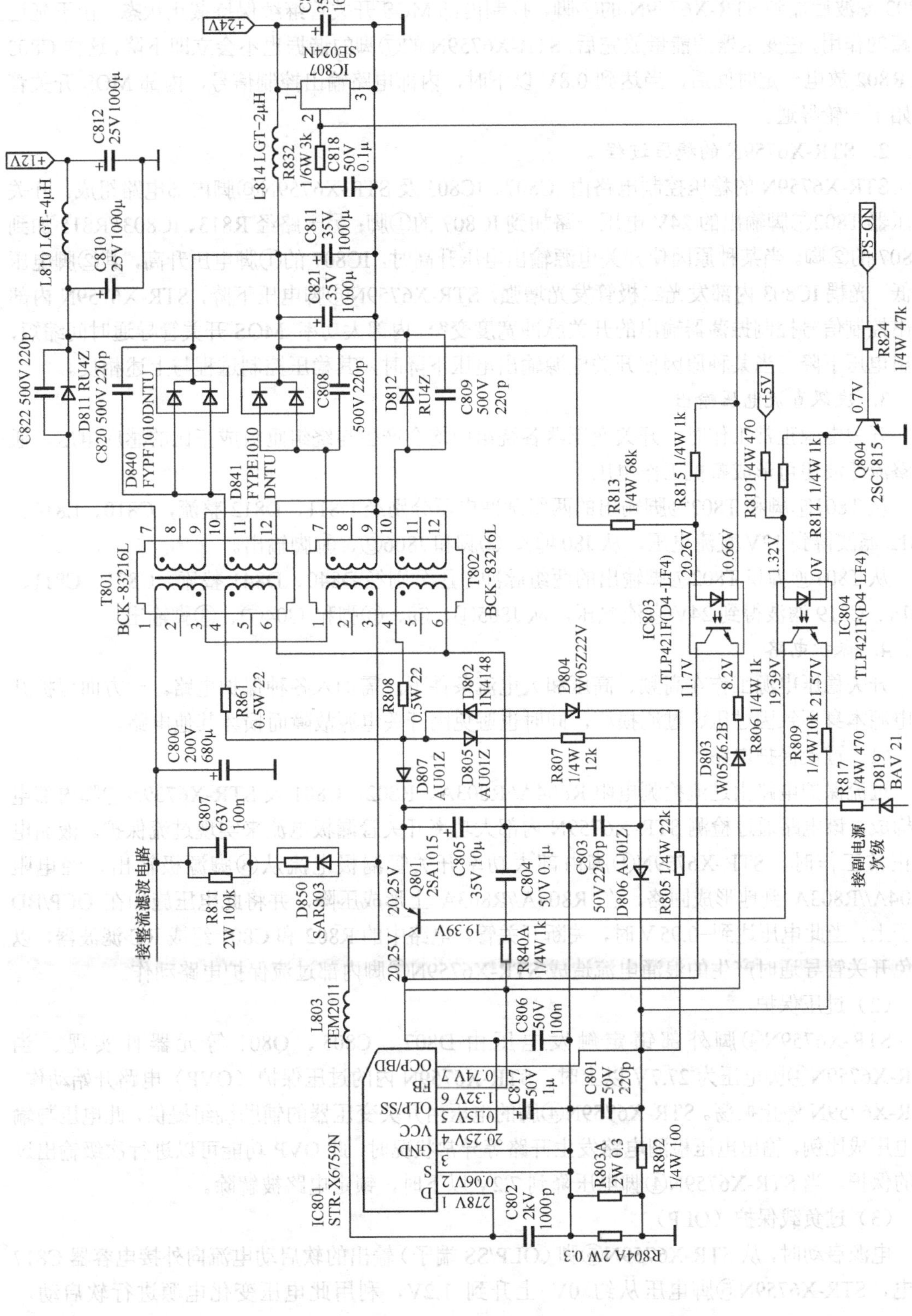

图 4-1-5　STR-X6759N 组成的主开关电源电路

T802的4—6绕组、D805、R807、C803、D806及STR-X6759N的⑦脚内部电路组成延迟导通电路。当STR-X6759N内部MOS开关管截止后，辅助绕组的谐振电压经D805整流、C803滤波后加到STR-X6759N的⑦脚，控制内部MOS开关管继续保持截止状态。由于延迟电路的作用，在变压器的能量放完后，STR-X6759N的⑦脚的谐振也不会立即下降，这样C803经R802放电一定时间后，当达到0.8V以下时，内部电路输出控制信号，内部MOS开关管开始下一轮导通。

2. STR-X6759N的稳压过程

STR-X6759N的稳压控制电路由IC807、IC803及STR-X6759N⑥脚内部电路组成。开关变压器T802⑦脚输出的24V电压一路加到IC807的①脚；另一路经R813、IC803//R815加到IC807的②脚。当某种原因使开关电源输出电压升高时，IC807的①脚电压升高，其②脚电压降低，光耦IC803内部发光二极管发光增强，STR-X6759N⑥脚电压下降，STR-X6759N内部输出控制信号控制振荡器输出的开关脉冲宽度变窄，内部大功率MOS开关管导通时间缩短，输出电压下降；当某种原因使开关电源输出电压下降时，其稳压控制过程与上述相反。

3. 次级直流电压输出

开关电源正常工作时，开关变压器各绕组中均会产生与绕组匝数成正比的感应电压，通过整流滤波便可形成整机工作电压。

从T801⑦脚和T802⑩脚输出的两组脉冲电压分别经D811、D812整流，C810、L810、C812滤波得到12V直流电压，从J804①、②脚和J806⑨、⑩脚输出。

从T801⑩脚和T802⑦脚输出的两组脉冲电压分别经D840、D841整流，C821、C811、L814、C819滤波得到24V直流电压，从J805④、⑤、⑥脚和J804⑦、⑧脚输出。

4. 保护电路

开关稳压电源工作在高频、高压和大电流条件下，需加入各种保护电路。一方面保护开关电源本身不致因过压、过流损坏，同时也避免因开关电源故障而损坏其他电路。

（1）过流保护电路

过流保护电路由过流检测电阻R804A//R803A、R802、C801及STR-X6759N⑦脚内部电路构成。该电路通过检测STR-X6759N内部大功率开关管漏极电流来实现过流保护。液晶电视正常工作时，STR-X6759N①脚内部大功率开关管漏极电流从③脚源极输出，经电阻R804A//R803A到地形成回路，在R804A//R803A上形成压降，并将此电压施加在OCP/BD端子上，当此电压达到−0.95V时，关断开关管。电路中的R802和C801组成RC滤波器，以避免开关管导通时产生的浪涌电流造成STR-X6759N⑦脚内部过流保护电路动作。

（2）过压保护

STR-X6759N④脚外部锁定触发电压由D807、C805、Q801等元器件实现。当STR-X6759N④脚电压为27.7V以上时，STR-X6759N内的过压保护（OVP）电路开始动作，STR-X6759N停止振荡。STR-X6759N④脚的电压由开关变压器的辅助绕组提供，此电压与输出电压成比例，输出电压检测电路发生开路等异常状况时，此OVP功能可以进行次级输出过压的保护。当STR-X6759N④脚电压降到7.2V以下时，锁定电路被解除。

（3）过负载保护（OLP）

电源启动时，从STR-X6759N⑤脚（OLP/SS端子）输出的软启动电流向外接电容器C817充电，STR-X6759N⑤脚电压从约0V上升到1.2V，利用此电压变化电源进行软启动。

STR-X6759N⑤脚电压与内部的振荡器波形进行比较，逐渐地增加 ON 幅度。在间隙振荡的待机工作状态时，在每次的电源工作期间，由于软启动的作用，STR-X6759N①脚电流逐渐增加，同时可以抑制开关变压器发出的声音。

（4）过热保护

过热保护电路集成在 STR-X6759N 内部，当某种原因造成 STR-X6759N 内部温度升高到 135℃以上时，内部过热保护电路启动，开关电源停止工作。

（5）准谐振及延迟导通电路

在 IC801 内部大功率 MOS 开关管第一次由导通转为截止时，IC801①脚外接电容 C802 将与开关变压器 T801、T802 的 1—3 绕组发生谐振，谐振脉冲往往高于 IC801 内部大功率 MOS 开关管的击穿电压，谐振电压还未泄放到 MOS 开关管所能承受的电压范围，开关管的下一次导通就开始，则很可能造成开关管的损坏。

对此，电路中设计了由 D805、R807、C803、D806 及 IC801 的⑦脚内部组成的延迟导通电路。当开关管第一次由导通转为截止时，C802 与 T801、T802 的 1—3 绕组发生谐振，谐振电压将以感应的形式感应到开关变压器 T801、T802 的 4—6 绕组，经 R861、R808 限流，D805 整流，R807 降压，降压后的电压一方面对 C803 进行充电，另一方面再通过 D806 加到 IC801⑦脚，使⑦脚电压保持在门限电压 0.95V 以上，IC801 内部大功率开关管将持续保持截止状态。

随着 C803 上电压经 R802 的放电，⑦脚电压也将随之下降，当该电压下降到 0.95V 以下时，内部开关管下一次导通才开始，适当调整 C803 的容量，可以调整开关管延迟导通时间，刚好使谐振电压在最低点时开关管下一次导通开始，即达到了延迟导通、保护开关管的目的。

四、维修参考数据

STR-V152 与 STR-X6759N 的引脚功能和维修参考数据分别见表 4-1-1 及表 4-1-2。

表 4-1-1　　STR-V152 引脚功能和维修参考数据

脚　号	符　号	功　能	开机电压/V	待机电压/V
①	Drain	内部场效应开关管的漏极，接 T121 的③脚	284	309
②	NC	空脚，未用	—	—
③	OCP	内部场效应开关管的源极，内部过流保护检测端，通过过流检测电阻 R816 接地	0.1	0.08
④	VCC	内部电路正常工作的电压供给端	22.16	23.05
⑤	GND	地	0	0
⑥	FB/OLP	稳压控制输入端，并外接软启动电路元器件，实现软启动功能	2.29	2.0
⑦	NC	空脚，未用	—	—
⑧	Startup	启动电压输入端	281	301

表 4-1-2　　STR-X6759N 引脚功能和维修参考数据

脚　号	符　号	功　能	开机电压/V	待机电压/V
①	D	MOS 管的漏极	278	303
②	S	Source 端子	0.06	0
③	GND	地	0	0

续表

脚　号	符　号	功　能	开机电压/V	待机电压/V
④	VCC	控制电源输入	20.25	1.8
⑤	OLP/SS	软启动动作及过负载检测时的延迟时间设定	0.15	0
⑥	FB	反馈电压控制信号输入间隙振荡控制	1.32	0
⑦	OCP/BD	过流检测信号输入/Bottom 检测信号输入	0.74	0

第 2 节　STR-E1565+STR-T2268 方案电路分析与检修

该方案采用长虹公司生产的 GP03 电源为例进行分析，其电路原理图如图 4-2-1 所示。该开关电源适用于长虹公司生产的 37～42 英寸液晶电视采用内置式开关电源的所有机芯，具有输出功率大、带负载能力强、待机功耗小、保护功能完善等优点。

该开关电源是一个三电源系统，STR-E1565（U806）和变压器 T804 组成一个电源系统，提供+12V 和+5V 电压；STR-E1565 同时推动 PFC 电路，输出+400V 电压（与交流输入电压无关），所以 PFC 电路也是一个电源单元；STR-T2268（U801）和变压器 T803 组成一个电源系统，提供+24V 电压。整个电源模块在待机状态下只有 STR-E1565 和变压器 T804 组成的开关电源工作，提供+5VSTB 待机电压。其中+12V 和+5V（signal）两组电压供液晶电视信号处理电路使用，+5V（MCU）电压供 CPU 使用。+12V、+5V（signal）、+5V（MCU）3 组电压由 STR-E1565 及相关电路产生，称为副开关电源；+24V 电压供逆变器使用，由 STR-T2268 产生，称为主开关电源。

一、进线抗干扰及整流滤波电路

1. 进线抗干扰电路

电源进线抗干扰电路由 L801、C802、L802 组成，其作用是增强电视的电磁兼容性。该电路具有双向性：一方面它可以抑制高频干扰进入电视，确保电视正常工作；另一方面它可抑制开关电源产生的高频干扰，防止高频脉冲进入电网而干扰其他电气设备。

220V/50Hz 工频交流电经 JP801 进入液晶电视开关电源组件，先经过延迟保险管 F801，然后进入由 TH801、VZ801、L801、C802、L802 组成的二级低通滤波网络，滤除市电中的高频干扰信号，同时保证开关电源产生的高频信号不窜入电网。TH801 为负温度系数热敏电阻，开机瞬间温度低，阻抗大，防止电流对回路的浪涌冲击。L801、L802 为共模扼流圈，它是绕在同一磁环上的两只独立的线圈，圈数相同，绕向相反，在磁环中产生的磁通相互抵消，磁芯不会饱和，主要抑制共模干扰，电感值愈大对低频干扰抑制效果愈佳。这样绕制的滤波电感抑制共模干扰的性能大大提高。电容 C802 主要抑制相线和零线之间的干扰，电容值愈大对低频干扰抑制效果愈佳，在这里选用 0.68μF/275V。VZ801 为压敏电阻，即在电源电压高于 250V 时，压敏电阻 VZ801 击穿短路，保险管 F801 熔断，这样可避免电网电压波动造成开关电源损坏，从而保护后级电路。

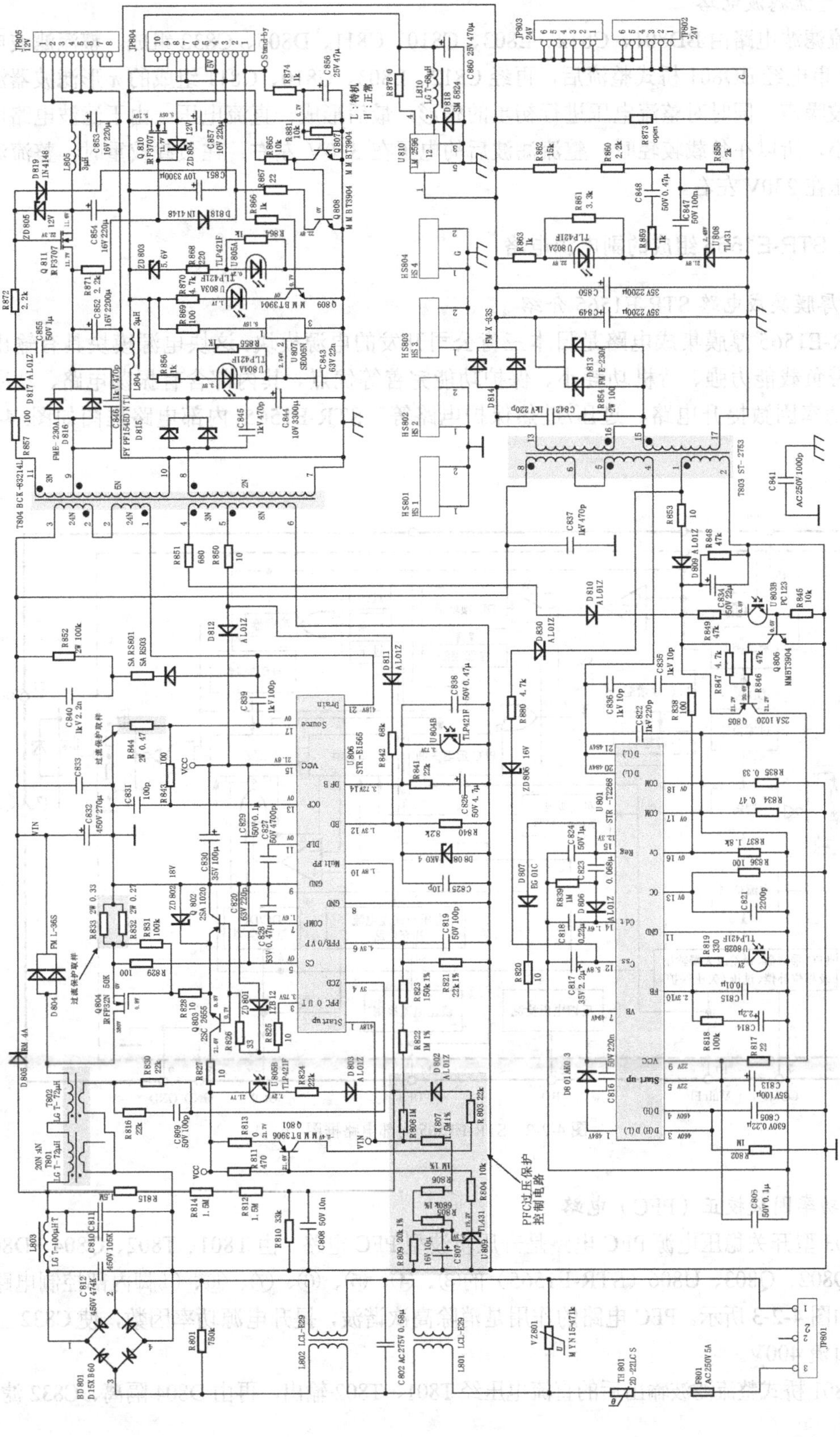

图 4-2-1　GP03 电源电路

2. 整流滤波电路

整流滤波电路由 BD801、C812、L803、C810、C811、D805、C832 组成。整流滤波电路将 220V 市电经 BD801 桥式整流后，再经 C812、L803、C810、C811 组成的 π 形滤波器滤除高频纹波噪声，同时对整流电压进行初步的整形，最后形成一直流电压。由于滤波电路电容储能较小，所以在负载较轻时，整流滤波后的电压在 310V 左右；在负载较重时，整流滤波后的电压在 230V 左右。

二、STR-E1565 组成的副电源电路

1. 厚膜集成电路 STR-E1565 介绍

STR-E1565 厚膜集成电路是日本三肯公司开发的电源模块，这块电源模块具有输出功率大、带负载能力强、待机功耗小、保护功能完善等优点。其内部含有振荡电路、功率开关管、功率因数提升电路、过压/过热保护电路等。STR-E1565 内部电路框图如图 4-2-2 所示。

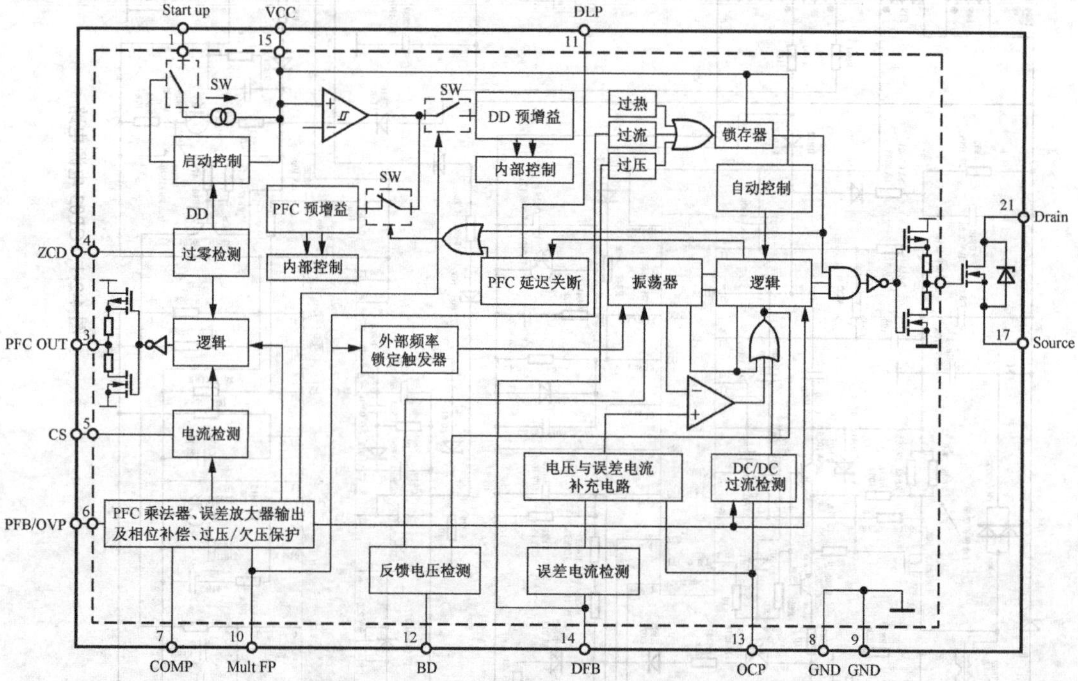

图 4-2-2 STR-E1565 内部电路框图

2. 功率因数校正（PFC）电路

GP03 型开关稳压电源 PFC 电路是升压斩波型 PFC 电路，由 T801、T802、Q804、D804、C832、Q802、Q803、U806（STR-E1565）的③、④、⑤、⑥、⑦、⑩、⑪脚内部控制电路等组成，如图 4-2-3 所示。PFC 电路的作用是消除高次谐波，提升电源功率因数，使 C832 上的电压为直流 400V。

BD801 桥式整流滤波输出后的直流电压经 T801、T802 输出，再由 D804 隔离、C832 滤波，

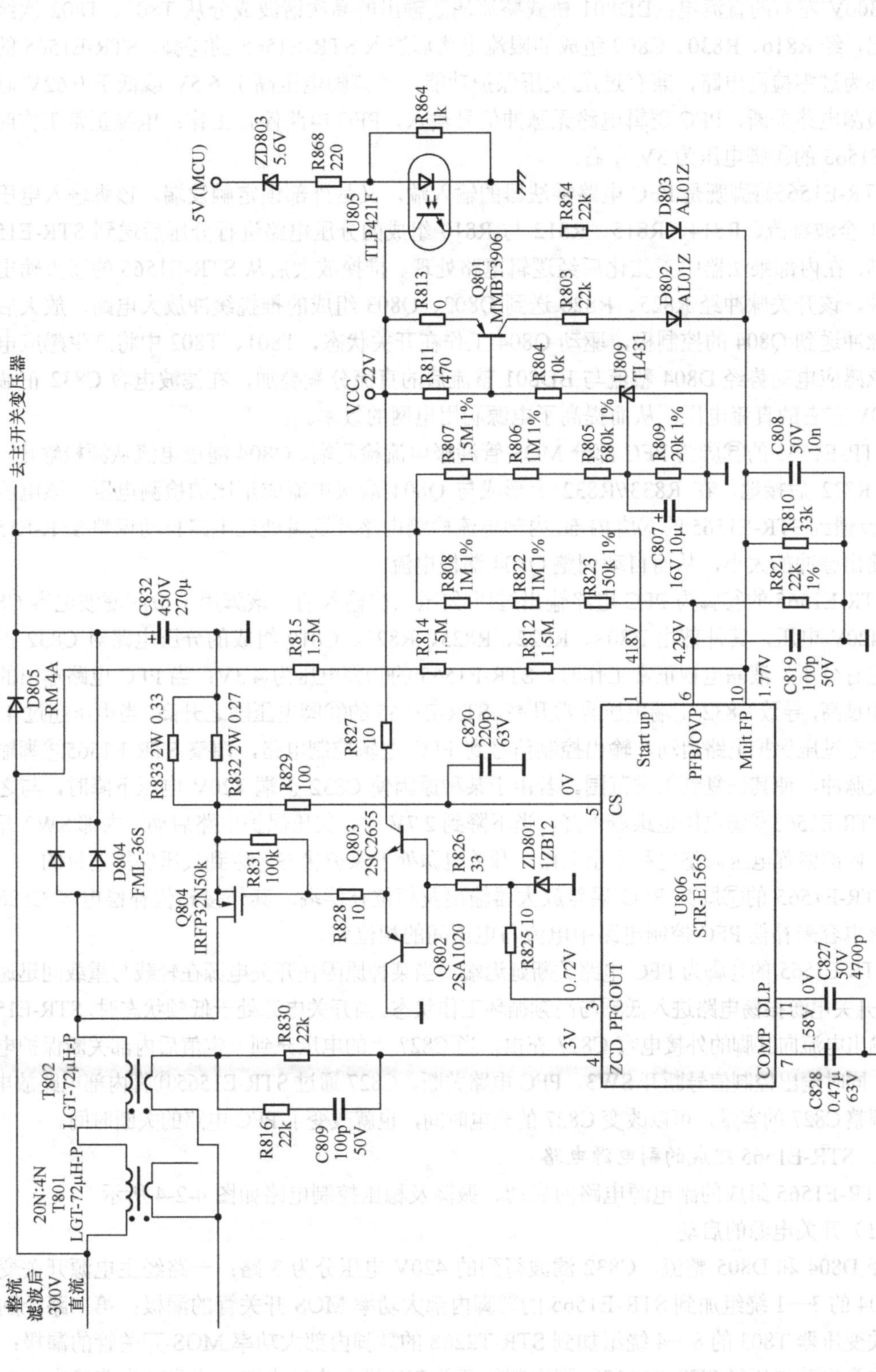
5V (MCU)
ZD803 5.6V
R868 220
R864 1k
U805 TLP421F
R824 22k
D803 AL01Z
R813 0
Q801 MMBT3906
R803 22k
D802 AL01Z
VCC 22V
R811 470
R804 10k
U809 TL431
R807 1.5M 1%
R806 1M 1%
R805 680k 1%
R809 20k 1%
C808 50V 10n
C807 16V 10μ
R810 33k
R808 1M 1%
R822 1M 1%
R823 150k 1%
R821 22k 1%
去主开关变压器
C832 450V 270μ
D805 RM 4A
R815 1.5M
R814 1.5M
R812 1.5M
418V
4.29V
1.77V
C819 100p 50V
R833 2W 0.33
R832 2W 0.27
R827 10
C820 220p 63V
R829 100
0V
Start up
PFB/OVP
Mult FP
CS
D804 FML-36S
R831 100k
Q803 2SC2655
R826 33
ZD801 1ZB12
Q804 IRFP32N50k
R828 10
R825 10
U806 STR-E1565
Q802 2SA1020
0.72V
PFCOUT
DLP
0V
C827 50V 4700p
R830 22k
3V
ZCD
COMP
1.58V
C828 0.47μ 63V
T802 LGT-72μH-P
R816 22k
C809 100p 50V
20N:4N
T801 LGT-72μH-P
整流滤波后300V直流

图 4-2-3 PFC 电路

得到 300V 左右的直流电；BD801 桥式整流滤波输出的高次谐波成分从 T801、T802 次级绕组输出，经 R816、R830、C809 组成的限流电路后进入 STR-E1565 的④脚。STR-E1565 的④脚内部为过零检测电路，兼有过压/欠压保护功能，当该脚电压高于 6.5V 或低于 0.62V 时，过零检测电路关断，PFC 逻辑电路无脉冲信号输入，PFC 电路停止工作；电视正常工作时，STR-E1565 的④脚电压为 3V 左右。

STR-E1565⑩脚既是 PFC 电路乘法器的输入端，又是外部锁定触发端。该脚输入电压经 BD801 全波整流、R814、R815、R812 与 R810 组成的分压电路进行分压后送到 STR-E1565 的⑩脚，在内部乘法器中正弦化后经逻辑电路处理、推挽放大后从 STR-E1565 的③脚输出开关脉冲，该开关脉冲经 R825、R826 送到 Q802、Q803 组成的推挽缓冲放大电路，放大后的开关脉冲送到 Q804 的控制极，驱动 Q804 工作在开关状态，T801、T802 中将产生感应电动势，该感应电动势经 D804 整流与 BD801 整流后的直流分量叠加，在滤波电容 C832 正端形成 420V 左右的直流电压，从而提高了电源利用电网的效率。

STR-E1565 的⑤脚为 PFC 部分 MOS 管漏极电流检测端。Q804 漏极电流从源极输出，经 R833//R832 后接地，在 R833//R832 上形成与 Q804 漏极电流成正比的检测电压。该电压经 R829 反馈到 STR-E1565 的⑤脚内部，内部电流检测电路及逻辑处理电路自动调整 STR-E1565 ③脚输出脉冲的大小，从而自动调整 Q804 漏极电流。

STR-E1565 的⑥脚为 PFC 电路输出过压/欠压保护输入端。该脚用于检测滤波电容 C832 正端 420V 电压，其外部由 R808、R822、R823、R821、C819 组成的分压电路对 C832 正端电压进行分压。液晶电视正常工作时，STR-E1565 的⑥脚电压为 4.3V；当 PFC 电路输出的开关脉冲过高，导致 C832 正端电压异常升高，STR-E1565 的⑥脚电压随之升高，当电压超过 4.3V 时，内部过压保护电路启动，输出控制信号到 PFC 逻辑控制电路，调整 STR-E1565③脚输出的开关脉冲，使其恢复到正常范围。若由于某种原因使 C832 正端 420V 电压下降时，与之对应的 STR-E1565⑥脚电压也跟着下降，当下降到 2.7V 时，欠压保护电路启动，内部 SW2 开关关闭，内部偏置电压调整电路停止工作，开关电源处于保护状态，达到欠压保护的目的。

STR-E1565 的⑦脚为 PFC 误差放大器输出及相位补偿端。其外接相位补偿电容 C828，通过该电容来补偿 PFC 控制电路中电流与电压间的相位差。

STR-E1565 的⑪脚为 PFC 电路关断延迟端。当某种原因使开关电源在轻载与重载间迅速变化时，开关电源振荡电路进入低频与高频循环工作状态。当开关电源处于低频状态时，STR-E1565 内部输出电流向⑪脚的外接电容 C827 充电，当 C827 上的电压充到一定值后内部关断保护电路启动，同时输出控制信号断开 SW3，PFC 电路关断，C827 通过 STR-E1565⑪脚内部电路放电。适当调整 C827 的容量，可以改变 C827 的充电时间，也就改变了 PFC 电路的关断时间。

3. STR-E1565 组成的副电源电路

STR-E1565 组成的副电源电路的启动、振荡及稳压控制电路如图 4-2-4 所示。

（1）开关电源的启动

经 D804 和 D805 整流、C832 滤波得到的 420V 电压分为 3 路：一路经主电源开关变压器 T804 的 3—1 绕组加到 STR-E1565 的㉑脚内部大功率 MOS 开关管的漏极；第二路经副电源开关变压器 T803 的 8—4 绕组加到 STR-T2268 的㉑脚内部大功率 MOS 开关管的漏极；第三路作为启动电压经 STR-E1565①脚内部的开关 SW 进入启动电路。由启动电路输出 5.6mA 的额定电流向 STR-E1565 的⑮脚外接电容 C830（100μF/35V）充电。当 C830 正端，即

STR-E1565 的⑮脚电压上升到 16.2V 时，STR-E1565 内部振荡及逻辑电路启动并输出一个开关脉冲，经内部推挽缓冲放大后加到大功率 MOS 开关管的控制极，开关电源被启动；若电源启动后，STR-E1565 的⑮脚无持续的电压供给，⑮脚充得的电压将随着电流的消耗逐渐下降，当下降到 9.6V 时，电源停止工作。

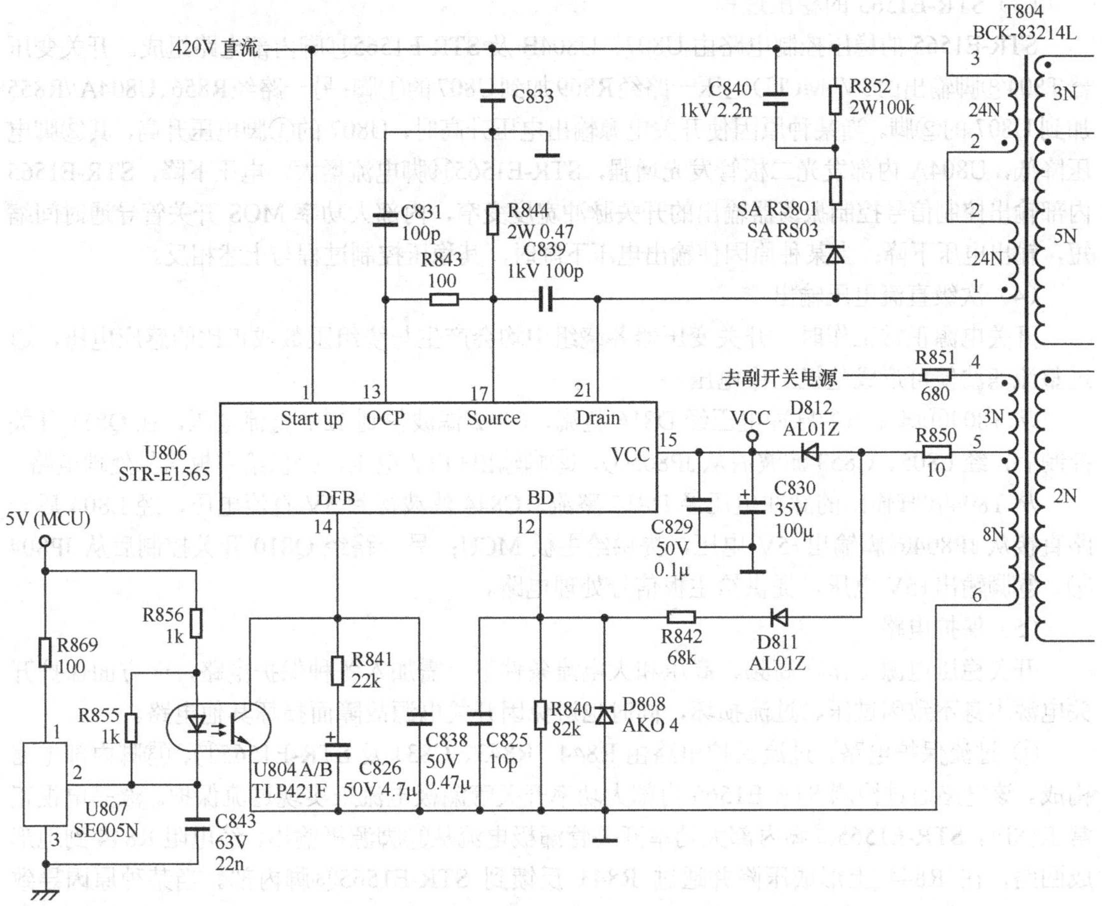

图 4-2-4　STR-E1565 组成的副电源电路的启动、振荡及稳压控制电路

（2）开关电源自激振荡电路

电源启动后，STR-E1565 内部的大功率 MOS 开关管开始导通，主开关变压器 T804 的 3—1 绕组有电流流过，将在 T804 的 5—6 绕组上产生感应电压，该电压经 R850 限流、D812 整流、C830 滤波得到约 22V 的电压供给 STR-E1565 的⑮脚，使 STR-E1565 能持续稳定地工作。

在 STR-E1565 内部大功率开关管截止时，STR-E1565㉑脚的外接电容 C839 将和变压器 T804 的 3—1 绕组产生谐振。此时，若内部大功率 MOS 开关管立即导通，较高的谐振电压可能导致 MOS 管损坏。为保证 MOS 管在谐振电压最低时导通，电路中设计了由 D811、R842、R840、D808、C825 及 STR-E1565⑫脚内部电路组成的持续谐振电路。当 MOS 开关管截止时，C839 和 T804 的 3—1 绕组产生的谐振电压将在 T804 的 5—6 绕组上产生感应电压，并经 D811 整流，再由 R842、R840 分压后对 C825 充电，同时使 STR-E1565⑫脚的电压保持在 0.76V 以上，STR-E1565⑫脚内部反馈电压检测器输出控制信号到逻辑处理器，使逻辑处理器输出指令关闭振荡器。适当调整 R840、R842 的阻值，可使谐振电压达到最低，即 STR-E1565⑫脚电压达到门限电压以下。只有使谐振电压最低时，开关管下次导通才开始，从而避免较高的谐振电压造成开关管二次导通时损坏。

（3）STR-E1565 的稳压过程

STR-E1565 的稳压控制电路由 U807、U804B 及 STR-E1565⑭脚内部电路组成。开关变压器T804⑧脚输出的5V(MCU)电压一路经R869加到U807的①脚；另一路经R856、U804A//R855加到 U807 的②脚。当某种原因使开关电源输出电压升高时，U807 的①脚电压升高，其②脚电压降低，U804A 内部发光二极管发光增强，STR-E1565⑭脚电流增大，电压下降，STR-E1565内部输出控制信号控制振荡器输出的开关脉冲宽度变窄，内部大功率 MOS 开关管导通时间缩短，输出电压下降；当某种原因使输出电压下降时，其稳压控制过程与上述相反。

（4）次级直流电压输出

开关电源正常工作时，开关变压器各绕组中均会产生与绕组匝数成正比的感应电压，通过整流滤波便可形成整机工作电压。

从 T804⑨脚输出的脉冲电压经 D816 整流、C852 滤波得到 12V 直流电压，在 Q811 开关控制后，经 L805、C853 滤波后从 JP805①、②脚输出+12V 电压，提供给主板信号处理电路。

从 T804⑧脚输出的脉冲电压经 D815 整流、C844 滤波得到 5V 直流电压，经 L804 后一路直接从 JP804⑥脚输出+5V 电压，提供给主板 MCU；另一路经 Q810 开关控制后从 JP804④、⑤脚输出+5V 电压，提供给主板信号处理电路。

（5）保护电路

开关稳压电源工作在高频、高压和大电流条件下，需加入各种保护电路，一方面保护开关电源本身不致因过压、过流损坏，同时也避免因开关电源故障而损坏其他电路。

① 过流保护电路。过流保护电路由 R844、R843、C831 及 STR-E1565⑰、⑬脚内部电路构成。该电路通过检测 STR-E1565 内部大功率开关管漏极电流来实现过流保护。液晶电视正常工作时，STR-E1565㉑脚内部大功率开关管漏极电流从⑰脚源极输出，经电阻 R844 到地形成回路，在 R844 上形成压降并通过 R843 反馈到 STR-E1565⑬脚内部。当某种原因导致STR-E1565㉑脚内部大功率开关管漏极电流增大时，在 R844 上的压降增大，通过 R843 反馈到 STR-E1565⑬脚内部的电压升高到 0.75V，内部过流保护电路启动，开关电源停止工作。电路中的 R843 与 C831 组成 RC 滤波器，以避免开关管导通时产生的浪涌电流造成STR-E1565⑬脚内部过流保护电路动作。

② 过压保护。STR-E1565⑩脚外部锁定触发电压来自两方面，一方面是由 ZD803、U805B、D803 等元器件组成的 5V（MCU）电压监测电路，另一方面是由 R807、R806、R805、R809、U809、Q801、D802 等组成的 VIN（420V）电压监测电路。

③ 过热保护。过热保护电路集成在 STR-E1565 内部，当某种原因造成 STR-E1565 内部温度升高到 135℃以上时，内部过热保护电路启动，开关电源停止工作。

三、STR-T2268 组成的主电源电路

1. STR-T2268 介绍

STR-T2268 厚膜集成电路是日本三肯公司开发的电源模块，这块电源模块具有自动跟踪、

多种模式控制及保护等功能。配合三肯 STR-E1500 系列电源模块，其可以实现低待机功耗、无需外加待机电源的作用。STR-T2268 内部电路框图如图 4-2-5 所示，STR-T2268 组成的主开关电源电路的启动、振荡及稳压控制电路如图 4-2-6 所示。

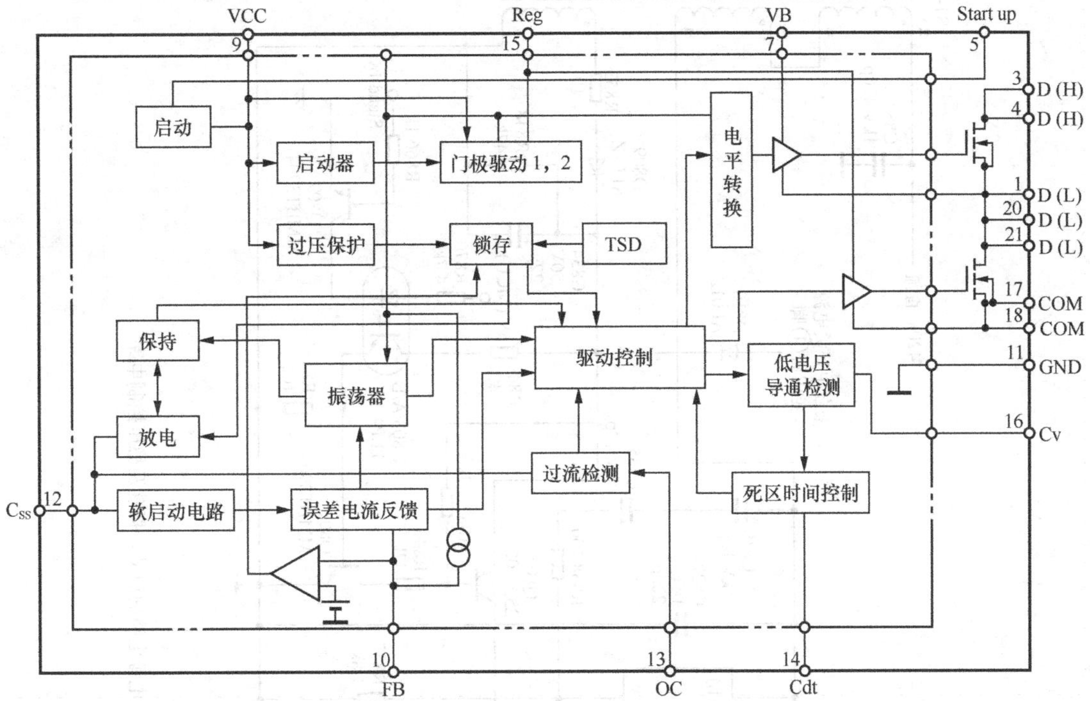

图 4-2-5　STR-T2268 内部电路框图

2. 开关电源的启动

经 D804、D805 整流，C832 滤波后得到的 420V 电压经副开关电源开关变压器 T803 的 8—4 初级绕组加到 STR-T2268 的⑳脚和㉑脚。在待机状态时，T804 的 4—6 绕组产生的感应电压经 D810 整流、C834 滤波后得到 28V 直流电压加到 Q805 的发射极。此时，光耦 U803B 截止，Q806、Q805 截止，STR-T2268 的⑤脚和⑨脚无电压输入。当电视从待机状态转为开机状态时，光耦 U803B 导通，Q806、Q805 导通，28V 直流电压对 C813 充电，当电压上升到 20V 时，STR-T2268 的⑤脚和⑨脚内部振荡电路、逻辑电路启动，同时输出开关脉冲经缓冲放大后驱动双 MOS 管工作在开关状态。

STR-T2268 副开关电源启动后，副开关变压器 T803 初级绕组的 8—4 绕组中有电流流过，1—2 绕组中将产生互感电压，经 R853 限流、D809 整流、C834 滤波后得到约 22V 电压，经 Q805 向 STR-T2268⑤、⑨脚提供持续的工作电压。

当 STR-T2268 内部 MOS 开关管截止后，C822 与开关变压器产生的谐振电压经 C836、C835、R838、R837 加到 STR-T2268 的⑯脚，由 STR-T2268 的⑯脚内部电路产生延迟控制信号，控制内部 MOS 开关管继续保持截止状态。当 STR-T2268 的⑯脚内部电路检测到该脚输入电压最低时，内部电路输出控制信号，内部 MOS 开关管开始下一轮导通。若某种原因造成该电路未检测到或错过了波形的最低点，则 STR-T2268 以设定的 2μs 为基准，MOS 开关管 2μs 后强制导通。

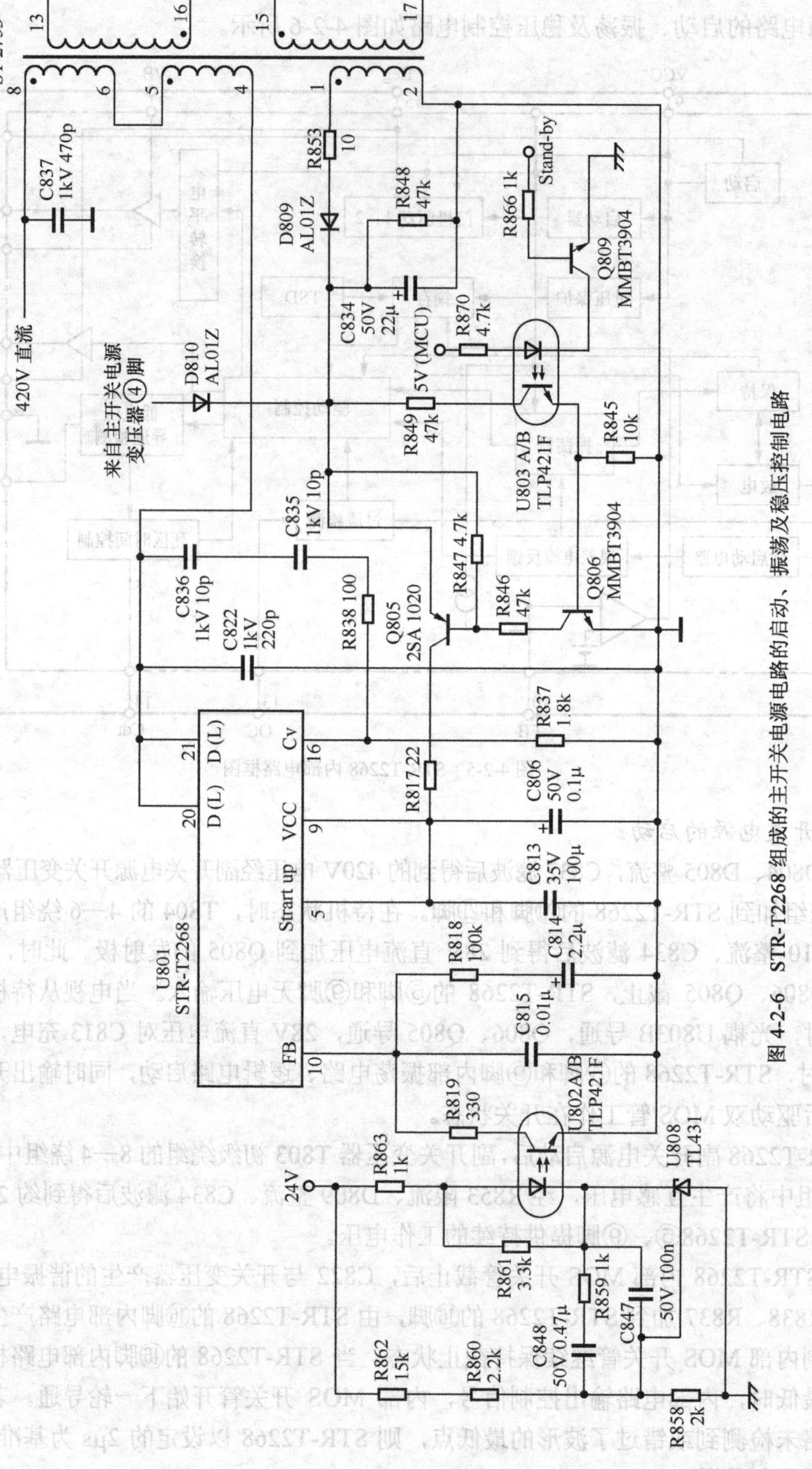

图 4-2-6 STR-T2268 组成的主开关电源电路的启动、振荡及稳压控制电路

3. 稳压控制电路

稳压控制电路由 U802A、U808、R819 及 STR-T2268⑩脚内部电路组成。R862、R860、R858 组成取样电路，当某种原因造成+24V 电压升高时，在电阻 R858 上压降增大，U808 的 R 极电压随之升高，U808 A-K 极电流也增大，光耦 U802A 的电流增大，STR-T2268⑩脚电流增大，内部控制电路启动，使振荡电路输出的开关脉冲变窄，输出电压降至 24V。当输出电压降低时，稳压过程与上述过程相反。

4. 直流电压输出

副开关电源输出一组 24V 电源供逆变器使用。为提高开关电源输出电流，从开关变压器 T803⑯、⑮脚分别输出的感应电压分别经 D813 和 D814 整流、C849//C850 滤波得到 24V 电压，经 JP805⑦脚输出，向液晶屏逆变器组件提供工作电压。

5. STR-T2268 其他引脚的功能

STR-T2268⑭脚为死区时间控制端口，外接充电电容 C818，在其内部 MOS 开关管截止期间，内部的导通检测电路对谐振脉冲波形的下降沿进行检测时，⑭脚输出脉冲对 C818 充电。当 MOS 开关管下一轮导通时，C818 放电，控制高端 MOS 开关管的导通死区。

STR-T2268①、⑳、㉑脚为高端 MOS 开关管的源极和低端 MOS 开关管的漏极；STR-T2268③、④脚为高端 MOS 开关管的漏极；STR-T2268⑮脚为门极驱动电路电源输出端，该脚输出的 12V 电压经外部 D807、R820 送到⑦脚，为⑦脚内部高端 MOS 开关管的门极驱动电路提供工作电压。STR-T2268⑰、⑱脚是低端 MOS 开关管的源极，也是 STR-T2268 功率放大电路接地端。STR-T2268⑦脚为内部高端 MOS 开关管门极驱动电压输入端。

6. 保护电路

（1）软启动保护

软启动保护由 STR-T2268⑫脚内部及外接电容 C817 完成，C817 为软启动电容。当 STR-T2268 开关电源启动时，⑫脚内部输出电流对 C817 充电，使 STR-T2268 内部双 MOS 管导通时间缩短，限制漏极电流，实现软启动。

（2）过压/欠压保护

过压/欠压保护由 STR-T2268⑨脚内部电路实现。当某种原因导致 C813 上电压在 28V 以上时，电路进入过压保护状态；当 C813 上电压在 7V 以下时，电路进入欠压保护状态。

（3）过载保护电路

过载保护电路由 STR-T2268⑩脚内部电路及 R818、C814 构成。当某种原因造成 24V 电压逐渐降低时，光耦 U802 的电流也逐渐降低。当 STR-T2268⑩脚电流降到 150μA 时，内部电路不再对内部振荡电路进行控制。此时，STR-T2268⑩脚输出 12μA 电流对外接电容 C814 充电，当 STR-T2268⑩脚电压上升至 6V 时，内部电路进入过载保护状态，振荡电路被关闭。

（4）过流保护电路

过流保护电路由 STR-T2268⑬脚内部电路及 R836、C821 构成。STR-T2268 过流检测采用负电压，内部双 MOS 开关管电流从⑰、⑱脚输出，经 R835//R834 到地。⑬脚外接 R836、C821 组成的 RC 滤波器，以消除浪涌和不稳定现象。当某种原因造成电流增大，使⑬脚电压降至−0.7V 时，过流保护电路启动，电源处于保护状态。

四、开/待机控制电路

开/待机控制电路由 Q805、Q806、Q807、Q808、Q809、U803A、D818、D819 等元器件组成。液晶电视正常工作时，从主板组件上送来的控制电平经 JP804①脚输入，分两路分别对 STR-E1565 开关电源及 STR-T2268 开关电源进行控制。

在电视正常工作时，JP804①脚输入的高电平（4.8V）分为两路。一路经 R874 送到 Q807 的基极，Q807 饱和导通，Q808、D818、D819 截止，Q810、Q811 导通，其源极分别输出 5V（signal）、12V 电压，经 JP804、JP805 提供给主板组件。

液晶电视由正常工作转为待机时，JP804①脚输入的低电平（0V）经 R874 送到 Q807 的基极，Q807 截止，Q808、D818、D819 饱和导通，Q810、Q811 截止，其源极分别输出 5V（signal）、12V 电压关闭，主板组件停止工作。

在电视正常工作时，JP804①脚输入的高电平（4.8V）的另一路经 R866 送到 Q809 的基极，Q809 饱和导通，光耦 U803A 导通，Q806、Q805 饱和导通，由 D810、D809 整流，C834 滤波得到的 28V/21V 电压经 Q805 送到 STR-T2268 的⑤、⑨脚，向 STR-T2268 提供工作电压，STR-T2268 输出 24V 电压提供给逆变器。

液晶电视由正常工作转为待机时，JP804①脚输入的低电平的另一路经 R866 送到 Q809 的基极，Q809 截止，光耦 U803A 截止，Q806、Q805 截止，STR-T2268 的⑤、⑨脚电压丢失，STR-T2268 开关电源停止工作，输出的 24V 电压被关闭，液晶电视逆变器停止工作，背光灯熄灭。

五、维修参考数据

STR-E1565（U806）及 STR-T2268（U801）各引脚功能和维修参考数据见表 4-2-1 及表 4-2-2。

表 4-2-1　STR-E1565 各引脚功能和维修参考数据

脚号	符　号	功　能	电压/V		对地电阻/kΩ
			开机	待机	
①	Start up	启动电路电压输入端	418	305	∞
②	NC	空脚	0	0	0
③	PFC OUT	PFC MOS 管门极驱动信号输出端	3.75	0	∞
④	ZCD	PFC 过零检测脉冲输入端	3	0	21.3
⑤	CS	PFC MOS 管漏极电流检测输入端	0	0	0
⑥	PFB/OVP	PFC 输出过/欠压保护输入端	4.3	3	23.2
⑦	COMP	PFC 误差放大器相位补偿端	1.6	0.5	∞
⑧	GND	地	0	0	0
⑨	GND	地	0	0	0
⑩	Mult FP	PFC 乘法器及外部锁定端	1.8	2.3	33.3
⑪	DLP	PFC 关断延迟调整端	0	6	∞
⑫	BD	共振信号输入端	1.3	0.8	8
⑬	OCP	DC/DC 过流检测端	0	0	0
⑭	DFB	DC/DC 误差控制电流输入端	3.72	3.72	∞
⑮	VCC	集成电路驱动电路电源供电端	21.8	22.5	∞
⑯	DD　Out	未用			

续表

脚号	符　号	功　能	电压/V		对地电阻/kΩ
			开机	待机	
⑰	Source	集成电路内开关管漏极电流输出端	0	0	0
⑱	NC	空脚			
⑲	NC	空脚			
⑳	Drain	未用			
㉑	Drain	300V/420V 电压输入端	418	305	∞

表 4-2-2　　STR-T2268 各引脚功能和维修参考数据

脚号	符　号	功　能	电压/V		对地电阻
			开机	待机	
①	D（L）	低端 MOS 开关管漏极	484	305	∞
②	NC	空脚	0	0	0
③	D（H）	高端 MOS 开关管漏极	460	305	1×10^3 kΩ
④	D（H）	高端 MOS 开关管漏极	460	305	10×10^3 kΩ
⑤	Start up	启动电压输入端	22	0	动态
⑥	NC	空脚	0	0	0
⑦	VB	高端 MOS 开关管门极驱动电压输入端	494	305	∞
⑧	NC	空脚	0	0	0
⑨	VCC	控制部分电源供电端	22	0	动态
⑩	FB	误差电流反馈端	2.3	0.25	∞
⑪	GND	地	0	1	0
⑫	C_{SS}	软启动电容连接端	5.8	0.4	∞
⑬	OC	过流检测输入端	0	0	0
⑭	Cdt	开关管截止时间控制端	1.6	0.2	1.4×10^3MΩ
⑮	Reg	栅极驱动电路电源输出端	12.3	0	1×10^3MΩ
⑯	Cv	低电压导通检测端	0	0	0
⑰	COM	地	0	0	0
⑱	COM	地	0	0	0
⑲	NC	空脚	0	0	0
⑳	D（L）	低端 MOS 开关管漏极	484	305	∞
㉑	D（L）	低端 MOS 开关管漏极	484	305	∞

第 3 节　TEA1532+L6598D+UCC28051 方案电路分析与检修

该方案以长虹 37 英寸电视使用的台湾全汉公司生产的 FSP242-4F01 电源为例进行分析，其电路原理图如图 4-3-1 所示。该电源输出 4 路电压：第一路为 24V（9A），供逆变器使用；第二路为 12V（3A），为伴音集成电路供电；第三路为 5V（4A），为小信号处理部分供电；第四路为 5VSTB（1A），为主板待机部分供电。

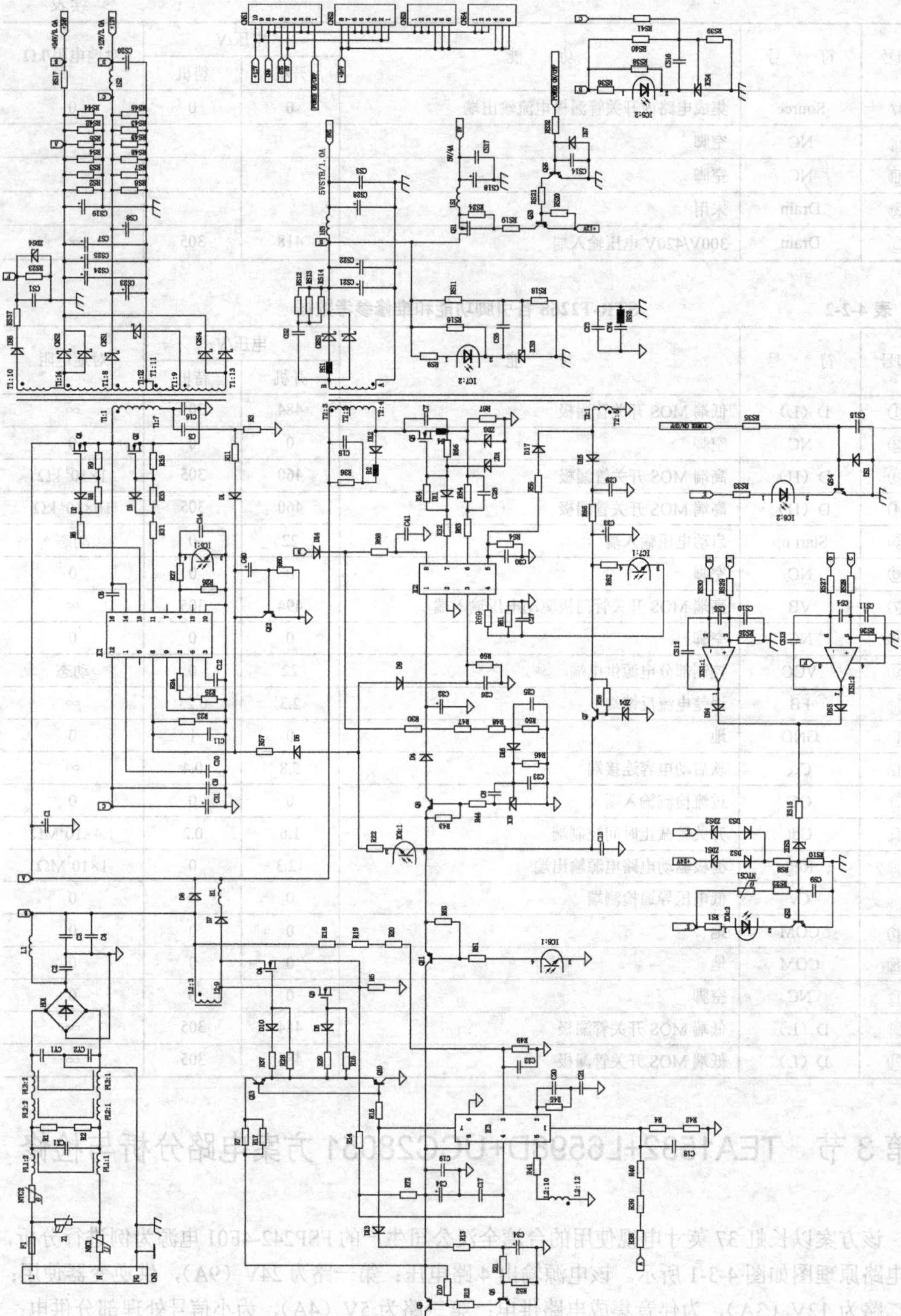

图 4-3-1　FSP242-4F01 电路原理图

该开关电源为一个三电源系统，L6598D（IC1）、Q1、Q2 和变压器 T1 组成一个电源系统，提供+24V、+12V 电压。TEA1532（IC2）、Q5 和变压器 T2 组成一个电源系统，提供+5VSTB 待机电压和+5V 电压。整个电源模块在待机状态下只有 TEA1532 和变压器 T2 组成的开关电源工作，提供+5VSTB 待机电压。UCC28051（IC3）和线圈 L2 组成 PFC 电路，输出+400V 电压（与交流输入电压无关）。

一、电源进线滤波抗干扰电路

电源进线滤波抗干扰电路由 F1、Z1、NTC1、NTC2、FL1、CX1、R1、R2、FL2、FL3、CY1、CY2 共同组成，其作用是增强电视的电磁兼容性。该电路具有双向性：一方面它可以抑制高频干扰进入电视，确保电视机正常工作；另一方面它可抑制开关电源产生的高频干扰，防止高频脉冲进入电网而干扰其他电气设备。

220V/50Hz 工频交流电经 CN1 进入液晶电视开关电源组件，先经过延迟保险管 F1，然后进入由 Z1、NTC1、NTC2、FL1、R1、R2、FL2、FL3、CY1、CY2 组成的二级低通滤波网络，滤除市电中的高频干扰信号，同时保证开关电源产生的高频信号不窜入电网。FL2、FL3 为共模扼流圈，它是绕在同一磁环上的两只独立的线圈，圈数相同，绕向相反，在磁环中产生的磁通相互抵消，磁芯不会饱和，主要抑制共模干扰，电感值愈大对低频干扰抑制效果愈佳。这样绕制的滤波电感抑制共模干扰的性能大大提高。电容 CX1 主要抑制相线和零线之间的干扰，电容值愈大对低频干扰抑制效果愈佳，在这里选用 0.68μF/275V。

二、TEA1532 组成的副电源电路

副电源主要由开关变压器 T2、集成电路 IC2（TEA1532）、功率 MOS 管 Q5 及相关电路组成。它的作用是在待机时提供一个 5V 的电压给控制系统，使电源在待机时副电源不工作，处在节能状态。TEA1532 内部电路框图如图 4-3-2 所示，TEA1532 组成的副电源电路如图 4-3-3 所示。

1. 开关电源的启动、振荡电路

经整流、滤波电路产生的 300V 电压通过变压器 T2 的 3—4 绕组加到 MOS 管 Q5 的漏极。另一路经 D14 后分为两路：一路经 R68 加到 TEA1532 的⑧脚，经内部软启动电路向①脚外接电容 C32 充电，当电容 C32 上的电压上升到 11V 时，TEA1532 开始振荡，从⑦脚输出驱动脉冲控制 Q5 工作，开关变压器绕组中将有电流通过，此时开关变压器 T2 的 1—5 绕组通过互感产生一感应电动势，经 D15 整流、R65 限流、C33 滤波后分为两路，一路经 Q7、Q8 串联稳压后加到 TEA1532 的①脚形成二次启动供电；经 D14 后的另一路 300V 电压通过 R30、R47、R48 与 R50 分压，D16 整流，C23 滤波后控制 IC8 的导通与截止，从而在 Q8 的集电极输出 12.7V 的电压加到 TEA1532 的①脚。当 TEA1532 内部得到一个稳定的启动供电后持续进行振荡，这时开关变压器的次级 6—7 绕组上将产生电动势，通过 CRS3 整流，CS21、CS22、LS3、CS28 滤波得到一个 5V 电压。另一路经 R62 加到光耦 IC7 的④脚。

2. 稳压电路工作过程

当输入市电电压升高时，输出的+5VSB 也升高，该电压经电阻 RS9 加到光耦 IC7 的①脚，光耦 IC7 的①脚电压同样也升高；同时，5V 电压经取样电阻 RS11（取样上偏置电阻）、RS18（取样下偏置电阻）分压加到 ICS3（三端精密稳压器）的②脚，电压升高后从③脚输出的电流加大，光耦 IC7 的②脚电流变大、发光增强，内部三极管的导通增强，控制 TEA1532 的

④脚电压升高，当高于 5.6V 时，TEA1532 内部的振荡电路降低输出频率的占空比，从而使输出电压下降，达到稳压的目的。

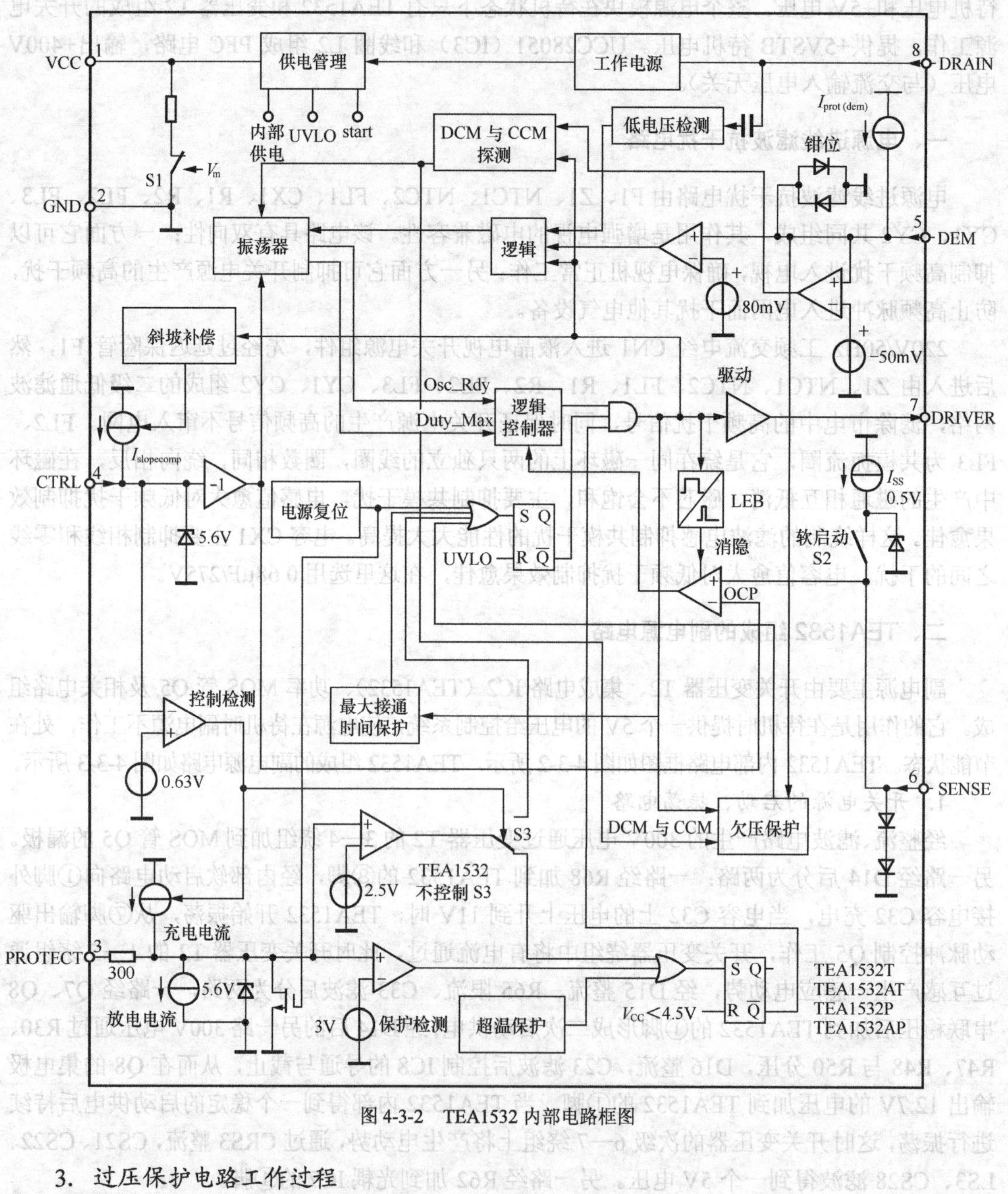

图 4-3-2 TEA1532 内部电路框图

3. 过压保护电路工作过程

当 5V 或 24V 电压升高很多时，ZDS1 或 ZDS2 导通，光耦 IC4 发光增强，内部三极管导通，经 D15 整流、R65 限流、C33 滤波、Q7 串联稳压后的电压通过光耦 IC4 的④、③脚，经 D9 整流、C26 滤波后的电压直接加到了 TEA1532 的③脚，TEA1532 的③脚电压跟着升高，当高于 5.6V 时，TEA1532③脚内部的过压保护电路启动，从而关断 TEA1532 的振荡，使其无输出，有效地保护其他电路。

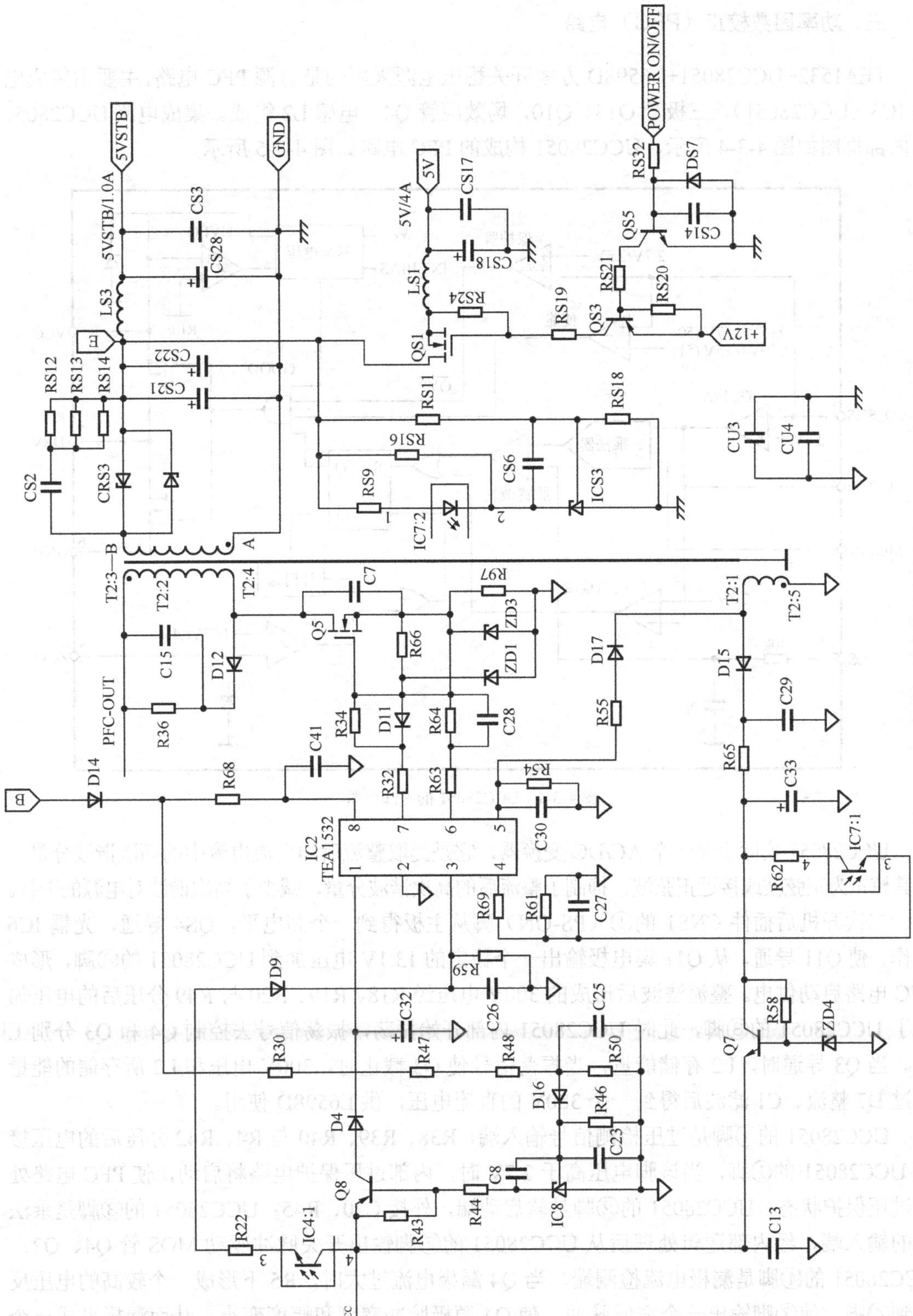

图 4-3-3 TEA1532 组成的副电源电路

三、功率因数校正（PFC）电路

TEA1532+UCC28051+L6598D 方案开关稳压电源采用的是有源 PFC 电路，主要由集成电路 IC3（UCC28051），三极管 Q13、Q10，场效应管 Q4，电感 L2 组成。集成电路 UCC28051 的内部框图如图 4-3-4 所示，UCC28051 构成的 PFC 电路如图 4-3-5 所示。

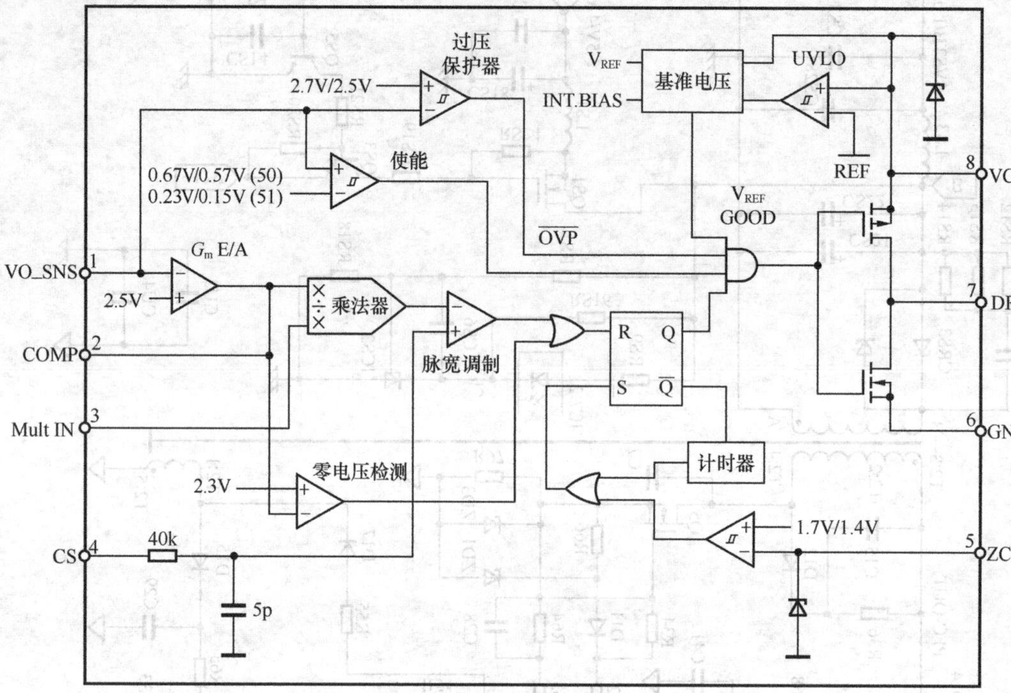

图 4-3-4　UCC28051 的内部框图

UCC28051 实际上是一个 AC/DC 变换器，它是提取整流后的直流电流中的高次谐波分量，将其校正为正弦波或接近正弦波，抑制了整流后的高次谐波分量，减少了高次谐波对电源的干扰。

二次开机后插件 CNS1 的①（PS-ON）脚从主板得到一个高电平，QS4 导通，光耦 IC6 工作，使 Q11 导通，从 Q11 集电极输出一个稳定的 13.1V 电压加到 UCC28051 的⑧脚，形成 PFC 电路启动供电。整流滤波后形成的 300V 电压经 R18、R19、R20 与 R49 分压后的电压加到了 UCC28051 的③脚，此时 UCC28051 内部开始振荡，振荡信号去控制 Q4 和 Q3 分别工作。当 Q3 导通时，L2 存储能量，当振荡信号使 Q3 截止时，300V 电压和 L2 所存储的能量通过 D7 整流、C1 滤波后得到一个 380V 的直流电压，供 L6598D 使用。

UCC28051 的①脚是过压检测信号输入端，R38、R39、R40 与 R4、R42 分压后的电压接到 UCC28051 的①脚，当该脚电压高于 2.7V 时，内部过压保护电路将启动，使 PFC 电路处于过压保护状态。UCC28051 的②脚是软启动端，外接 C20、R45；UCC28051 的③脚是乘法器的输入端，经内部逻辑处理后从 UCC28051 的⑦脚输出开关脉冲驱动 MOS 管 Q4、Q2；UCC28051 的④脚是漏极电流检测端，当 Q4 漏极电流过大时，R5 下形成一个较高的电压反馈到④脚，使⑦脚输出一个窄低脉冲，使 Q4 源极脉冲宽度和幅度变小，从而漏极形成一个较小的电流，趋向正常。UCC28051 的⑤脚是过零检测信号输入端，内接过零检测器，输入电压过高或过低时，都会使 PFC 停止工作，正常为 1.7V。UCC28051 的⑦脚是开关脉冲输出端，待机时为 0V，正常工作时输出开关脉冲；UCC28051 的⑧脚为供电端，取自副电源 13.1V。

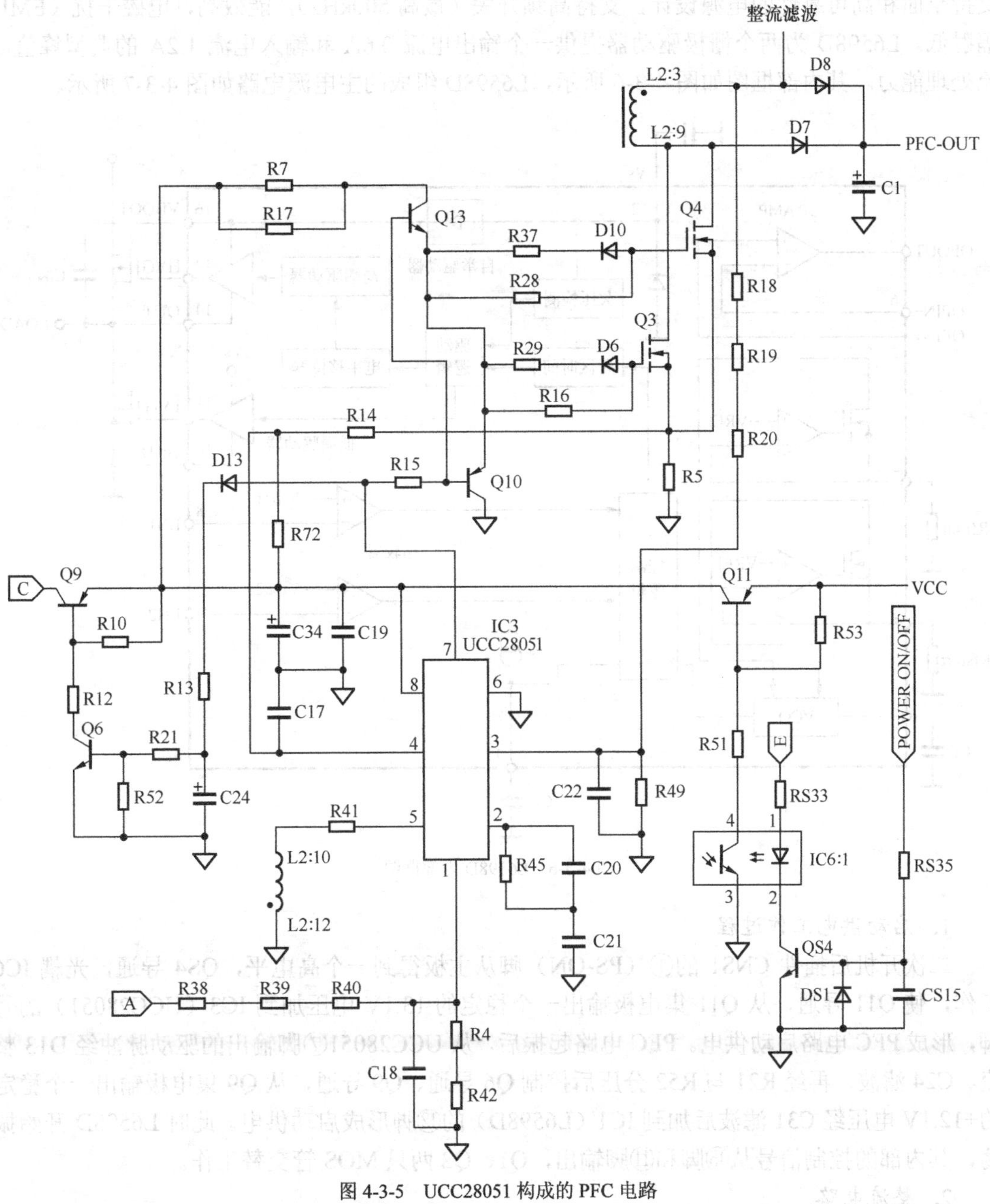

图 4-3-5　UCC28051 构成的 PFC 电路

四、L6598D 组成的主电源电路

主电源电路是电源的关键部分，输出 12V 为主板功放和上屏供电，24V 为逆变器供电。本方案主电源采用 ST 公司推出的将谐振变换和 600V 的高压半桥驱动器集成到同一芯片上的 L6598D，它采用 BCD（双极-CMOS-DMOS）离线（Off Line）技术制造，干线（Rail）电压

值达 600V。其可用于带谐振拓扑的 AC/DC 适配器、DC/DC 模块和 CTV 以及监视器等系统的高效电源，能取代以往由两个芯片组成的半桥谐振器，同时也可替代谐振变换器。L6598D 支持全面和高可靠性的电源设计，支持高频开关（最高 500kHz），能效高，电磁干扰（EMI）辐射低。L6598D 为两个栅极驱动器提供一个输出电流 0.6A 和输入电流 1.2A 的典型峰值电流处理能力。其内部框图如图 4-3-6 所示，L6598D 组成的主电源电路如图 4-3-7 所示。

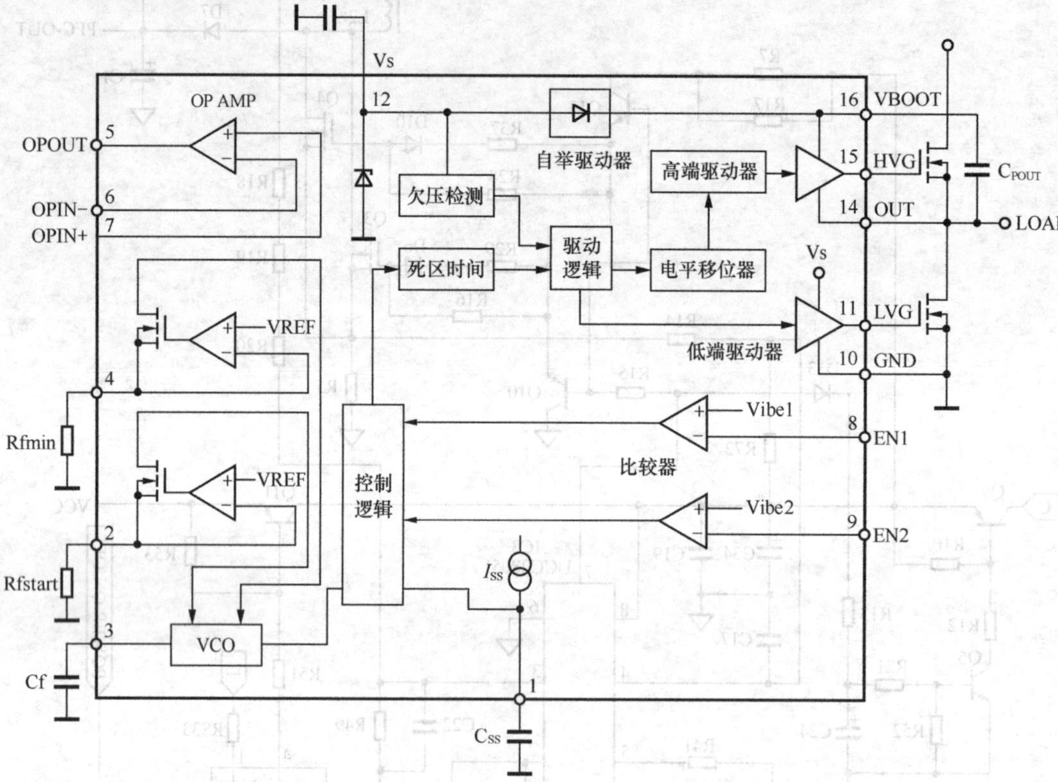

图 4-3-6　L6598D 内部框图

1. *启动供电工作过程*

二次开机后插件 CNS1 的①（PS-ON）脚从主板得到一个高电平，QS4 导通，光耦 IC6 工作，使 Q11 导通，从 Q11 集电极输出一个稳定的 13.1V 电压加到 IC3（UCC28051）的⑧脚，形成 PFC 电路启动供电。PFC 电路起振后，从 UCC28051⑦脚输出的驱动脉冲经 D13 整流、C24 滤波，再经 R21 与 R52 分压后控制 Q6 导通、Q9 导通，从 Q9 集电极输出一个稳定的+12.1V 电压经 C31 滤波后加到 IC1（L6598D）的⑫脚形成启动供电。此时 L6598D 开始振荡，其内部的控制信号从⑮脚和⑪脚输出，Q1、Q2 两只 MOS 管交替工作。

2. *整流电路*

开关变压器 T1 的次级 12—14、12—13 绕组产生的感应电压经 CRS2、CRS4 双向整流二极管整流，CS24、CS25、CS19、CS7 滤波后得到 24V 的直流电压；从次级 9—12、8—12 绕组产生的感应电压经 CRS1 双向整流二极管整流，CS23、CS8、LS2、CS20 滤波后得到 12V 的直流电压；从次级 12—10 绕组产生的感应电压经 DS6 整流、CS1 滤波、ZDS4 稳压后得到 30V 左右电压给 ICS1 供电。

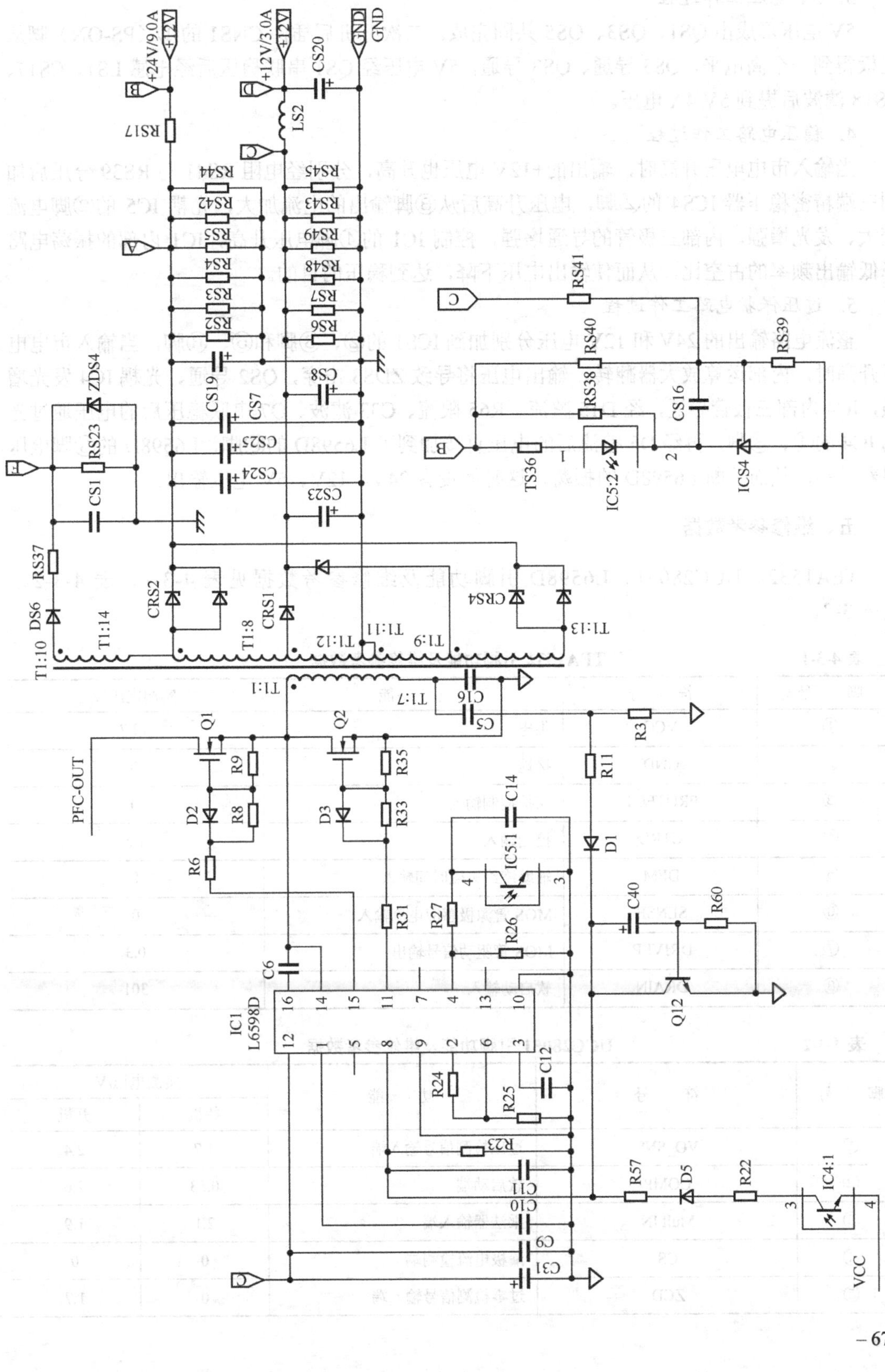

图 4-3-7　L6598D 组成的主电源电路

3. 5V 电压工作过程

5V 电压形成由 QS1、QS3、QS5 共同完成。二次开机后插件 CNS1 的①（PS-ON）脚从主板得到一个高电平，QS5 导通、QS3 导通，5V 电压经 QS1 串联稳压后经电感 LS1、CS17、CS18 滤波后提到 5V/4A 电压。

4. 稳压电路工作过程

当输入市电电压升高时，输出的+12V 电压也升高，分别经电阻 RS41 与 RS39 分压后加到三端精密稳压器 ICS4 的②脚，电压升高后从③脚输出的电流加大，光耦 IC5 的②脚电流变大、发光增强，内部三极管的导通增强，控制 IC1 的④脚电压升高，IC1 内部的振荡电路降低输出频率的占空比，从而使输出电压下降，达到稳压的目的。

5. 过压保护电路工作过程

整流电路输出的 24V 和 12V 电压分别加到 ICS1 的②、③脚和⑤、⑥脚，当输入市电电压升高时，内部运算放大器翻转，输出电压将导致 ZDS3 击穿，QS2 导通、光耦 IC4 发光增强，IC4 内部三极管导通，经 D15 整流、R65 限流、C33 滤波、Q7 串联稳压后的电压通过光耦 IC4 的④、③脚，再经 D5 整流后的电压直接加到了 L6598D 的⑧脚，L6598D 的⑧脚电压跟着升高，从而关断 L6598D 的振荡，这时就没有 24V、12V、5V 电压输出。

五、维修参考数据

TEA1532、UCC28051、L6598D 引脚功能及维修参考数据见表 4-3-1、表 4-3-2、表 4-3-3。

表 4-3-1　　TEA1532 引脚功能及维修参考数据

脚　号	符　号	功　能	实测电压/V
①	VCC	供电	12.7
②	GND	接地	0
③	PROTECT	保护控制输入	0
④	CTRL	控制输入	1.5
⑤	DEM	辅助绕组去磁时间输入	0
⑥	SENSE	MOS 管源极感应电流输入	0
⑦	DRIVER	MOS 管驱动信号输出	0.3
⑧	DRAIN	软启动输入	301

表 4-3-2　　UCC28051 引脚功能及维修参考数据

脚　号	符　号	功　能	实测电压/V	
			待机	开机
①	VO_SNS	过压检测信号输入端	1.7	2.4
②	COMP	软启动端	0.53	2.6
③	Mult IN	乘法器输入端	2.1	1.9
④	CS	漏极电流检测端	0	0
⑤	ZCD	过零检测信号输入端	0	1.7

续表

脚　号	符　号	功　能	实测电压/V	
			待机	开机
⑥	GND	地	0	0
⑦	DRV	开关脉冲输出端	0	0.6
⑧	VCC	供电端	0	13.1

表 4-3-3　　L6598D 引脚功能及维修参考数据

脚　号	符　号	功　能	开机电压/V
①	C_{SS}	软启动电容端	5.1
②	Rfstart	软启动频率设定（低阻抗电压源）	2
③	Cf	振荡器频率设定	2.5
④	Rfmin	最低振荡频率设定（低阻抗电压源）	2
⑤	OPOUT	检测运算放大器输出（低阻抗）	未用
⑥	OPIN−	检测运算放大器反相输入（高阻抗）	0.2
⑦	OPIN+	检测运算放大器同相输入（高阻抗）	未用
⑧	EN1	半桥封锁使能	0
⑨	EN2	半桥非封锁使能	0
⑩	GND	地	0
⑪	LVG	低端驱动器输出	5.9
⑫	Vs	电源电压，带内部齐纳二极管钳位	13.1
⑬	NC	未连接	
⑭	OUT	高端驱动器参考（半桥输出）	201
⑮	HVG	高端驱动器输出	207
⑯	VBOOT	自举电源电压	212

第 4 节　NCP1013A+L6599D+UCC28051 方案电路分析与检修

该方案以长虹 32 英寸电视使用的台湾全汉公司生产的 FSP205-3E01C 电源为例进行分析，其电路原理图如图 4-4-1 所示。该电源输出 4 路电压：第一路为 24V（5.5A），供逆变器使用；第二路为 24V（2.5A），为伴音集成电路供电；第三路为 5V（4A），为小信号处理部分供电；第四路为 5VSTB（1A），为主板待机部分供电，可与长虹公司自制开关电源 GP09 进行代用。

该开关电源为一个三电源系统。L6599D（IC1）和变压器 T2 组成一个电源系统，提供+24V、+12V 和+5V 电压；NCP1013A（U4）和变压器 T3 组成一个电源系统，提供+5VSTB 待机电压。整个电源模块在待机状态下只有 NCP1013A 和变压器 T3 组成的开关电源工作，提供+5VSTB 待机电压。UCC28051（U1）和线圈 T1 组成 PFC 电路，输出+400V 电压（与交流输入电压无关）。

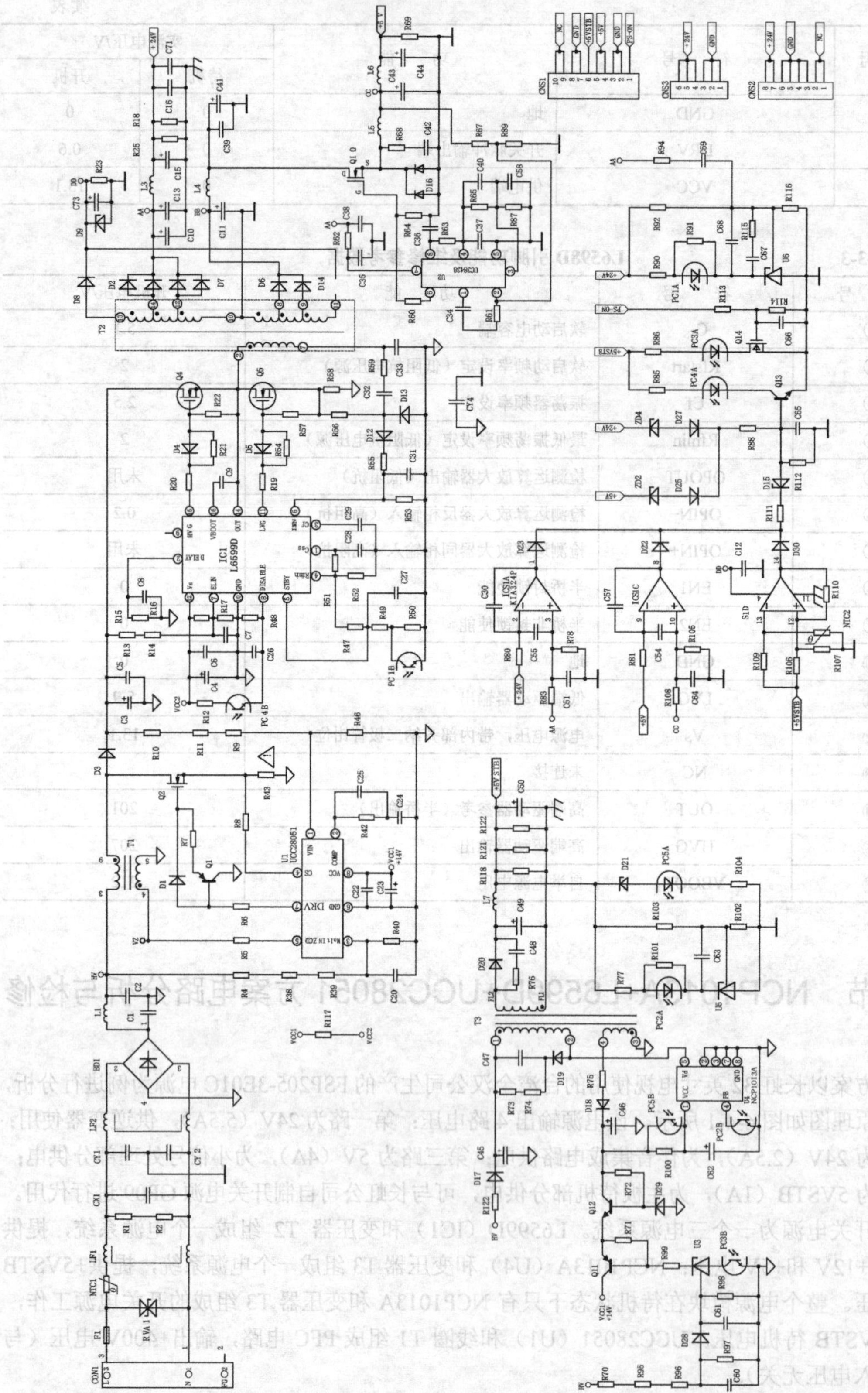

图 4-4-1　FSP205-3E01C 电路原理图

一、电源进线滤波抗干扰电路

电源进线滤波抗干扰电路由 NTC1、LF1、R1、R2、CX1、CY1、CY2、LF2 共同组成，其作用是增强电视的电磁兼容性。该电路具有双向性：一方面它可以抑制高频干扰进入电视，确保电视正常工作；另一方面它可抑制开关电源产生的高频干扰，防止高频脉冲进入电网而干扰其他电气设备。

220V/50Hz 工频交流电经 CON1 进入液晶电视开关电源组件，先经过延迟保险管 F1，然后进入由 NTC1、LF1、CX1、CY1、CY2、LF2 组成的二级低通滤波网络，滤除市电中的高频干扰信号，同时保证开关电源产生的高频信号不窜入电网。LF1、LF2 为共模扼流圈，它是绕在同一磁环上的两只独立的线圈，圈数相同，绕向相反，在磁环中产生的磁通相互抵消，磁芯不会饱和，主要抑制共模干扰，电感值愈大对低频干扰抑制效果愈佳。这样绕制的滤波电感抑制共模干扰的性能大大提高。电容 CX1 主要抑制相线和零线之间的干扰，电容值愈大对低频干扰抑制效果愈佳，在这里选用 0.68μF/275V。

二、NCP1013A 组成的副电源电路

副电源主要由开关变压器 T3、集成电路 U4（NCP1013A）及相关电路组成。它的作用是在待机时提供一个 5V 的电压给控制系统，使电源在待机时副电源不工作，处在节能状态，功率在 10W 左右。NCP1013A 可用 TNY264、TNY266 替换。NCP1013A 的内部电路框图如图 4-4-2 所示，由 NCP1013A 构成的副开关电源电路如图 4-4-3 所示。

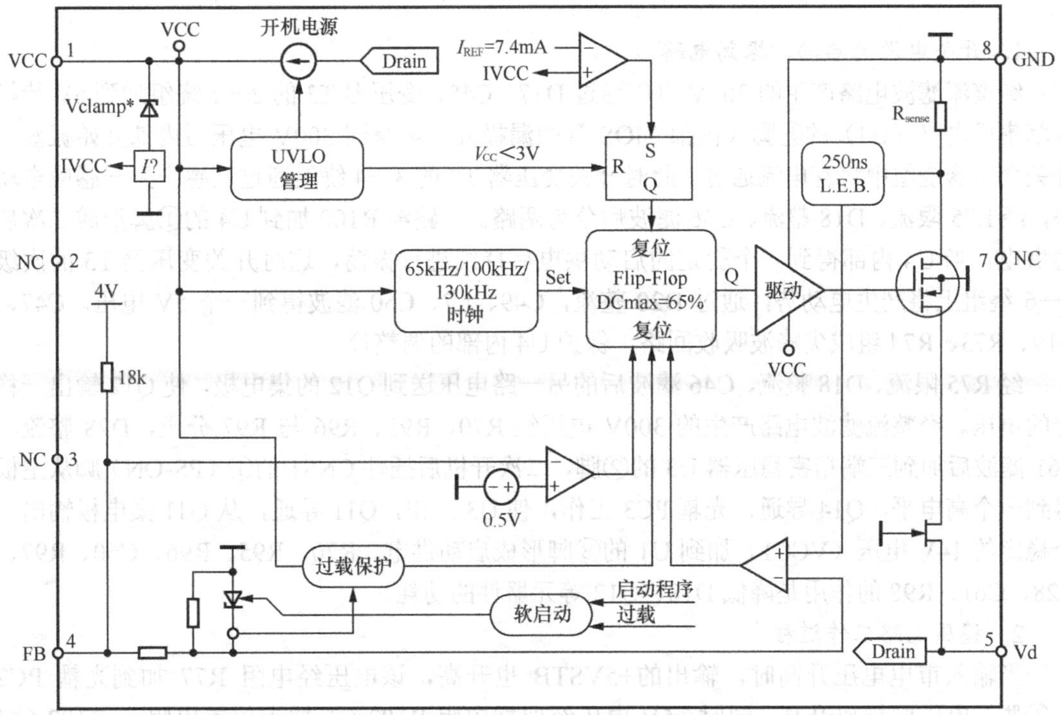

图 4-4-2　NCP1013A 内部电路框图

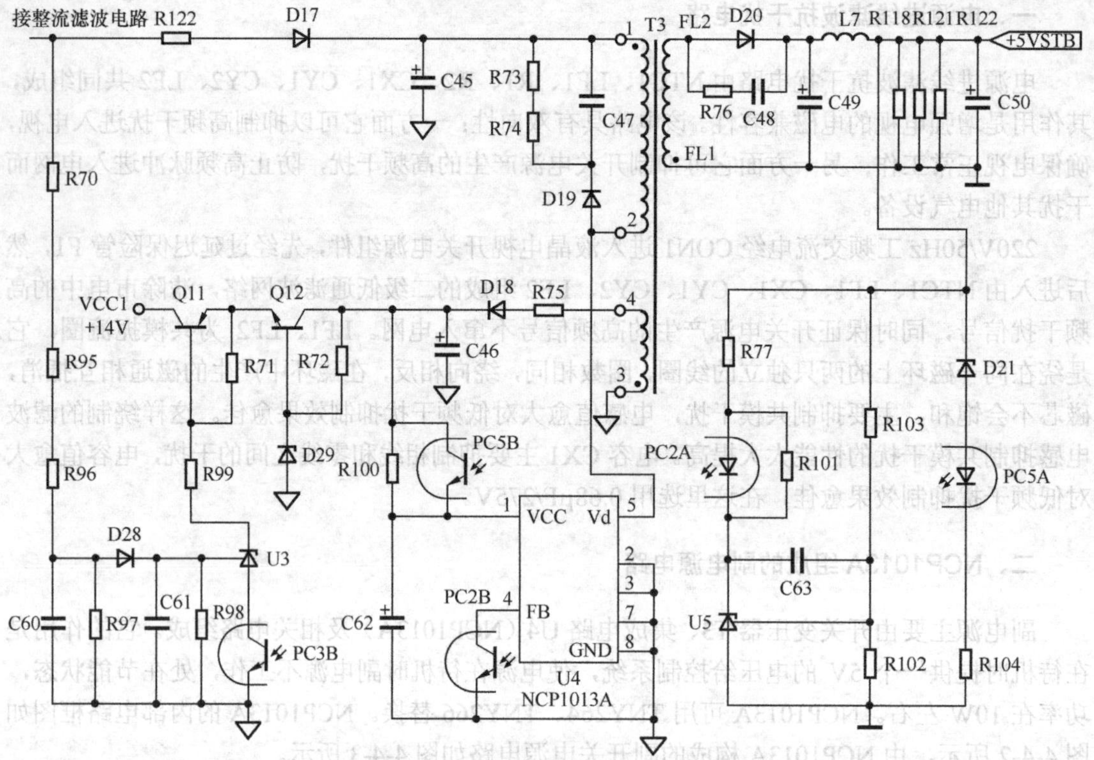

图 4-4-3　由 NCP1013A 构成的副开关电源电路

1. 开关电源的启动、振荡电路

经整流滤波电路产生的 300V 电压通过 D17、C45、变压器 T3 的 2—1 绕组加到 5V 待机振荡集成电路（U4）的⑤脚（内部 MOS 管的漏极），U4 得到 300V 电压后内部开始振荡，开关变压器绕组中将有电流通过。此时开关变压器 T3 的 3—4 绕组通过互感产生一感应电动势，经 R75 限流、D18 整流、C46 滤波后分为两路。一路经 R100 加到 U4 的①脚形成二次启动供电，当 U4 内部得到一个稳定的启动供电后持续进行振荡，这时开关变压器 T3 的次级 5—6 绕组上将产生电动势，通过 D20 整流，C49、L7、C50 滤波得到一个 5V 电压。C47、D19、R73、R74 组成尖峰波吸收回路，保护 U4 内部的调整管。

经 R75 限流、D18 整流、C46 滤波后的另一路电压送到 Q12 的集电极，使 Q12 输出一稳定的电压。经整流滤波电路产生的 300V 电压经 R70、R95、R96 与 R97 分压，D28 整流、C61 滤波后加到三端精密稳压器 U3 的②脚，二次开机后插件 CNS1 的①（PS-ON）脚从主板得到一个高电平，Q14 导通，光耦 PC3 工作，使 U3 工作，Q11 导通，从 Q11 集电极输出一个稳定的 14V 电压（VCC1）加到 U1 的⑧脚形成启动供电。R70、R95、R96、C60、R97、D28、C61、R98 的作用是降低 D18、Q12 等元器件的功耗。

2. 稳压电路工作过程

当输入市电电压升高时，输出的+5VSTB 也升高，该电压经电阻 R77 加到光耦 PC2 的①脚，电压同样也升高，同时，5V 电压经取样电阻 R103（取样上偏置电阻）、R102（取样下偏置电阻）分压加到 U5（三端精密稳压器）的②脚，电压升高后从③脚输出的电流加大，光耦 PC2 的②脚电流变大，发光增强，内部三极管的导通增强，控制 U4 的④脚电压下降，U4 内部的控制电路控制 MOS 管提前截止，从而使输出电压下降，达到稳压的目的。

3. 过压保护电路工作过程

当 5V 电压升高很多时，D21 导通、光耦 PC5 发光增强，内部三极管导通，D18 整流、C46 滤波后的电压直接加到了 U4 的①脚，U4①脚电压跟着升高，U4 内部的过压保护电路启动，从而关断 U4 的振荡，使其无输出，有效地保护其他电路。

三、功率因数校正（PFC）电路

FSP205-3E01C 型开关稳压电源采用的是有源 PFC 电路，主要由集成电路 U1（UCC28051）、三极管 Q1、场效应管 Q2、变压器 T1 组成。UCC28051 的内部框图如图 4-3-4 所示，UCC28051 构成的 PFC 电路如图 4-4-4 所示。它实际上是一个 AC/DC 变换器，它是提取整流后的直流电流中的高次谐波分量，将其校正为正弦波或接近正弦波，抑制了整流后的高次谐波分量，减少了高次谐波对电源的干扰。

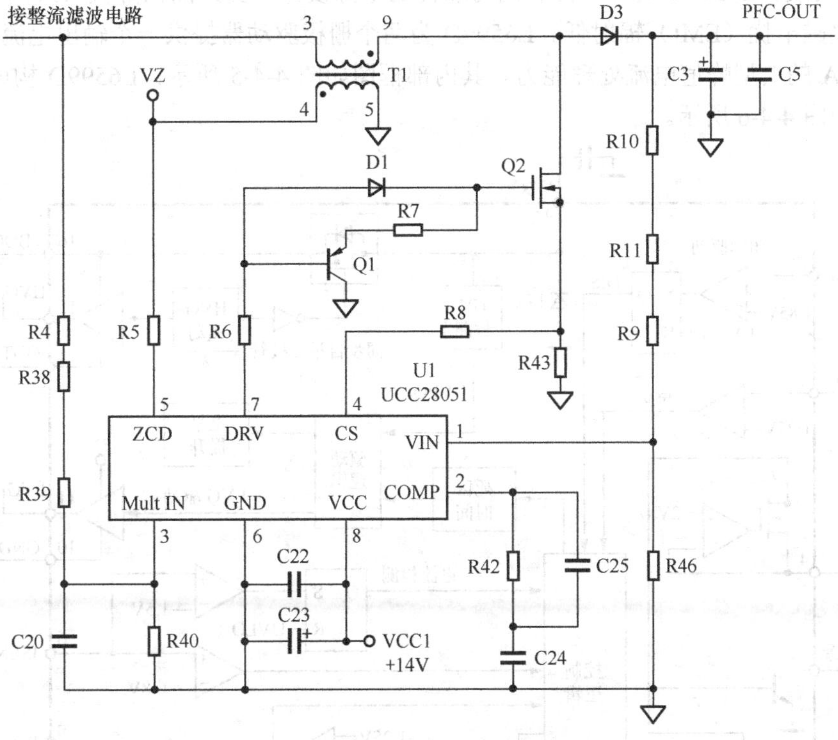

图 4-4-4 UCC28051 构成的 PFC 电路

集成电路 UCC28051 的③脚是乘法器的输入端，经内部逻辑处理后从 UCC28051 的⑦脚输出的开关脉冲经 D3 整流、C3 滤波后，与原 300V 电压叠加，形成 380V 左右的电压；⑦脚待机时为 0V，正常工作时为 2.4～6V 的开关脉冲。⑧脚是供电脚，取自副电源 14V。⑤脚内接过零检测器，输入电压过高或过低时，都会使 PFC 电路停止工作，正常为 2.7V。④脚为漏极电流检测端，当 Q2 漏极电流过大时，R43 下形成一个较高的电压反馈到 UCC28051④脚，使⑦脚输出一个窄低脉冲，使 Q2 源极脉冲宽度和幅度变小，从而漏极形成一个较小的电流，趋向正常。UCC28051 的①脚是过压检测信号输入端，②脚是软启动脚，外接 C24、C25、R42，⑥脚接地。

二次开机后插件 CNS1 的①（PS-ON）脚从主板得到一个高电平，Q14 导通，光耦 PC3 工作，使 U3 工作，Q11 从集电极输出一个稳定的+14V 电压加到 UCC28051 的⑧脚形成启动供电。整流滤波后形成的 300V 电压经 R4、R38、R39 降压向 C20 充电，所形成的电压加到了 UCC28051 的③脚，此时 UCC28051 内部开始振荡，振荡信号去控制 Q1 和 Q2 分别工作。当 Q2 导通时，T1 存储能量，当振荡信号使 Q2 截止时，300V 电压和 T1 所存储的能量通过 D3 整流，再通过 C3、C5 滤波后在 C3 上得到一个 380V 的直流电压，供 L6599D 使用。

四、L6599D 组成的主电源电路

主电源电路是电源的关键部分，主要产生主板需要的 24V（伴音功放）和小信号处理所需的 5V 电压，以及逆变器所需的 24V 供电。它采用 SO-16N 贴片封装，还有采用双排直插的 PDIP16 封装。L6599D 支持全面和高可靠性的电源设计，支持高频开关（最高 500kHz），能效高，电磁干扰（EMI）辐射低。L6599D 为两个栅极驱动器提供一个输出电流 0.6A 和输入电流 1.2A 的典型峰值电流处理能力。其内部框图如图 4-4-5 所示，L6599D 构成的主开关电源电路如图 4-4-6 所示。

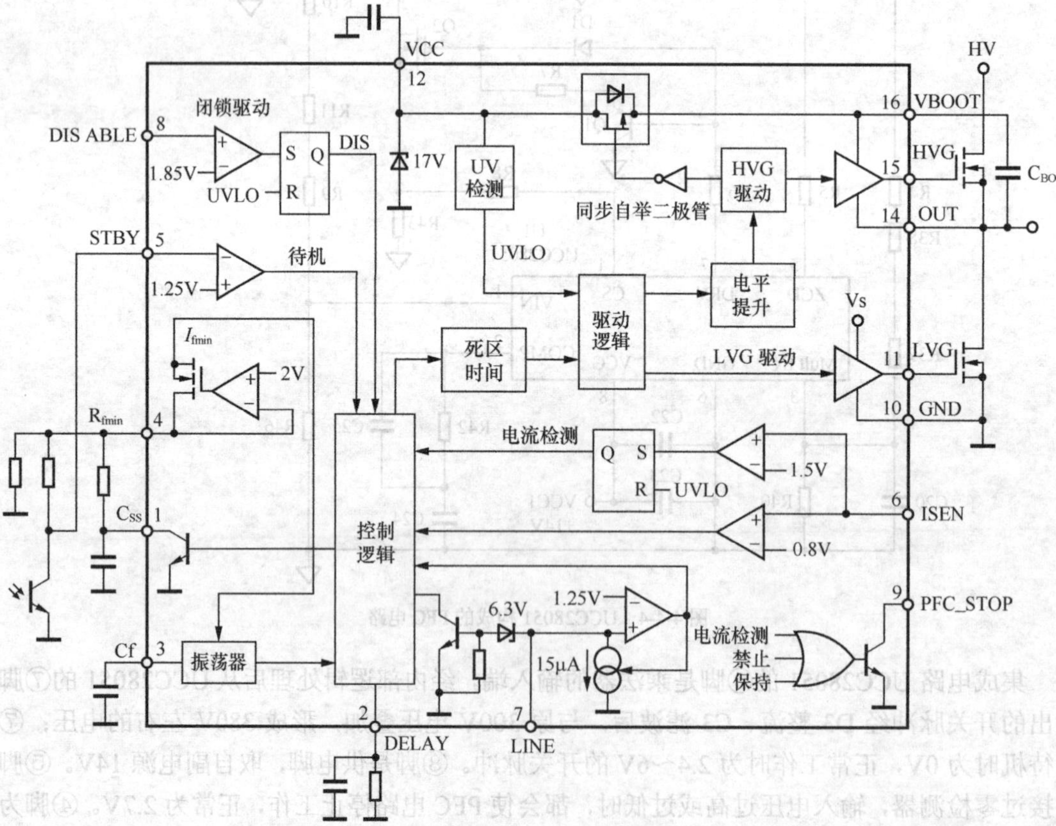

图 4-4-5　L6599D 内部框图

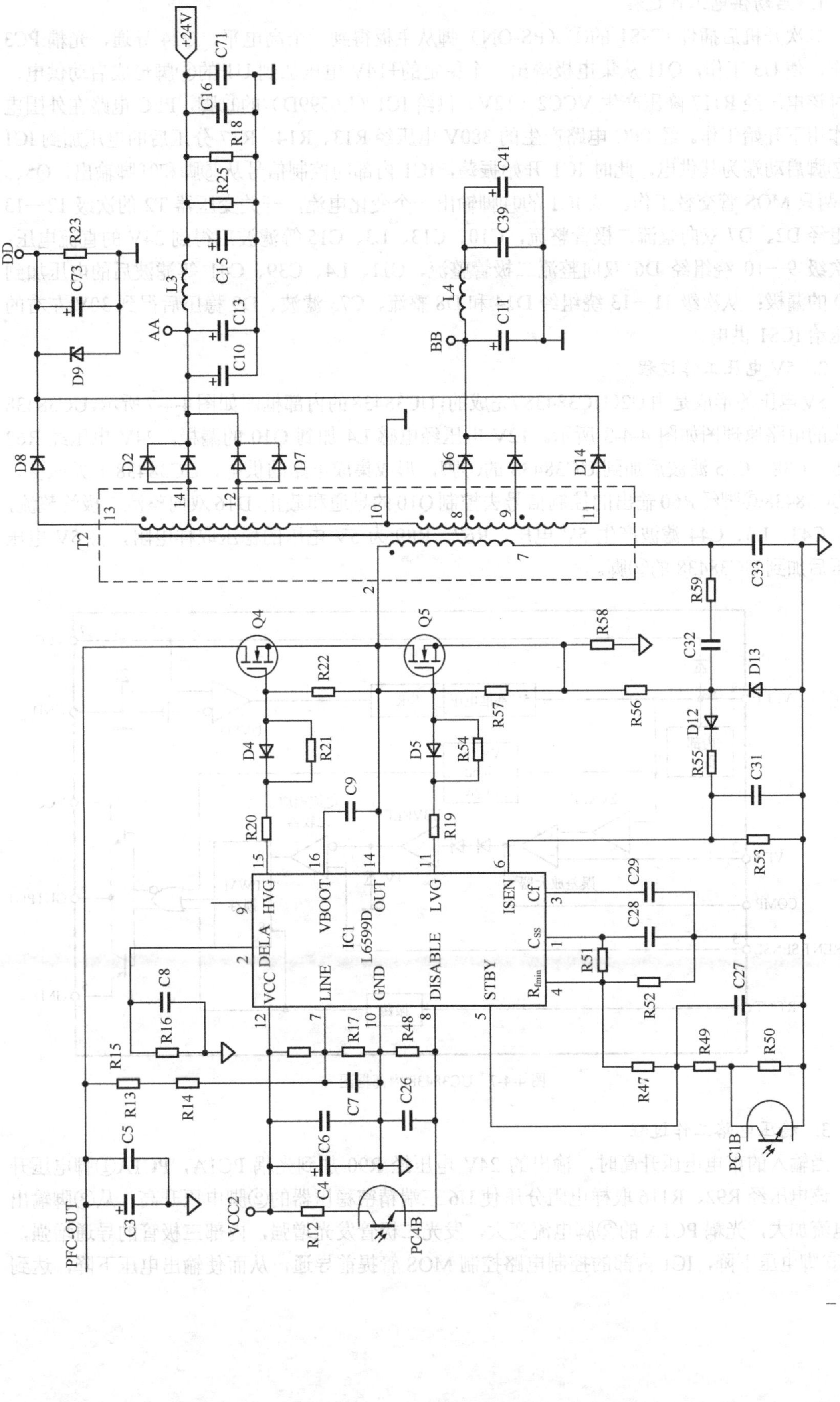

图 4-4-6　L6599D 构成的主开关电源电路

1. 启动供电工作过程

二次开机后插件 CNS1 的①（PS-ON）脚从主板得到一个高电平，Q14 导通，光耦 PC3 工作，使 U3 工作，Q11 从集电极输出一个稳定的+14V 电压加到 U1 的⑧脚形成启动供电，同时该电压经 R117 降压产生 VCC2（12V）供给 IC1（L6599D）的⑫脚，PFC 电路在外围电路作用下开始工作。经 PFC 电路产生的 380V 电压经 R13、R14、R17 分压后的电压加到 IC1 的⑦脚启动端为其供电，此时 IC1 开始振荡，IC1 内部的控制信号从⑮脚和⑪脚输出，Q5、Q4 两只 MOS 管交替工作。从 IC1 的⑭脚输出一个变化电流，开关变压器 T2 的次级 12—13 绕组经 D2、D7 双向整流二极管整流，C10、C13、L3、C15 等滤波后得到 24V 的直流电压；从次级 9—10 绕组经 D6 双向整流二极管整流，C11、L4、C39、C41 等滤波后的电压加到 Q10 的漏极；从次级 11—13 绕组经 D14 和 D8 整流、C73 滤波、D9 稳压后得到 30V 左右的电压给 ICS1 供电。

2. 5V 电压工作过程

5V 电压的形成是由 U2(UC38438)完成的，UC38438 的内部框图如图 4-4-7 所示，UC38438 构成的电路原理图如图 4-4-8 所示。12V 电压经电感 L4 加到 Q10 的漏极，24V 电压经 R62 降压，C38、C35 滤波后加到 UC38438 的⑦脚，形成集成电路的供电，UC38438 开始振荡，从 UC38438⑥脚经 R60 输出的控制信号去控制 Q10 的导通和截止，D16 双向整流二极管整流，L5、C43、L6、C44 滤波产生 5V 电压，R67、R89 为 5V 电压的稳压取样电阻，将 5V 电压分压后加到 UC38438 的②脚。

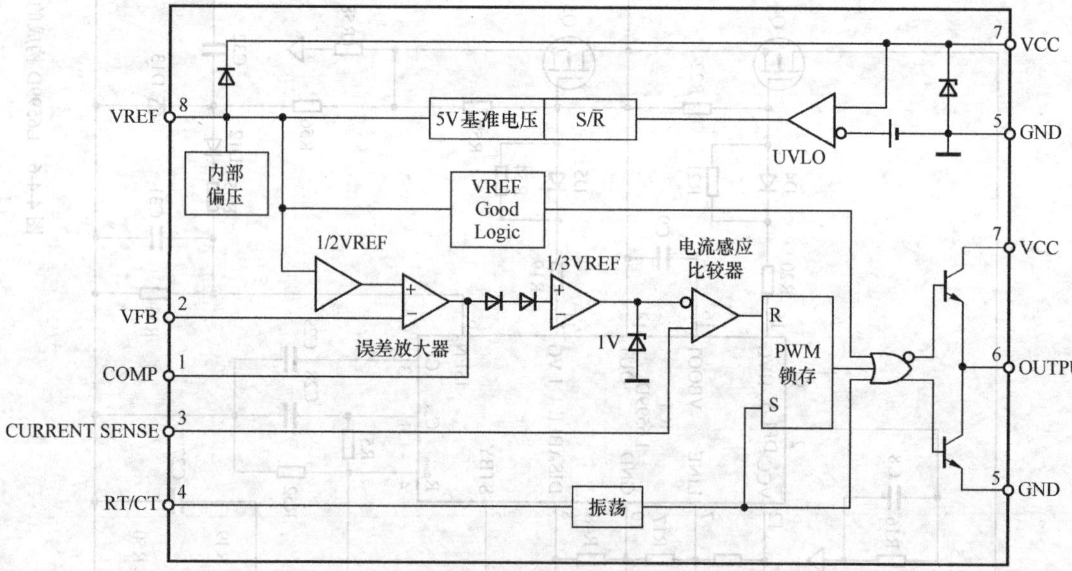

图 4-4-7　UC38438 内部框图

3. 稳压电路工作过程

当输入的市电电压升高时，输出的 24V 电压经 R90 加到光耦 PC1A，PC1A①脚电压升高，该电压经 R92、R116 取样电阻分压使 U6 三端精密稳压器的②脚电压升高，从③脚输出的电流加大，光耦 PC1A 的②脚电流变大，发光二极管发光增强，内部三极管的导通增强，IC1⑤脚电压下降，IC1 内部的控制电路控制 MOS 管提前导通，从而使输出电压下降，达到稳压的目的。

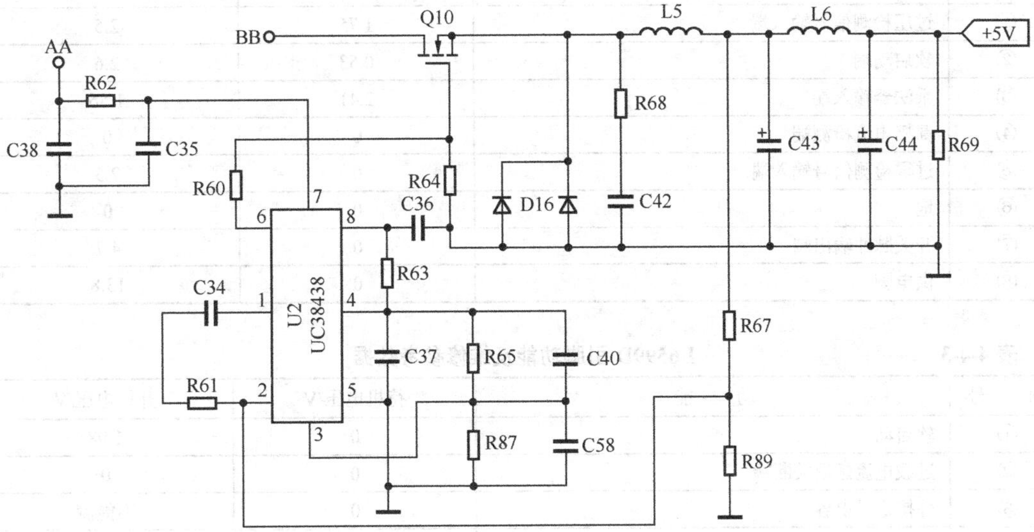

图 4-4-8　UC38438 构成的电路原理图

4. 过流保护电路工作过程

24V 电压通过 R80 加到 ICS1 的②脚，比较信号经 R83 加到 ICS1③脚，当 24V 电压升高时通过内部的比较器比较后 ICS1①脚的电位升高，D23 导通，电压经 R111 加至稳压二极管 D15 阴极，D15 反向击穿，Q13 导通，光耦 PC4 的发光增强，内部的三极管的导通增强，IC1 的⑧脚电压升高，从而关断 IC1 的振荡，这时就没有 24V、12V、5V 电压输出。ICS1 的⑤、⑥、⑦脚为 12V 的过流保护点。ICS1 的⑧、⑨、⑩脚是 5V 的过流保护点。ICS1 的⑫、⑬、⑭脚是 5VSTB 的过流保护点。

5. 过压保护电路工作过程

当 5V 电压升高时，ZD2 反向导通，D25 导通，电压经 R88 加到 Q13 的基极，Q13 导通，光耦 PC4 的发光增强，内部的三极管的导通增强，IC1 的⑧脚电压升高，从而关断 IC1 的振荡，这时就没有 24V、12V、5V 电压输出，形成过压保护。ZD3、D26、ZD4、D27 分别是 12V、24V 的过压保护检测点。

五、维修参考数据

NCP1013A、UCC28051、L6599D 以及 UC38438 引脚功能及维修参考数据见表 4-4-1、表 4-4-2、表 4-4-3 和表 4-4-4。

表 4-4-1　　NCP1013A 引脚功能及维修参考数据

脚　号	功　能	实测电压/V
②、③、⑦、⑧	接地端	0
①	集成电路振荡供电，同时还作过压保护检测输入端	+8.8
④	稳压控制端	+1.4
⑤	300V 供电	+310

表 4-4-2　　UCC28051 引脚功能及维修参考数据

脚　号	功　能	待机电压/V	开机电压/V
①	过压检测信号输入端	1.75	2.5
②	软启动端	0.53	2.6
③	乘法器输入端	2.41	1.56
④	漏极电流检测端	0	0
⑤	过零检测信号输入端	0	2.5
⑥	地	0	0
⑦	开关脉冲输出端	0	4.7
⑧	供电脚	0	13.8

表 4-4-3　　L6599D 引脚功能及维修参考数据

脚　号	功　能	待机电压/V	开机电压/V
①	软启动	0	1.98
②	过载电流延迟关断端	0	0
③	外接定时电容	0	不能测
④	最低振荡频率设置	0	2
⑤	间歇工作模式门限	0	1.5
⑥	电流检测信号输入端	0	0.11
⑦	输入电压检测	1.2	1.66
⑧	闭锁式驱动关闭	0	0
⑨	打开 PFC 控制器的控制开关	0	2.7
⑩	接地	0	0
⑪	低端门极驱动输出	0	6.21
⑫	集成电路 12V 供电端，从副电源取得	0	13.2
⑬	空脚	0	0
⑭	脉冲输出	0	196
⑮	高端悬浮门极驱动输出	0	0
⑯	交流反馈端	0	0

表 4-4-4　　UC38438 引脚功能及维修参考数据

脚　号	功　能	实测电压/V	脚　号	功　能	实测电压/V
①	反馈	+2.1	⑤	接地	0
②	稳压取样输入端	+2.5	⑥	控制信号输出	+5.0
③	软启动	+0.5	⑦	供电	+23.5
④	退耦	+2.4	⑧	滤波端	+5.0

第 5 节　NCP1014+TDA4863G+NCP1395 方案电路分析与检修

该方案以长虹公司生产的HS210-4N01电源为例进行分析，其电路原理图如图4-5-1所示。该电源输出 4 路电压：第一路为 24V（5.5A），供逆变器使用；第二路为 24V（2.5A），为伴

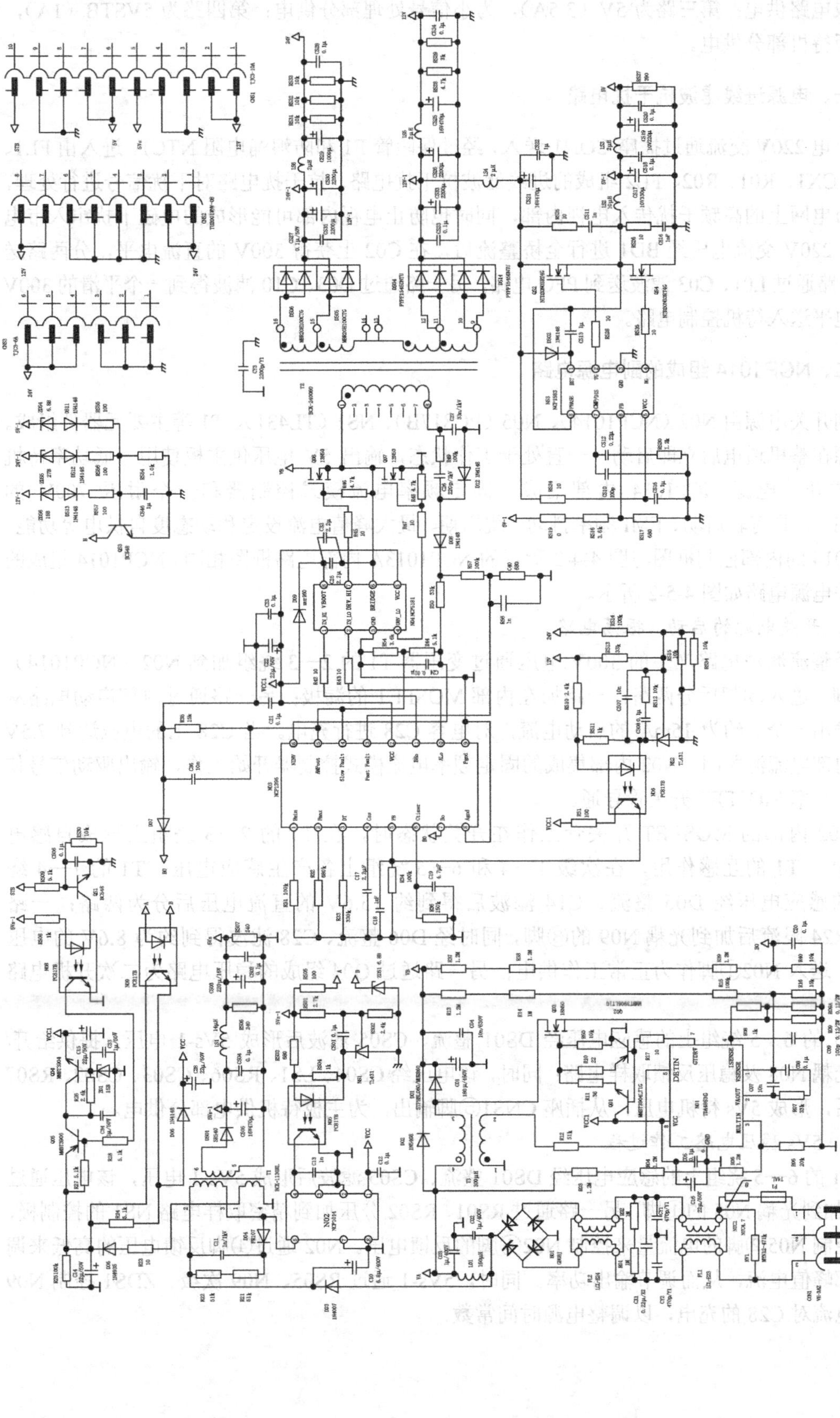

图 4-5-1　HS210-4N01 电源原理图

音集成电路供电；第三路为 5V（3.5A），为小信号处理部分供电；第四路为 5VSTB（1A），为主板待机部分供电。

一、电源进线滤波抗干扰电路

市电 220V 交流通过插座 CON1 送入，经过保险管 F1 和防浪涌电阻 NTC1，进入由 FL1、CY2、CX1、R01、R02、FL2 组成的进线滤波抗干扰电路。抗干扰电路对干扰信号进行处理，防止市电网上的高频干扰传入电视内部，同时也防止电视内部可能形成的电磁干扰窜入市电网上。220V 交流电压经 BD1 进行全桥整流后，在 C02 上获得 300V 的直流电平，分两路送出：一路通过 L01、C03 滤波送到 PFC 电路，另一路通过 D03、C10 滤波得到一个平滑的 300V 直流电平送入待机控制电路。

二、NCP1014 组成的副电源电路

副开关电源由 N02（NCP1014）、N05（PC817B）、NS1（TL431）、T1 等主要元器件组成。副电源在整机通电后立即启动，一直处于工作状态，输出 5V 电压供主板使用。低功率待机离线式开关电源 NCP1014 内部集成了固定频率电流模式控制器和一个耐压 700V 的 MOSFET，具有软启动、EMI 频率抖动、跳周期、最大峰值电流设定和动态度自供电等功能。NCP1014 的内部控制框图与图 4-4-2 所示的 NCP1013A 内部电路框图相同。NCP1014 组成的副开关电源电路如图 4-5-2 所示。

1. 开关电源的启动、振荡电路

经整流滤波电路产生的 300V 电压通过变压器 T1 的 2—3 绕组加到 N02（NCP1014）的⑤脚。进入⑤脚后分两路：一路加在内部 MOSFET 的漏极；另一路通过内部启动电路从①脚输出一个大约为 15mA 的启动电流，对电容 C28 进行充电。当 C28 上的电压达到 7.5V 时，内部电流源关闭，N02 内部集成的固定频率电流模式控制器开始工作，输出驱动信号使内部大功率 MOSFET 开关管导通。

N02 内部的 MOSFET 开关管工作在开关状态时，在 T1 的 2—3 绕组上形成自感电压。由于 T1 的互感作用，在次级 1—4 和 6—5 绕组上各产生感应电压。T1 的 1—4 绕组上的感应电压经 D05 整流、C14 滤波后得到约 15.6V 的直流电压后分为两路：一路通过 R24 限流后加到光耦 N09 的③脚，同时经 D06 整流、C28 滤波得到约为 8.6V 的电压 VCC，送入 N02①脚作为正常工作供电；另一路通过 Q04 组成的稳压电路为二次开机电路供电。

T1 的 6—5 绕组上的感应电压经 DS01 整流、CS05 滤波后形成 5Vs-1 电压，提供给开/待机光耦 N08 及稳压反馈取样电路；同时，该电压经 CS04、LS1、RS06、CS03、CS02、RS07 滤波后，形成 5Vs 待机电压，从插座 CNS1⑤脚输出，为主板待机供电部分供电。

2. 5Vs 稳压电路工作过程

T1 的 6—5 绕组上的感应电压经 DS01 整流、CS05 滤波后形成 5Vs-1 电压，该电压通过 RS03 加到光耦 N05 的①脚，另一路通过 RS01、RS02 分压加到精密取样电路 NS1 的控制极，通过控制 N05②脚的电流量来控制 N02④脚的反馈电压。N02 通过④脚反馈电压的高低来调整内部峰值电流，从而调节输出功率。同时，5Vs-1 通过 RS05、N09 次级、ZDS1 控制 N09 初级电流对 C28 的充电，以调整电源时间常数。

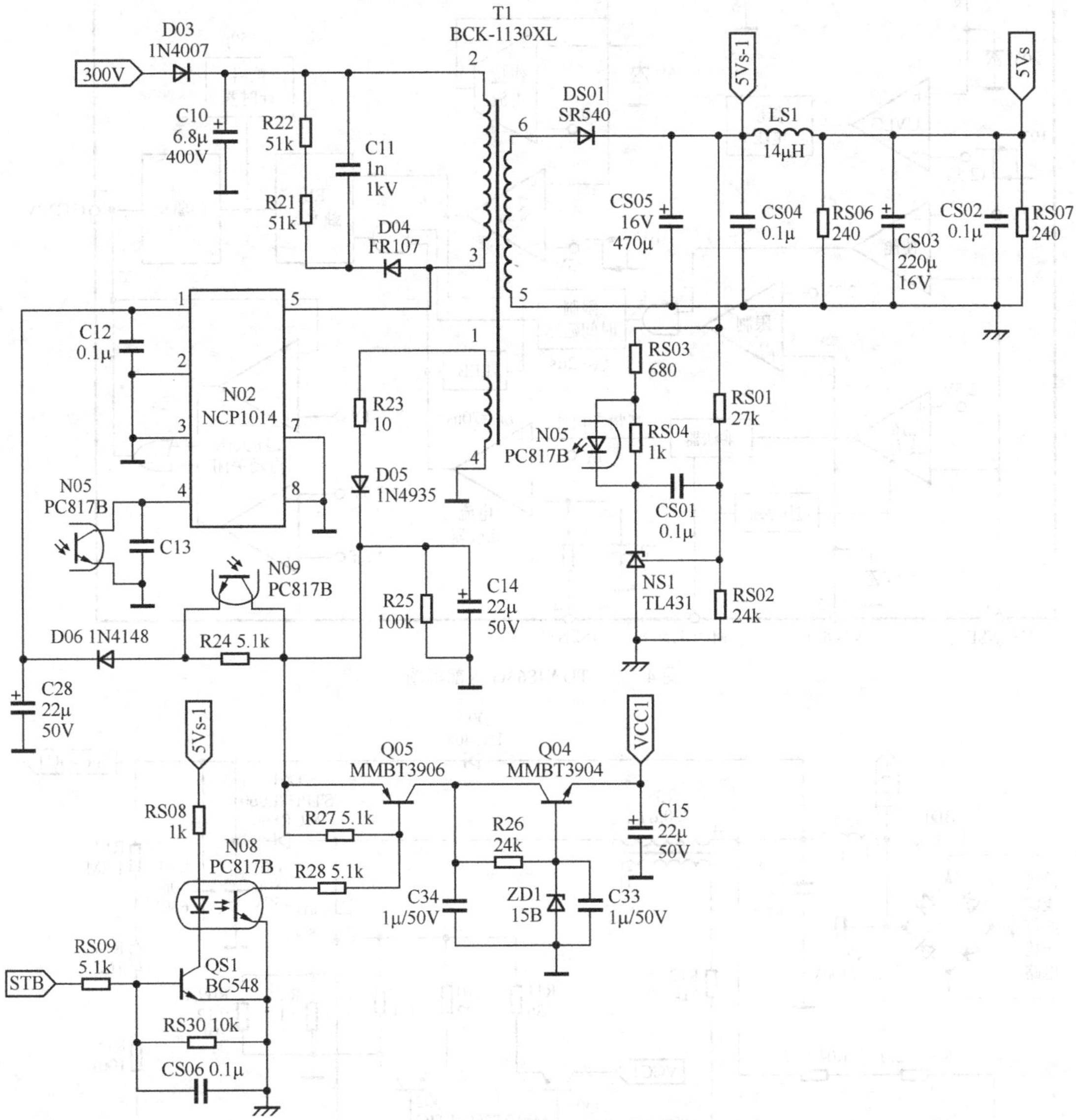

图 4-5-2　NCP1014 组成的副开关电源电路

3. 保护电路

由于反馈网络中断或峰值电流超过限制，逻辑电路将对峰值限制进行检测，若检测的错误信号过多，会立即停止驱动脉冲信号的输出。当检测到的错误不存在时，激活电路将自动恢复运作。欠压保护、过压保护、过流保护都集成在 N02 内部。

三、功率因数校正（PFC）电路

HS210-4N01 型开关稳压电源主要由西门子公司生产的一种新型 PFC 控制器 N01（TDA4863G）、三极管 Q01 和 Q02、场效应管 Q03、变压器 T3 组成。TDA4863G 的内部框图如图 4-5-3 所示，PFC 电路如图 4-5-4 所示。

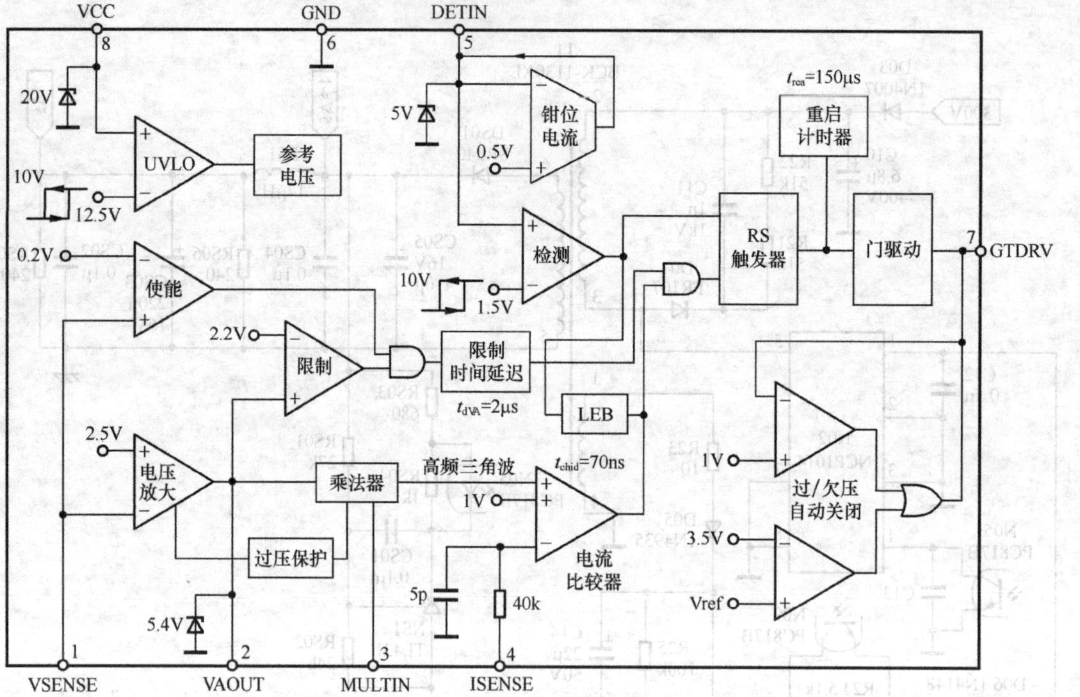

图 4-5-3　TDA4863G 内部框图

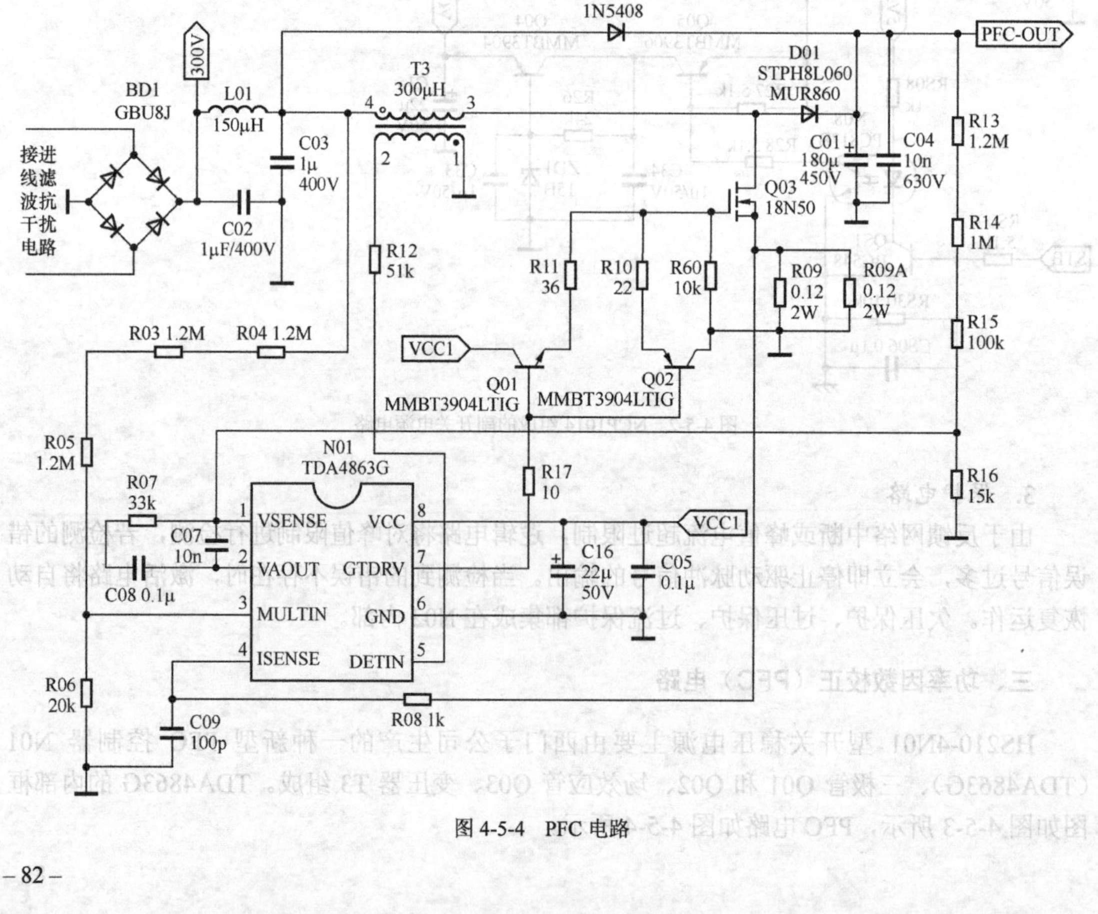

图 4-5-4　PFC 电路

二次开机后插件 CNS1 的⑩脚（STB）从主板得到一个高电平，QS1 导通，光耦 N06 导通，从 Q05 集电极输出一个稳定的+13.01V 电压加到 N01 的⑧脚形成启动供电，作为 N01 内部工作供电；N01 内部电路工作，从 N01⑦脚输出 MOS 管驱动信号，经 Q01、Q02 激励加到 Q03 栅极，使其工作在开关状态；300V 直流电平经过 T3 加至开关管 Q03 的漏极，由于 T3 的储能作用，振荡的开关脉冲经 D01 整流在 C01 上获得约 400V 的直流电平 VB。

N01④脚为开关管过流保护检测输入端，R08、R09、R09A 是取样电阻，连接 N01 内部电流比较器；②脚为欠压反馈端，R13、R14、R15、R16 为分压电阻，当 VB 电压低于检测值时，N01 内部会关断内部驱动脉冲；①脚通过电阻 R03、R04、R05、R06 分压，控制 N01 内部乘法器的第二个输入端。

四、NCP1395 组成的主电源电路

主电源电路是电源的关键部分，为主板提供 24V（伴音功放）、12V（上屏供电）、5V（小信号处理）及逆变器 24V 供电。本机主电源由 NCP1395 和 NCP5181 组成。NCP1395 是一个 LLC 谐振模式控制器，其独特的架构是内部集成了一个 1MHz 的电压控制振荡器，具有很强的设计灵活性。其冗余电源配置可以实现多路径反馈和欠压、过热保护等功能，且外围电路结构简单。NCP5181 的作用是对谐振电路 NCP1395 输出的高端和低端脉冲进行驱动，以驱动两个 N 沟道的高压功率 MOSFET Q06、Q07 正常工作。其采用了自举升压技术，以确保驱动高测电源的开关。两个驱动采用独立输入。其内部框图如图 4-5-5 所示。

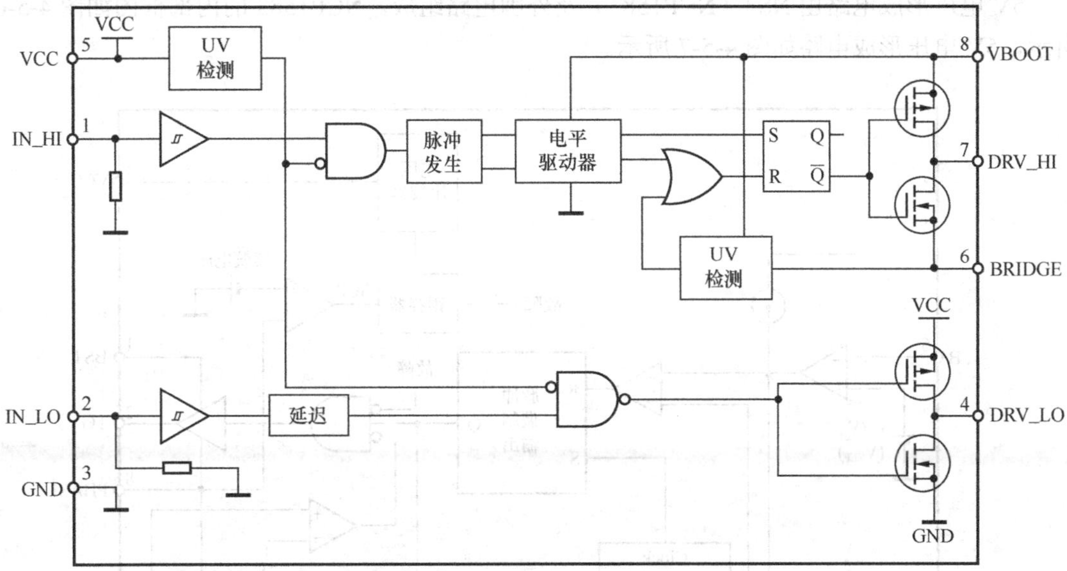

图 4-5-5　NCP5181 内部框图

1. 启动、供电及驱动电路

在二次开机后，由 Q04、Q05 组成的 VCC1 供电电路将约 13.01V 的 VCC1 电压加在 N03（NPC1395）的⑫脚和 N04（NCP5181）的⑤脚，同时经 D09 供给 N04 的⑧脚。N03⑫脚得电后，N03 内部软启动电路工作，内部控制器对频率、驱动定时等设置进行检测，从⑩脚、⑪脚分别输出低端和高端脉冲。N03①脚外接定时电阻 R31；②脚接频率钳位电阻 R32，电阻大

小的改变可以改变频率范围（50kHz～1MHz）；③脚为死区时间控制端，时间可以在 150ns～1μs 改变；④脚外接软启动电容；⑤脚为稳压反馈取样输入，电压范围为 1.3～6V，正常工作时为 4.8V；经过 PFC 电路形成的 VB 电压经 R37、R38、R39 分压加到 N03⑦脚，进行欠压检测，同时经过运算跨导放大器输出跨导电流也从此脚输入；⑬、⑭脚为故障检测端。

N04⑧脚外接的 C25、C32 为倍压电容，经过倍压后的电压为 209V。从 N03⑩脚、⑪脚分别输出低端和高端脉冲加在 N04 的①、②脚，经过内部两个独立通道的驱动，从⑦脚输出高端脉冲给 Q06，从④脚输出低端脉冲给 Q07。

当 Q06 导通时约 400V 的 VB 电压流过其漏-源极及 T2 的①～⑧脚等电路形成回路，在 T2 的①～⑧脚上形成上正下负的电动势，次级绕组得到感应电压，经 DS06 整流，在 CS30、CS31 上得到 24V 电压；另一路经 DS04 整流，CS33、CS26 滤波后得到 12V 的电压。当 Q07 导通、Q06 截止时，同理在 T2 的①～⑧脚上得到上正下负的电动势耦合给次级。

2. 稳压控制电路

12V 电压一路经 RS10 加在光耦 N06 的①脚，另一路通过 RS13、RS15//RS34 组成的偏置分压电路；同时 24V 电压经 RS14、RS15//RS34 组成的偏置分压电路后与 12V 的偏置分压电压加在 NS2 的控制极，控制 NS2 的导通深度，进而改变 N06 的②脚电流，N06 内部发光二极管电流的大小决定光敏三极管的工作深度，③脚电流的变化反馈到 N03 的⑤脚，控制谐振器的振荡频率而实现稳压。

3. 5V 电压形成电路

5V 电压形成电路由 NS3（NCP1583）及外围电路组成。NCP1583 的内部框图如图 4-5-6 所示，5V 电压形成电路如图 4-5-7 所示。

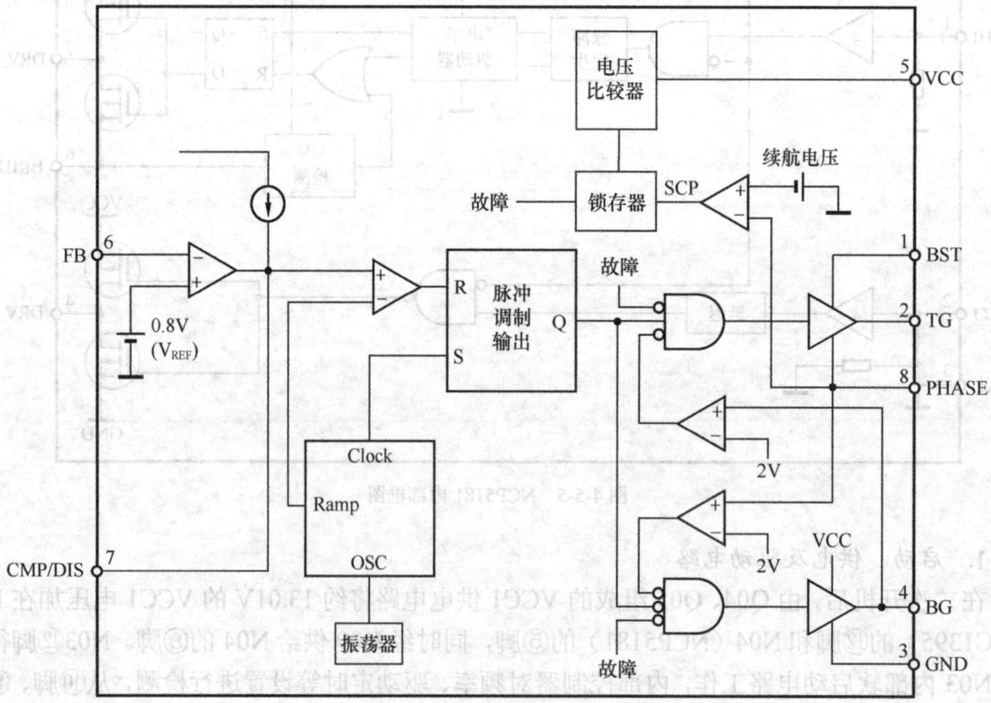

图 4-5-6 NCP1583 内部框图

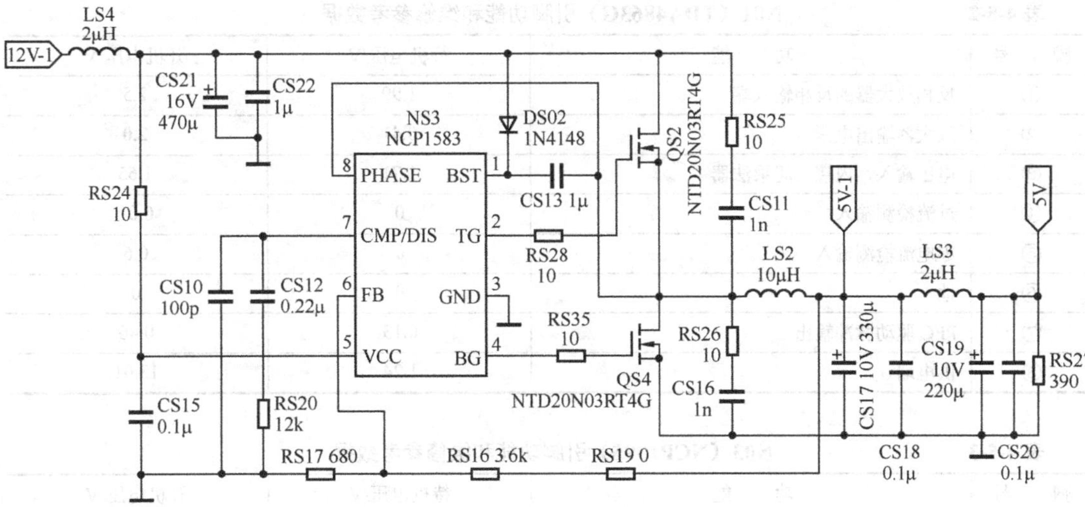

图 4-5-7　5V 电压形成电路

DS04 整流、CS33、CS26 滤波后形成的 12V-1 电压通过低压同步稳压器 NS3（NCP1583）等组成的电路，将 12V 电压变换形成 5V-1、5V 供电。12V 电压经 RS24 加在 NS3 的⑤脚，为电路正常工作供电，另外经 DS02 加在①脚，为自举电压。5V-1 电压经过 RS19、RS16、RS17 形成取样反馈电压加在 NS3 的⑥脚。

4. 保护控制电路

当 5V、12V、24V 电压升高时，稳压二极管 ZDS4、ZDS6、ZDS5 齐纳击穿，DS11、DS13、DS12 导通，上述电压经 RS55、RS57、RS56 与 RS54 分压后加到 QS3 的基极，QS3 导通，光耦 N09 的发光增强，内部的三极管导通增强，N09 短接电阻 R24，N02（NCP1014）的①脚电压升高，从而关断 N02 的振荡，这时就没有 24V、12V、5V 电压输出。

五、维修参考数据

N02、N01、N03、N04、NS3 引脚功能和维修参考数据见表 4-5-1、表 4-5-2、表 4-5-3、表 4-5-4 及表 4-5-5。

表 4-5-1　　N02（NCP1014）引脚功能和维修参考数据

脚　号	功　能	待机电压/V	开机电压/V
①	VCC 供电端	8.66	8.26
②	空脚接地	0	0
③	空脚接地	0	0
④	FB 反馈信号输入	0.32	0.60
⑤	300V 供电，连接内部 MOS 管漏极	308	303
⑦	空脚接地	0	0
⑧	地	0	0

表 4-5-2　　N01（TDA4863G）引脚功能和维修参考数据

脚　号	功　能	待机电压/V	开机电压/V
①	反相放大器的反相输入端	1.99	2.5
②	放大器输出电压	0.41	2.0
③	电压输入，内接时间乘法器	1.71	1.65
④	过流检测输入	0	0.01
⑤	零电流检测输入	0	0.6
⑥	地	0	0
⑦	PFC 驱动脉冲输出	0.13	0.46
⑧	供电端	1.24	13.01

表 4-5-3　　N03（NCP1395）引脚功能和维修参考数据

脚　号	功　能	待机电压/V	开机电压/V
①	外接定时电阻	0.01	2.05
②	外接频率钳位电阻	0	测量会引起保护
③	死区时间控制电阻	0	测量会引起保护
④	软启动电容	0.70	3.62
⑤	反馈输入	0.03	4.84
⑥	时间延迟	0	0.04
⑦	低压检测输入	0.85	1.38
⑧	模拟地	0	0
⑨	电源地	0	0
⑩	低端脉冲输出	0.03	5.28
⑪	高端脉冲输出	0.03	5.27
⑫	电源供电	1.25	13.07
⑬	快速检测引脚	0	0.01
⑭	延迟检测引脚	0	0.10
⑮	运放输出，内接跨导放大器	0	0
⑯	运放非反转输入端	0	0.25

表 4-5-4　　N04（NCP5181）引脚功能和维修参考数据

脚　号	功　能	待机电压/V	开机电压/V
①	H 脉冲输入	0.03	5.27
②	L 脉冲输入	0.03	5.28
③	地	0	0
④	L 端栅极脉冲输出	0	5.29
⑤	供电端	1.25	13.07
⑥	H 端反馈输入	0.96	196.9
⑦	H 端栅极脉冲输出	0.97	测量会引起烧 IC
⑧	自举供电端	1.16	209

表 4-5-5　　NS3（NCP1583）引脚功能和维修参考数据

脚　号	功　能	待机电压/V	开机电压/V
①	自举电压输入	0	11.5
②	H 驱动输出	0	0.20
③	地	0	0
④	L 驱动输出	0	11.7
⑤	供电端	0	11.89
⑥	反馈输入端	0	0.80
⑦	补偿引脚	0	0.93
⑧	取样反馈	0	0.13

第 6 节　电源板维修技巧及常见故障检修

在液晶电视中，电源模块故障率相对较高，快速掌握电源模块维修方法已显得相当重要。在前面章节中，我们已对几种典型的电源模块原理进行了介绍，本节主要对电源模块的检修方法、典型故障检修实例进行介绍。

一、故障检测方法

1. 外观检查法

① 检查电源模块上是否有元器件或集成电路烧黑、炸裂。

② 检查电源模块上的贴片元器件是否掉落、电容是否鼓包等。

③ 检查电源模块上的相关插座、开关变压器引脚是否有虚焊。

2. 电阻检测法

① 检查电源模块上的保险电阻是否开路。

② 检查电源模块上相关集成电路的电源脚和地间是否击穿。

③ 检查电源模块上变压器的次级阻值是否异常。

④ 检查电源模块上的三极管是否漏电或不良。

电路检测法基本上是电阻检测，是在电源模块不通电的情况下进行的检测。

3. 开路法

一般情况下，电源振荡集成电路中有一脚是反馈控制脚，我们可断开或短接该脚观察故障现象有无消除（因振荡集成电路的差异）。但要注意：使用开路法时，通电试机时间要短，最好同时监测电压、电流波形，不要连接负载。如：断开 OVP 电路开机时，可能烧坏负载，开机时间长可能会损坏电源模块。

4. 振动法

将电源模块作随机振动（频率无规律变化）检查。这种方法用于发现时好时坏故障产品，如对于焊盘虚焊、断裂，SMT 元器件、电感机械损坏的检测非常有效。

5. 对照法

在无法用较快的常规方法找到故障件，又对电路与 PCB 图不太熟悉的情况下，我们可拿一块好的电源模块与坏电源模块进行对比测试，用此方法可获得第一手维修资料，迅速排除故障。

6. 上电测试法

上电测试法适合不知道电源模块是否有故障的检测。由于电源模块装在整机上，工作状态受主板控制，如果主板存在异常，则会影响电源模块的正常工作，因此在上电检测中，有时还必须断开主板对电源模块的控制。

实际维修中，可将电源模块和主板的连接线断开，将电源板通上交流电源，用万用表测试输出插座是否有 5VSTB 电压输出，若有，说明电源板副电源工作正常；此时再将电源板 5VSTB 电压输出端串接一个电阻加到电源模块的开/待机（PS-ON）控制端（模拟主板发送二次开机信号）；电源板二次开机后，可用万用表测试输出插座有无 24V 电压输出（注：不带负载时，电压会比正常值稍低；个别电源板需带假负载），若输出电压正常，说明电源板是好的，反之则是坏的。

对于电源板组件（电源+逆变器二合一），进行电源部分的故障判定与电源模块完全相同。若电源部分工作正常，将电源板的 5V 输出端串接一个电阻加到背光 ON/OFF 控制端，如果该板是好的，此时液晶屏的背光灯就应点亮。

二、典型故障检修实例

例 1　电源模块型号：GP03

故障现象：热机关机后不开机或热机自动关机。

分析与检修：出现热机关机后不开机或热机自动关机主要是 STR-E1565 芯片内部保护引起的。该芯片⑩脚为保护控制端，该脚外接二极管 D802、D803，根据维修经验，取消 D802 开机单独维修电源板，各路电压输出正常，开机一段时间，故障还是存在。于是对 STR-E1565 芯片周围的电阻、电容等贴片元件全部进行补焊（具体做法是把元件拆下来再焊上去，然后清洗电路板），故障还是存在。次级的反馈取样电路也会造成上述问题，将变压器次级的反馈取样电路进行补焊，开机运行一段时间后，再开机故障依旧。此时想到，会不会是 STR-E1565 的⑩脚外接的另一路存在故障？断开保护二极管 D803、D802，同时把 C827 拆掉，长时间反复试机，故障没再出现。

例 2　电源模块型号：GP03

故障现象：5V 时有时无（有时开机 5V 正常，大部分时间无电源，电源指示灯不亮）。

分析与检修：5V 时有时无，多开几次又正常了，初步怀疑电源的 5V 滤波电容不良或待机 5V 振荡集成电路存在故障。首先对待机电源的 5V 输出端滤波电容进行检测，若没有问题，再检测 STR-E1565 的⑪脚外接电容 C827，该电容出现漏电的较多，取消该电容后，故障排除。

注：GP03 电源模块若出现有时不开机，有时连 5V 都没有，单独维修电源又没发现问题，但配合整机时不开机，可分别断开保护二极管 D802、D803 一试。

GP03 电源模块若热机关机后再开机没 5V 输出，可能原因有以下几种。

① STR-E1565 的⑫脚外接电容 C825 漏电，更换就好了，反复试验。

② STR-E1565 的⑮脚外接滤波电容 C830 损坏，造成启动电压不足，导致电源停振。

③ GP03 电源模块 12V、24V 未接假负载造成的假象。

例 3　电源模块型号：GP03

故障现象：无 24V 电压。

分析与检修：将电源板的 POWER 脚接上 5V 电压，主电源没有工作，无 24V 输出，STR-E1565 工作正常，5 V、2V 电压输出正常，判断主电源没有工作，检查 STR-T2268 芯片的供电脚⑨只有 5V 电压，明显不正常，检查该供电电路的 Q805、D810、R851、C834 等，发现 C834 漏液，更换后故障排除。

例 4　电源模块型号：GP03

故障现象：无 24V 电压。

分析与检修：检测 24V 电压输出，当 24V 电压上升到 20V 就开始下降，怀疑是 24V 的稳压电路出问题。先测光耦 U802A 的控制端的控制正常，U802B 端接到 STR-T2268 的⑩脚，测⑩脚的控制电压瞬间高到 10V，说明 U802B 端没有起控，细测发现 U802B 端与⑩脚所接 R819（330Ω）电阻开路，当更换 R819 后试机正常。

注：可能是因为 U802 上涂的硅胶把 R819 盖住，R819 在长时间工作的情况下散热不好而损坏。

例 5　电源模块型号：GP03

故障现象：5VA、12V、5VS 电压正常，24V 输出电压低。

分析与检修：5VA、12V、5VS 电压正常，24V 输出电压低，说明故障出在主电源电路部分，造成 24V 输出电压低的故障原因有以下几个。

① 由 U808（TL431）、U802（TLP421F）及相关元件组成的稳压控制电路出现故障。

② STR-2268 ⑰、⑱脚外接的过流检测电阻 R834、R835 变质，导致阻值增大。

③ 次级整流滤波电路中滤波电容 C849（35V/220μF）、C850（35V/220μF）容量变小。

首先将电源板 24V 电压与主板的插座断开，测量 24V 电压只有 14V 左右，再用万用表测量 STR-T2268 的⑰、⑱脚电压，均为 0V，说明电源不存在过流保护，故障在 U808（TL431）、U802（TLP421F）组成的稳压控制电路或滤波电容 C849、C850 失容。其次是检测 U808（TL431），发现 U808 不良，更换后故障排除。

例 6　电源模块型号：GP03

故障现象：没有 24V 输出。

分析与检修：把开/待机脚与待机 5V 脚短接，通电测 PFC 电压正常，说明 STR-E1565 工作正常。没有 24V 输出，重点检查 STR-2268 组成的电路。首先测启动供电脚⑨的电压，此供电来自于 T804 的④脚，经 D810 整流、Q805 稳压后给⑨脚供电，而 Q805 受控于 Q806，Q806 饱和导通把 Q805 的基极拉低，Q805 导通，测 Q806 基极没有电压，而 R849 的一段是有电压的，怀疑 U803 开路或者是 R845 开路，测量发现 R845（10kΩ）开路，更换后故障排除。

例 7　电源模块型号：FSP205-3E01

故障现象：无 24V 输出。

分析与检修：通电不能开机，测 5VSTB 正常。二次开机后，电源板上 QS1 基极是高电平（0.7V），说明主板工作正常，但电源无 24V 输出，故障在电源板上。测主电源滤波电容 C01 上的电压，只有 309V，PFC 电路没有工作。测 PFC 模块 N01 的⑧脚供电为 9.7V，不正常（正常时为 13V）。查 VCC1 供电，Q04、Q05 及其外围元器件都正常，断开 Q05 的集电极测其电压为 13.9V，怀疑负载过重引起电压低。逐个断开 N04、N03、N01 等负载，当断开

N01后，VCC1供电电压恢复为正常值13V。更换N01（TDA4863）后试机，故障排除。

例8　电源模块型号：FSP205-4E01

故障现象：无24V输出。

分析与检修：取下电源板，单独测试电源待机5V正常，将5V电压接到PS-ON脚开机，测试24V、12V、5V电压没有输出。测试C2电压只有300V，正常工作时该电压应该有380V左右，由此说明PFC没有工作。PFC电路由U1等组成，测试U1各脚电压时发现⑧脚供电为0V，正常时为14V左右，此电压是由CPU发出二次开机指令，控制Q11的导通来实现供电，对该电路检查发现Q11开路，更换后故障排除。

例9　电源模块型号：FSP179-4F01

故障现象：无5VSTB电压输出。

分析与检修：将电源板与主板所有连线断开，单独测量电源板5V输出电压仍为0V，判断为电源板故障，故障出在副电源部分。该电源模块副电源电路由U4（P1013AP）等组成，首先查U4工作条件是否正常，测U4（P1013AP）的⑤脚无300V电压，该电压是由L1、D31、D17、C45及开关电压器T3的1—2绕组提供。经检测D17开路（在实际电路中采用的是5.6Ω/3W电阻），更换此器件，故障排除。

例10　电源模块型号：FSP179-4F01

故障现象：待机+5V只有2V左右。

分析与检修：检修发现电源板无+12V、+24V输出，且待机+5V只有2V左右，说明电源板中+5V待机电源存在故障。先测IC10⑤脚有+300V，正常；再测DS12整流负极为+2V，更换DS12二极管，电压仍没有恢复正常值；取下CS31（470μF/16V）电解电容，用数字表测量，容量明显低，换上新的470μF/16V电解电容，再测CS31两端电压为+5.2V，正常！此时+12V、+24V输出正常。

例11　电源模块型号：HS280-4N02

故障现象：无24V输出。

分析与检修：先把二次开机指令脚与待机5V脚短接，通电测PFC电压没有，待机5V也跟着在跳变；测5V形成电路N02的⑥脚在9～13V跳变，断开Q05后，这个电压不再跳变，待机5V也正常了，说明PFC或者24V形成电路有问题。PFC电路由N01、T3等组成，测N01的⑧脚供电也在9～13V之间跳变，此电压不仅给PFC形成电路供电，还给24V形成电路供电，当断开D09后，PFC电压升起来了，判断是24V形成电路有问题，当更换N04后，故障排除。

例12　电源模块型号：HS488-4N01

故障现象：无24V电压输出。

分析与检修：通电测量待机5V有电压输出，把待机5V端和开/待机端短接，测量无24V输出，再测量PFC电压只有300V，说明PFC电路没有工作。测量PFC振荡芯片N01的⑧脚供电只有9V左右，此电压来自D05的整流，经Q04稳压后受Q05的控制，Q05又受开/待机信号控制，断开Q04集电极后电压升到14V，说明是后级电路有漏电的元器件，当断开N04后电压正常了，更换N04后故障排除。

例13　电源模块型号：HS308-4N01

故障现象：无待机5V。

分析与检修：根据维修经验，无待机 5V 故障原因主要有以下两个。

① 待机驱动集成电路变质，测对地阻值及外围都正常，测⑤脚供电有 8～10V 跳变。

② 炸待机 MOS 管（3N80C）。一旦炸待机 MOS 管就需要更换驱动集成电路、过流检测电阻和驱动输出限流电阻（R21、51Ω，R56、30Ω，此两颗电阻只能换稍小不能换大，否则驱动不足引起发热再烧 MOS 管，有的还烧快恢复二极管 D13，也有的烧启动电阻 R63、R22。

经检测发现待机驱动集成电路损坏，更换后故障排除。

例 14　电源模块型号：HS308-4N01

故障现象：待机 5V 无法带载（空载正常）。

分析与检修：根据维修经验，5V 无法带载的故障原因主要有以下几个。

① 交流检测异常（NS3 AZ431 变质、D21 变质、C43 漏电），此电路出故障引起待机 5V 带不起载。

② 二次启动供电异常（串联稳压电路 ZD1、Q04、Q05 变质或短路）。

③ R26 电阻漏电。

④ 过流检测电阻 RS55 阻值变大。

⑤ 过压保护电路的光耦 N09 的③脚和④脚之间阻值变小。

⑥ W34 开路造成接地不通，引起带不起载。

经检测发现过流检测电阻 RS55 阻值变大，更换后故障排除。

例 15　电源模块型号：HS308-4N01

故障现象：炸 PFC 电路。

分析与检修：根据维修经验，炸 PFC 电路的故障原因主要有以下几个。

① 驱动集成电路本身损坏。

② 推挽放大电路 Q01、Q02 变质，引起炸 PFC 的 MOS 管 Q03、Q08。

③ D14、D15、D18 短路，如不进行检测会引起反复炸 PFC 电路的 MOS 管。

④ 待机电路出故障，引起二次启动供电过高。

⑤ PFC 振荡 MOS 管本身变质。

经检测发现推挽放大电路 Q01、Q02 变质，更换后故障排除。

例 16　电源模块型号：HS308-4N01

故障现象：24V 无输出。

分析与检修：根据维修经验，24 无输出的故障原因主要有以下几个。

① 启动供电 13.5V 不够（当启动供电不够，就要查串联稳压电路 Q04、Q05 及周围电路是否有对地阻值变小或短路，以及驱动集成电路本身对地阻值）。

② 半桥谐振集成电路（NCP1395A）变质。

③ NCP1395A 的⑦脚低压检测输入电压低（二次开机正常电压为 1.4V，PFC 电路不工作时电压为 1.1V），引起驱动不工作。

④ 高压驱动集成电路（NCP5181）变质。

⑤ 电压提升二极管 D09 变质或短路。电压提升二极管 D09 变质或短路将引起驱动不工作。

⑥ 次级整流管 DS04、DS05 短路。

经检测发现 NCP1395A 的⑦脚低压检测只有 1.15V，测其外围电路发现 C20 滤波电容漏电，更换后故障排除。

第5章　MST6M69FL方案主板电路分析与检修

MST6M69FL方案构成的主板电路应用较广，在TCL、海尔、长虹等品牌的中高档机型中普遍使用，下面以长虹LS20A机芯为例，对其主板电路原理和检修方法进行介绍。

第1节　LS20A机芯的特点和整机组成

一、LS20A机芯简介

LS20A机芯以MSTAR公司的MST6M69FL为主芯片，带多媒体功能，支持HDMI1.3、FHD屏、120Hz屏。其基本功能包含1路RF输入、2路AV输入、2路S-Video输入、1路YPbPr输入、1路VGA输入、2路USB输入、2路HDMI输入和1路AV输出。主板布局与前期液晶电视完全不同，所有输入、输出接口均位于主板上，接口安装从以前的卧式更改为立式，因此音视频线的插入方向也从以前的由下向上更改为垂直后盖方向插入，更便于售后安装调试。

LS20A机芯液晶电视覆盖32～55英寸产品，包括50Hz/60Hz WXGA屏（1 366 × 768）、50Hz/60Hz FHD屏（1 920 × 1 080）和120Hz WXGA屏。典型型号有LT42710FHD、LT47710FHD、LT40876FHD、LT42876FHD、LT42810FU、LT42810DU、LT47810FU、LT47810QU、LT55810DU、LT42900FHD、LT46900FHD、LT52900FHD。

二、主要功能及系统规格

1. 主要功能特点

① 图像模式：用户、标准、柔和、亮丽。

② 伴音模式：用户、标准、音乐、新闻。

③ 音效：均衡高级设置、平衡、自动音量控制、环绕声。

④ 缩放模式：4:3模式（Normal）、16:9全屏模式（Full）、电影模式（Cinema）、字幕电影模式（Sub Title）、动态扩展模式（Panorama）。

⑤ 3D梳状滤波、3D降噪。

⑥ LTI、CTI画质改善功能，黑白电平扩展、彩色增强引擎。

⑦ 节目回叫、源回叫功能。

⑧ 节目管理功能：节目命名、节目交换。

⑨ 定时开/关机功能：可设置液晶电视在预定的时间自动开机或关机。

⑩ 蓝背景静噪：TV、AV、S-Video状态下，无信号时屏幕呈蓝背景，并进入静音状态。

⑪ 无信号自动关机：TV 状态下，无信号约 15min 后自动关机，进入待机状态。

⑫ 中英文菜单：采用简易方便的图形化菜单设计，使菜单操作更方便、更直观。

⑬ 省电功能（电源管理模式）：当本机用作 PC 的显示终端，且用户使用的 PC 无输出信号时，约 30s 后液晶电视将自动关闭，进入待机省电模式；当按本机任意键或遥控器上任意键或 PC 再次出现时，液晶电视将自动打开。

⑭ 即插即用：作为计算机终端显示设备，无需单独配备安装软件，做到真正的即插即用。

⑮ 方便快速的在线升级程序，可选以下两种方式之一：从 VGA 接口通过专用工装；从 USB1 接口，不需要专用工装，采用普通 U 盘直接插入即可。

2. 系统主要规格（见表 5-1-1）

表 5-1-1　　LS20A 机芯系统主要规格表

类　别		规　格
TV 信号制式	彩色	PAL、NTSC、SECAM
	伴音	D/K B/G M I
射频频率范围		48.25～863.25MHz
预设频道数量		236 套
视频信号制式		PAL、SECAM、NTSC
输入接口类型		1 路 RF；2 路 AV，2 路 S-Video（其中一路为侧置 AV 和侧置 S-Video）； 1 路 YPbPr；2 路 HDMI；2 路侧置 USB；1 路 VGA（带音频耳机输入）
输出接口类型		1 路 AV 输出
YPbPr 格式		480i、480p、576i、576p、720p（50Hz/60Hz）、1 080i（50Hz/60Hz）、1 080p（50Hz/60Hz）
HDMI 格式		640 × 480、800 × 600、1 024 × 768、1 280 × 768、1 280 × 1 024（60Hz）、720p（50Hz/60Hz）、1 080i（50Hz/60Hz）、480i、480p、576i、576p、1 080p（50Hz/60Hz）
VGA 格式		640 × 480、800 × 600、1 024 × 768、1 280 × 768、1 280 × 1 024、1 600 × 1 200（60Hz）
USB 格式		JPEG、MPEG1/2/4、MP3 等主流媒体格式
其他		其他如亮度、对比度、响应时间、视角、分辨率、整机功耗等视液晶屏而定

三、整机结构介绍

打开液晶电视后盖会发现，液晶电视的结构十分简单，主要由液晶面板（包括液晶屏、驱动板、逆变器）、主信号处理板、电源板、待机电源模块（采用 LS20A 机芯的机型中带“U”字母的使用）、遥控接收板、按键板等几块电路板组件组成。LS20A 机芯（以 LT42710FHD 液晶电视为例）的整机结构及各组件功能如图 5-1-1 所示。

电源模块、逆变器、逻辑板等组件的电路分析及检修方法我们将在相关章节进行介绍，本章主要对 LS20A 机芯主板（以 LT42710FHD 液晶电视为例）的电路分析与检修方法进行介绍。

四、主板电路组成

LS20A 机芯主板主要由 DC/DC 变换电路、射频电路、音视频处理电路、模拟和数字音视频输入/输出接口电路、图像变换处理电路、多媒体处理电路、伴音功放电路、系统控制电路组成，主板信号流程框图如图 5-1-2 所示，主板各主要插座位置及接口功能如图 5-1-3 所示，主板各主要芯片位置及功能如图 5-1-4 所示。

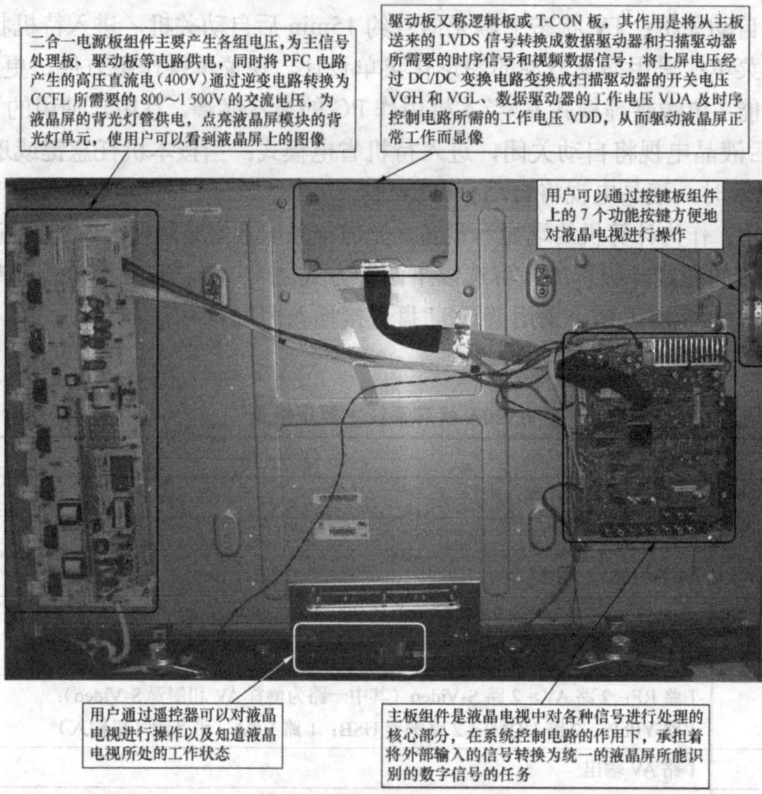
二合一电源板组件主要产生各组电压，为主信号处理板、驱动板等电路供电，同时将 PFC 电路产生的高压直流电（400V）通过逆变电路转换为 CCFL 所需要的 800～1 500V 的交流电压，为液晶屏的背光灯管供电，点亮液晶屏模块的背光灯单元，使用户可以看到液晶屏上的图像
驱动板又称逻辑板或 T-CON 板，其作用是将从主板送来的 LVDS 信号转换成数据驱动器和扫描驱动器所需要的时序信号和视频数据信号；将上屏电压经过 DC/DC 变换电路变换成扫描驱动器的开关电压 VGH 和 VGL、数据驱动器的工作电压 VDA 及时序控制电路所需的工作电压 VDD，从而驱动液晶屏正常工作而显像
用户可以通过按键板组件上的 7 个功能按键方便地对液晶电视进行操作
用户通过遥控器可以对液晶电视进行操作以及知道液晶电视所处的工作状态
主板组件是液晶电视中对各种信号进行处理的核心部分，在系统控制电路的作用下，承担着将外部输入的信号转换为统一的液晶屏所能识别的数字信号的任务

图 5-1-1　LS20A 机芯 LT42710FHD 液晶电视整机结构及各组件功能

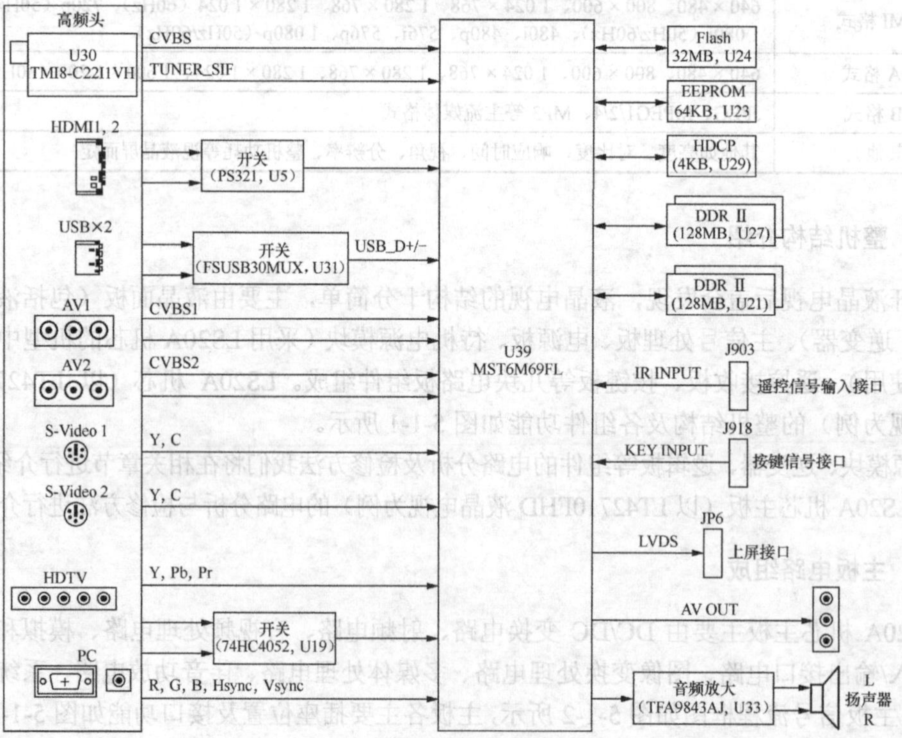

图 5-1-2　主板信号流程框图

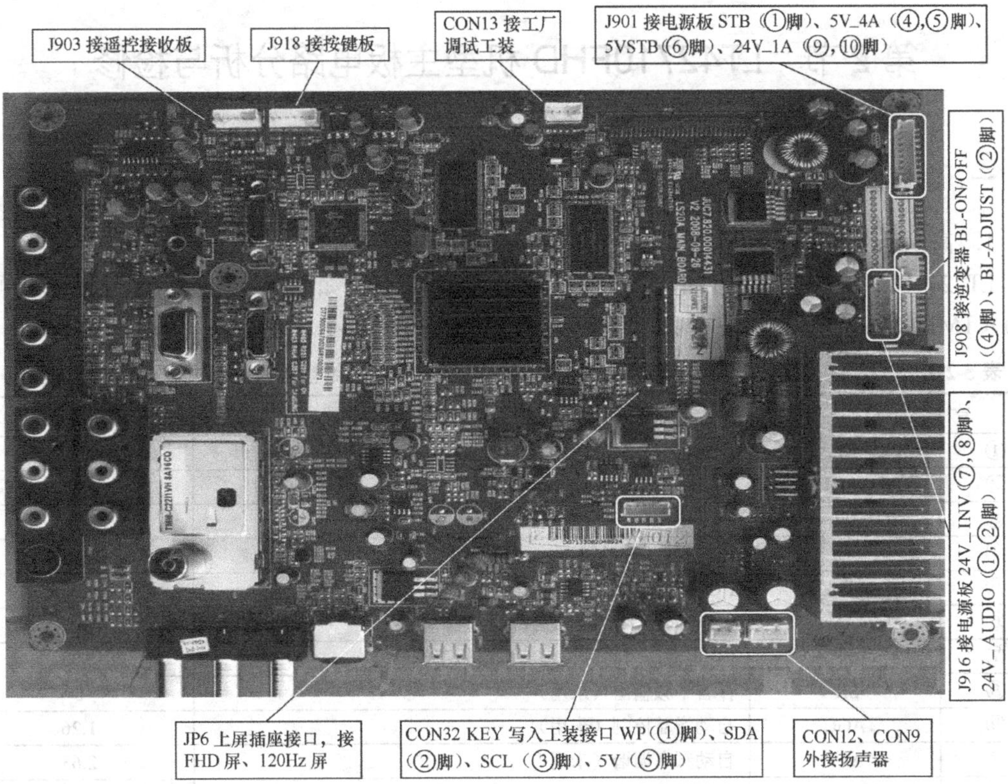
J903 接遥控接收板
J918 接按键板
CON13 接工厂调试工装
J901 接电源板 STB（①脚）、5V_4A（④,⑤脚）、5VSTB（⑥脚）、24V_1A（⑨,⑩脚）
J908 接逆变器 BL-ON/OFF（④脚）、BL-ADJUST（②脚）
J916 接电源板 24V_INV（⑦,⑧脚）、24V_AUDIO（①,②脚）
JP6 上屏插座接口，接 FHD 屏、120Hz 屏
CON32 KEY 写入工装接口 WP（①脚）、SDA（②脚）、SCL（③脚）、5V（⑤脚）
CON12、CON9 外接扬声器

图 5-1-3　主板各主要插座位置及接口功能

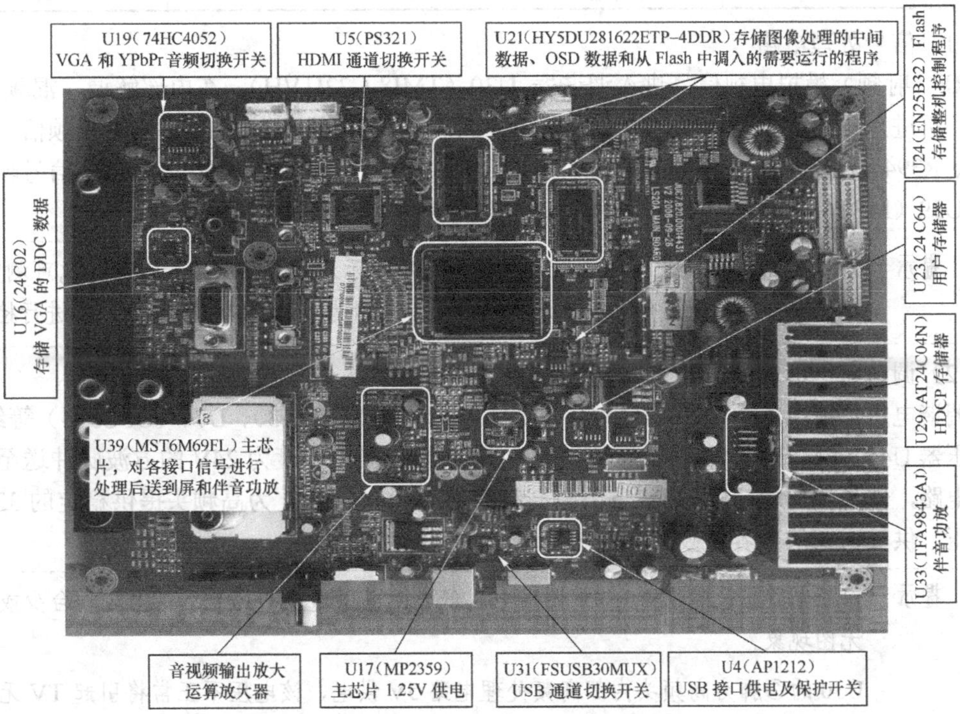
U19（74HC4052）VGA 和 YPbPr 音频切换开关
U5（PS321）HDMI 通道切换开关
U21（HY5DU281622ETP-4DDR）存储图像处理的中间数据、OSD 数据和从 Flash 中调入的需要运行的程序
U24（EN25B32）Flash 存储整机控制程序
U16（24C02）存储 VGA 的 DDC 数据
U23（24C64）用户存储器
U29（AT24C04N）HDCP 存储器
U39（MST6M69FL）主芯片，对各接口信号进行处理后送到屏和伴音功放
U33（TFA9843AJ）伴音功放
音视频输出放大运算放大器
U17（MP2359）主芯片 1.25V 供电
U31（FSUSB30MUX）USB 通道切换开关
U4（AP1212）USB 接口供电及保护开关

图 5-1-4　主板各主要芯片位置及功能

第 2 节　LT42710FHD 机型主板电路分析与检修

一、图像信号处理电路

1. 高频头电路

LT42710FHD 机型采用的是一体化高频头，高频头电路如图 5-2-1 所示。一体化高频头 U30（TMI8-C22I1VH）的引脚功能及维修参考数据见表 5-2-1。

表 5-2-1　　高频头 U30（TMI8-C22I1VH）的引脚功能及维修参考数据

脚　号	符　号	功　能	工作电压/V
①	NC	不用	12.25
②	IF OUT	图像中频输出，LS20A 机芯未用	0
③	VT	调谐电压，+32V	31.95
④	SCL	I^2C 总线（时钟）	4.68
⑤	SDA	I^2C 总线（数据）	4.65
⑥	AS	TUNER 的 I^2C 地址选择，接地	0
⑦	BP	5V 电源，为高频头内部电路的工作供电	5.03
⑧	SIF	伴音中频输出（未用）	0
⑨	AGC	自动增益控制（未用）	1.26
⑩	AFT	自动频率调谐（未用）	2.63
⑪	AUDIO　OUT	音频信号输出	1.17
⑫	VIDEO　OUT	CVBS 信号输出	2.20

（1）信号处理电路

RF（射频）模拟电视信号进入调谐器 U30（TMI8-C22I1VH），在内部解调、混频成 IF 信号，再进入中频放大器，经过中频放大、解调，从 U30 的⑫脚输出 CVBS 视频信号，经 R402、R394 分压，R173、L69 耦合后，再经 R192、C59 和 R195、C60 形成差分信号输入主芯片 U39（MST6M69FL）的㊻、㊼脚，差分信号输入增强了信号的稳定性。

提示　若 U30 的⑫脚无正常的视频信号输出（可用示波器测视频信号波形，也可测直流电压来初步判断：有信号时为 0.8V，无信号时为 1.2V），需对 U30 外围进行检查。

（2）调谐电压形成电路

调谐电压形成电路由 D70（BAS62-A13）、D72（BAS62-A13）、D74（UPC574）等组成。由稳压器 U45（LM2596-ADJ）的②脚输出频率为 150kHz、幅度为 24V 的方波脉冲送至倍压整流电路，然后输出稳定的+33V 电压至高频组件 U30 的③脚，为高频头提供稳定的 33V 调谐电压，供其内部的变容二极管选台时使用。

提示　倍压电路出故障引起+33V 调谐电压低或无电压送至 U30 时，将出现收台少或 TV 无图现象。

U30 的⑦脚为高频头内部高频处理电路 5V 供电，该电压不正常将引起 TV 无图、无声，而字符正常。

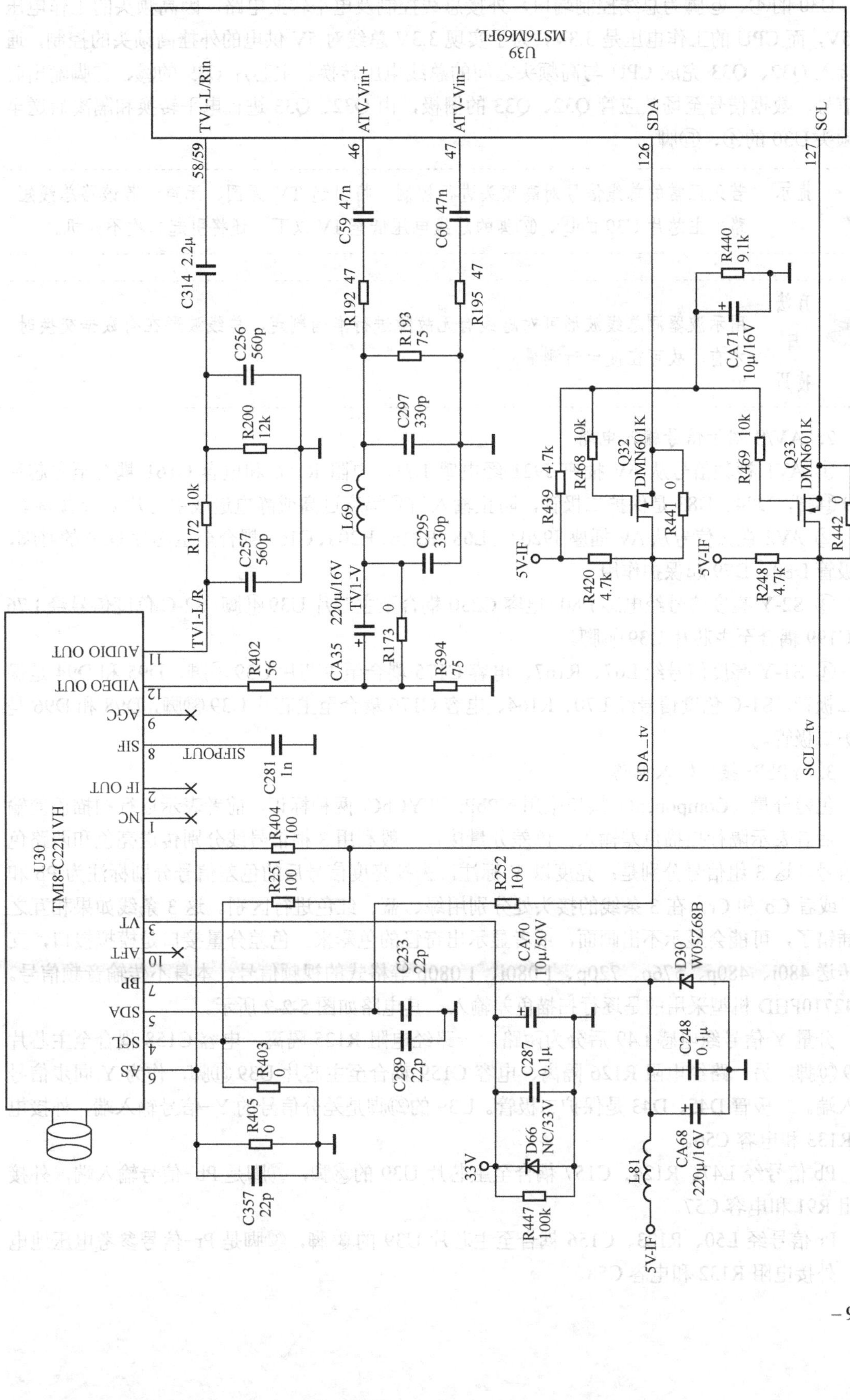
U39
MST6M69FL
TV1-L/Rin
ATV-Vin+
ATV-Vin−
SDA
SCL
58/59
46
47
126
127
C314 2.2μ
C59 47n
C60 47n
R192 47
R195 47
R193 75
C256 560p
R200 12k
R172 10k
C257 560p
C297 330p
L69 0
C295 330p
R440 9.1k
CA71 10μ/16V
R439 4.7k
R468 10k
Q32 DMN601K
R441 0
R469 10k
Q33 DMN601K
R442 0
5V-IF
R420 4.7k
R248 4.7k
TV1-L/R
CA35 220μ/16V
TV1-V
R173 0
R402 56
R394 75
U30
TMI8-C2211VH
AUDIO OUT
VIDEO OUT
AGC
SIF
IF OUT
NC
VT
AFT
BP
SDA
SCL
AS
SIFPOUT
C281 1n
SDA_tv
SCL_tv
R404 100
R251 100
R252 100
R403 0
CA70 10μ/50V
D30 W05Z68B
C233 22p
C289 22p
C287 0.1μ
C248 0.1μ
R405 0
C357 22p
33V
D66 NC/33V
R447 100k
CA68 220μ/16V
L81

图 5-2-1　高频头电路

U30 的④、⑤脚为总线控制端口，外接总线控制及电平转换电路。因高频头的工作电压是 5V，而 CPU 的工作电压是 3.3V，为了实现 3.3V 总线对 5V 供电的外挂高频头的控制，通过接入 Q32、Q33 完成 CPU 与高频头之间的总线电压转换。主芯片 U39 的⑫⑥、⑫⑦脚输出时钟信号、数据信号至场效应管 Q32、Q33 的栅极，由 Q32、Q33 进行电平转换和隔离后送至高频头 U30 的④、⑤脚。

提示 若无正常的总线信号对高频头进行控制，将引起 TV 无图、无声；若该路总线短路，主芯片 U39 的⑫⑥、⑫⑦脚的总线电压低至 1V 以下，还将引起二次不开机。

方法与技巧 用示波器测总线波形可对总线有无故障进行准确判定，总线波形在有数据交换时才有，故可在搜台时测量。

2. AV/S 端子信号输入电路

① AV1 视频信号从 AV 插座 J921 经电感 L71、电阻 R186 和电容 C161 耦合至主芯片 U39 ㊹脚，D84、D83 是保护二极管，防止输入信号幅度过高或静电造成主芯片 U39 损坏。

② AV2 视频信号从 AV 插座 J920 经 L68、R216、R203、C160 耦合至主芯片 U39 的㊸脚，二极管 D80、D79 起保护作用。

③ S2-Y 亮度信号经电感 L80、电容 C230 耦合至主芯片 U39 ㊶脚。S2-C 色度信号经 L76 和 C199 耦合至主芯片 U39 ㊵脚。

④ S1-Y 亮度信号经 L67、R167、电容 C175 耦合至主芯片 U39 ㊴脚，D95 和 D94 是保护二极管。S1-C 色度信号经 L70、R164、电容 C176 耦合至主芯片 U39 ㊳脚，D98 和 D96 是保护二极管。

3. YPbPr 接口输入电路

色差分量（Component）接口采用 YPbPr 和 YCbCr 两种标识，前者表示逐行扫描色差输入，后者表示隔行扫描色差输入。色差分量接口一般利用 3 根信号线分别传送亮色和两路色差信号。这 3 组信号分别是：亮度以 Y 标注，去掉亮度信号后的色差信号分别标注为 Pb 和 Pr，或者 Cb 和 Cr，在 3 条线的接头处分别用绿、蓝、红色进行区别。这 3 条线如果相互之间插错了，可能会显示不出画面，或者显示出奇怪的色彩来。色差分量接口是模拟接口，支持传送 480i、480p、576p、720p、1 080i、1 080p 等格式的视频信号，本身不传输音频信号。LT42710FHD 机型采用的是逐行扫描色差输入，其电路如图 5-2-2 所示。

分量 Y 信号经电感 L49 后分为两路，一路经电阻 R125 隔离、电容 C158 耦合至主芯片 U39 ㉚脚，另一路经电阻 R126 隔离、电容 C159 耦合至主芯片 U39 ㉛脚，作为 Y 同步信号输入端。二极管 D45、D43 是保护二极管。U39 的㉙脚是差分信号的 Y−信号输入端，外接电阻 R133 和电容 C56。

Pb 信号经 L47、R124、C157 耦合至主芯片 U39 的㉘脚，㉗脚是 Pb−信号输入端，外接电阻 R91 和电容 C57。

Pr 信号经 L50、R123、C156 耦合至主芯片 U39 的 ㉝脚，㉜脚是 Pr−信号参考电压地电位，外接电阻 R132 和电容 C58。

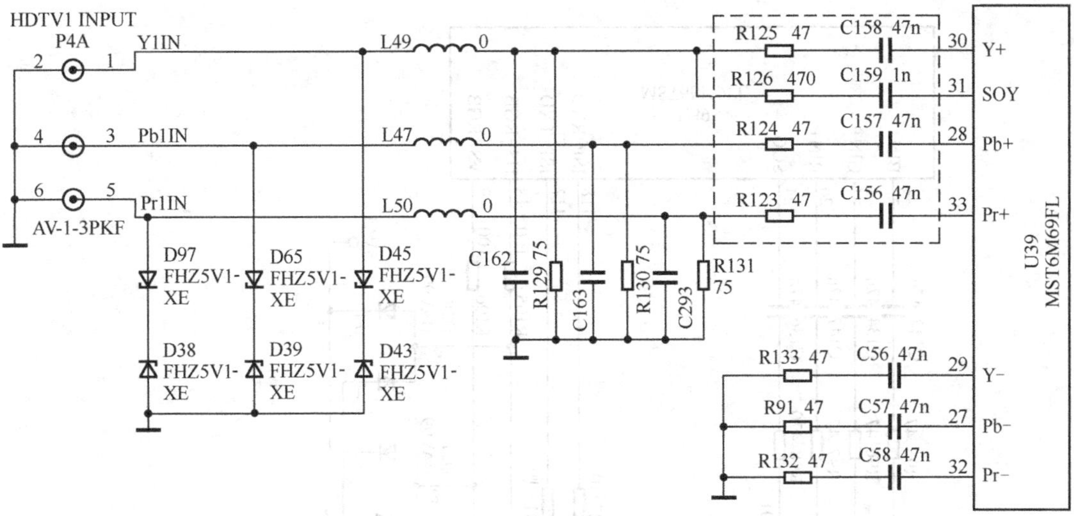

图 5-2-2　YPbPr 输入电路

提示　若主芯片 U39 的㉛脚检测不到正常的 Y 同步信号输入，液晶电视将出现高清无图现象；若输入的色差信号 Pb 或 Pr 不正常，将引起高清信号彩色异常现象。

4. VGA 接口输入电路

VGA（Video Graphic Array）接口即视频图形阵列，也叫 D-Sub 接口，是 15 针的梯形插头，分成 3 排，每排 5 个，传输模拟信号。VGA 接口采用非对称分布的 15 针连接方式，将显存内以数字格式存储的图像（帧）信号在 RAMDAC 里经过模拟调制成模拟高频信号，然后再输出到显示设备成像。

VGA 接口支持 SVGA（800 × 600）、XGA（1 024 × 768）、SXGA（1 280 × 1 024）、SXGA+（1 400 × 1 050）、UXGA（1 600 × 1 200）、WXGA（1 280 × 768）、WXGA+（1 440 × 900）、WSXGA（1 600 × 1 024）、WSXGA+（1 680 × 1 050）、WUXGA（1 920 × 1 200）、WQXGA（2 560 × 1 600）等模式，这些符合 VESA 标准的分辨率信号都可以通过 VGA 接口实现传输。

VGA 接口一方面作为 PC 的图像信号输入，另一方面作为软件升级使用。LT42710FHD 机型 VGA 接口输入电路如图 5-2-3 所示，VGA 接口引脚功能见表 5-2-2。

表 5-2-2　VGA 接口引脚功能

脚　号	符　号	功　能	脚　号	符　号	功　能
①	VGA-R	红基色信号输入	⑨	VGA5V	VGA5V
②	VGA-G	绿基色信号输入	⑩	SGND	同步信号地
③	VGA-B	蓝基色信号输入	⑪	NC	未用
④	RES	总线控制	⑫	VGA-SDA	串行数据
⑤	GND	接地	⑬	VGA-HS	行同步信号
⑥	RGND	红基色接地	⑭	VGA-VS	场同步信号
⑦	GGND	绿基色接地	⑮	VGA-SCL	串行时钟
⑧	BGND	蓝基色接地			

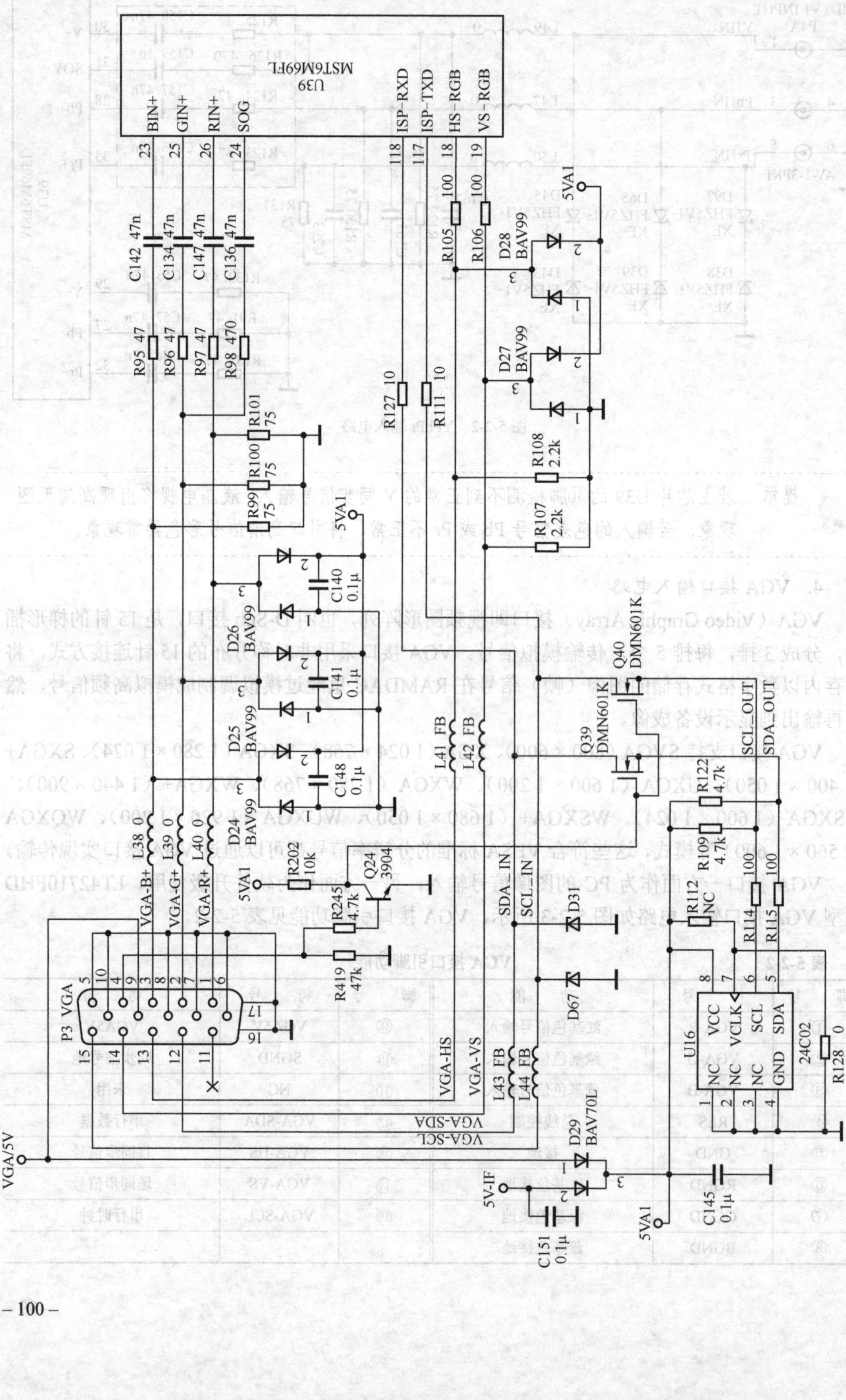

图 5-2-3 VGA 接口输入电路

VGA 基色信号经接插件 P3①、②、③脚，再经电阻 R95～R97 隔离，电容 C142、C134、C147 耦合至主芯片 U39㉓、㉕、㉖脚。双向限幅二极管 D24～D26 起保护作用，防止因静电或输入电压异常损坏集成电路。经接插件 P3②脚输入的 G 基色信号另一方面通过 R98 隔离、电容 C136 耦合至主芯片 U39㉔脚，作为同步信号使用。

行、场同步信号从接插件 P3⑬、⑭脚输入，经电感 L41/L42、电阻 R105/R106 送至主芯片 U39⑱、⑲脚。双向限幅二极管 D27、D28 起保护作用。存储器 U16（24C02）按照 VGA 格式要求，存储 PC 能识别电视身份的数据。VGA 接口总线信号通过 P3 的⑫、⑮脚进入后分为两路，一路直接与主芯片 U39 的⑰、⑱脚相连；另一路通过 Q39、Q40 组成的电平切换电路与 U16 的⑤、⑥脚相连，该路总线受 P3④脚外接三极管 Q24 的通断控制。当 PC 接通后，三极管 Q24 导通，场效应管 Q39、Q40 导通，PC 总线与 VGA-DDC 的⑤、⑥脚接通，完成相互通信。

提示　VGA 接口输入的行、场同步信号，DDR 通道及 U39㉔脚输入的 G 同步信号不正常，将引起 VGA 无图故障；若输入的某一路基色信号不正常，将引起 VGA 图像彩色不正常。

5．HDMI 输入电路分析

HDMI（High-Definition Multimedia Interface）又被称为高清晰度多媒体接口，是首个支持在单线缆上传输不经过压缩的全数字高清晰度、多声道音频和智能格式与控制命令数据的数字接口。

HDMI 由美国晶像（Silicon Image）公司倡导，联合索尼、日立、松下、飞利浦、汤姆逊、东芝等 8 家著名的消费类电子制造商联合成立的工作组共同开发。HDMI 最早的接口规范 HDMI1.0 于 2002 年 12 月公布，目前的最高版本是 HDMI1.5 规范。LT42710FHD 机型具有两路 HDMI 接口，可支持高达 225MHz 的带宽，完全符合 HDMI1.3 的标准，最大可支持 1 080p（60Hz）的输入。HDMI 引脚功能见表 5-2-3，HDMI 信号切换电路如图 5-2-4 所示。

表 5-2-3　　HDMI 接口引脚功能

脚　号	符　号	功　能	脚　号	符　号	功　能
①	DATA2+	TMDS 数据 2+	⑪	CLK SHIELD	TMDS 时钟屏蔽
②	2SHIELD	TMDS 数据 2 屏蔽	⑫	CLK−	TMDS 时钟−
③	DATA2−	TMDS 数据 2−	⑬	CEC	消费电子控制
④	DATA1+	TMDS 数据 1+	⑭	NC	未用
⑤	1SHIELD	TMDS 数据 1 屏蔽	⑮	SCL	串行时钟
⑥	DATA1−	TMDS 数据 1−	⑯	SDA	串行数据
⑦	DATA0+	TMDS 数据 0+	⑰	DDC/CEC GND	接地
⑧	0SHIELD	TMDS 数据 0 屏蔽	⑱	+5V POWER	+5V 供电
⑨	DATA0−	TMDS 数据 0−	⑲	HOT PLUG	HDP 热插拔
⑩	CLK+	TMDS 时钟+	⑳～㉖	GND	接地

（1）HDMI 开关 PS321 介绍

HDMI 开关 PS321 是 HDMI 3 选 1 切换开关，支持 HDMI1.3，可通过 I^2C 总线对内部各功能进行控制，最大的优点是内部具有 HDMI EDID 数据缓存区，不再需要外加 EEPROM 存储 EDID 数据。HDMI 开关 PS321 引脚功能见表 5-2-4。

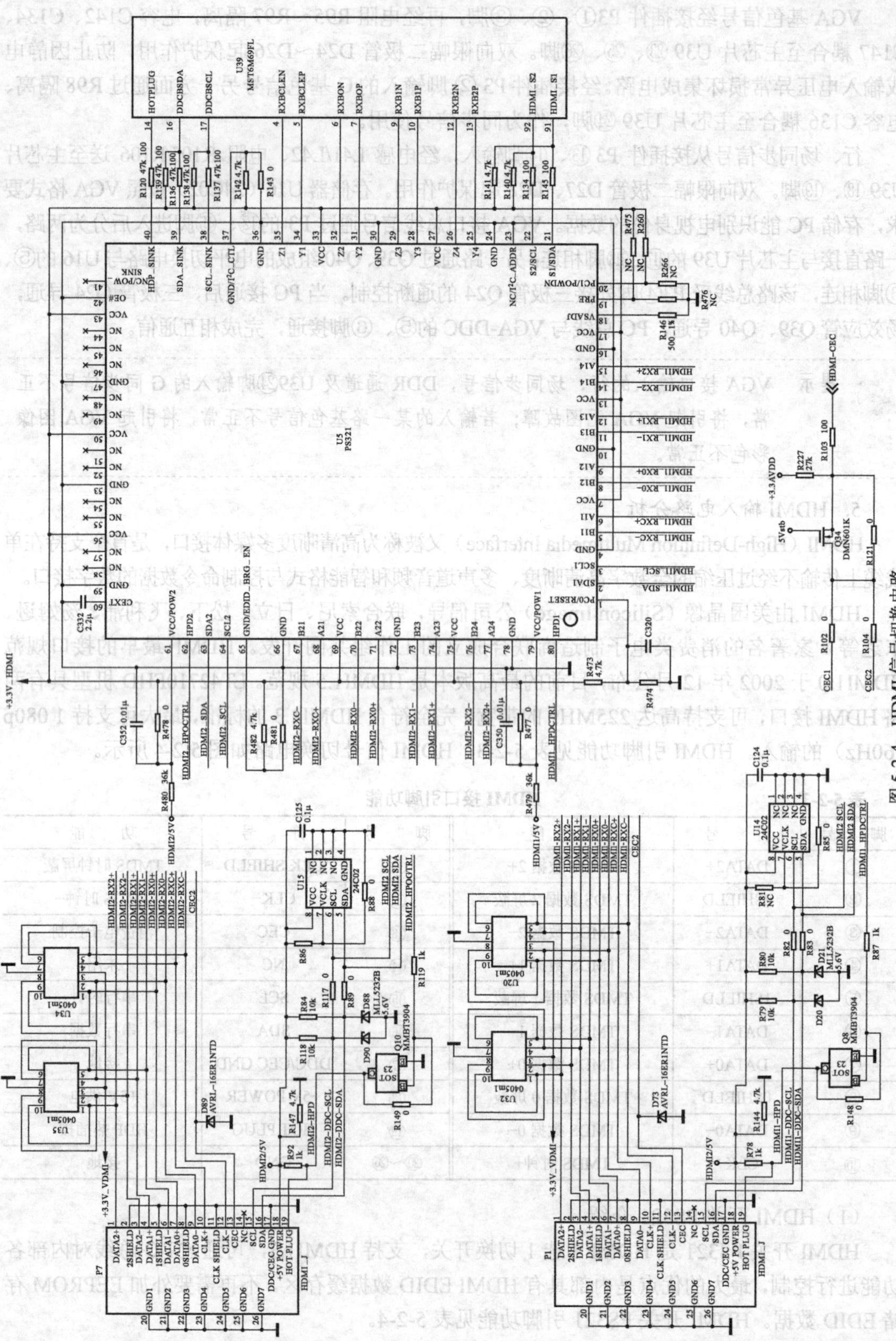

图 5-2-4 HDMI信号切换电路

表 5-2-4　　U5（PS321）引脚功能

脚号	符　号	功　能	脚号	符　号	功　能
①	PC0(I²C-RST)	IC 复位	㊶	POW_SINK	未用
②	SDA1(HDMI 1 SDA)	HDMI1 的 DDC 通道输入	㊷	OE#	IC 待机开关，高电平待机，低电平 IC 工作
③	SCL1(HDMI 1 SCL)	HDMI1 的 DDC 通道输入	㊸	VCC	3.3V 供电
④	GND	接地	㊹	NC	未用
⑤	B11(HDMI-RXC−)	TMDS 时钟−	㊺	NC	未用
⑥	A11(HDMI-RXC+)	TMDS 时钟+	㊻	NC	未用
⑦	VCC	3.3V 供电	㊼	GND	接地
⑧	B12(HDMI-RX0−)	TMDS 数据 0−	㊽	NC	未用
⑨	A12(HDMI-RX0+)	TMDS 数据 0+	㊾	NC	未用
⑩	GND	接地	㊿	VCC	3.3V 供电
⑪	B13(HDMI-RX1−)	TMDS 数据 1−	51	NC	未用
⑫	A13(HDMI-RX1+)	TMDS 数据 1+	52	NC	未用
⑬	VCC	3.3V 供电	53	GND	接地
⑭	B14(HDMI-RX2−)	TMDS 数据 2−	54	NC	未用
⑮	A14(HDMI-RX2+)	TMDS 数据 2+	55	NC	未用
⑯	GND	接地	56	VCC	3.3V 供电
⑰	VCC	3.3V 供电	57	NC	未用
⑱	VSADJ	设置 IC 工作偏置电流	58	NC	未用
⑲	PRE	空脚	59	GND	接地
⑳	PC1/POWDN	设置 IC 待机	60	CEXT	电源滤波调整脚
21	S1/SDA	I²C 数据	61	POW2	HDMI2 热插拔检测输入
22	S2/SCL	I²C 时钟	62	HPD2	HDMI2 热插拔检测输出
23	I²C_ADDR	I²C 地址设置	63	SDA2	HDMI2 的 DDC 通道输入
24	GND	接地	64	SCL2	HDMI2 的 DDC 通道输入
25	Y4(RXB2P)	TMDS 数据输出 2P	65	EDID_BRG_EN	EDID 存储位置设置
26	Z4(RXB2N)	TMDS 数据输出 2N	66	GND	接地
27	VCC	3.3V 供电	67	B21(HDMI 2-RXC−)	TMDS 时钟−
28	Y3(RXB1P)	TMDS 数据输出 1P	68	A21(HDMI 2-RXC+)	TMDS 时钟+
29	Z3(RXB1N)	TMDS 数据输出 1N	69	VCC	3.3V 供电
30	GND	接地	70	B22(HDMI 2-RX0−)	TMDS 数据 0−
31	Y2(RXB0P)	TMDS 数据输出 0P	71	A22(HDMI 2-RX0+)	TMDS 数据 0+
32	Z2(RXB0N)	TMDS 数据输出 0N	72	GND	接地
33	VCC	3.3V 供电	73	B23(HDMI 2-RX1−)	TMDS 数据 1−
34	Y1(RXBCLKP)	TMDS 时钟输出 P	74	A23(HDMI 2-RX1+)	TMDS 数据 1+
35	Z1(RXBCLKN)	TMDS 时钟输出 N	75	VCC	3.3V 供电
36	GND	接地	76	B24(HDMI 2-RX2−)	TMDS 数据 2−
37	I²C_CTL_EN	IC 控制方式选择，高电平为 I²C 控制	77	A24(HDMI 2-RX2+)	TMDS 数据 2+
38	SDA_SINK	HDMI 的 DDC 通道输出	78	GND	接地
39	SCL_SINK	HDMI 的 DDC 通道输出	79	POW1	HDMI1 热插拔检测输入
40	HPD_SINK	HPD 热插拔信号输入	80	HPD1	HDMI1 热插拔检测输出

（2）HDMI 电路分析

HDMI 电路主要由 HDMI 开关 U5（PS321），保护电路 U20、U32 和 U34、U35，存储器 U14、U15 等组成。本机有两路 HDMI 接收端口，同时还兼容 DVI/HDCP 接收标准。HDMI-1 经接口 P1 的⑦/⑨脚、④/⑥脚、①/③脚、⑩/⑫脚输入后分为两路：一路送到 U32、U20 中，起保护作用；另一路送到 U5 的⑧/⑨脚、⑪/⑫脚、⑭/⑮脚、⑤/⑥脚。从 HDMI-1 接口 P1 的⑮、⑯脚送入的总线数据信号与 U14（24C02）的⑤、⑥脚相连，从中读取电视硬件参数信息，以便 HDMI 对电视身份的识别，同时与 U5 的②、③脚相连进行通信。

当 HDMI-1 接通以后，从 HDMI-1 接口 P1⑱脚送入 5V 电压，一方面为 U14 提供工作电压；另一方面经 R78 后为热插拔控制三极管 Q8 提供偏置电压。当用遥控器或本机按键转换为 HDMI-1 状态时，主芯片 U39（MST6M69FL）的⑭脚输出热插拔识别信号到 U5 的⑩脚，经 U5 内部切换后从⑳脚输出 HDMI-1 热插拔识别信号（低电平），Q8 截止，其集电极输出高电平，经 P1 的⑲脚送至 HDMI-1 输出设备作为识别信号。输出设备检测到正常的热插拔信号以后就开始通过总线读取 U14 存储的 E-EDID 数据，读取正常后，再通过 I^2C 总线从 U29 中读取解密信息并进行密码交换。在非 HDMI 状态，U5 的⑳脚输出 HDMI-1 热插拔识别信号（5V 高电平），Q8 饱和导通，HDMI-1 输出设备检测到 P1 的⑲脚低电平后停止信号输出。液晶电视要正常显示接收的 HDMI-1 的信息，输入到切换芯片的低压差分信号（包含音视频信号、时钟信号及其他辅助信号）、热插拔信号、DDC 通道及 U509 和 U501 的数据都必须要正常。

在 U5 的㉑、㉒脚总线控制下，从㊳、㊴脚输出总线控制信号去 U39 的⑰、⑯脚；从㉞/㉟脚、㉛/㉜脚、㉘/㉙脚、㉕/㉖脚输出的信号送到 U39 的⑤/④脚、⑦/⑥脚、⑩/⑨脚、⑬/⑫脚。另一路 HDMI 电路和工作原理与上述基本一致，不再单独介绍。

6. USB 接口输入电路

USB 是英文 Universal Serial Bus 的缩写，中文含义是“通用串行总线”。USB 接口支持即插即用和热插拔功能以及其强大的扩展性，加上高速且成本低廉的特点，使 USB 接口技术开始在电视中被广泛应用。

USB 在传送数据时可分为低速和全速两种。USB1.1 协议在低速传输数据时能够达到 1.5Mbit/s，在全速传输数据时能够达到 12Mbit/s。而当前使用的 USB2.0 协议则具有更高的数据传送能力，在全速状态下能够达到 480Mbit/s，已经超过普通的 IEEE1394 400Mbit/s。对于压缩成 MPEG4 的高清信号来说，带宽足以满足要求。

LT42710FHD 机型的 USB 接口电路如图 5-2-5 所示，主要由 U31（FSUSB30MUX）、U4（AP1212）、U39（MST6M69FL）的相关引脚组成。

U31 是低功耗双通道高速 USB2.0 切换开关，从 USB1 接口输入的信号送入 U31 的②、⑧脚，从 USB2 接口输入的信号送入 U31 的③、⑦脚。在 U31 的①脚选择信号的控制下，USB1 和 USB2 接口输入的信号在 U31 内进行切换后，从 U31 的④、⑥脚输出信号送到 U39 的㊾、㊿脚。U31 的①脚为高电平时，选择 USB2 输入；当①脚为低电平时，选择 USB1 输入。

U4 是双路 USB 电源管理模块，通过高低电平开关可控制两路电源独立输出，并具有过流保护功能。当 USB 外接设备发生故障，输出电流超过 1A 时，U4 会自动切断电源输出并产生故障指示信号。当用遥控器或本机按键转换为 USB1 状态时，U39 的㊻脚输出高电平到 U4 的①脚，从⑧脚输出 5V-USB1 电压给 CON45 插座。当用遥控器或本机按键转

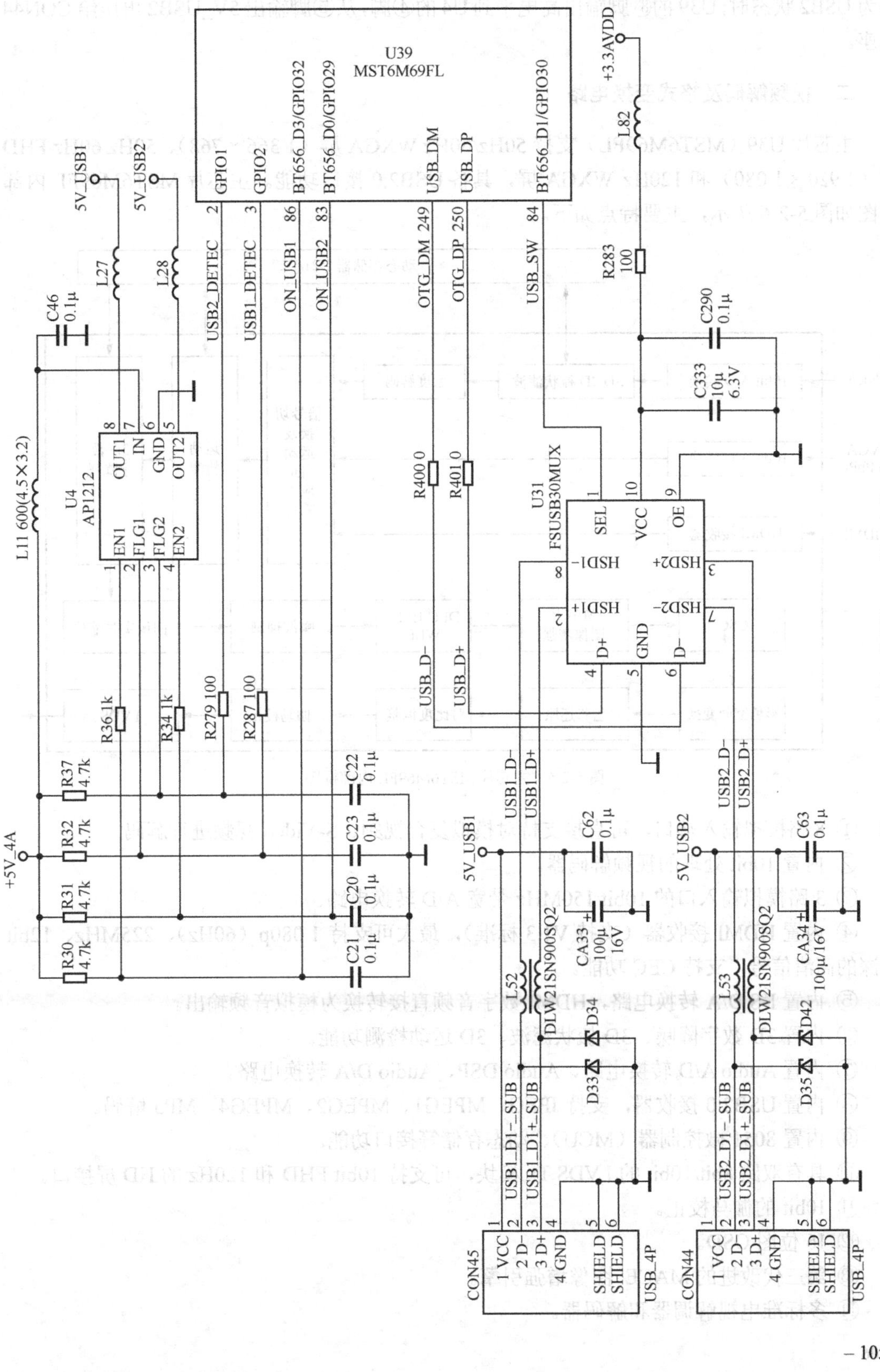

图 5-2-5　LT42710FHD 机型的 USB 接口电路

换为 USB2 状态时，U39 的⑧脚输出高电平到 U4 的④脚，从⑤脚输出 5V_USB2 电压给 CON44 插座。

二、视频解码及格式变换电路

主芯片 U39（MST6M69FL）支持 50Hz/60Hz WXGA 屏（1 366 × 768）、50Hz/60Hz FHD 屏（1 920 × 1 080）和 120Hz WXGA 屏，具备 USB2.0 接口功能。主芯片 MST6M69FL 内部框图如图 5-2-6 所示，主要特点如下。

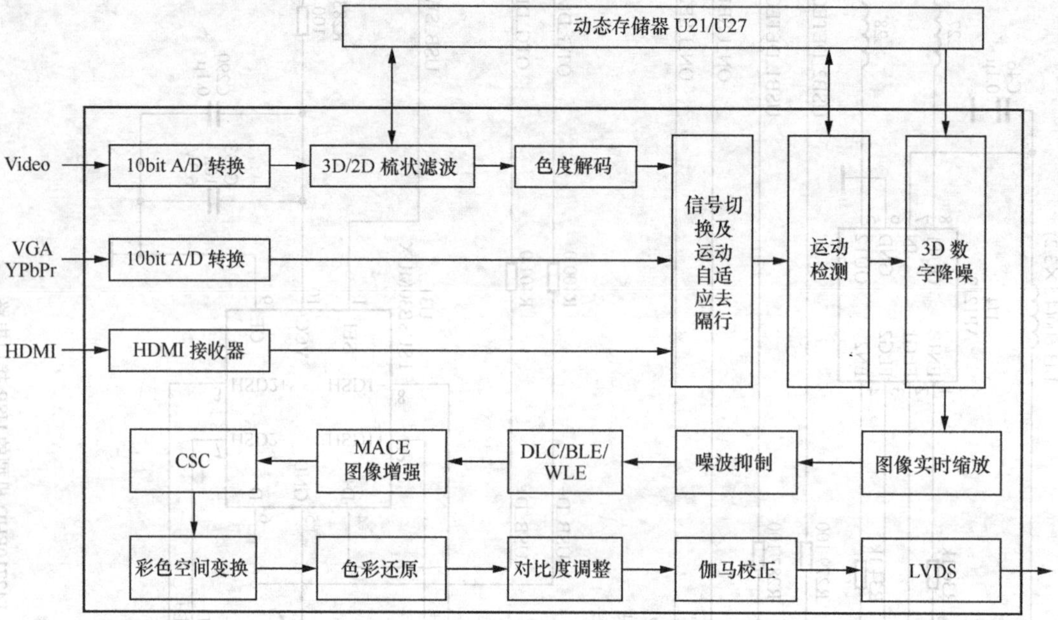

图 5-2-6　主芯片 MST6M69FL 内部框图

① 8 路模拟输入端口，可直接支持对模拟复合视频、S-Video 视频进行解码。

② 内置 10bit 处理的视频解码器。

③ 3 路模拟输入口的 10bit 150MHz 带宽 A/D 转换电路。

④ 内置 HDMI 接收器（支持 V1.3 标准），最大可支持 1 080p（60Hz）、225MHz、12bit 色深的高清信号，支持 CEC 功能。

⑤ 内置 I^2S D/A 转换电路，HDMI 数字音频直接转换为模拟音频输出。

⑥ 内置 3D 数字降噪、3D 梳状滤波、3D 运动检测功能。

⑦ 内置 Audio A/D 转换电路、Audio DSP、Audio D/A 转换电路。

⑧ 内置 USB2.0 接收器，支持 JPEG、MPEG1、MPEG2、MPEG4、MP3 解码。

⑨ 内置 8051 微控制器（MCU）、动态存储等接口功能。

⑩ 具有双路 8bit/10bit 的 LVDS Tx 模块，可支持 10bit FHD 和 120Hz 的 HD 屏接口。

⑪ 10bit 的伽马校正。

⑫ 16 位图 OSD。

⑬ 第三代改进的 MACE 图像增强引擎。

⑭ 多标准电视解调器和解码器。

TV、AV1、AV2 信号进入主芯片 MST6M69FL 后，先经过 A/D 转换成 10bit 数字视频信号，再送入数字 3D 梳状滤波器分离出数字 Y/C 信号进行色度解码；VGA 接口输入的模拟 RGB 基色信号及 HDTV 接口输入的分量信号 YPbPr 经过切换后送入 MST6M69FL，经过 A/D 转换成 10bit 的数字 RGB 信号；HDMI 接口输入的数字信号经 HDMI 接收器分离出数字视频信号，再与 TV/AV、Y/C、VGA 的 RGB 基色信号/YPbPr 分量信号送入信号切换及运动自适应去隔行电路，在帧/场间构出新的帧/场，进行不同视频标准刷新率（50Hz/60Hz/75Hz/100Hz 等）之间的相互转换，选取出的数字 Y/C 信号进行去运动检测（去锯齿）处理，即将传统的隔行扫描转换成逐行扫描。

由于液晶面板不能直接显示隔行扫描的信号，因此必须对输入的隔行信号进行去隔行处理。主芯片 MST6M69FL 采用基于边缘信息的自适应去隔行技术和基于运动补偿的自适应去锯齿技术，在进行去隔行处理时需要对一帧或一行图像信号进行存储复用。MST6M69FL 芯片外接动态帧存储器 U21/U27（DDR 2MB），消除收看时的图像清晰度差、行间闪烁、爬行、运动物体垂直轮廓畸变等现象。

目前，大多数电视信号源还是模拟信号源，模拟信号在记录、摄制、传输过程中经常会受到一些噪声干扰，严重影响了图像显示效果。所以 MST6M69FL 对图像信号还采用帧间和帧内降噪结合的 3D 数字降噪，以及数字电视视频处理的新型图像锐化技术——亮度信号瞬态增强、色度信号瞬态增强、彩色空间变换及色彩还原、校正等技术来提高图像质量。

经上述电路处理后的数字图像信号最后在 MST6M69FL 内部形成 TTL 信号，它包含 RGB 三基色信号、HS /VS 行场同步信号、一个数据使能信号 DE 及一个时钟信号 CLK。从主芯片 MST6M69FL⑬～⑮⑨脚输出的 12 组/双 8 位 LVDS 信号（RXE0−、RXE0+、RXE1−、RXE1+、RXE2−、RXE2+、RXEC−、RXEC+、RXE3−、RXE3+、RXE4−、RXE4+、RXO0−、RXO0+、RXO1−、RXO1+、RXO2−、RXO2+、RXO3−、RXO3+、RXOC−、RXOC+、RXO4−、RXO4+）经 RP44～RP49 至上屏接口（高清屏）插座 JP6 的⑥～⑨脚、⑬脚、⑭脚、⑯～⑲脚、㉓脚、㉔脚和㉖～㉙脚、㉝脚、㉞脚、㊲～㊷脚。

提示　主芯片 MST6M69FL 是否输出正常的 LVDS 信号可用示波器测各路低压差分信号的波形来判断，若无示波器可通过万用表测各脚直流电压来初步判断，LVDS 各脚的输出电压一般在 1.0～1.5V。

上屏插座④脚在使用奇美、三星屏时，外接 R56、R57 电阻不装，直接通过 R235 与主芯片 MST6M69FL 的⑧⑨脚相连，在主芯片的控制下，起帧频选择作用，即帧频 50Hz/60Hz 选择。

LS20A 机芯适应 WXGA 屏、120Hz 屏、FHD 屏，通过 MST6M69FL⑫①脚外接电阻 R372、R373 设置软件初始化，从而决定屏的使用状态。如设置不当则会造成开机无图。不同屏的上屏电阻配置情况见表 5-2-5。

表 5-2-5　　不同屏上屏电阻配置情况

屏 状 态	R372（4.7kΩ）	R373（4.7kΩ）
50Hz/60Hz WXGA	×	√
50Hz/60Hz FHD	√	×
120Hz WXGA	√	√

三、伴音电路分析与检修

1. 伴音信号输入电路

RF 模拟电视信号进入调谐器 U30（TMI8-C22I1VH），解调出音频信号传送到主芯片 U39（MST6M69FL）的㊿、59脚。AV2 音频信号（AV2-Lin）从 AV 插座 J920 输入，经低通滤波对干扰信号抑制后进入主芯片 U39 的56、57脚。AV1 音频信号（AV1-Lin）从 AV 插座 J921 输入，经低通滤波对干扰信号抑制后进入主芯片 U39 的60、61脚。VGA 与 YPbPr 音频信号由 74CH4052 切换后也送入主芯片 U39 的62、63脚；HDMI 数字音视频信号送入主芯片内部，由内部单元处理电路先进行数字音频分离和数字解码后，再与其他几路音频信号切换，切换后的音频信号进行音调、平衡、音质、音量等控制及高音、低音和立体声等音效处理，处理后的信号分两路输出：一路从 U39 70、71脚输出，经音频运放后至 AV 输出插座；另一路从 U39 74、75脚输出至伴音功放。

2. 伴音功放电路

LS20A 机芯的伴音功放电路由集成电路 TFA9843AJ 及相关电路组成，电路如图 5-2-7 所示，TFA9843AJ 内部框图如图 5-2-8 所示，TFA9843AJ 引脚功能见表 5-2-6。TFA9843AJ 内部具备两个完全一样的音频功率放大器。它可以被当作带有音量控制的两个独立的单一通道。其最大增益可达 26dB。其引脚功能与 TFA9842AJ、TFA9843（B）J、TFA9842（B）J 和 TFA9841J 兼容。TFA9843AJ 和 TFA9843（B）J、TFA9842（B）J、TFA9841J 的区别在⑦脚。TFA9843AJ 用的⑦脚可作为音量控制。TFA9843（B）J、TFA9842（B）J 和 TFA9841J 的⑦脚需要作模态选择设置。它包含一个独特的保护电路，芯片内部可进行多种温度测量，这就可以在最大输出功率时，把电压尽可能地提供给电路。

表 5-2-6　　TFA9843AJ 引脚功能及维修参考数据

脚号	功　能	工作电压/V	脚号	功　能	工作电压/V
①	L 音频输入	4.72	⑥	电源去耦	12.42
②	L 音频输出	10.95	⑦	音量控制/模态选择设置	9.77
③	电源滤波	4.75	⑧	R 音频输出	10.93
④	R 音频输入	4.73	⑨	电源	24.01
⑤	地	0			

经 U39 内部音效处理后的音频信号从74、75脚输出，L 音频信号经 R317、R425、C250 低通滤波至音频功放 U33（TFA9843AJ）反相输入端①脚，经伴音功率放大后从②脚输出至扬声器。R 音频信号经 R332、R430、C251 低通滤波至音频功放 U33 反相输入端④脚，经伴音功率放大后从⑧脚输出至扬声器。

方法与技巧　若 TFA9843AJ①、④脚有正常的音频信号输入，而无伴音或伴音不正常，就需对 TFA9843AJ 组成的伴音功放电路检查。该电路引起无伴音的原因有以下几点。

① TFA9843AJ⑨脚无工作电压。

② TFA9843AJ⑦脚静音控制电路起控（该脚电压低于 1.5V，集成电路内部静音控制电路切断音频信号输出，正常工作电压为 9.8V）。

③ TFA9843AJ③、⑥脚外接电容漏电（该电容呈开路状态对伴音无明显影响）。

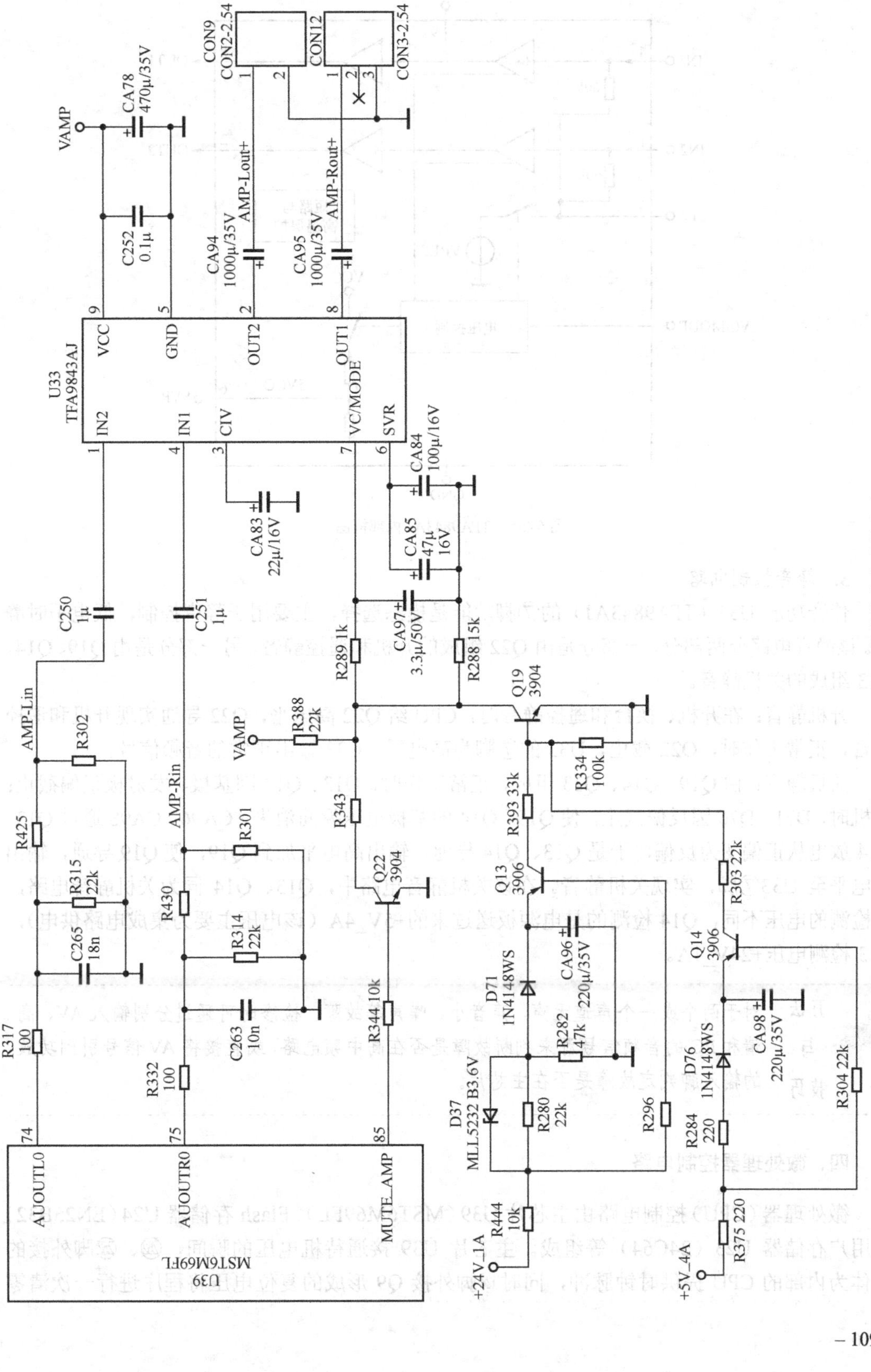

图 5-2-7　TFA9843AJ组成的伴音功放电路

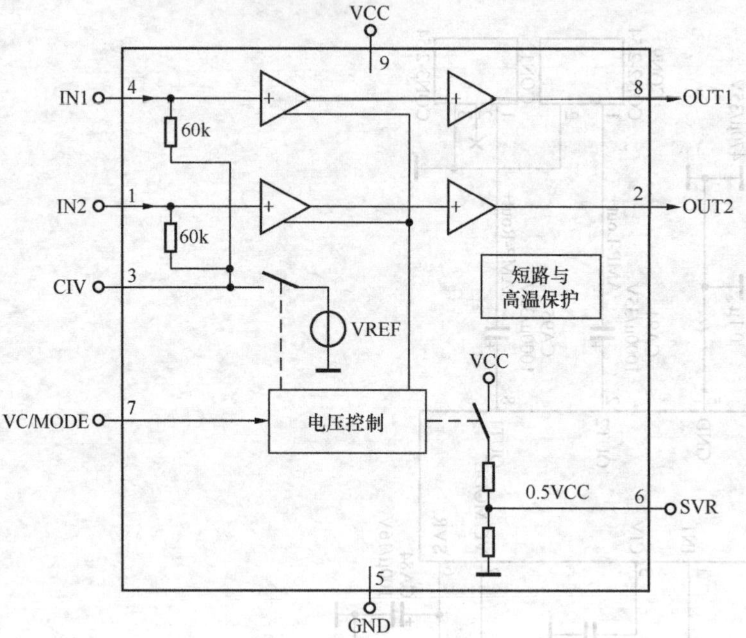

图 5-2-8　TFA9843AJ 内部框图

3. 静音控制电路

伴音功放 U33（TFA9843AJ）的⑦脚功能是模态选择，主要用于静音控制，低电平时静音。该静音电路分两部分，一部分是由 Q22 组成的开机和遥控静音，另一部分是由 Q19、Q14、Q13 组成的关机静音。

开机静音：在开机、换台和遥控静音时，CPU 给 Q22 高电平，Q22 导通实现开机和遥控静音，正常工作时，Q22 截止，U33 的⑦脚为高电平，U33 输出正常的音频信号。

关机静音：由 Q19、Q14、Q13 组成，正常工作时，Q13、Q14 因基极、发射极正偏截止；关机时，D71、D76 因反偏截止，使 Q19、Q14 的基极电压瞬间消失，CA96、CA98 通过 Q13、Q14 放电从正偏变为反偏，于是 Q13、Q14 导通，输出高电平加到 Q19，使 Q19 导通，输出高电平至 U33⑦脚，实现关机静音。在该关机静音电路中，Q13、Q14 同为关机静音电路，但检测的电压不同，Q14 检测的是电源板送过来的+5V_4A（该电压主要为集成电路供电），Q13 检测电压+24V_1A。

方法与技巧　对于两个或一个声道无声、声音小、噪声等故障，检修时可通过分别输入 AV、高清和 PC 的音频信号源来判断故障是否在高中频电路，或直接将 AV 信号引到功放的输入脚判定故障是否在主芯片。

四、微处理器控制电路

微处理器（CPU）控制电路由主芯片 U39（MST6M69FL）、Flash 存储器 U24（EN25B32）及用户存储器 U23（24C64）等组成。主芯片 U39 接通待机电压的瞬间，㉜、㉝脚外接的晶体为内部的 CPU 提供时钟脉冲，同时⑱脚外接 Q9 形成的复位电压将程序进行一次清零复位，使之回到起始状态，复位成功后 CPU 通过串行总线将 U24 程序打开，通过⑫⑥、⑫⑦脚的时钟线和数据线读出用户存储器 U23 上次关机前的状态和数据后处于待机状态，等待二次开机命令。

1．开/待机控制电路

开/待机控制电路如图 5-2-9 所示。当 CPU 待机时，U39 的⑫④脚（PWR-ON/OFF）输出 2.8V 高电平，经 Q30 倒相放大后（把电压控制变成电流控制）输出低电平加到电源板，整机处于待机状态。

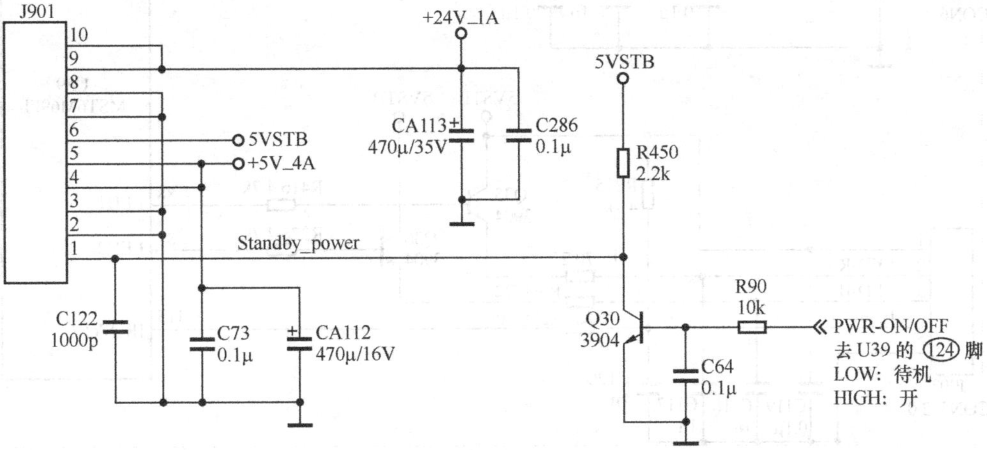

图 5-2-9　开/待机控制电路

当 CPU 通过遥控或键控得到二次开机指令时，从 U39 的⑫④脚输出二次开机低电平指令，经 Q30 倒相得到高电平加到电源板，电源板输出 24V 电压供给主板和逆变器。

2．指示灯、遥控及按键控制电路

指示灯、遥控及按键控制电路如图 5-2-10 所示。

当 CPU 待机时，指示灯先由黄灯（红、绿灯同时亮）转成绿灯，过程结束便由绿灯转成红灯。当 CPU 通过遥控或键控得到二次开机指令时，黄灯闪烁，正常工作后熄灭。

当 CPU 工作异常时，将一直亮黄灯；当 U24 异常时，黄灯亮或导致 CPU 不能正常读出 U23 的程序，此时红、绿灯交替闪烁不开机。遥控接收板上的红、绿指示灯 LD1 是由主芯片 U39⑧⑦、⑧⑧脚在不同的状态输出高、低电平进行控制的。

遥控信号通过遥控接收头经插座 J903 送入主板，再经 R278 至主芯片 U39⑪⑤脚。对于液晶电视其他功能正常，只是无遥控的现象，需对这部分电路检查、更换。

本机的 AV/TV、MENU、VOL−、CH−的控制是通过电阻分压后，经插座 J918②脚至主芯片 U39⑪⑨脚实现的；VOL+、CH+的控制是通过电阻分压后，经插座 J918⑤脚至主芯片 U39⑫⓪脚实现的；Power 键信号经插座 J918⑥脚至主芯片 U39⑪⑥脚。

3．液晶屏驱动电路供电

液晶屏上屏供电控制电路如图 5-2-11 所示。

当电视待机时，从 U39 的⑯④脚输出 ON-PANEL 信号（4.8V 高电平）到 Q2 的基极，Q2 饱和导通，Q1 截止，U2（IRF7314）的②、④脚为高电平，⑤～⑧脚无输出，液晶屏驱动电路无工作电压而停止工作。

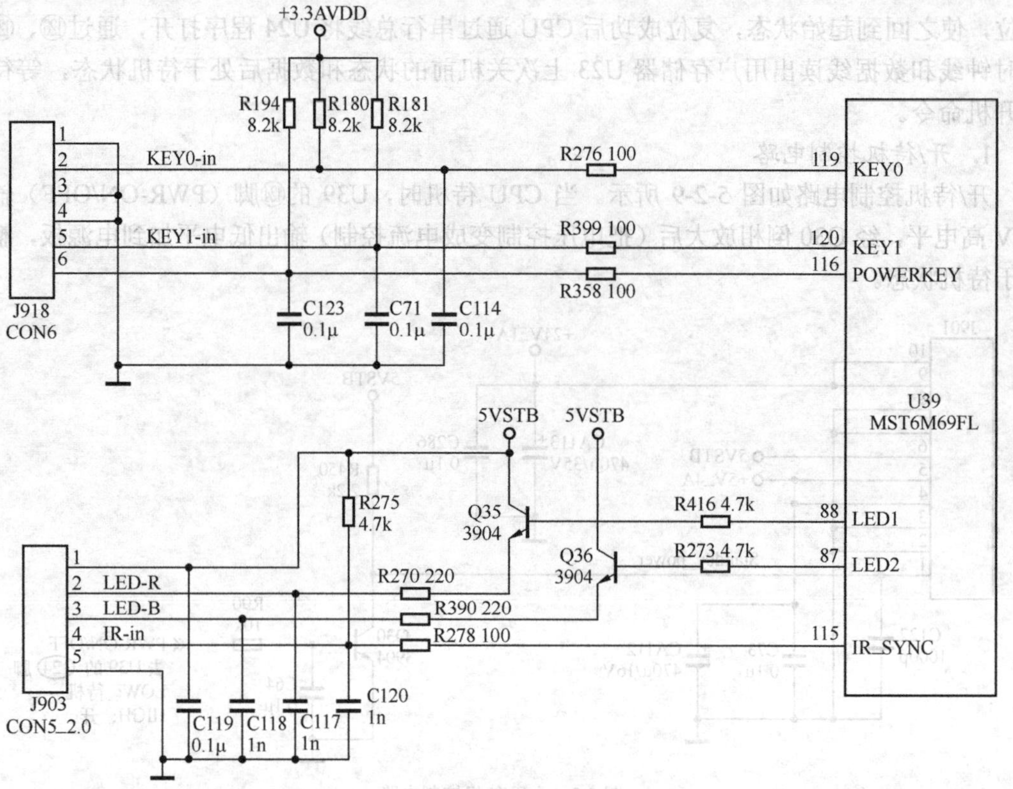

图 5-2-10　指示灯、遥控及按键控制电路

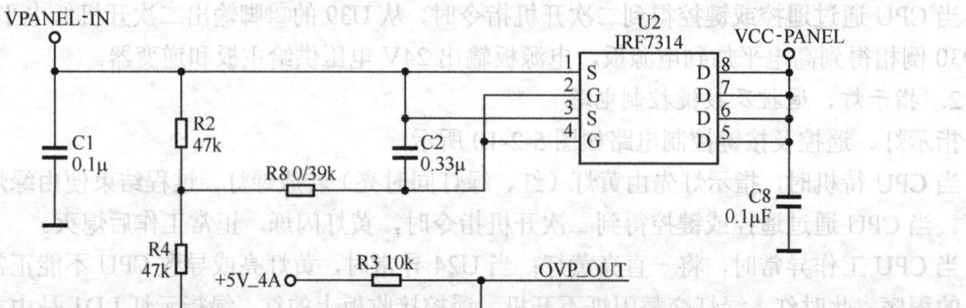

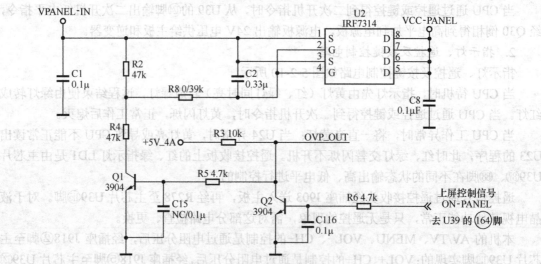

图 5-2-11　液晶屏上屏供电控制电路

电视由待机转为开机时，U39 的(164)脚输出 ON-PANEL 信号（0V 低电平），Q2 截止，Q1 饱和导通，U2 的②、④脚为低电平，U2 的⑤～⑧脚输出 11.55V 电压，向液晶屏驱动电路提供工作电压。

4. 逆变器开关及亮度控制

逆变器开关及亮度控制电路如图 5-2-12 所示。

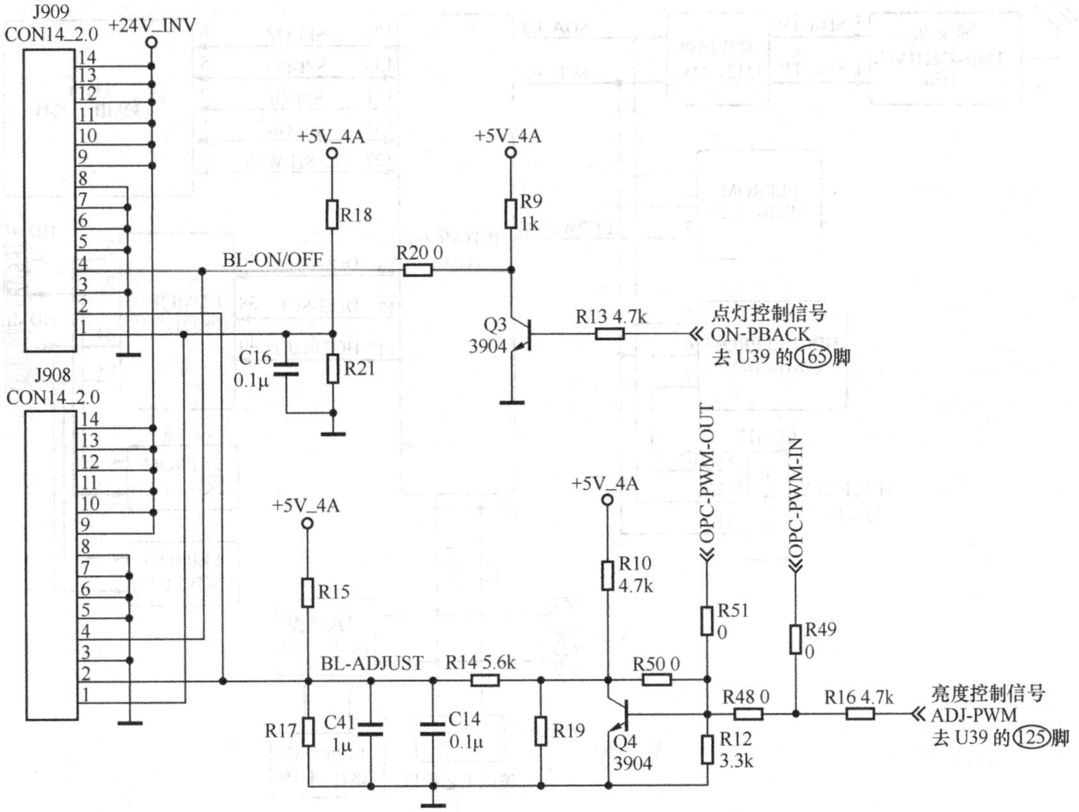

图 5-2-12　逆变器开关及亮度控制电路

当电视二次开机后，U39 的⑯脚输出 ON-PBACK 信号（0V 低电平）到 Q3 的基极，Q3 截止，其集电极输出高电平，高电平经 J909④脚送到二合一电源组件，二合一电源组件被开启，背光灯被点亮；反之，当电视关闭时，U39 的⑯脚输出 5V 高电平，Q3 饱和，二合一电源组件关闭，背光灯熄灭。

U39 的⑮脚输出 ADJ-PWM 信号经 Q4 后送至插座 J909 的②脚，经插座至二合一电源组件（或逆变器），从而达到控制背光灯亮度的目的。有的液晶屏是将该信号通过分压电阻接固定电压或地，使背光灯的亮度不受主芯片 U39 的控制。

若整机使用的是 LG 屏，则带有 OPC 功能，与普通屏的控制方式存在区别。普通屏是通过信号处理板输出的亮度控制信号直接控制逆变器的输出电压高低，从而达到亮度控制的目的；LG 屏的控制则是通过信号处理板输出亮度控制信号到逻辑板，经逻辑板上的主芯片结合图像的亮度情况进行分析处理后，返回一个亮度控制信号去控制逆变器的输出电压高低，从而达到亮度控制的目的。

提示　带 OPC 功能的屏代用不带 OPC 功能的屏时，需取消 R49、R50、R51，增加 R48（0Ω）、R12（3.3kΩ）、Q4（7MMBT3904）、R10（4.7kΩ）、C14（0.1μF）、C41（1μF）。

5. 总线控制电路

LS20A 机芯共有 4 路总线信号分别与外接存储器、高频头或写程工装接口电路相连接，如图 5-2-13 所示。

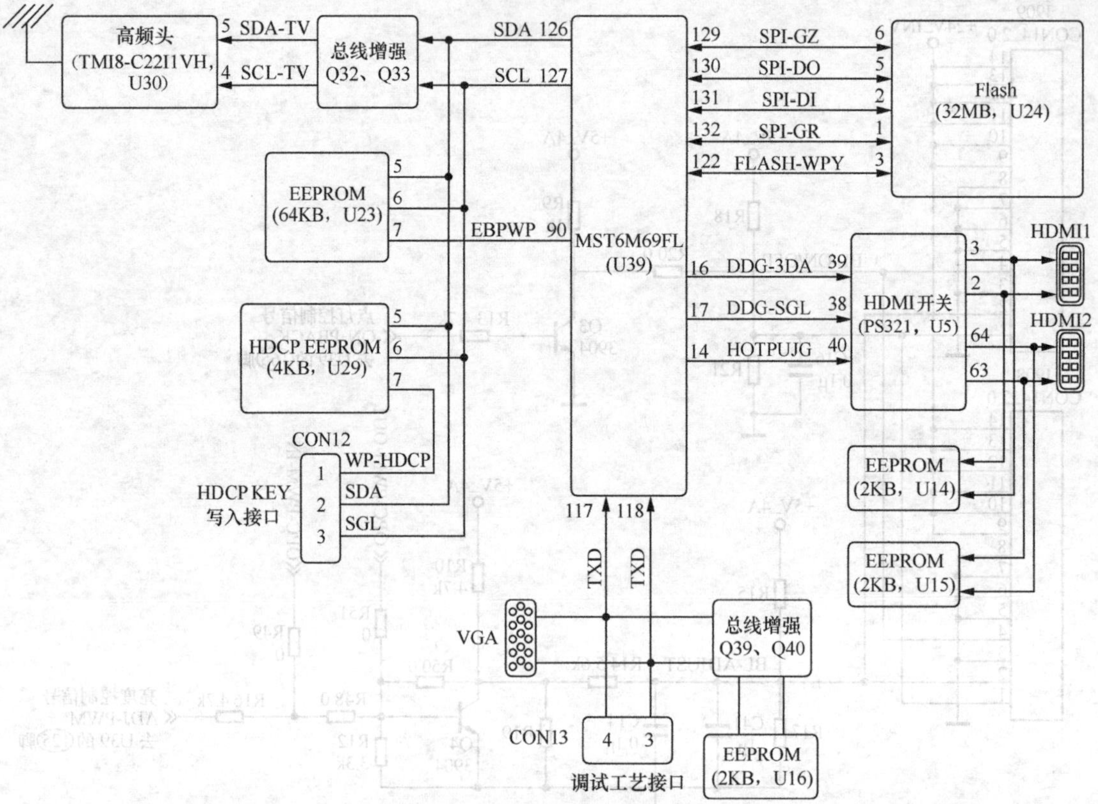

图 5-2-13　总线控制电路

（1）外接 Flash 存储器

主芯片 U39 的㉙～㉜脚的串行数据信号经排阻 RP43 与外接 Flash 存储器 U24（EN25B32）的①、②、⑤、⑥脚进行通信，3.3V 工作电压由 U18 提供。若无正常的工作电压、U18 失效及 U24 数据不正常，CPU 不能从中读取程序，都会引起二次不开机。当程序读取正常时，可在 RP17 排阻上测到数据波形。

提示　Flash 存储器也称闪存，是一种比 EEPROM 性能更好的电可擦写只读存储器。主要存储辅助程序和屏显图案等数据，主程序存储在微处理器（MCU）内部的 ROM 中。

Flash 存储器引脚功能及维修参考数据见表 5-2-7。

表 5-2-7　Flash 存储器引脚功能及维修参考数据

脚　号	符　号	功　能	待机电压/V
①	CE#	片选控制（低电平有效）	0.29
②	SO	串行数据输出	1.93
③	WP#	硬件写保护（低电平有效）	1.32
④	GND	地	0
⑤	SI	串行数据输入	0.2
⑥	SCK	串行数据时钟输入	0.72
⑦	HOLD#	低电平暂时停止与 MCU 之间的通信	3.3
⑧	VCC	3.3V 供电	3.3

（2）外接高频头、用户存储器、HDCP KEY 存储器

主芯片 U39 的⑯、⑰脚输出的时钟线、数据线信号经电阻 R226、R234 与 U23（用户数据存储器）、U29（存储 HDMI 的解密信息）连接，用于对用户信息、HDMI 通道的 EDID 数据的存储和读取。若 CPU 不能正常读取用户存储器 U23 的信息或该支路总线短路都将引起二次不开机，指示灯呈黄色。

主芯片 U39 的⑯、⑰脚经 Q33、Q32 组成的总线切换电路完成 CPU 对高频头的控制。高频头没有该总线的控制将出现 TV 无图，若该路总线短路将引起不开机。

（3）外接 DDC 数据存储器

主芯片 U39 的⑯、⑰脚输出的总线与 HDMI 切换芯片 U5（PS321）的㊳脚（待机电压 4.9V，开机电压 4.8V）、㊴脚（待机电压 4.8V，开机电压 4.7V）连接，完成 HDMI 的 DDC 识别。该支路总线异常将引起 HDMI 无图像显示。

（4）外接写程工装接口及 VGA DDC 数据存储器

主芯片 U39 的⑰、⑱脚输出的总线与 VGA 接口的⑮、⑫脚及调试工装接口 CON13 的③、④脚连接。VGA 接口的⑮、⑫脚经总线切换电路与 U16 相连，完成 VGA 的 DDC 识别。该支路总线异常将引起 VGA 无图像显示。

提示　EEPROM 是电可擦写只读存储器的简称，用来存储彩电工作时所需的数据，数据断电不会消失，可通过编程器或工装写入。

五、供电电路

从电源板共有 4 路电压输出，即+24V_1A、+5VSTB、+5V_4A、24V_Audio。其中，24V_Audio 供伴音功放使用；+5V_4A 和+24V_1A 通过 DC/DC 变换器（LM1117、LM1084 等）变换成 5V、3.3V、2.5V、1.8V 供集成电路使用，同时+5V_4A 还给相关电路直接供电；而+5VSTB 给 MCU、红外接收器等待机电路供电。

1. +24V_1A 供电电路

+24V_1A 供电电路框图如图 5-2-14 所示。

从电源板输入的+24V_1A 电压经接插件 J901⑨、⑩脚至主板，在主板上分为下述 3 路。

第一路经稳压器 U43 稳压后产生 VPANEL_IN 电压，送至上屏电压开关控制电路 U2①、③脚，在 U2 的控制下从⑤～⑧脚输出上屏电压至屏上驱动板。

第二路经稳压器 U45 稳压成+12V_3A 后送到 U25，产生 5V-IF 电压，为视频运放 U47、AV2/YPbPr 音频切换集成电路 U19、高频头 U30、总线切换电路和监视器输出电路供电。

第三路经倍压整流电路 D70、D72、D74 产生 33V 电压，为高频头 U30③脚提供调谐电压。

2. +5VSTB 供电电路

+5VSTB 供电电路框图如图 5-2-15 所示。

+5VSTB 主要为主芯片及相关电路提供工作电压，从插座 J901⑥脚输入后分为如下 4 路。

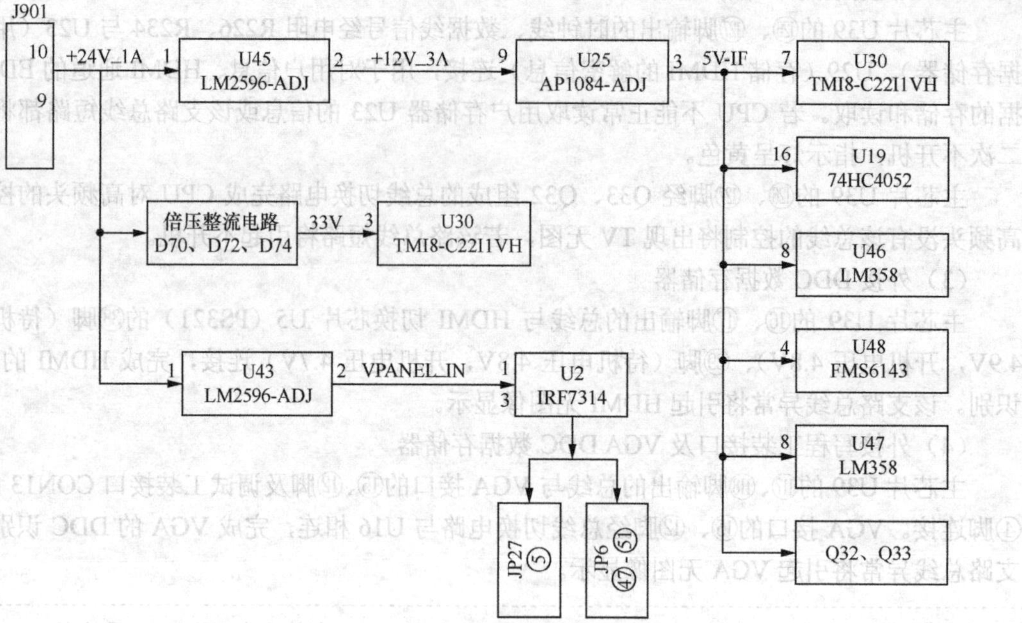

图 5-2-14　+24V_1A 供电电路框图

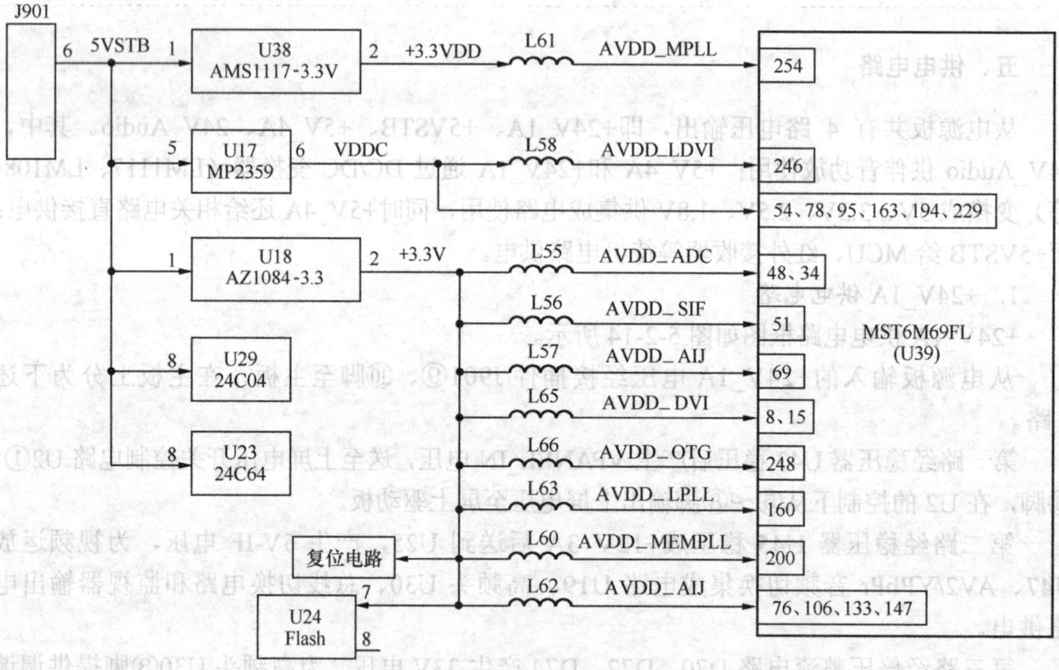

图 5-2-15　+5VSTB 供电电路框图

第一路经 U38 稳压后产生+3.3VDD 电压，经 L61 后加到 U39 的㉕脚，为主芯片内部锁相环电路提供工作电压。

第二路经 U17 稳压后产生 VDDC 电压，该电压主要是为内部数字核心电路供电。一方面送到 U39 的(54)、(78)、(95)、(163)、(194)、(229)脚，另一方面经 L58 后送到 U39 的(246)脚。

第三路经电感 L34 为存储器 U29 和 U23⑧脚提供工作电压，U29 无此工作电压将引起 HDMI 无图。

第四路送到稳压器 U18，被稳压成 3.3V，分别为以下电路供电。

① 经电感 L55 通过主芯片 U39 ㉞、㊽脚为内部 A/D 转换单元电路供电。

② 经电感 L56 通过 U39 (51)脚为内部第二伴音中放单元电路供电，该电压不正常将引起无声故障。

③ 经电感 L57 通过 U39 (69)脚为内部音频处理单元电路供电，该电压不正常将引起无声故障。

④ 经电感 L65 通过 U39 ⑧、⑮脚为内部 HDMI 单元电路供电，该电压不正常将引起 HDMI 无图。

⑤ 经电感 L66 通过 U39 (248)脚为内部 USB 单元电路供电，该电压不正常将引起无法读盘的现象。

⑥ 经电感 L63 通过 U39 (160)脚为内部锁相环单元电路供电，该电压不正常将引起二次不开机，指示灯呈红色。

⑦ 经电感 L60 通过 U39 (200)脚为内部锁相环单元电路供电，该电压不正常将引起二次不开机，指示灯呈红色。

⑧ 经电感 L62 通过 U39 (76)、(106)、(133)、(147)脚供电，该脚输入的电压主要为集成电路内部数字单元电路供电，该电压不正常将引起二次不开机，指示灯呈红色。

⑨ 为 Flash 存储器 U24⑧脚和复位电路供电。若 U24 和复位电路无此工作电压，将出现二次不开机故障。

3. +5V_4A 供电电路

+5V_4A 供电电路框图如图 5-2-16 所示。

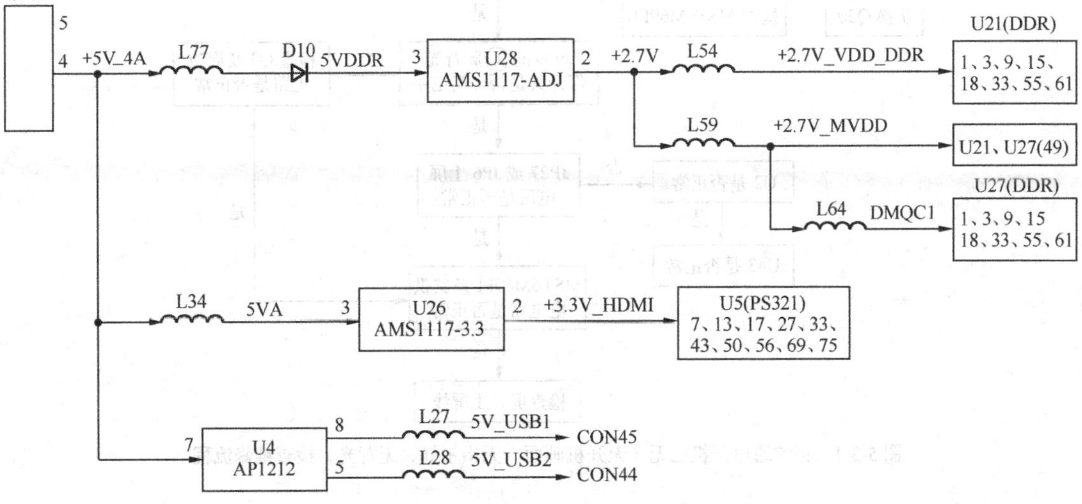

图 5-2-16　+5V_4A 供电电路框图

+5V_4A 主要为主芯片外围相关电路提供工作电压，从插座 J901④、⑤脚输入后分为下述3路。

第一路经稳压器 U28 稳压成 2.7V 为帧存储器 U21①、③、⑨、⑮、⑱、㉝、㊺、㊿脚提供工作电压。该电压主要为帧存储器供电，该支路任一组电压不正常将引起图花现象。

第二路由稳压器 U26 稳压成+3.3V_HDMI，为 HDMI 切换电路供电，该电压不正常将引起 HDMI 无图。

第三路经稳压器 U4 稳压成 5V_USB1 和 5V_USB2 电压，主要为 USB 接口供电。

第3节　常见故障检修流程及维修实例

一、典型故障分析流程

1．正常通电开机三无（无开机画面、无指示灯、无背光）

检查维修流程如图 5-3-1 所示。

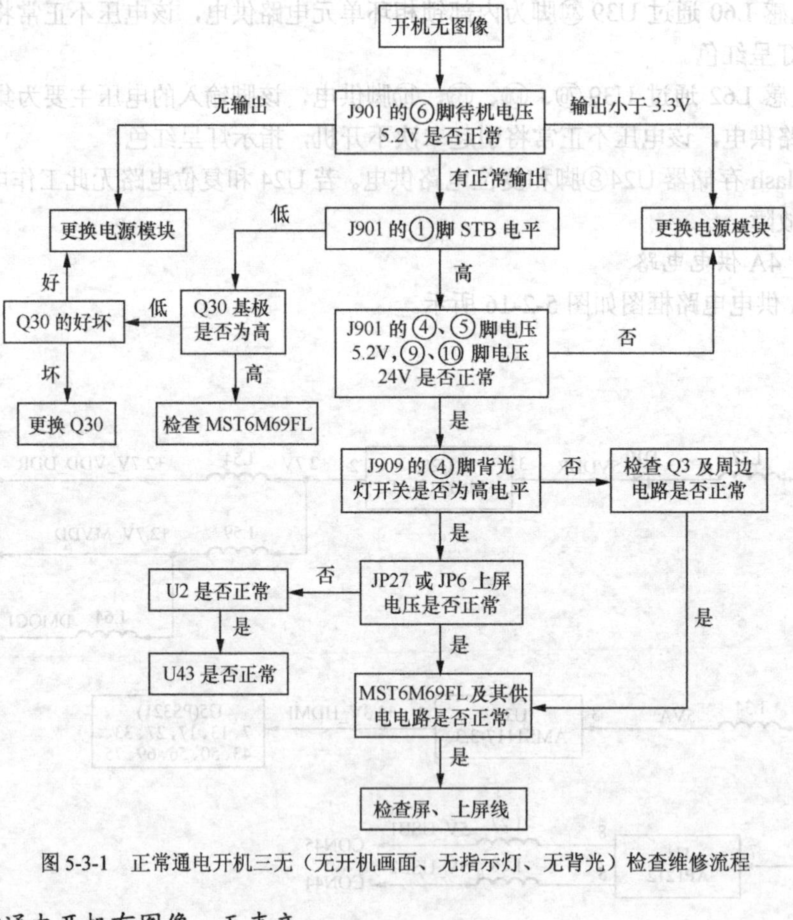

图 5-3-1　正常通电开机三无（无开机画面、无指示灯、无背光）检查维修流程

2．正常通电开机有图像、无声音

检查维修流程如图 5-3-2 所示。

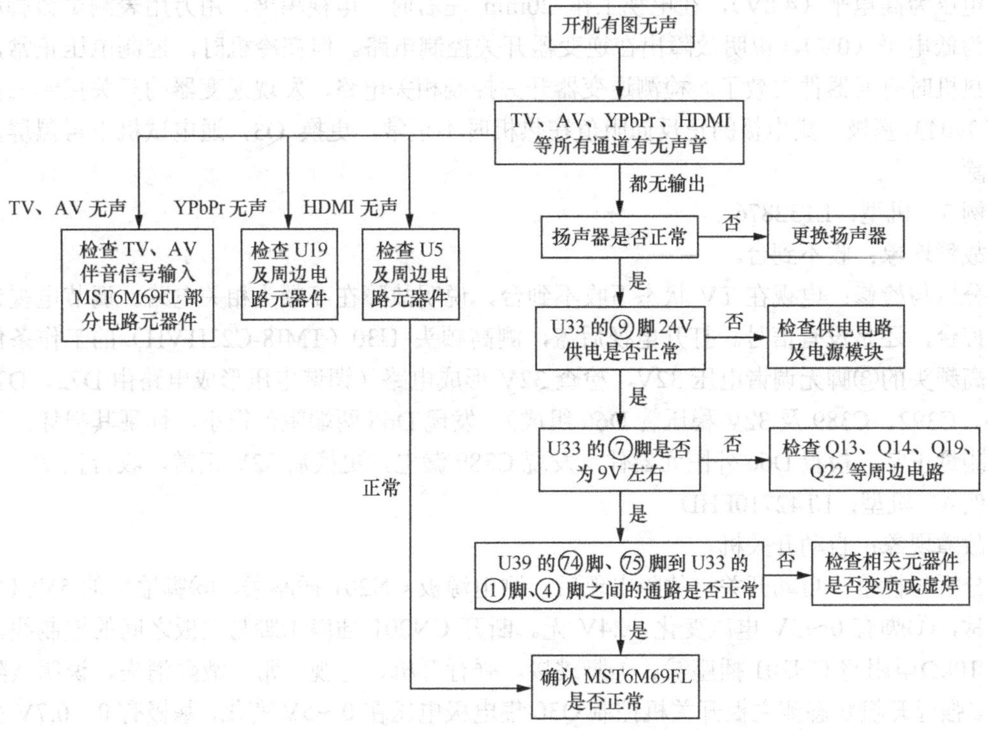

图 5-3-2　正常通电开机有图像、无声音检查维修流程

二、典型故障检修实例

例 1　机型：LT32876

故障现象：黑屏，有声音。

分析与检修：黑屏，有声音故障可能的主要原因有下述几点。

① 电源板无逆变器供电 24V 电压。

② 逆变器故障，导致背光灯管不能点亮。

③ 主板无上屏供电电压。

④ 驱动板存在故障。

打开电视后盖，上电测试，二次开机后，声音正常，背光灯亮，基本可以判定电源没有问题，故障的大概范围在主板和驱动板上。首先检查上屏供电，只有 8～10V，并且跳变，电压偏低。测量上屏供电稳压块 U43（LM2596-ADJ），输出电压也只有 8～10V，并且跳变。断开上屏供电控制 MOS 管 U2（IRF7314）后，测量 C1 上的电压，电压还是在 8～10V 跳变，怀疑是 U43 损坏。更换 U43，电压仍然是在 8～10V 跳变，说明故障为 U43 与 U2 之间相关的电路有漏电现象。当断开贴片电容 C171 时，电压正常，再装上 U2 试机，故障排除。

例 2　机型：LT42810DU

故障现象：热机黑屏，有声音。

分析与检修：出现热机黑屏，在黑屏时能听见伴音，说明故障在逆变器及相关控制电路。开机测 24V 正常，再测插座 J908、J909 的④脚（BL-ON/OFF 控制信号），在冷机二次开机时，该脚电压为高电平（4.8V），在电视工作 20min 左右时，电视黑屏，用万用表测试该脚电压已降为低电平（0V），说明故障出在逆变器开关控制电路。但在冷机时，控制电压正常，说明在热机时有元器件失效了。检测逆变器开关控制相关电路，发现逆变器的开关控制三极管 Q3（3904）基极、集电极的正反向阻值在热机时不正常，更换 Q3，通电试机不再黑屏，故障排除。

例 3　机型：LT32876

故障现象：收不到台。

分析与检修：电视在 TV 状态下收不到台，说明故障在高频头相关电路。调节电视进行自动搜台，还是没有信号。打开电视后盖，测高频头 U30（TMI8-C22I1VH）的工作条件，发现高频头的③脚无调谐电压 32V，检查 32V 形成电路（调谐电压形成电路由 D72、D70、C385、C392、C389 及 32V 稳压管 D66 组成），发现 D66 两端阻值很小，怀疑其损坏。取下 D66 测量正常，检查 D66 外围元器件，发现 C389 漏电，更换后 32V 正常，收台正常。

例 4　机型：LT42710FHD

故障现象：自动开关机。

分析与检修：自动开关机故障出现后，测电源板 CN201 插座④、⑤脚输出的 5VSTB 电压正常，①脚有 0～5V 电压变化，24V 无。断开 CN201 插座①脚与主板之间的控制线，用一只 10kΩ电阻将 CN201 插座⑤、①脚跳接，强行开机，电视正常，故障消失，说明故障在主板。强行开机状态测主板开关机控制 Q30 集电极电压在 0～5V 变化，基极有 0～0.7V 变化电压，CPU㉔脚开关机有高低电平变化（说明主芯片没有问题），怀疑 Q30 基极到 R90 间存在漏电问题。取掉 C64 后，测 Q30 基极电压有 1.8V，说明电容 C64 漏电，更换一个 0.1μF 电容后，故障排除。

例 5　机型：LT42710FHD

故障现象：二次不开机。

分析与检修：通电指示灯亮，不能二次开机，指示灯常亮，由此说明故障在主板相关电路。正常时，上电后电源指示灯常亮，二次开机后灯闪，大约 20s 图声正常。

造成二次不开机的原因有下述几点。

① 主芯片的供电电压不正常。

② 主芯片的复位电路工作不正常。

③ 主芯片的时钟振荡电路工作不正常。

④ 总线控制电路工作不正常。

逐一对上述可疑部位进行检查，发现电感 L72 输出端滤波电容 C345（10μF/6.3V）上无电压，此处正常时应有 1.24V 电压（VDDC），给主芯片数字电路部分供电，由此说明故障出在 U17（MPF2359）及其外围元器件。检查 U17 外围元器件未见异常，更换 U17 后电压恢复正常，开机一切正常，故障排除。

例 6　机型：LT42710FHD

故障现象：指示灯不亮，不开机。

分析与检修：经测主板 J901 插座的⑥脚电压为 5.23V，由此分析故障出在主板。测量 U39（MST6M69FL）的㉜、㉝脚（接晶振）电压为 0V，测对地阻值为 16.51kΩ、16.44kΩ，正常，由此可判断 U39 内的 MCU 供电异常或复位电路异常。对 U39 中的⑧、㉞、㊽、㊿、

⑲、⑯、⑯、⑬、⑰、⑯、⑲、㉘脚测量，只有 0.4V 左右（正常应为 3.3V），明显不正常，说明故障出在 U39 MCU 供电相关电路。测量 U18（AZ1084S-3.3E1）DC/DC 变换电路，其②脚输出电压为 0.45V，逐一断开 U18 输出端的电感 L55～L62，电压还是不正常，当断开 U24（B32-100HIP，Flash）后，U18 输出端的电压恢复正常，说明故障出在 U24 外围。当断开 U24 的⑦、⑧脚外接贴片电容 C170 后，电压恢复正常，说明电容 C170 严重漏电，拉低了 U18 的输出电压。更换同一规格电容后，电压回升至 3.36V，二次开机光栅出现，故障排除。

例 7 机型：LT42710FHD

故障现象：不开机。

分析与检修：通电指示灯亮，不能二次开机。通过以往的经验，开机时观察指示灯，正常时通电指示灯会瞬间闪一下，如果二次开机后指示灯不闪，说明主板 CPU 工作不正常。观察本机通电后指示灯一直亮，说明主板 CPU 部分工作异常，逐一检查主芯片的供电电路、复位电路、时钟电路、总线控制电路，发现 5VSTB 电压经 U17（MP2359）降压后产生的 VDDC 电压（正常时为 1.24V）没有，该电压供 U39（MST6M69FL）的㉞、⑱、㉟、⑯、㉙、㉔脚。检查 U17（MP2359）外围元器件未见异常，更换 U17（MP2359）后，电压恢复 1.24V，开机一切正常，故障排除。

例 8 机型：LT47710FHD

故障现象：不开机。

分析与检修：通电二次开机指示灯一直闪，测电源板无 24V 电压输出，测主板 J901 的①脚二次开机指令在跳变，说明故障在主板，代换主板故障还是一样。于是让电源板单独工作，电源板 5V、24V 等电压输出正常。维修一时陷于僵局，经查相关资料，发现该机型的主板在 V2.0 以上的版本增加了状态检测控制信号，若主板检测不到该信号，将频繁发出二次开机指令，所以在检测 J901 的①脚二次开机指令时，一直跳变就是该原因。

经分析，应该是逆变器出现故障，导致电源板保护，24V 无输出所致。于是断开逆变器，将 J909 的①脚接一个 4.7kΩ电阻到 J901 的⑥脚(5VSTB)，二次开机后，测 J901 的①脚为高电平，电源板 24V 正常，说明故障在逆变器。经仔细检测发现副逆变器上的 Q103、Q104 短路，更换后故障排除。

评论：该机共使用了几种印制板版本，V2.0 以上的版本增加了状态检测控制信号，通过 J908、J909 的①脚经 C16（实际为 100Ω电阻）反馈到 U39（MST6M69FL）的㊽脚（正常时为高电平），使主板检测不到逆变器返回的状态检测控制信号，反复发出二次开机指令，极易导致误判。本机采用的是 FSP368-4M01 电源，该电源过流保护设计得很好，副逆变器上的 Q103、Q104 轻微短路并没有把保险烧开路，从而导致电源的 24V 过流引起保护。

例 9 机型：LT37900FHD

故障现象：不开机。

分析与检修：通电二次开机指示灯亮，按键遥控均无反应。测 U39（MST6M69L）的⑯脚（POWERKEY），每当按下 POWER 键时电压都是在 3.3V 左右变化，但主板未开机。测 U39 供电电路、晶振电路、⑯脚、⑰脚总线电压、⑱脚、复位电压 1.7V 均正常，再测 U23（EEPROM，24C64）的⑧脚 5V 供电正常，总线电压正常，暂时排除 U39 和 U23 故障。故怀疑 U24（Flash）故障，测 U24（Flash）的⑦、⑧脚 3.3V 供电正常，测 U24 与 U39 之间的串行总线 SPI-DO/SPI-CZ 时发现，U39 输出数据信号（SPI-DO）正常（2.5V），U24 使能信号（SPI-CZ）为 3.3V（U24

在待机情况时为低电平），更换 U24 后试机，图声正常，故障排除。

例 10　机型：LT47810FU

故障现象：黑屏、背光灯不亮。

分析与检修：电源板各电压输出正常，24V 给逆变器供电正常。于是检查逆变器开关控制信号（BRI-ON/OFF），为 5V（高电平）正常。接着检查逆变器亮度调节信号（BRI-ADJ），为 0V 无变化，不正常。当把 BRI-ADJ 直接短接到 5V 供电上，背光灯点亮出现雪花，但是无字符。于是怀疑是软件问题。刷新软件后，二次开机后有图像，遥控功能键基本正常，还是无字符。怀疑是用户存储器损坏，更换存储器 U23（24LC64）后，重新刷新软件试机正常。

例 11　机型：LT32876

故障现象：TV 图暗且频漂。

分析与检修：开机画面就像缺亮度信号一样，而且有点频漂现象，输入 AV 信号图像正常，说明故障出在 TV 输入通道。把 L69 断开，将 AV 信号短接到 C297 的位置，图像仍然不正常，测 C59 处电压为 1.2V 正常，但此处的波行幅度偏小，测 C69 两端的阻值为 640Ω（用二极管挡），正常应该有 900Ω左右，更换 C59 后故障排除。

例 12　机型：　LT42710FHD

故障现象：开机后自动进入总线状态，屏幕上显示 M 字符。

分析与检修：开机即进入总线模式，说明程序不正常或者总线不良。首先烧录程序，遥控关机后还是要进入总线状态，说明故障不是程序不良引起的。因本机的光感部分出问题较多，把遥控接收头上的 D6、D8 取消后试机，故障排除。

例 13　机型：LT40876FHD（L07）

故障现象：热机伴音有间歇性停顿（时有时无，十几分钟到几十分钟就会出现）。

分析与检修：热机伴音有间歇性停顿，说明伴音功放电路有元件热稳定性不良，在伴音出现故障时检测伴音的 24V 供电正常，测伴音功放 R2A15112FP 的①、②脚和㉟、㊱脚，电压在 12～0V 间跳变，说明伴音被不正确地控制了，可能是伴音的静音控制电路存在问题。在出现故障时测伴音功放⑩脚（静音控制脚）的电压，电压在 3.3V 和 0V 间跳变，说明热机伴音有间歇性停顿的原因就是由于伴音电路上的静音控制电路出现了故障，检测相关电路，发现静音控制三极管 Q1805 的 3 个脚正反向阻值均只有几百欧，更换为 Q1805，通电试机 1h，伴音有间歇性停顿的故障没有再出现，伴音恢复正常。

例 14　机型：LT47810QU

故障现象：开机无光。

分析与检修：二次开机背光灯不亮，细看屏上也没有很暗的光，决定先修背光。测逆变器的供电正常，开关控制信号正常，判定逆变器有故障，更换后故障依旧。此逆变器和逻辑板之间还有一个连线（位号　CN3），拔掉此连线后背光灯亮了，看来逆变器并没有坏，测此连线都没有电压，再测逻辑板的供电保险（位号 F1）开路，往后查发现电容 C762 短路，更换 C762 和保险后开机，故障排除。

第6章　MT8222方案主板电路分析与检修

第1节　LM24机芯的特点和整机组成

一、LM24机芯简介

LM24机芯以MTK公司的MT8222AHMUD/B为主芯片，带多媒体功能，支持HDMI1.3、FHD屏、120Hz屏，带任天堂8位游戏功能。其基本功能包含1路RF输入、2路AV输入、2路S-Video输入、2路YPbPr输入、1路VGA输入、2路USB输入、3路HDMI输入和1路AV输出。主板布局与前期液晶电视完全不同，所有输入、输出接口均位于主板上，接口安装从以前的卧式更改为立式，因此音视频线的插入方向也从以前的由下向上，更改为垂直后盖方向插入，更便于售后安装调试。

LM24机芯液晶电视覆盖26～52英寸产品，包括50Hz/60Hz WXGA屏（1 366×768）、50Hz/60Hz FHD屏（1 920×1 080）。其典型型号有LT26810U、LT32810U、LT37810U、LT26720、LT32720、LT37720、LT40720F、LT42720F、LT46720F、LT52720F。

二、主要功能及系统规格

1．主要功能特点

① 图像模式：用户、标准、柔和、靓丽。

② 伴音模式：用户、标准、新闻、音乐、剧场。

③ 音效：均衡高级设置、平衡、自动音量控制、环绕声、重低音。

④ 缩放模式：4:3模式（Normal）、16:9全屏模式（Full）、电影模式（Cinema）、字幕电影模式（Sub Title）、动态扩展模式（Panorama）。

⑤ 3D梳状滤波、3D降噪。

⑥ LTI、CTI画质改善功能，黑白电平扩展，彩色增强引擎。

⑦ 节目回叫、源回叫功能。

⑧ 节目管理功能：节目命名、节目交换。

⑨ 定时开关机功能：可设置液晶电视在预定的时间自动开机或关机。

⑩ 无信号自动关机：TV状态下，无信号约15min后自动关机，进入待机状态。

⑪ 中英文菜单：采用简易方便的图形化菜单设计，使菜单操作更方便、更直观。

⑫ 省电功能（电源管理模式）：当本机用作PC的显示终端，且用户使用的PC无输出信号时，约30s后液晶电视将自动关闭，进入待机省电模式。当按本机任意键或遥控器上的任意键或PC再次输出信号时，液晶电视将自动打开。

⑬ 即插即用：作为计算机终端显示设备，无需单独配备安装软件，做到真正的即插

即用。

⑭ 方便快速的在线升级程序，可选以下两种方式之一：从 VGA 接口通过专用工装；从 USB1 接口，不需要专用工装，采用普通 U 盘直接插入即可。

2. 系统主要规格

LM24 机芯系统主要规格见表 6-1-1。

表 6-1-1　　LM24 机芯系统主要规格表

类　别		规　格
TV 信号制式	彩色	PAL、NTSC、SECAM
	伴音	D/K B/G M I
射频频率范围		48.25～863.25MHz
预设频道数量		236 套
视频信号制式		PAL、SECAM、NTSC
输入接口类型		1 路 RF；2 路 AV，2 路 S-Video（其中一路为侧置 AV 和侧置 S-Video）；2 路 YPbPr；3 路 HDMI；2 路侧置 USB；1 路 VGA（带音频耳机输入）
输出接口类型		1 路 AV 输出
YPbPr 格式		480i、480p、576i、576p、720p（50Hz/60Hz）、1 080i（50Hz/60Hz）、1 080p（50Hz/60Hz）
HDMI 格式		640×480（60Hz）、800×600（60Hz）、1 024×768（60Hz）、1 280×768（60Hz）、1 280×1 024（60Hz）、1 600×1 200（60Hz）、480i、480p、576i、576p、720p（50Hz/60Hz）、1 080i（50Hz/60Hz）、1 080p（24Hz/30Hz/50Hz/60Hz）
VGA 格式		640×480（60Hz）、800×600（60Hz）、1 024×768（60Hz）、1 280×768（60Hz）、1 280×1 024（60Hz）、1 600×1 200（60Hz）、480i、480p、576i、576p、720p（50Hz/60Hz）、1 080i（50Hz/60Hz）、1 080p（50Hz/60Hz）
USB 格式		JPEG、MPEG1/2/4、MP3 等主流媒体格式
其他		其他如亮度、对比度、响应时间、视角、分辨率、整机功耗等视液晶屏而定

三、整机结构介绍

打开液晶电视后盖，我们会发现液晶电视的结构十分简单，主要由液晶面板（包括液晶屏、驱动板、逆变器）、主信号处理板、电源板、待机电源模块（LM24 机芯机型带“U”字母的使用）、遥控接收板、按键板等几块电路板组件组成。LM24 机芯（以 LT37810U 可升级数字液晶电视为例）的整机结构及各组件功能如图 6-1-1 所示。

电源模块、逆变器、逻辑板等组件的电路分析及检修方法在其他章节进行介绍，本章主要对 LM24 机芯主板的电路分析与检修方法进行介绍。

四、主板电路组成

长虹 LM24 机芯（以 LT37810U 可升级数字液晶电视为例）主板主要由 DC/DC 变换电路、射频电路、音视频处理电路、模拟和数字音视频输入/输出接口电路、图像变换处理电路、多媒体处理电路、伴音功放电路、系统控制电路组成，主板电路组成框图如图 6-1-2 所示，主板各主要芯片位置及功能如图 6-1-3 所示，主板各主要插座位置及接口功能如图 6-1-4 所示。

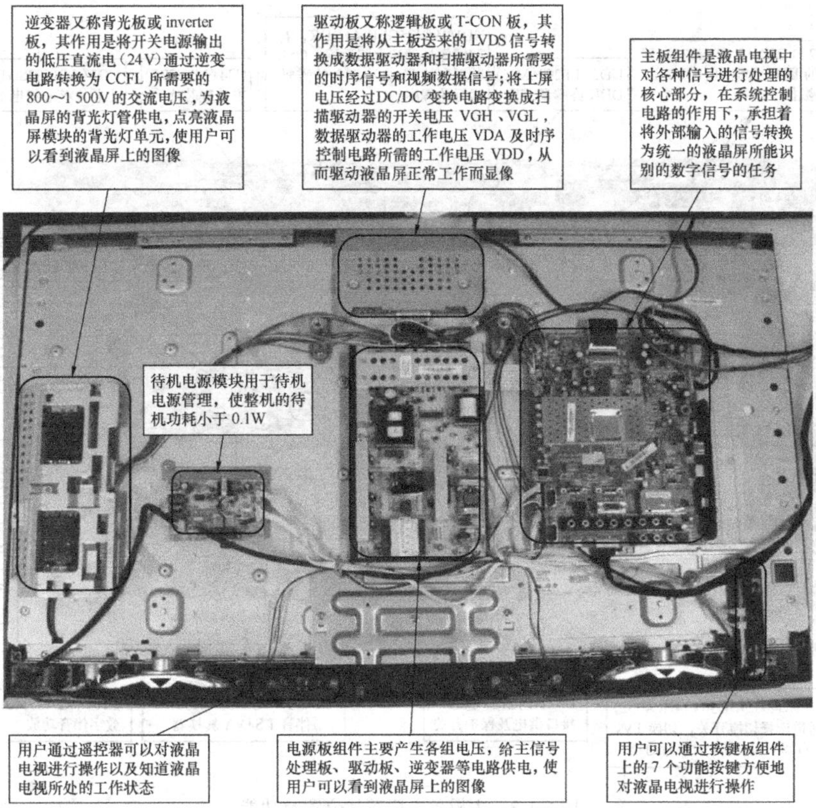
逆变器又称背光板或 inverter 板，其作用是将开关电源输出的低压直流电（24V）通过逆变电路转换为 CCFL 所需要的 800～1 500V 的交流电压，为液晶屏的背光灯管供电，点亮液晶屏模块的背光灯单元，使用户可以看到液晶屏上的图像
驱动板又称逻辑板或 T-CON 板，其作用是将从主板送来的 LVDS 信号转换成数据驱动器和扫描驱动器所需要的时序信号和视频数据信号；将上屏电压经过DC/DC 变换电路变换成扫描驱动器的开关电压 VGH 、VGL ，数据驱动器的工作电压 VDA 及时序控制电路所需的工作电压 VDD，从而驱动液晶屏正常工作而显像
主板组件是液晶电视中对各种信号进行处理的核心部分，在系统控制电路的作用下，承担着将外部输入的信号转换为统一的液晶屏所能识别的数字信号的任务
待机电源模块用于待机电源管理，使整机的待机功耗小于 0.1W
用户通过遥控器可以对液晶电视进行操作以及知道液晶电视所处的工作状态
电源板组件主要产生各组电压，给主信号处理板、驱动板、逆变器等电路供电，使用户可以看到液晶屏上的图像
用户可以通过按键板组件上的 7 个功能按键方便地对液晶电视进行操作

图 6-1-1　LM24 机芯 LT37810U 可升级数字电视的整机结构及各组件功能

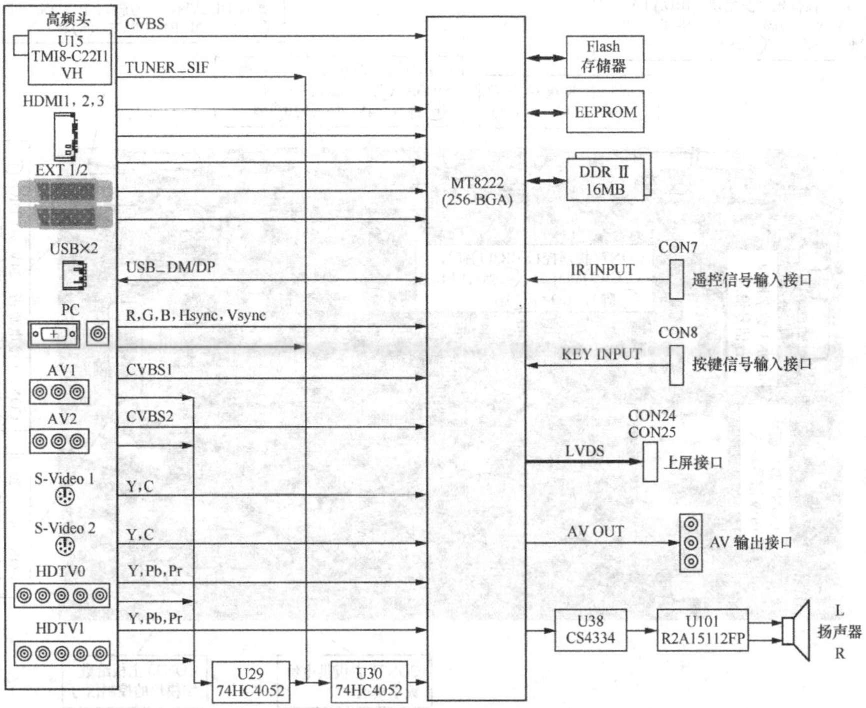

图 6-1-2　LM24 机芯主板电路组成框图

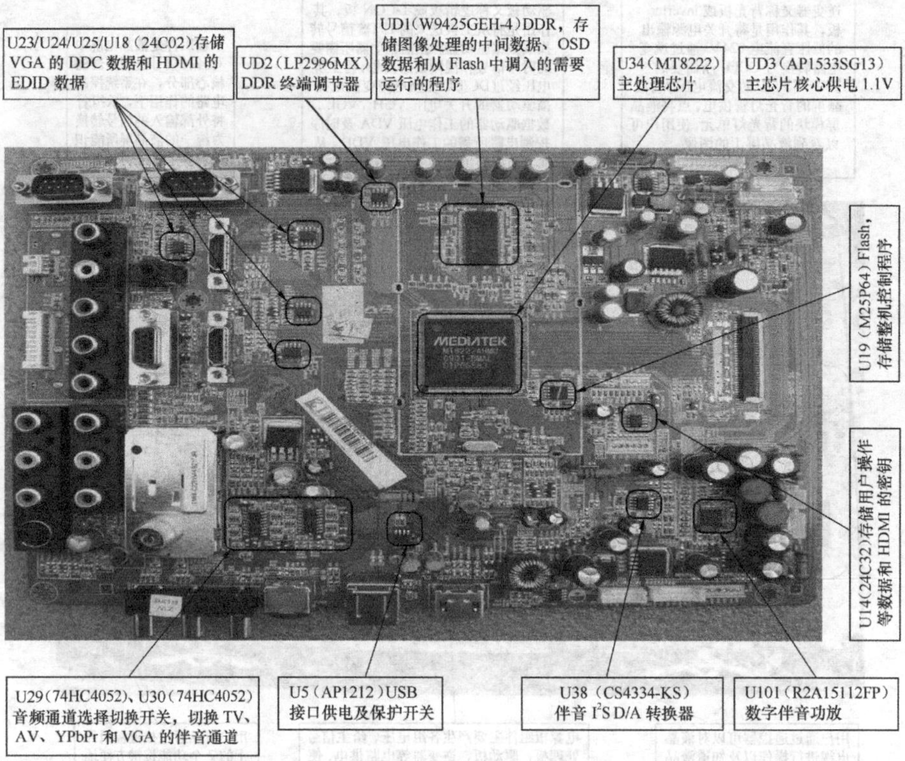
U23/U24/U25/U18（24C02）存储VGA 的 DDC 数据和 HDMI 的EDID 数据
UD2（LP2996MX）DDR 终端调节器
UD1（W9425GEH-4）DDR，存储图像处理的中间数据、OSD数据和从 Flash 中调入的需要运行的程序
U34（MT8222）主处理芯片
UD3（AP1533SG13）主芯片核心供电 1.1V
U19（M25P64）Flash，存储整机控制程序
U14（24C32）存储用户操作等数据和 HDMI 的密钥
U29（74HC4052）、U30（74HC4052）音频通道选择切换开关，切换 TV、AV、YPbPr 和 VGA 的伴音通道
U5（AP1212）USB 接口供电及保护开关
U38（CS4334-KS）伴音 I²S D/A 转换器
U101（R2A15112FP）数字伴音功放

图 6-1-3　主板各主要芯片位置及功能

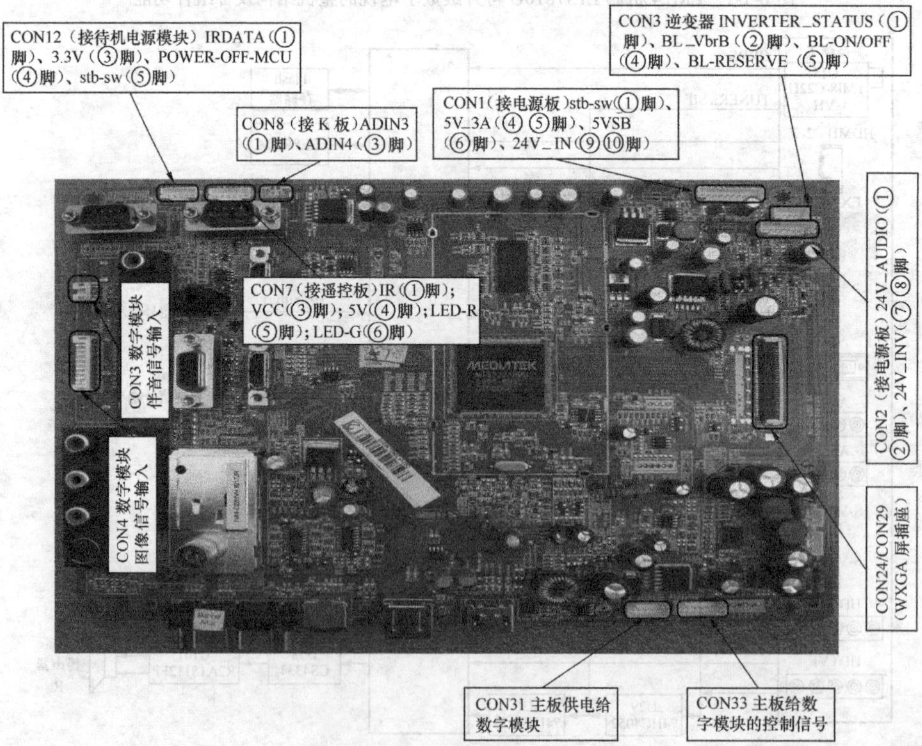
CON12（接待机电源模块）IRDATA（①脚）、3.3V（③脚）、POWER-OFF-MCU（④脚）、stb-sw（⑤脚）
CON8（接 K 板）ADIN3（①脚）、ADIN4（③脚）
CON1（接电源板）stb-sw（①脚）、5V_3A（④ ⑤脚）、5VSB（⑥脚）、24V_IN（⑨⑩脚）
CON3 逆变器 INVERTER_STATUS（①脚）、BL_VbrB（②脚）、BL-ON/OFF（④脚）、BL-RESERVE （⑤脚）
CON7（接遥控板）IR（①脚）；VCC（③脚）；5V（④脚）；LED-R（⑤脚）；LED-G（⑥脚）
CON3 数字模块伴音信号输入
CON4 数字模块图像信号输入
CON2（接电源板）24V_AUDIO（①②脚）、24V_INV（⑦⑧脚）
CON24/CON29（WXGA 屏插座）
CON31 主板供电给数字模块
CON33 主板给数字模块的控制信号

图 6-1-4　主板各主要插座位置及接口功能

第 2 节　LT37810U 机型主板电路分析与检修

一、图像信号处理电路

1. 高频头电路

LT37810U 可升级数字液晶电视采用的是一体化高频头，高频头电路如图 6-2-1 所示。一体化高频头 U15（TMI8-C22I1VH）引脚功能及维修参考数据见表 6-2-1。

表 6-2-1　　高频头 U15（TMI8-C22I1VH）引脚功能及维修参考数据

脚　号	符　号	功　能	工作电压/V	备　注
①	NC	不用	12.25	信号不同电压不一致
②	IF OUT	图像中频输出，LM24 机芯未用	0	
③	VT	调谐电压，32V	31.95	
④	SCL	I^2C 总线（时钟）	4.68	波动
⑤	SDA	I^2C 总线（数据）	4.65	波动
⑥	AS	TUNER 的 I^2C 地址选择，接地	0	
⑦	BP	电源 5V，为高频头内部电路工作供电	5.03	
⑧	SIF	伴音中频输出	0	
⑨	AGC	自动增益控制（未用）	1.26	
⑩	AFT	自动频率调谐（未用）	2.63	
⑪	AUDIO OUT	音频信号输出	1.17	
⑫	VIDEO OUT	CVBS 信号输出	2.20	

（1）信号处理电路

RF 模拟电视信号进入高频头 U15（TMI8-C22I1VH），在内部解调、混频成 IF 信号，再进入中频放大器，经过中频放大、解调，从 U15 的⑫脚输出 CVBS 视频信号，经 R406、R394 分压，L84、C632、C631 低通滤波后，经 R43、C15 和 R50、C324 形成差分信号输入主芯片 U34（MT8222）的⑨、⑧脚，差分信号输入增强了信号的稳定性。同时也解调出音频信号传送给 U30（74HC4052）的⑮脚。

提 示　若高频头 U15 的⑫脚无正常的视频信号输出（可用示波器测视频信号波形，也可测直流电压来初步判断：有信号时为 0.8V，无信号时为 1.2V），需对高频头 U15 做外围检查。

（2）调谐电压形成电路

调谐电压形成电路由 D88（BAV99）、D95（BAV99）、D74（UPC574）等组成。由稳压

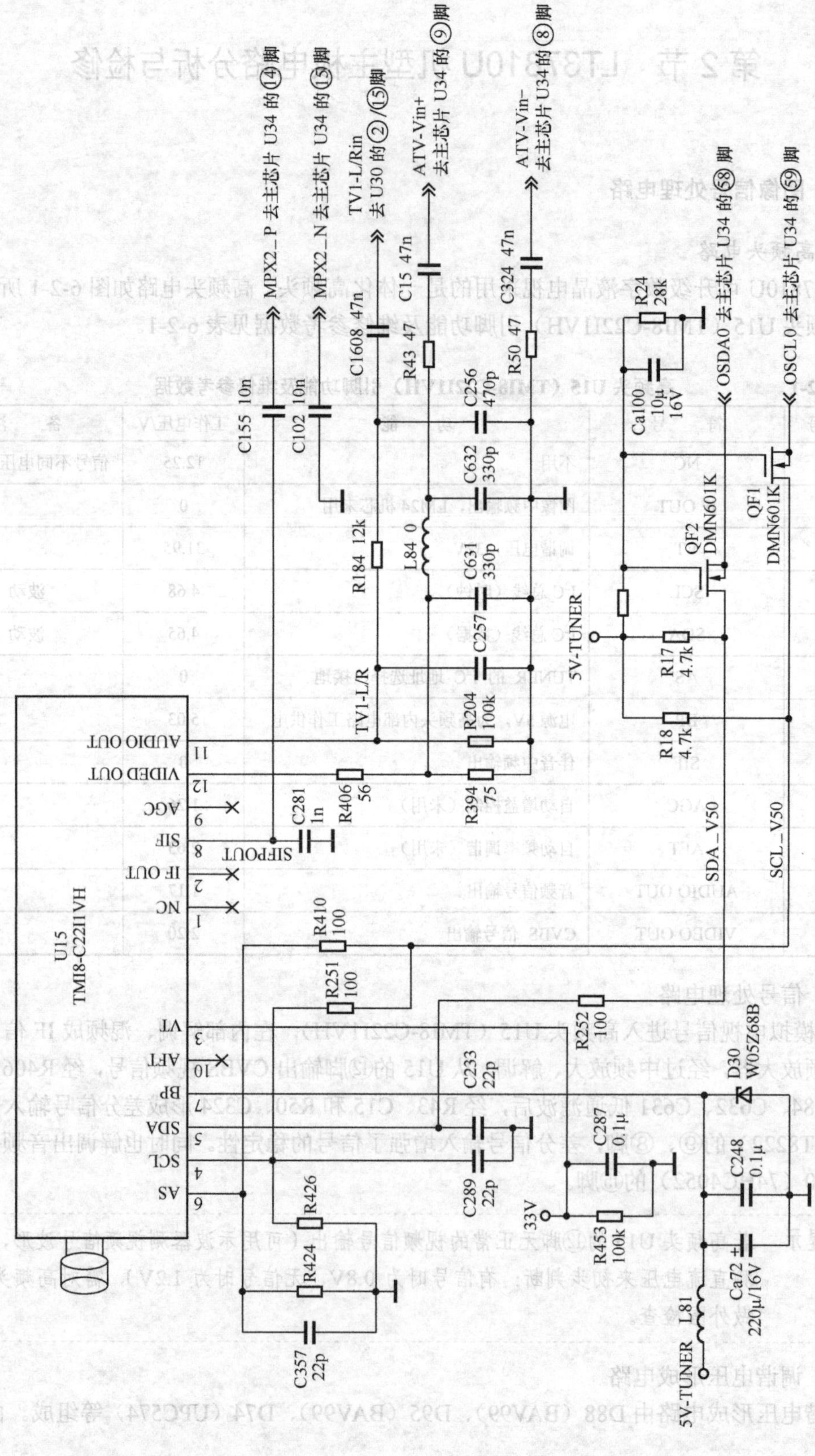

MPX2_P 去主芯片 U34 的⑭脚
MPX2_N 去主芯片 U34 的⑮脚
TV1-L/Rin 去 U30 的②/⑮脚
ATV-Vin+ 去主芯片 U34 的⑨脚
ATV-Vin- 去主芯片 U34 的⑧脚
OSDA0 去主芯片U34 的⑤⑧脚
OSCL0 去主芯片U34 的⑤⑨脚
U15 TMI8-C22I1VH
AUDIO OUT
VIDEO OUT
AGC
SIF
IF OUT
NC
VT
AFT
BP
SDA
SCL
AS
SIFPOUT
TV1-L/R
5V-TUNER
SDA_V50
SCL_V50
33V
QF1 DMN601K
QF2 DMN601K
D30 W05Z68B
L81
L84 0
Ca72 220μ/16V
Ca100 10μ 16V
C155 10n
C102 10n
C1608 47n
C15 47n
C324 47n
C256 470p
C632 330p
C631 330p
C281 1n
C233 22p
C289 22p
C287 0.1μ
C248 0.1μ
C357 22p
R43 47
R50 47
R24 28k
R184 12k
R204 100k
R394 75
R406 56
R17 4.7k
R18 4.7k
R410 100
R251 100
R252 100
R453 100k
R424
R426

图 6-2-1 高频头电路

器 U46（LM2596-ADJ）的②脚输出频率为 150kHz、幅度为 24V 的方波脉冲送至倍压整流电路，输出稳定的 33V 电压至高频头 U15 的③脚，为高频头提供稳定的 33V 调谐电压，供其内部的变容二极管选台时使用。

提示　该倍压电路出故障引起 33V 调谐电压低或无电压至高频头 U15 时，将出现收台少或 TV 无图现象。

U15 的⑦脚为高频头内部高频处理电路 5V 供电，该脚电压不正常将引起 TV 无图、无声，但字符正常。

U15 的④、⑤脚为总线控制端口，外接总线控制及电平转换电路。因高频头的工作电压是 5V，而 CPU 的工作电压是 3.3V，为了实现 3.3V 总线对 5V 供电的外挂高频头的控制，通过接入 QF1、QF2 完成 CPU 与高频头之间的总线电压转换。主芯片 U34 的㊽、㊾脚输出时钟信号、数据信号至场效应管 QF1、QF2 的栅极，由 QF1、QF2 进行电平转换和隔离后送至高频头 U15 的④、⑤脚。

提示　若无正常的总线信号对高频头进行控制，将引起 TV 无图、无声；若该路总线短路，主芯片 U34 的㊽、㊾脚的总线电压低至 1V 以下，还将引起二次不开机。

2. AV 及 S 端子信号输入电路

AV1 图像信号经静电保护电路和低通滤波电路、电容 C1 耦合后直接送入主芯片 U34 的⑦脚，AV2 图像信号经静电保护电路和低通滤波电路、电容 C12 耦合后直接送入主芯片 U34 的⑥脚，S-Video1 图像信号经静电保护电路和低通滤波电路、电容 C1 耦合后直接送入主芯片 U34 的③、④脚，S-Video2 图像信号经静电保护电路和低通滤波电路、电容 C1 耦合后直接送入主芯片 U34 的①、②脚。

3. YPbPr 接口输入电路

YPbPr 接口输入电路如图 6-2-2 所示。

分量 Y 信号经静电保护电路和低通滤波电路后分为两路，一路经电阻 R80 隔离、C62 耦合至主芯片 U34 的㉑脚，另一路经电容 C58 耦合至主芯片 U34⑳脚作为 Y 同步信号输入端。Pb 信号经静电保护电路和低通滤波电路后耦合至主芯片 U34 的㉓脚，㉒脚是 Pb−信号输入端。Pr 信号经静电保护电路和低通滤波电路后耦合至主芯片 U34 的㉔脚。

提示　若主芯片 U34 的⑳脚检测不到正常的 Y 同步信号输入，液晶电视将出现高清无图现象；若输入的色差信号 Pb 或 Pr 不正常，将引起高清信号彩色异常现象。

4. DTV 接口输入电路

DTV 接口输入电路如图 6-2-3 所示。

DTV 接口的图像信号有两种输入方式：分量信号（YPbPr）和全电视信号（CVBS），信号的选择是通过软件控制的。采用全电视信号输入时，信号从 CON4 的⑪脚输入后经低通滤波，耦合至主芯片 U34 的⑤脚。

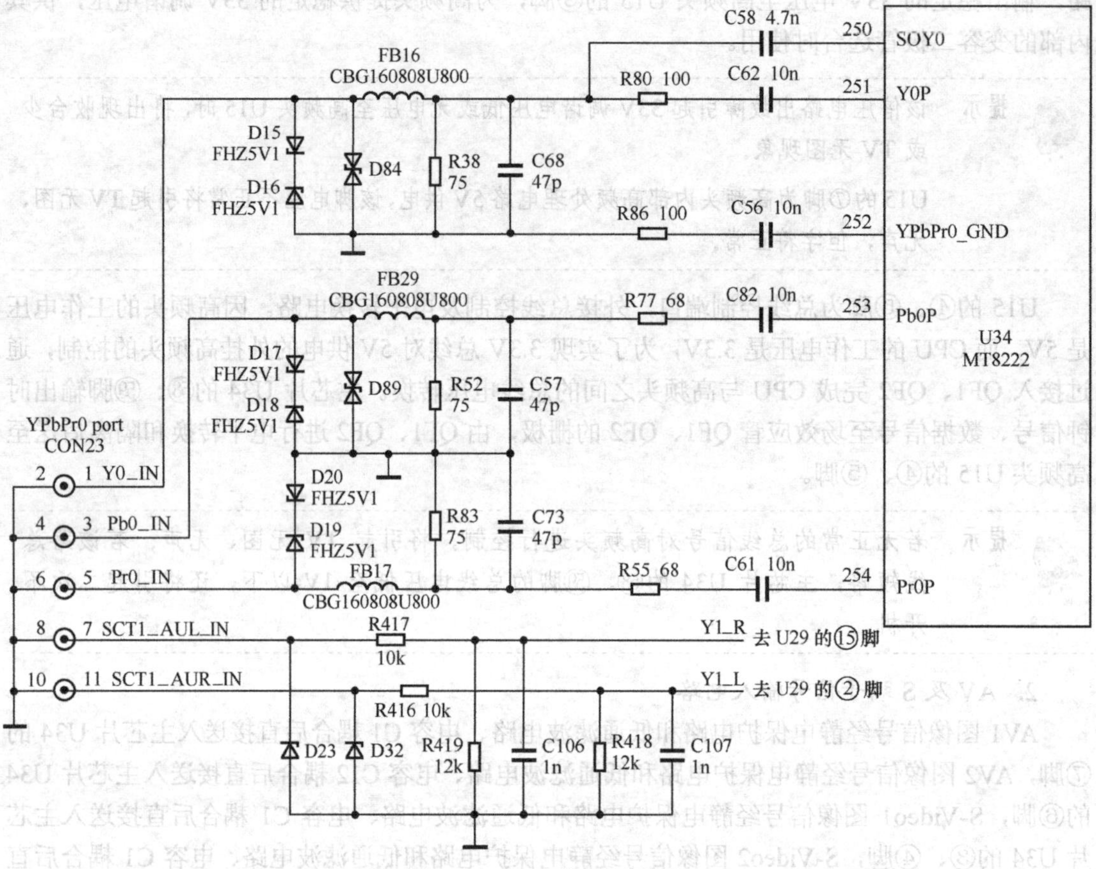

图 6-2-2　YPbPr 接口输入电路

若采用分量信号（YPbPr）输入时，分量 Y 信号经静电保护电路和低通滤波电路后分为两路，一路经电阻 R72 隔离、C74 耦合至主芯片 U34 的㉖脚，另一路经电阻 R84 隔离、C83 耦合至主芯片 U34㉕脚作为 Y 同步信号输入端。Pb 信号经静电保护电路和低通滤波电路后耦合至主芯片 U34 的㉘脚，㉜脚是 Pb-信号输入端。Pr 信号经静电保护电路和低通滤波电路后耦合至主芯片 U34 的㉙脚。

5. VGA 接口输入电路

VGA 接口输入电路如图 6-2-4 所示。

VGA 接口一方面作为 PC 的图像信号输入端，另一方面作为软件升级使用；VGA 基色信号经接插件 CON208①、②、③脚输出，经磁耦 L40、L39、L38 隔离，再经电容 C147、C134、C145 耦合至主芯片 U34 的㊵、㊶、㊴脚。双向限幅二极管 D24～D26 起保护作用，防止因静电或输入电压异常损坏集成电路。行、场同步信号从接插件 CON208⑬、⑭脚输入，经电阻 R130、R124，磁耦 L42、L41 送至主芯片 U34 的㊳、㊲脚。双向限幅二极管 D27、D28 起保护作用。存储器 U18（24C02）按照 VGA 格式要求，存储 PC 能识别电视身份的数据。VGA 信号通过 CON208⑫、⑮脚至存储器 U18⑤、⑥脚。CON208 的④脚（U0RX-VGA）、⑪脚（U0TX-VGA）连接到 U34 的⑯、⑰脚，进行外部程序的写入。

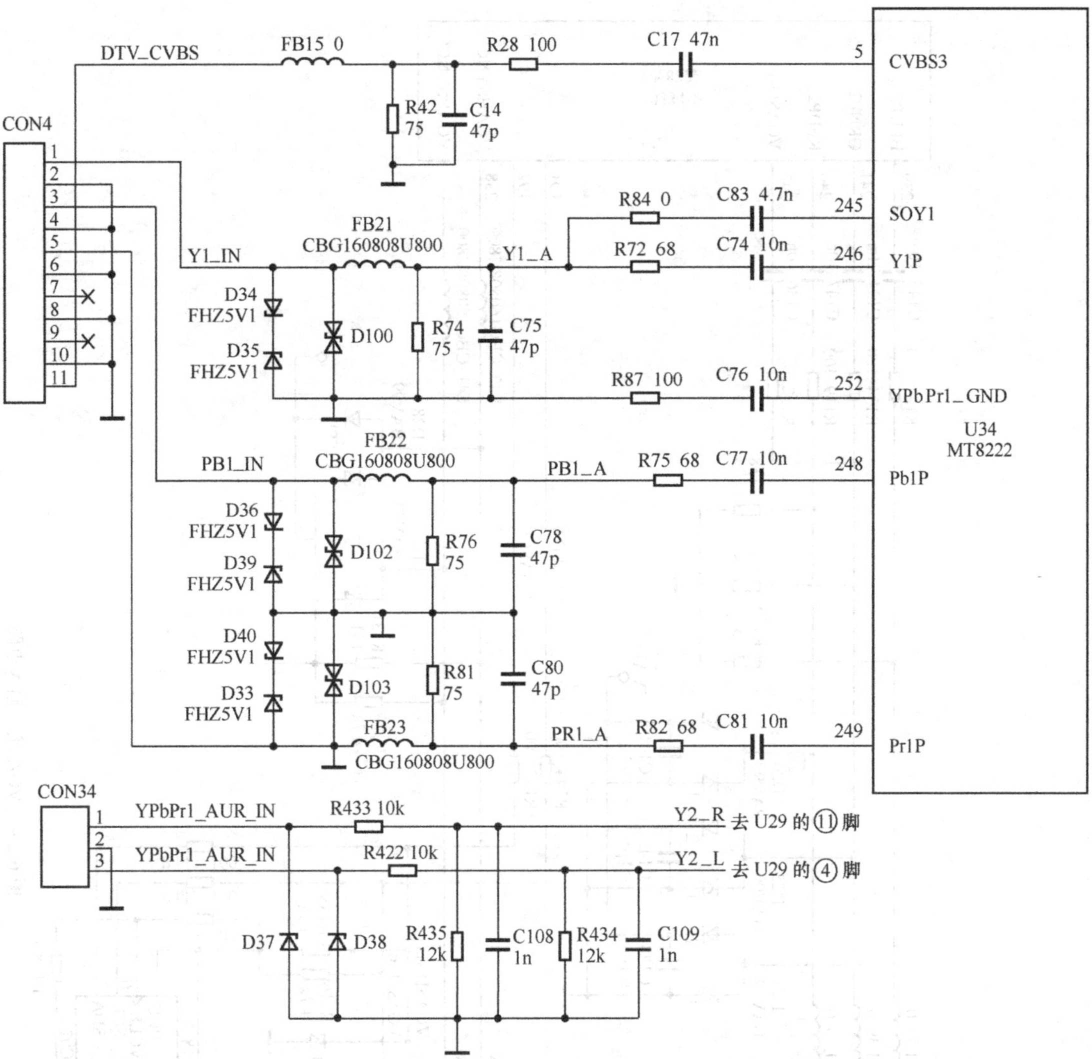

图 6-2-3　DTV 接口输入电路

提示　VGA 接口输入的行、场同步信号，DDR 通道及 U34 的㉔⓪脚输入的 G 同步信号不正常，将引起 VGA 无图故障；若输入的某一路基色信号不正常，将引起 VGA 图像彩色不正常。

6. HDMI 输入电路

HDMI 输入电路如图 6-2-5 所示。

U34 有 3 路 HDMI 接收端口，完全符合 HDMI1.3 的标准，最大可支持 1 080p（60Hz）的输入。RGB 差分信号和一路时钟信号经 HDMI CON13①、③、④、⑥、⑦、⑨、⑩、⑫脚及保护电路 U23（24C02）直接进入 U34 芯片的㉘、㉙、㉚、㉛、㉜、㉝、㉞、㉟脚，HDMI 的时钟信号进入 U34 芯片的㉖、㉗脚。二极管 D79、D80 起保护作用。

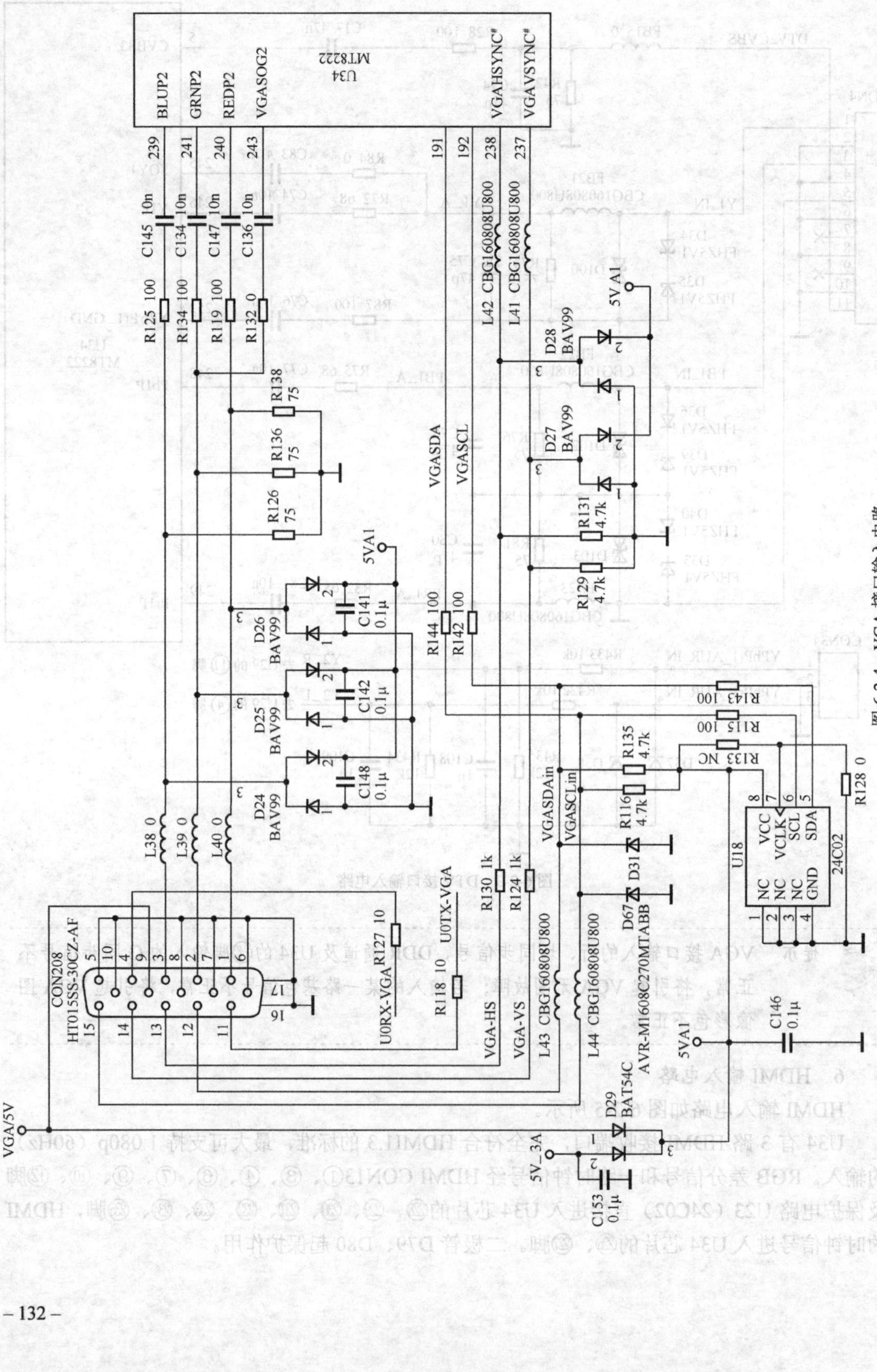

图 6-2-4　VGA 接口输入电路

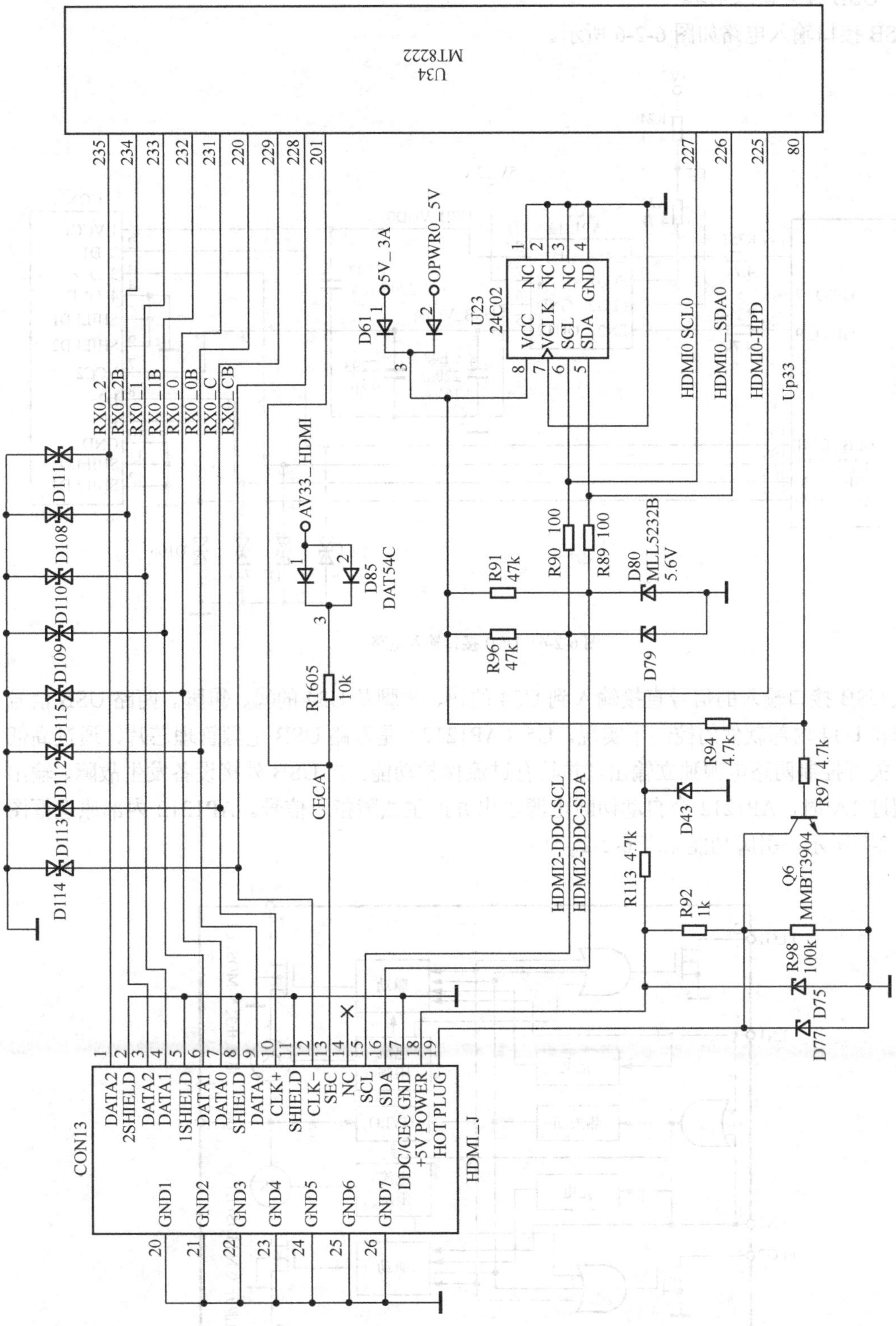

图 6-2-5　HDMI 输入电路

7. USB 接口输入电路

USB 接口输入电路如图 6-2-6 所示。

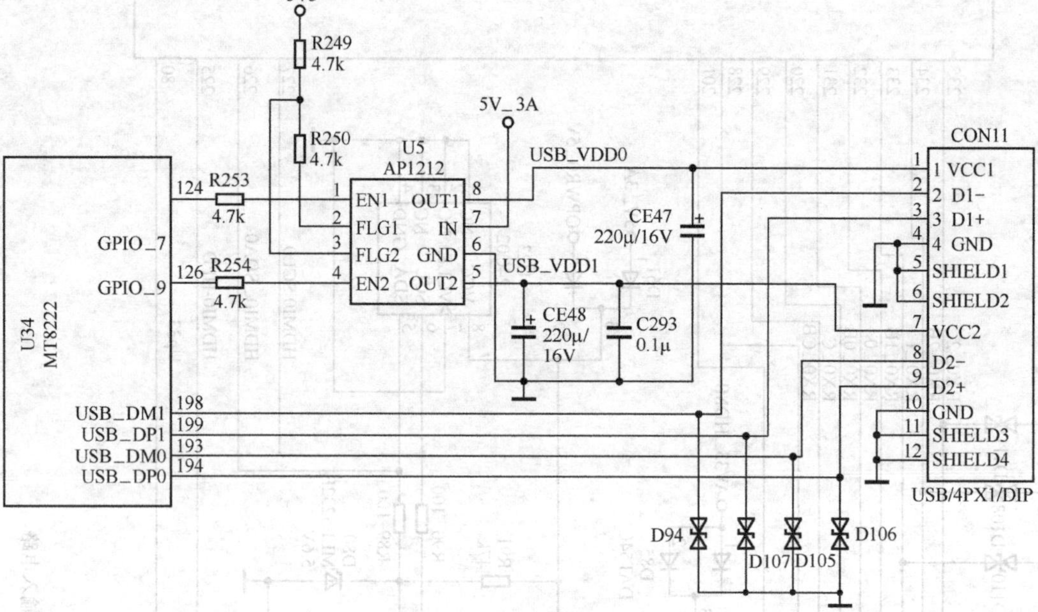

图 6-2-6　USB 接口输入电路

从 USB 接口输入的信号直接输入到 U34 的198、199脚及 U34 的193、194脚。两路 USB 信号的选择在 U34 内部软件的控制下实现。U5（AP1212）是双路 USB 电源管理芯片，通过高低电平开关可控制两路电源独立输出，并具有过流保护功能。当 USB 外接设备发生故障，输出电流超过 1A 时，AP1212 会自动切断电源输出并产生故障指示信号。AP1212 内部原理框图如图 6-2-7 所示，引脚功能见表 6-2-2。

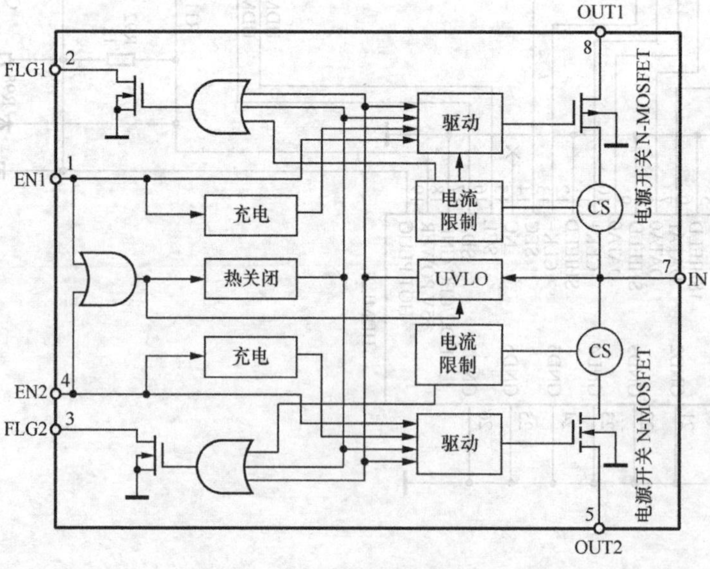

图 6-2-7　AP1212 内部原理框图

表 6-2-2　　AP1212 引脚功能

脚　号	符　号	功　能	脚　号	符　号	功　能
①	EN1	电源通道 1 开关，高电平打开	⑤	OUT2	电源通道 2 输出
②	FLG1	电源通道 1 过流指示输出	⑥	GND	地
③	FLG2	电源通道 2 过流指示输出	⑦	IN	电源输入
④	EN2	电源通道 2 开关，高电平打开	⑧	OUT1	电源通道 1 输出

当用遥控器或本机按键转换为 USB1 状态时，U34 的⑭脚输出高电平到 U5（AP1212）的①脚，从⑧脚输出 VCC1 电压。当用遥控器或本机按键转换为 USB2 状态时，U34 的㉖脚输出高电平到 U5 的④脚，从⑤脚输出 VCC2。

8. *游戏手柄接口输入电路*

游戏手柄接口输入电路如图 6-2-8 所示。

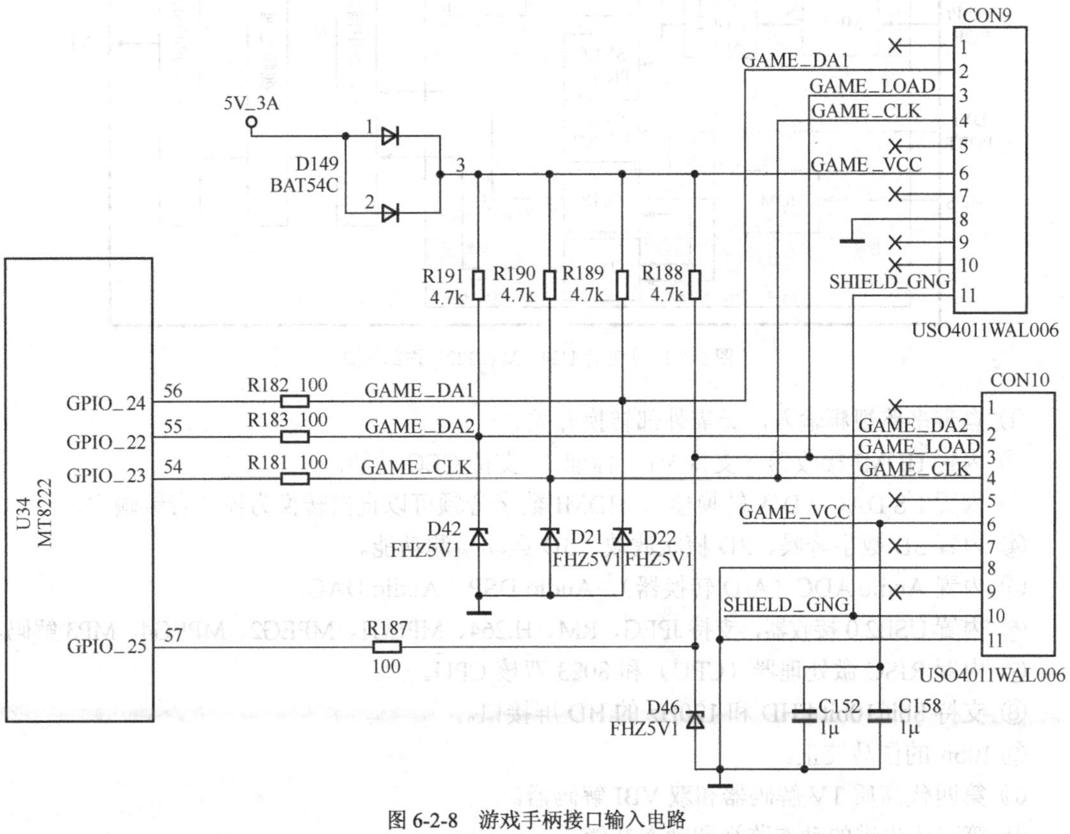

图 6-2-8　游戏手柄接口输入电路

两个 8 位游戏手柄整合成 4 路信号输入主芯片 U34 的54、55、56、57脚。从 CON9②脚输入的数据信号经 R189 上拉、D22 限幅后输入主芯片 U34 的56脚。CON9 和 CON10 的③脚为游戏加载信号端，信号经 R188 上拉、D46 限幅后输入主芯片 U34 的57脚。CON9 和 CON10 的④脚为游戏时钟信号输入端，信号经 R190 上拉、D21 限幅后输入主芯片 U34 的54脚。CON10 ②脚输入的数据信号，经 R191 上拉、D42 限幅后输入主芯片 U34 的55脚。CON9 和 CON10 的⑥脚为 5V 供电端。

二、视频解码及格式变换电路

主芯片 U34 支持 50Hz/60Hz WXGA 屏（1 366 × 768）、50Hz/60Hz FHD 屏（1 920 × 1 080）和 120Hz WXGA 屏，支持水平 ME/MC 处理以及任天堂 8 位游戏功能，具备 USB2.0 接口功能。主芯片 U34 内部框图如图 6-2-9 所示，主要特点如下所述。

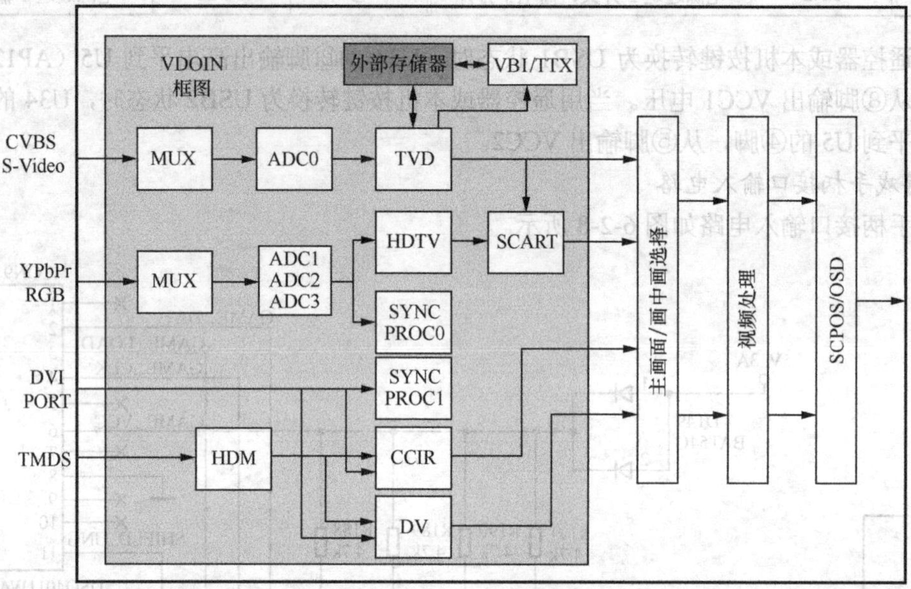

图 6-2-9　主芯片 U34（MT8222）内部框图

① 自带多路视频输入，无需外部转换开关。

② 内置 HDMI 接收器（支持 V1.3 标准），支持 CEC 功能。

③ 内置 I^2S DAC（D/A 转换器），HDMI 数字音频可以直接转换为模拟音频输出。

④ 内置 3D 数字降噪、3D 梳状滤波、3D 运动检测功能。

⑤ 内置 Audio ADC（A/D 转换器）、Audio DSP、Audio DAC。

⑥ 内置 USB2.0 接收器，支持 JPEG、RM、H.264、MPEG1、MPEG2、MPEG4、MP3 解码。

⑦ 内置 RISC 微处理器（CPU）和 8023 双核 CPU。

⑧ 支持 8bit/10bit FHD 和 120Hz 的 HD 屏接口。

⑨ 10bit 的伽马校正。

⑩ 第四代高质 TV 解码器和双 VBI 解码器。

⑪ 第四代先进的动态监视和动态补偿。

⑫ 支持画中画功能。

TV、AV 的 Y 信号及 S 端子的 Y/C 信号进入主芯片 U34，进行切换、A/D 转换后，在 TV 解码器（TVD）、双 VBI 解码器（VBI/TTX）、外部动态随机存储器（External DRAM）的作用下进行帧频变换（场频变换），在帧/场间构出新的帧/场，进行不同视频标准刷新率（50Hz/60Hz/75Hz/100Hz 等）之间的相互转换，之后送入总线控制及画中画选择电路。

分量信号 YPbPr（包括数字模块通过软件控制后送来的分量信号）进入主芯片 U34 后，

进行切换、A/D 转换，分离出高清晰度的数字信号和行场同步信号；高清晰度的数字信号经 SCRAT 电路处理后送入总线控制及画中画选择电路。

HDMI 输入数字音视频信号，经 HDMI 接收器后将数字音视频信号分离，分离出的数字视频信号再与 VGA 的 RGB 基色信号/USB 接口输入的数字信号/游戏接口输入的数据信号经过 DV 电路处理后送入总线控制及画中画选择电路。

经总线控制及画中画选择电路切换后的基色信号经视频处理（Video Processor）后，再经图像实时缩放、3D 色度空间转换、3D 滤波器、屏显菜单形成电路、伽马校正等电路处理，最终形成液晶屏正常显示的 5 组/8 位 LVDS 低压差分信号或 10 组/双 8 位 LVDS 低压差分信号（包含 RGB 基色信号、行场同步信号、时钟信号和使能信号），经主芯片 U34 内部电路处理后形成的 LVDS 信号从⑩③～⑩⑥脚、⑩⑧～⑪③脚送入上屏插座 CON24⑥、⑦、⑨、⑩、⑫、⑬、⑮、⑯、⑱、⑲脚，再经上屏线送入屏驱动电路，电路如图 6-2-10 所示。

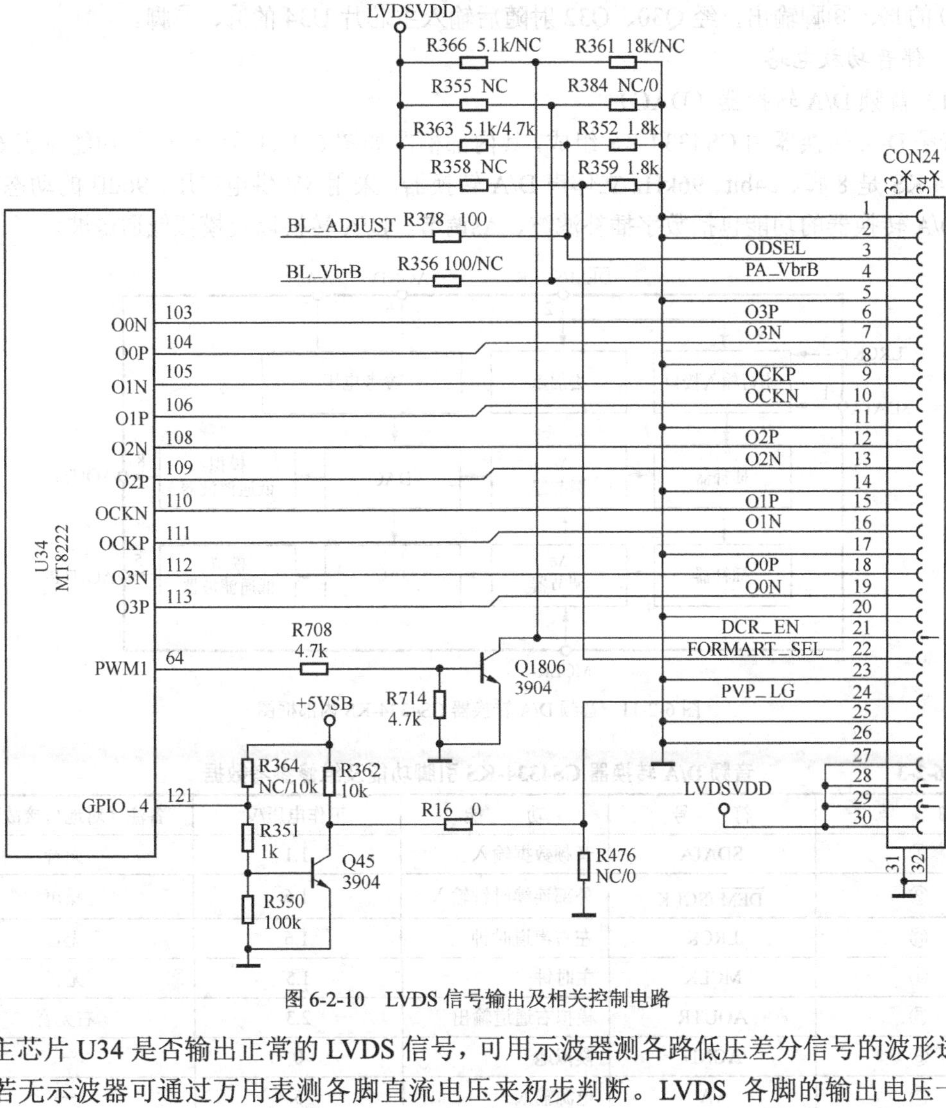

图 6-2-10　LVDS 信号输出及相关控制电路

主芯片 U34 是否输出正常的 LVDS 信号，可用示波器测各路低压差分信号的波形进行确认，若无示波器可通过万用表测各脚直流电压来初步判断。LVDS 各脚的输出电压一般在 1.0～1.5V。

三、伴音电路分析与检修

1. 伴音输入电路

AV1 输入的音频信号经低通滤波电路后耦合至 U29 的⑫、①脚，AV2 输入的音频信号经低通滤波电路后耦合至U29 的⑭、⑤脚，UDTV 输入的音频信号经低通滤波电路后耦合至U29 的⑪、④脚，YPbPr1 输入的音频信号经低通滤波电路后耦合至 U29 的⑮、②脚。上述几路音频信号在 U29 的⑩、⑨脚电平控制下进行状态切换，U29 的⑩、⑨脚控制信号由 U34 的⑲、㊱脚输出高低电平控制。切换后的信号由 U29 的⑬、③脚输出，经 Q29、Q31 射随后输入 U30 的⑫、①脚。

TV 输入的音频信号经低通滤波电路后耦合至 U30 的⑮、②脚，VGA 输入的音频信号经低通滤波电路后耦合至 U30 的⑭、⑤脚。上述两路音频信号在 U30 的⑩、⑨脚电平控制下进行状态切换，U30 的⑩、⑨脚控制信号由 U34 的㉓、㊾脚输出高低电平控制。切换后的信号由 U30 的⑬、③脚输出，经 Q30、Q32 射随后输入主芯片 U34 的㉞、㉟脚。

2. 伴音功放电路

（1）音频 D/A 转换器（DAC）

音频 D/A 转换器由 CS4334-KS 组成，其内部框图如图 6-2-11 所示，引脚功能见表 6-2-3。CS4334-KS 是 8 脚、24bit、96kHz 立体声 D/A 转换器，采用 5V 供电电压，96dB 的动态等级。音频 D/A 转换器的功能包括数字插补滤波、Δε调节、D/A 转换以及模拟低通滤波。

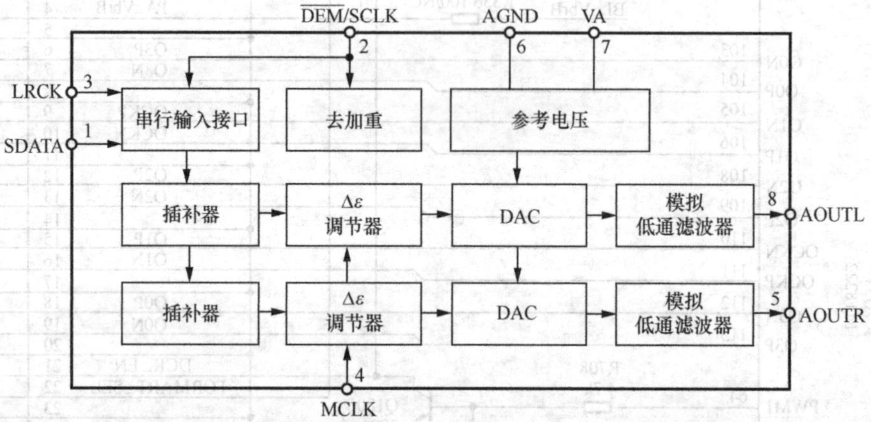

图 6-2-11　音频 D/A 转换器 CS4334-KS 内部框图

表 6-2-3　**音频 D/A 转换器 CS4334-KS 引脚功能及维修参考数据**

脚　号	符　号	功　能	工作电压/V	备注（对地短接故障）
①	SDATA	音频数据输入	1.1	无音
②	$\overline{\text{DEM}}$ /SCLK	外部连续时钟输入	1.6	噪声
③	LRCK	左右声道时钟	1.6	无音
④	MCLK	主时钟	1.5	无音
⑤	AOUTR	模拟右通道输出	2.3	右无音
⑥	AGND	模拟地	0	—
⑦	VA	电源输入	5	—
⑧	AOUTL	模拟左通道输出	2.3	左无音

（2）数字伴音功放

数字伴音功放由 R2A15112FP 及相关电路组成，R2A15112FP 内部框图如图 6-2-12 所示，引脚功能见表 6-2-4。数字伴音功放 R2A15112FP 是数字 D 类音频功率放大器，供电电压范围为 11～24V，其最大增益可达 31dB，具有两个独立的伴音通道，输出功率可达 10W（24V 供电、8Ω负载条件下），具有过热、过流、低压保护功能。

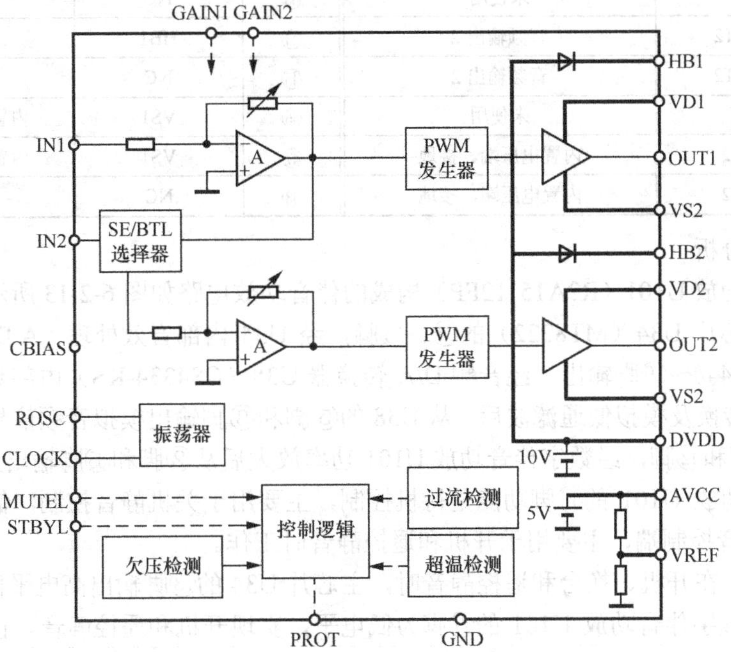

图 6-2-12　数字伴音功放 R2A15112FP 内部框图

表 6-2-4　　**数字伴音功放 R2A15112FP 引脚功能**

脚号	符　号	功　能	脚号	符　号	功　能
①	OUT1	音频输出 1	⑯	GND	接地
②	OUT1	音频输出 1	⑰	NC	未使用
③	NC	未使用	⑱	NC	未使用
④	VD1	供电电压	⑲	NC	未使用
⑤	VD1	供电电压	⑳	NC	未使用
⑥	NC	未使用	㉑	NC	未使用
⑦	NC	未使用	㉒	CLOCK	时钟（未使用）
⑧	NC	未使用	㉓	VREF	内部参考电压
⑨	NC	未使用	㉔	PROT	开关机“噗噗”声抑制
⑩	STBYL	待机控制端	㉕	IN2	音频输入 2
⑪	GAIN1	增益控制端	㉖	GAIN2	增益控制端
⑫	IN1	音频输入 1	㉗	MUTEL	静音控制端
⑬	CBIAS	调整振荡频率	㉘	NC	未使用
⑭	ROSC	调整振荡频率	㉙	NC	未使用
⑮	AVCC	模拟内置电压端	㉚	NC	未使用

续表

脚号	符　号	功　能	脚号	符　号	功　能
㉛	NC	未使用	㊵	NC	未使用
㉜	VD2	供电电压	㊶	HB2	输出反馈端
㉝	VD2	供电电压	㊷	DVDD	数字内置电压端
㉞	NC	未使用	㊸	NC	未使用
㉟	OUT2	音频输出 2	㊹	HB1	输出反馈端
㊱	OUT2	音频输出 2	㊺	NC	未使用
㊲	NC	未使用	㊻	VS1	内置电压端，接地
㊳	VS2	内置电压端，接地	㊼	VS1	内置电压端，接地
㊴	VS2	内置电压端，接地	㊽	NC	未使用

（3）电路分析

数字伴音功放 U101（R2A15112FP）构成的伴音功放电路如图 6-2-13 所示。切换后的音频信号输入主芯片 U34（MT8222）的㉞、㉟脚，经 U34 内部音效处理、A/D 转换后的数字音频信号从 U34㊼～㊿脚输出，经音频 D/A 转换器 U38（CS4334-KS）内部数字插补滤波、Δε调节、D/A 转换及模拟低通滤波后，从 U38 的⑤脚和⑧脚输出模拟音频信号到数字伴音功放 U101 的㉕脚和⑫脚，经数字伴音功放 U101 功率放大后从②脚和㉟脚输出至扬声器。

数字伴音功放 U101 的⑩脚功能是待机控制，主要用于关机静音控制，低电平时静音。U101㉗脚为静音控制端，主要用于开机和遥控静音时工作。

开机静音：在开机、换台和遥控静音时，主芯片 U34 的㊸脚输出高电平信号给 Q1802，Q1802 导通，数字伴音功放 U101 的㉗脚为低电平，实现开机和遥控静音。正常工作时，主芯片 U34 的㊸脚输出低电平信号给 Q1802，Q1802 截止，数字伴音功放 U101 的㉗脚为高电平，数字伴音功放 U101 输出正常的音频信号。

关机静音：正常工作时，Q16 因基极、发射极正偏截止；关机时，D71 因反偏截止，使 Q16 的基极电压瞬间消失，CA97 上的电压通过 Q16 放电，Q16 导通，输出高电平信号到 Q1804 的基极，使 Q1804 导通，输出低电平信号至数字伴音功放 U101 的⑦脚和㉗脚，实现关机静音。

四、微处理器控制电路

微处理器（CPU）控制电路由主芯片 U34（MT8222）、Flash 存储器 U19（M25P64）及用户存储器 U14（24C32）等组成。主芯片 U34 接通待机电压的瞬间，㉕、㉖脚外接的晶体 Y1 为内部的 CPU 提供时钟脉冲，同时㊽脚外接的 Q1 形成的复位电压将程序进行一次清零复位，使之回到起始状态，复位成功后 CPU 通过串行总线将 U19 程序打开；通过 U34㊳、㊴脚的时钟线和数据线读出用户存储器 U14 上次关机前的状态和数据后处于待机状态，等待二次开机命令。

1. 开/待机控制

开/待机控制电路如图 6-2-14 所示。本机的开/待机控制与不带待机电源板的控制方式有些区别。待机电源板分别接收 3 路控制信号：第一路为遥控接收板发出的遥控信号；第二路为按键板发出的键控信号；第三路为主板发出的开关控制信号。

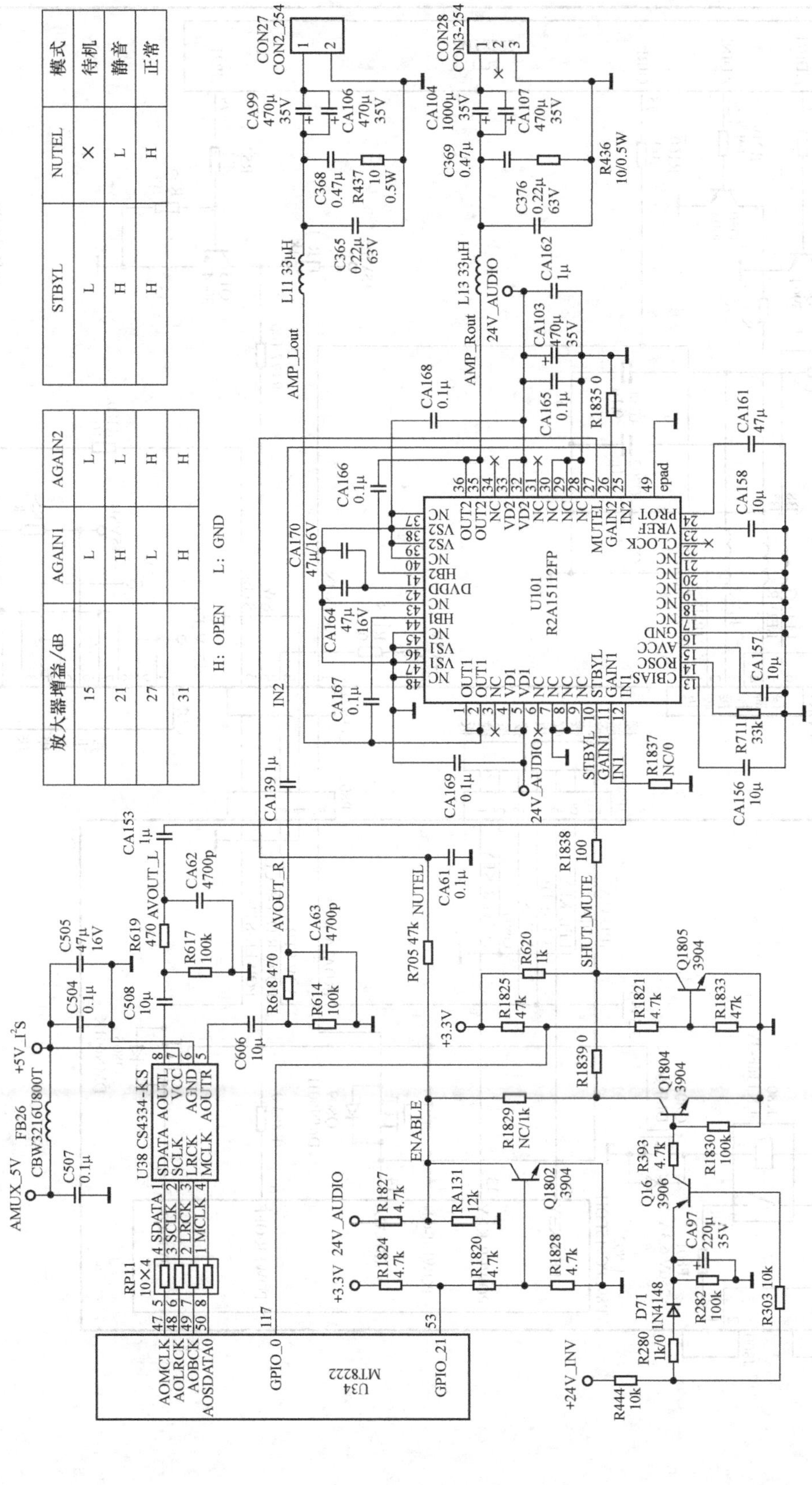

放大器增益/dB	AGAIN1	AGAIN2
15	L	L
21	H	L
27	L	H
31	H	H

H：OPEN　L：GND

模式	STBYL	NUTEL
待机	L	×
静音	H	L
正常	H	H

图 6-2-13　数字伴音功放 U101（R2A15112FP）构成的伴音功放电路

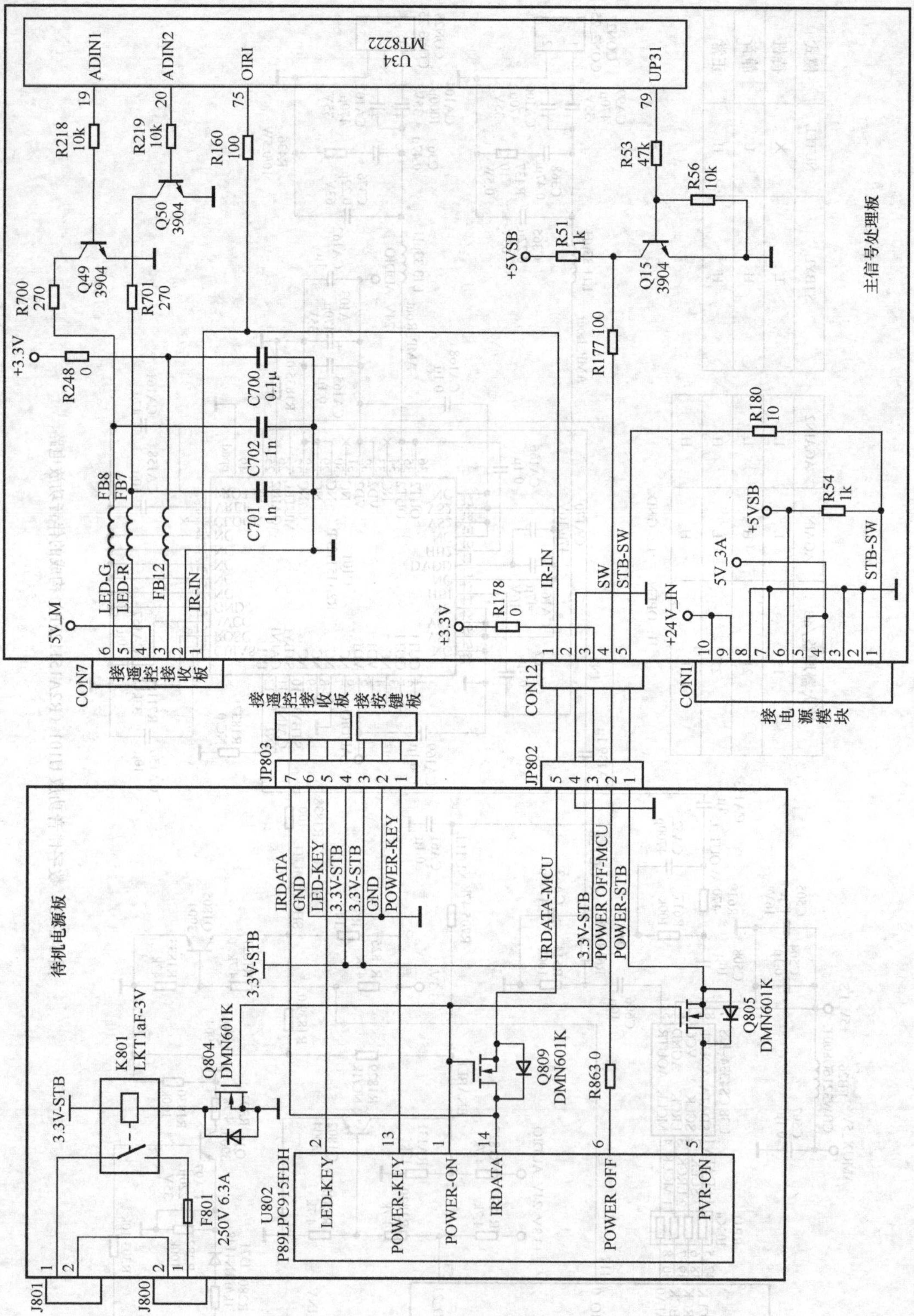

图 6-2-14 开/待机控制电路

待机状态：主电源板没有 220V 交流输入，主电源板没有工作，无工作电压输出。从待机电源板 JP803 插座输出 3.3V 电压给键控和遥控接收板供电，从 JP802 插座输出 3.3V 电压给主板相关电路供电。

开机状态：用户使用遥控器（或键控）发出二次开机指令后，遥控接收板发出的遥控信号一路通过待机电源板 JP803 插座送入待机电源板 CPU（U802）的⑭脚，待机电源板 CPU 接收到指令后，从①脚发出开机指令，继电器 K801 吸合，220V 交流电通过 J801 输入到电源模块产生 5VSB 电压；同时，待机电源板发出的开机指令经插座 JP802 的①脚和主板插座 CON12 的⑤脚、电阻 R180 后加到插座 CON1 的①脚，电源模块各路供电开启，整机进入正常工作状态。5VSB 经 R54 后加在 CON1 的①脚，维持电源模块持续工作。

另一路遥控信号或键控信号通过插座 CON7 和 CON8 送入主板上主芯片 U34 的⑮脚和⑳、㉑脚，控制液晶电视的相关功能。

关机状态：从主芯片 U34 的⑲脚输出开关控制信号（开机时为低电平），三极管 Q15 截止，待机电源板 CPU 的⑥脚接收到高电平信号，待机电源板 CPU 的①脚持续输出开机指令。遥控接收板接收到用户使用遥控器发出的关机指令后，从主芯片 U34 的⑲脚输出开关控制信号（关机时为高电平），三极管 Q15 导通，待机电源板 CPU 的⑥脚接收到低电平信号，待机电源板 CPU 的①脚输出关机指令，继电器断开，电源模块关闭，整机进入待机状态。

2. 液晶屏驱动电路供电

液晶屏上屏供电控制电路由 U34 的⑫脚、Q45、Q41、U31 等元器件组成，电路如图 6-2-15 所示。当电视开启时，从 U34 的⑫脚输出 4.8V 高电平，Q45 饱和、Q41 截止，U31⑤～⑧脚无输出，液晶屏驱动电路因无工作电压而停止工作。电视由待机转为开机时，U34⑫脚输出 0V 低电平，Q45 截止，Q41、U31 同时饱和，向液晶屏驱动电路提供工作电压。

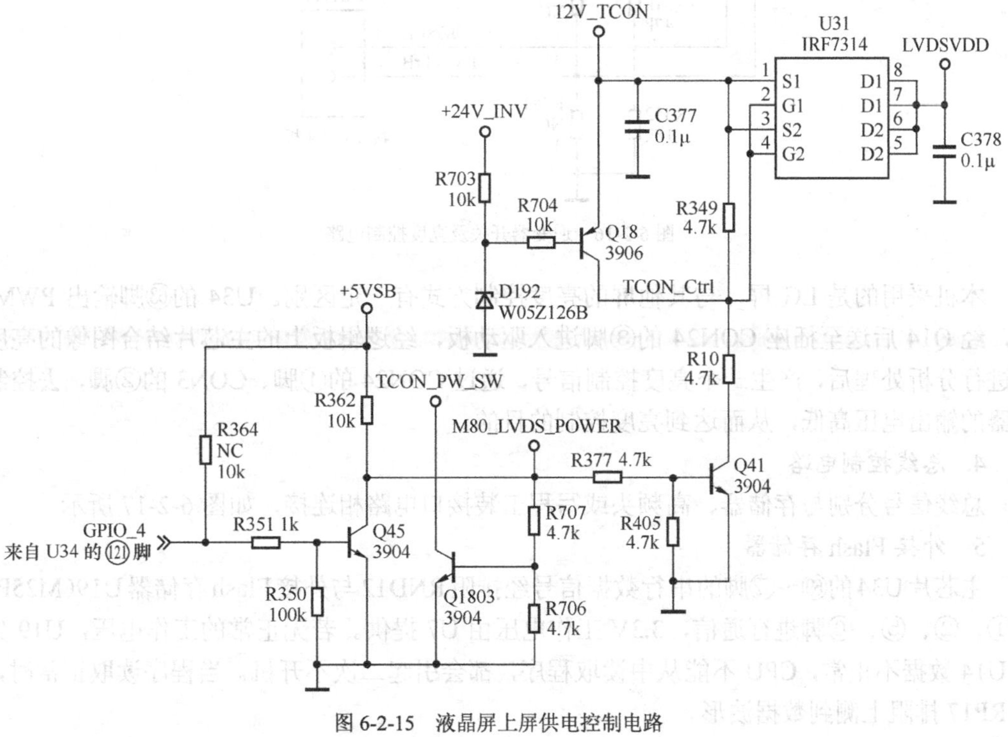

图 6-2-15　液晶屏上屏供电控制电路

Q18 用于对 24V 供电的 12V 上屏供电的检测，24V 电压低和 12V 电压高都会导致 Q18 导通，Q18 导通后使 U31 的②、④脚电压上升，U31 截止，LVDSVDD 无输出。

3. 逆变器开关及亮度控制

逆变器开关控制电路由 U34 的⑧①脚内外部电路构成，电路如图 6-2-16 所示。当电视开启时，U34 的⑧①脚输出低电平信号，Q3 截止，其集电极输出高电平信号，高电平信号从 CON3 ④脚送到逆变器组件，逆变器组件被开启，背光灯被点亮；反之，当电视关闭时，U34 的⑧①脚输出高电平，Q3 饱和，左右逆变器组件关闭，背光灯熄灭。

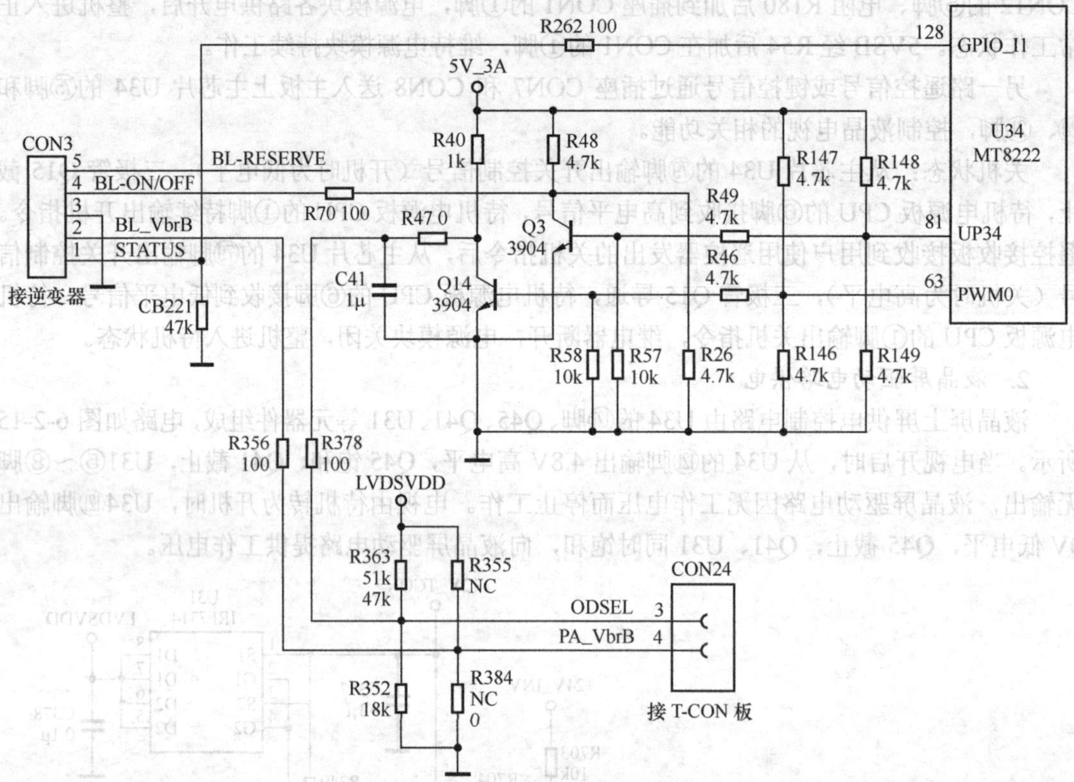

图 6-2-16 逆变器开关及亮度控制电路

本机采用的是 LG 屏，与其他屏的亮度控制方式有一定区别。U34 的⑥③脚输出 PWM 信号，经 Q14 后送至插座 CON24 的③脚进入驱动板，经逻辑板上的主芯片结合图像的亮度情况进行分析处理后，产生一个亮度控制信号，通过 CON24 的④脚、CON3 的②脚，去控制逆变器的输出电压高低，从而达到亮度控制的目的。

4. 总线控制电路

总线信号分别与存储器、高频头或写程工装接口电路相连接，如图 6-2-17 所示。

5. 外接 Flash 存储器

主芯片 U34 的⑥⑨～⑦②脚的串行数据信号经排阻 RND12 与外接 Flash 存储器 U19（M25P64）的①、②、⑤、⑥脚进行通信，3.3V 工作电压由 U7 提供。若无正常的工作电压，U19 失效及 U14 数据不正常，CPU 不能从中读取程序，都会引起二次不开机。当程序读取正常时，可在 RP17 排阻上测到数据波形。

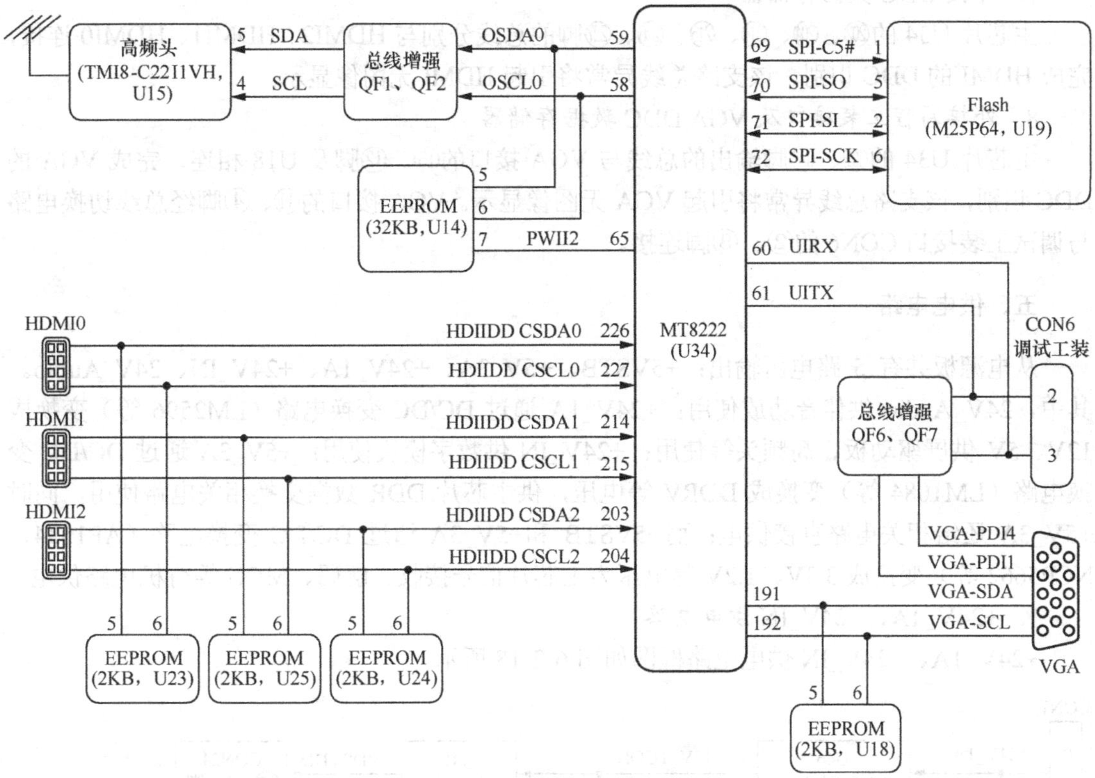

图 6-2-17　总线控制电路

Flash 存储器的引脚功能及维修参考数据见表 6-2-5。

表 6-2-5　Flash 存储器引脚功能及维修参考数据

脚　号	符　号	功　能	待机电压/V
①	CE#	片选控制（低电平有效）	0.29
②	SO	串行数据输出	1.93
③	WP#	硬件写保护（高电平有效）	1.32
④	GND	地	0
⑤	SI	串行数据输入	0.2
⑥	SCK	串行数据时钟输入	0.72
⑦	HOLD#	低电平暂时停止与 MCU 之间的通信	3.3
⑧	VCC	3.3V 供电	3.3

6. 外接高频头、用户存储器、HDCP KEY 存储器

主芯片 U34 的㊽、㊾脚输出的时钟线、数据线信号经电阻与 U14（用户数据存储器）连接，用于对用户信息的存储和读取。若 CPU 不能正常读取用户存储器 U14 的信息或该支路总线短路都将引起二次不开机，指示灯呈黄色。

主芯片 U34 的㊽、㊾脚经 QF1、QF2 组成的总线切换电路完成 CPU 对高频头的控制。高频头没有该总线的控制将出现 TV 无图，若该路总线短路将引起不开机。

7．外接 DDC 数据存储器

主芯片 U34 的㉓、㉔、㉔、㉕、㉖、㉗脚的总线分别与 HDMI2、HDMI1、HDMI0 连接，完成 HDMI 的 DDC 识别。该支路总线异常将引起 HDMI 无图像显示。

8．外接写程工装接口及 VGA DDC 数据存储器

主芯片 U34 的⑲、⑲脚输出的总线与 VGA 接口的⑮、⑫脚及 U18 相连，完成 VGA 的 DDC 识别，该支路总线异常将引起 VGA 无图像显示。VGA 接口的⑪、④脚经总线切换电路与调试工装接口 CON6 的②、③脚连接。

五、供电电路

从电源板共有 5 路电压输出：+5VSTB、+5V_3A、+24V_1A、+24V_IN、24V_Audio。其中，24V_Audio 供伴音功放使用；+24V_1A 通过 DC/DC 变换电路（LM2596 等）变换成 12V、5V 供屏驱动板、高频头等使用；+24V_IN 供数字模块使用；+5V_3A 通过 DC/DC 变换电路（LM1084 等）变换成 DDRV 等电压，供主芯片 DDR 数据交换相关电路使用，同时+5V_3A 还给相关电路直接供电；而+5VSTB 和+5V_3A 通过 DC/DC 变换电路（AP1534、NCP5662 等）变换成 3.3V、1.2V 等电压为主芯片信号接收、解码、MCU 等待机电路供电。

1．+24V_1A、+24V_IN 供电电路

+24V_1A、+24V_IN 供电电路框图如图 6-2-18 所示。

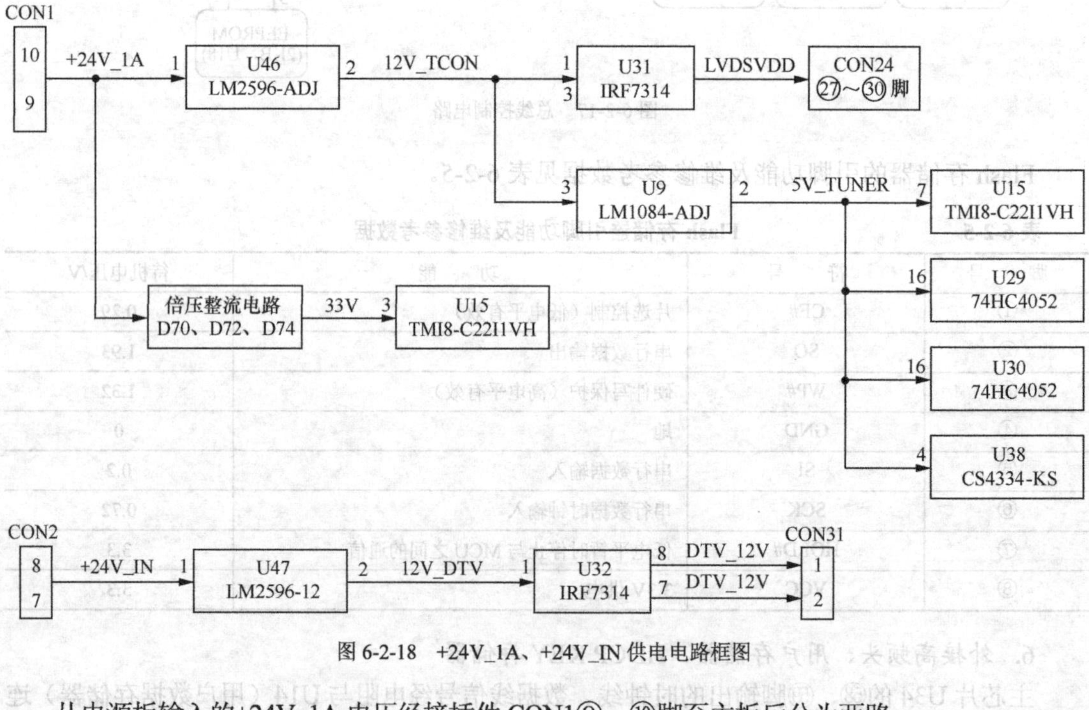

图 6-2-18 +24V_1A、+24V_IN 供电电路框图

从电源板输入的+24V_1A 电压经接插件 CON1⑨、⑩脚至主板后分为两路。

第一路经稳压器 U46 降压成 12V_TCON 后分为两路：一路送至上屏电压开关控制电路 U31①、③脚，在控制信号控制下产生 LVDSVDD 电压，从 CON24 的㉗～㉚脚输出上屏电压至屏上驱动板；另一路经 U9 降压为 5V_TUNER，分别为高频头 U15、音频切换模块 U29/U30 和监视器输出电路供电。

第二路经倍压整流电路 D70、D72、D74 产生 33V 电压，为高频头 U15③脚提供调谐电压。

从电源板输入的+24V_IN 电压经接插件 CON2⑦、⑧脚至主板后，经稳压器 U47 降压成 12V_DTV 电压，送至数字模块开关控制电路 U32①脚，在控制信号控制下产生 DTV_12V 电压，从 CON31 的①、②脚输出工作电压到数字模块。

2. +5V_3A 单独供电电路

+5V_3A 单独供电电路如图 6-2-19 所示。

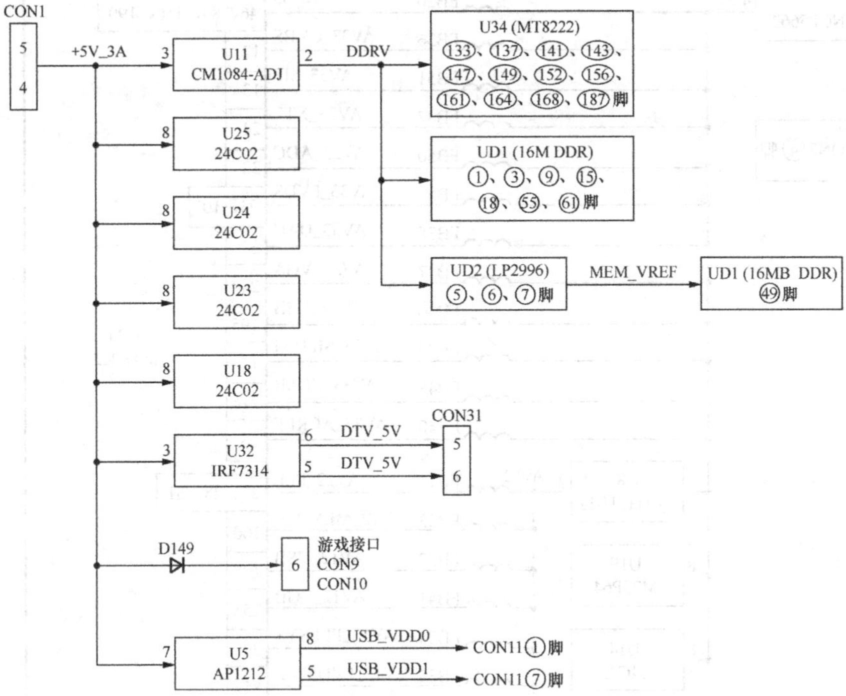

图 6-2-19　+5V_3A 单独供电电路

+5V_3A 主要为主芯片外围相关电路提供工作电压，从插座 CON1④、⑤脚输入后分下述几路。

第一路经稳压器 U11 稳压成 DDRV 电压，为帧存储器 UD1①、③、⑨、⑮、⑱、55、61脚，主芯片 U34 的133、137、141、143、147、149、152、156、161、164、168、187脚，UD2（LP2996）的⑤、⑥、⑦脚提供工作电压。该电压主要为动态存储相关电路供电，该支路任一组电压不正常都将引起图花现象。

第二路送至数字模块开关控制电路 U32③脚，在控制信号控制下产生 DTV_5V 电压，从 CON31 的⑤、⑥脚输出工作电压到数字模块。

第三路经稳压器 U5 稳压成 5V_USB1 和 5V_USB2 电压，主要为 USB 接口供电。

第四路经二极管 D149 控制后为游戏接口供电。

第五路为 HDMI 和 VGA 接口的 DDC 存储器（U18、U23、U24、U25）提供工作电压。

3. +5VSTB、+5V_3A 共同供电电路

从插座 CON1④、⑤脚输入的+5V_3A 电压经二极管 D134 后和从插座 CON1⑥脚输入的+5VSTB 经电阻 R120 限压后的电压 5V_M 共同为主芯片及相关电路提供工作电压。5V_M 电

压经 U3、U7、U8 稳压后产生的电压为主芯片 U34 内部视频处理单元、音频处理单元、锁相环单元、A/D 转换单元、LVDS 信号处理单元、D/A 转换单元、VGA 单元、USB 单元、HDMI 单元等单元电路供电。+5VSTB、+5V_3A 共同供电电路框图如图 6-2-20 所示。

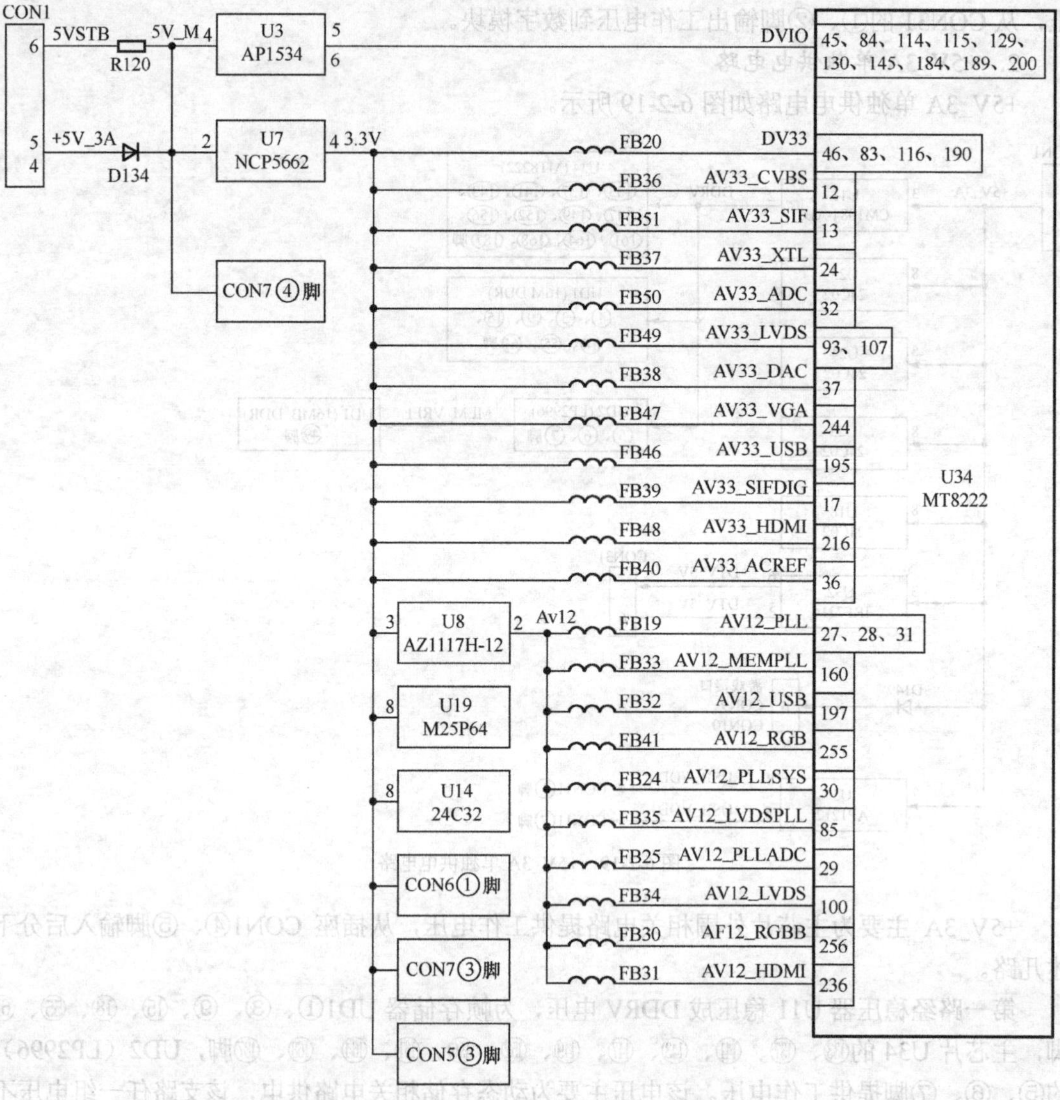

图 6-2-20　+5VSTB、+5V_3A 共同供电电路框图

第 3 节　常见故障检修流程及维修实例

一、典型故障分析流程

1. 正常通电开机无图（包含无开机画面、无背光）

检查维修流程如图 6-3-1 所示。

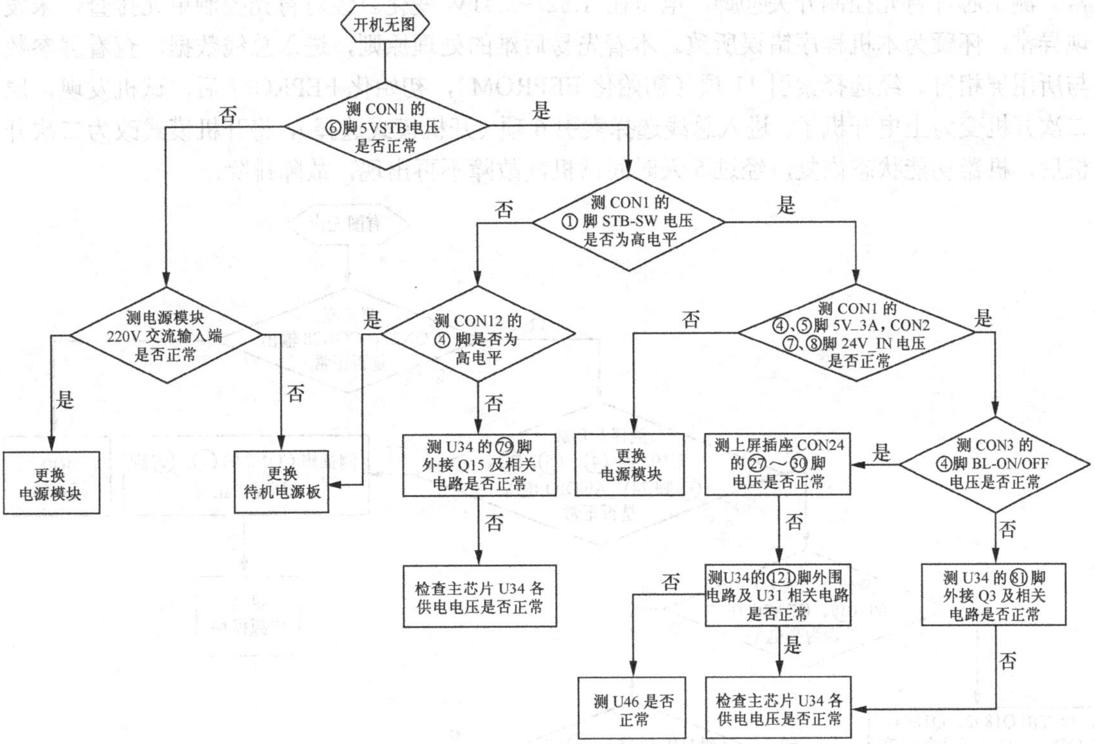

图 6-3-1　正常通电开机无图（包含无开机画面、无背光）检查维修流程

2. 正常通电开机有图像，无声音

检查维修流程如图 6-3-2 所示。

二、典型故障检修实例

例 1　机型：LT32810U

故障现象：不开机。

分析与检修：通电后指示灯亮，二次开机后背光灯亮一下后马上熄灭，指示灯不停闪烁，背光灯有规律地一闪一灭，整机无法二次开机。由于有二次开机动作，表明主芯片 U34（MT8222）的控制基本正常，检测主芯片 U34 的㉗、㉘、㉙、㉚、㉛、(100)、(256)、(197)、(236)、(255)、(160)脚的 1.2V 供电，(160)脚电压只有 1V（正常应为 1.2V），供电电压偏低，引起不开机。检测主芯片 U34 的(160)脚的印制板过孔发现有阻值，直接飞线后排除故障。

例 2　机型：LT32720U

故障现象：USB 无图。

分析与检修：TV/AV 图像、声音都正常，播放 USB 无法识别到 U 盘。重点检查 U 盘的输入通道和供电，检测 U5（AP1212）的输入⑦脚 5V 电压正常，⑧脚电压只有 4.6V，偏低，引起 USB 供电电流不足，更换 U5 后排除故障。

例 3　机型：LT32810U

故障现象：有时图闪。

分析与检修：故障出现后，测逆变器供电 24V 电压正常，说明电源板控制开关 STB 正常。测主芯片背光控制开关㉛脚，电压在 1.82～3.41V 变化。经对背光控制单元排查，未发现异常，怀疑为本机程序错误所致。本着先易后难的处理原则，进入总线数据，查看屏参数与所用屏相符。经选择索引 11 项（初始化 EEPROM），初始化 EEPROM 后，试机发现，原二次开机变为上电开机了。进入总线选择索引 6 项（开机模式选择），将开机模式改为二次开机后，机器功能状态恢复，经过 5 天时间试机，故障不再出现，故障排除。

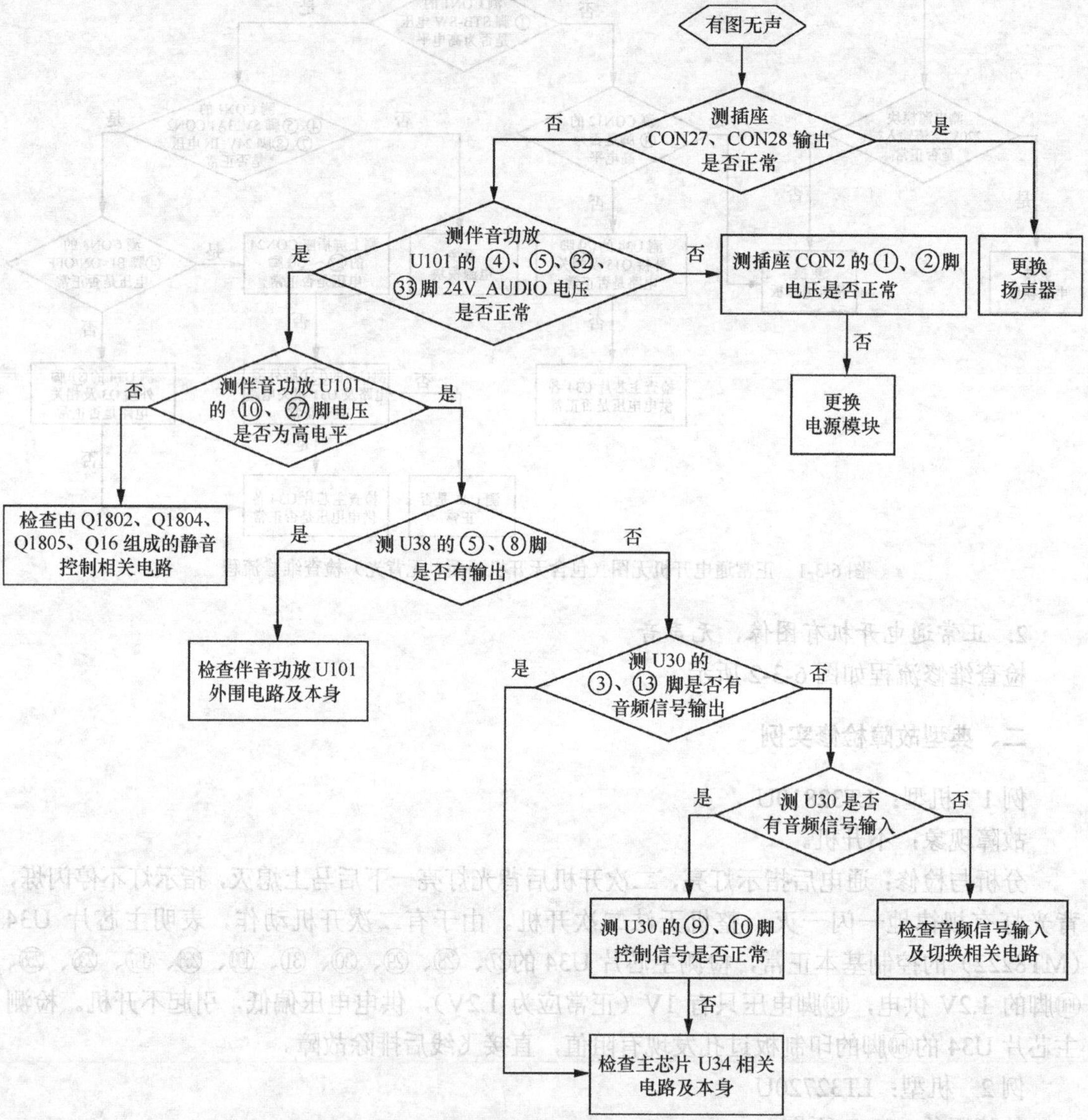

图 6-3-2　正常通电开机有图无声检查维修流程

例 4　机型：LT37810U

故障现象：无图。

分析与检修：通电开机后，背光灯亮、屏幕无字符。背光灯亮说明逆变器工作正常，出现该现象说明主板或者上屏驱动板工作不正常。首先检测上屏电压为 0V（正常应为 12V），测 U46（LM2596-12）的②脚为 12V 正常，U31（IRF7314）的①、③脚均为 12V，⑤～⑧脚电压为 0V，说明故障出在上屏电压控制信号相关电路。检查 U31 的②、④脚外围电路发现 Q18 工作异常，代换后通电试机，故障排除。

例 5　机型：LT37810U

故障现象：开机图像正常，5～10min 后无伴音。

分析与检修：开机 5min 内，接入 AV 信号试机，图像声音正常，5～10min 出现无伴音，说明问题出在伴音的公共电路。

开机测量伴音功放 U101（R2A15112FP）的 24V 供电正常，静音控制⑩脚电压为 3.8V，㉗脚电压为 0.5V，说明伴音功放 U101 的㉗脚静音控制电路已经起控，怀疑是伴音消失的根源。检测伴音功放 U101㉗脚静音控制电路的 Q1802 的基极为 0V，集电极为 4.7V，工作正常，说明静音控制不是主芯片控制所致。Q1802 的集电极电压经过 R705（47kΩ）接伴音功放 U101 的㉗脚只有 0.5V，经检测 R705（47kΩ）和 CA61（0.1μF）正常，怀疑伴音功放 U101 的㉗脚可能短路或者伴音功放 U101 的内部保护所致。

用万用表检测伴音功放 U101 的㉗脚阻值正常（正向 25kΩ，反向 150kΩ）。伴音功放 U101 比其他伴音功放多了一路保护状态自动复位时间控制功能，若复位不正常，将造成无伴音现象。伴音功放 U101 的㉔脚为自动复位时间控制功能端，经代换伴音功放 U101 的㉔脚外围电容 C161（4.7μF）后，声音正常，伴音功放 U101 的㉗脚电压恢复 3.8V。

例 6　机型：LT26810

故障现象：有图无伴音。

分析与检修：根据故障现象分析，故障出在伴音部分。通电试机，发现不插信号时蓝背景正常，伴音处于无信号静音状态，插上闭路线后图像正常、无伴音，且扬声器中有“吱吱啦啦”的声音，将音量关至最小依然有噪声。为区别是功放电路故障，还是前级电路故障，将音频 D/A 转换器 U38（CS4334）的⑤、⑧脚输出的音频信号耦合电容 C606、C608 断开，再开机有图已无噪声，从 DVD 输出一组音频信号至 C606、C608 的输入端，声音正常，说明故障出在 U38 及主芯片 U34（MT8222）相关电路。查 U38 的⑦脚 5V 供电正常，输入端的 I^2S 数字音频信号正常，怀疑 U38 不良，更换后故障排除。

例 7　机型：LT32810U

故障现象：无伴音。

分析与检修：开机后图像正常，所有信号源输入通道都没有声音，怀疑故障出在伴音功放电路及静音控制电路以及总线和主芯片 U34（MT8222）。采用信号干扰法测试伴音功放 U101（R2A15112FP）的⑫、㉕脚输入端 CA153、CA139 电容，扬声器里面有杂音，表明功放电路正常。检测 U38（CS4334）组成的音频 D/A 转换电路，①脚没有电压输入（正常应该为 0.97V），⑦脚 5V 供电正常，检查①脚外围发现 RP11 与主芯片 U34 的㊿脚之间过孔不通，穿孔后排除故障。

小结：LM24 机芯主芯片输出的音频信号有两路，一路是从主芯片 U34 的㊼、㊽、㊾、㊿脚输出的 I^2S 的数字音频信号，经 U38 转换成模拟音频信号送到伴音功放 U101 的⑫、㉕脚；另一路从主芯片 U34 的㊸、㊹脚输出的模拟音频信号，经 CEB36、R2016、R173，CEB60、R2017、R174 送到 U101 的⑫、㉕脚（实际这部分电路没有使用）。在判定是数字音频切换电路故障还是功放电路故障时，可以将 CEB36、R2016、R173，CEB60、R2017、R174 这几个元件装上，如果伴音正常，可以确定是数字音频切换电路引起的故障。

例 8 机型：LT42720F

故障现象：有时能开机，有时又不开机；有时看一会儿就自动关机。

分析与检修：在问题出现时，测量给主芯片 U34 提供 1.1V 供电的集成块 U3，输出电压已从正常的 1.07V 下降到 0.4V，有时又是 0.8V，说明是主芯片的这路供电出现了问题。将 U3 与主芯片间的 1.1V 供电印制线断开，开机测 U3 的输出电压，发现这个电压不稳定，说明与主芯片没关系，问题应该在 U3 及其附属的元器件上。依次检查代换 U3 及其各个脚外接元件，发现 DC/DC 变换集成块 U3（AP1534）的②脚外接电容 CB442 上的电压不稳定，有时为 1.03V，有时为 1.2V，怀疑其变质。更换一个新的电容，再开机测 U3 的②脚上电压变成了正常工作时的 3.3V，⑤、⑥脚输出的 1.1V 电压也恢复稳定，说明电容 CB442 已经变质了，将先前断开的印制线和电路恢复，再次长时间多次通电试验，主板恢复正常工作，故障排除。

例 9 机型：ITV42739E

故障现象：指示灯亮，二次开机指示灯闪一下但不开机。

分析与检修：指示灯亮，说明 5VSTB 电压正常，按遥控器开机键，开不了机。首先检测主芯片的几路供电均正常，再检测主芯片的晶振复位总线基本正常，该机器采用 BGA 封装的动态帧存储器。LM24 机芯在二次开机指令后，主芯片会和动态帧存储器 UD2 之间有一个数据存取的过程，主芯片会利用动态帧存储器 UD2 进行一部分程序的暂存，如果在二者之间数据不能够正常地存取，就会造成开机程序无法运行而造成二次开不了机。

于是检查 BGA 与主芯片之间的过孔，发现主芯片 MT8222 的⑮⓪脚与动态帧存储器相连接的印制线上同一面（元件面）的两个过孔不通，电阻为无穷大，而正常应该为 0Ω，于是用细导线将过孔贯穿焊好。再依次检查其他的印制线上的过孔。检查完后，确认所有过孔都已经接通良好，再通电二次开机，电视图像伴音恢复正常。

例 10 机型 LT32810U

故障现象：无伴音。

分析与检修：伴音经 U34 输出数字信号，经 U38 后转为模拟信号，再经功放 U101 放大后输出到扬声器，用示波器测量有数字信号输出，经 U38 后就无波形输出，检查测量 U38 发现无 24V 供电，经检查发现 R1832 变质，更换后声音正常。

例 11 机型：LT32810DU

故障现象：不开机。

分析与检修：当整机一次通电后指示灯亮，二次遥控开机指示灯无反应，以为遥控不接收，按按键指示灯同样不闪烁，测量遥控接收头有电压变化，测插座 CON1 等供电插座 24V、12V、5V 都正常，说明复位电路不正常导致主芯片未工作。复位电路由 CE37、R21、Q1、R20 组成，当通电瞬间 3.3V 电压加在 CE37 上，由于该电容电压不能突变，在通电的瞬间此电容可以视作短路，于是 3.3V 电压直接通过 R21 加在 Q1 的基极上，于是 Q1 饱和导通，Q1 的集电极此时为低电平，随着 CE37 电压的上升，Q1 基极电压下降，Q1 截止，而 3.3V 电压通过 R20 加在 Q1 的集电极，高电平有效，从而完成整个复位。检查此电路发现 CE37 开路，更换后故障排除。

例 12 机型：LT52720F

故障现象：指示灯亮，二次不开机。

分析与检修：通电指示灯亮，用遥控和按键开机指示灯没任何反应。二次不开机说明 CPU

工作不正常（CPU 工作条件包括：供电正常，晶振正常，总线正常，键控和遥控正常，CPU 和 Flash 之间的数据交换正常）。先测 CPU 的供电，U7 形成的 3.3V 正常，U8 形成的 1.2V 正常，U3 形成的 1.10V 也正常，测晶振也有电压差（在没有示波器的条件下，可以测量晶振两个脚的电压差，在 0.2V 以上就可以认为正常），再测存储器的总线电压正常，在测 Flash 的电压时各个脚都没有电压，测量⑦、⑧脚无供电，往上查发现 R166 下的供电过孔不通，从正面连通供电后，开机故障排除。

第7章　背光板电路分析与检修

从前面的章节了解到，液晶屏是被动显示器件，它自身不能发光，只能调制光，这一点与另一种平板显示器件PDP（主动发光器件）的显像原理截然不同。要使液晶屏上显示出图像，必须为液晶屏提供背光源。

目前，液晶屏常用的背光源有CCFL、EEFL、LED，在液晶电视中应用最多的是CCFL、EEFL背光源。LED背光源是近两年发展起来的一种新型背光源，具有节能、亮度均匀等优点，是替代CCFL、EEFL背光源的理想光源。

本章主要对前期投放市场较多的驱动CCFL、EEFL背光源的背光板进行详细分析；由于LED背光源的液晶电视在市面上较少，对驱动LED背光源的背光板则进行简要介绍。

第1节　背光板概述

一、背光板的种类

背光板按液晶电视使用的背光源种类可分为逆变器和LED驱动板。逆变器或inverter板的作用是将开关电源输出的低压直流电（12V或24V）转换为CCFL或EEFL所需的800～1 500V的交流电压，以驱动背光灯管工作，为液晶电视提供背光源。LED驱动板的作用是将开关电源输出的低压直流电（12V或24V）转换为LED灯所需要的50～70V直流电压，以驱动LED灯工作，为液晶电视提供背光源。

背光板按液晶电视的结构可分为独立型的逆变器和IP型的电源组件。IP型的电源组件就是将逆变器上的相关电路整合到电源板上，直接采用PFC部分产生的400V电压作为逆变器的输入电压，通过DC/AC升压变换为液晶面板所需的1 000V以上的电压，驱动液晶面板的CCFL背光灯或EEFL背光灯发光。二合一（电源+逆变）电源可以降低电源功耗，维修的故障判定更为简单。

1. 独立型逆变器的结构

液晶屏上自带的逆变器有两种结构。一种是逆变器上有很多的驱动变压器（与灯管数量相同），一个灯管由一个变压器进行驱动。采用该方式的背光灯管为CCFL，因为每根灯管的电压和电流特性不同，用相同的波形驱动所有的灯管发光，会造成液晶屏整体亮度不均，该方式主要被三星、奇美等厂家采用。另一种是逆变器上只有一个变压器或两个变压器，利用变压器的次级就可以驱动点亮全部并联的灯管，采用该方式的背光灯管为EEFL，该方式主要被LG、AU等厂家采用。

液晶电视的灯管有2根、4根、6根、10根或更多，这就需要逆变器与灯管进行匹配。通常，小屏幕的液晶电视灯管数在10根以下，屏幕越大所采用的灯管数越多。图7-1-1所示为三星液晶屏配逆变器实物图，图 7-1-2 所示为 AU 液晶屏配逆变器实物图，图 7-1-3 所示为 LG-Philips 逆变器实物图。

图 7-1-1　三星液晶屏配逆变器实物图

图 7-1-2　AU 液晶屏配逆变器实物图

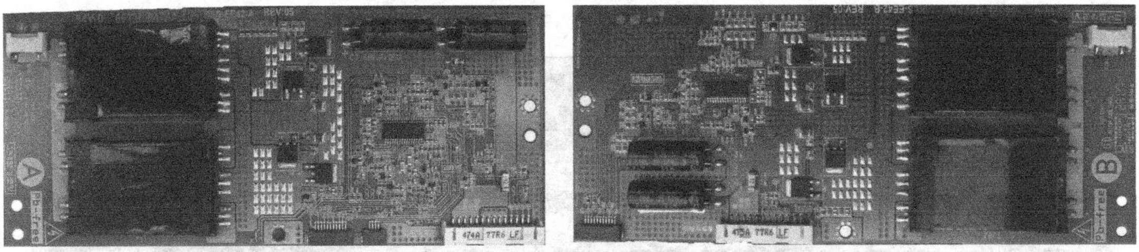

主逆变器　　　　副逆变器

图 7-1-3　LG-Philips 逆变器实物图（驱动 EEFL）

2. 二合一电源的结构

液晶屏出厂时，有些型号的屏未装配逆变器，这时就需要整机制造厂家为其设计、制造点亮该屏背光源的相关电路。从第 1 章所学知识可知，使用该类液晶屏时，各厂家通常将电源和逆变的相关电路整合在一块板上，直接采用 PFC 部分产生的 400V 电压作为逆变器的输入电压，通过 DC/AC 升压变换为液晶面板所需的 1 000V 以上的电压，驱动液晶面板的 CCFL 背光灯或 EEFL 背光灯发光。这样做有两方面好处：一是可以降低整机电源功耗；二是可以让维修的故障判定更为简单，同时也降低了成本。

二合一电源通常是根据所使用的背光灯管的种类来采取不同方式进行驱动，若液晶屏在出厂时，背光灯管采用的是 CCFL，二合一电源将根据该屏使用的灯管数量来匹配驱动变压器（与灯管数量相同），一个灯管由一个变压器进行驱动，如图 7-1-4 所示。若液晶屏在出厂时，背光灯管采用的是 EEFL，二合一电源上的逆变部分只采用一个变压器或两个变压器，利用变压器的次级就可以驱动点亮全部并联的灯管，如图 7-1-5 所示。

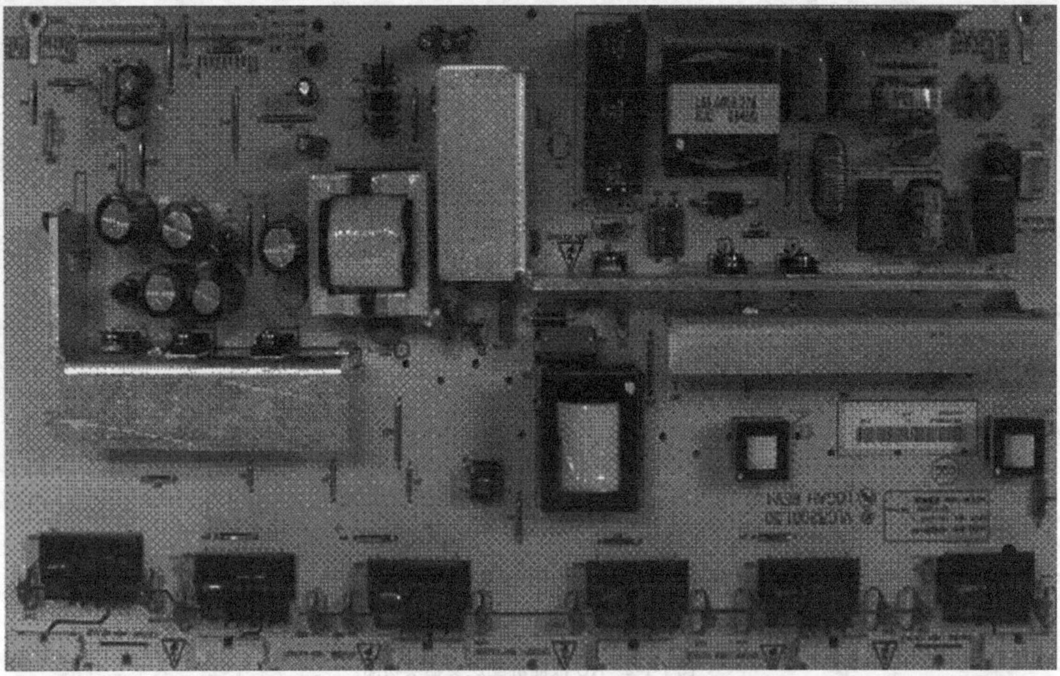

图 7-1-4　驱动 CCFL 的二合一电源实物图

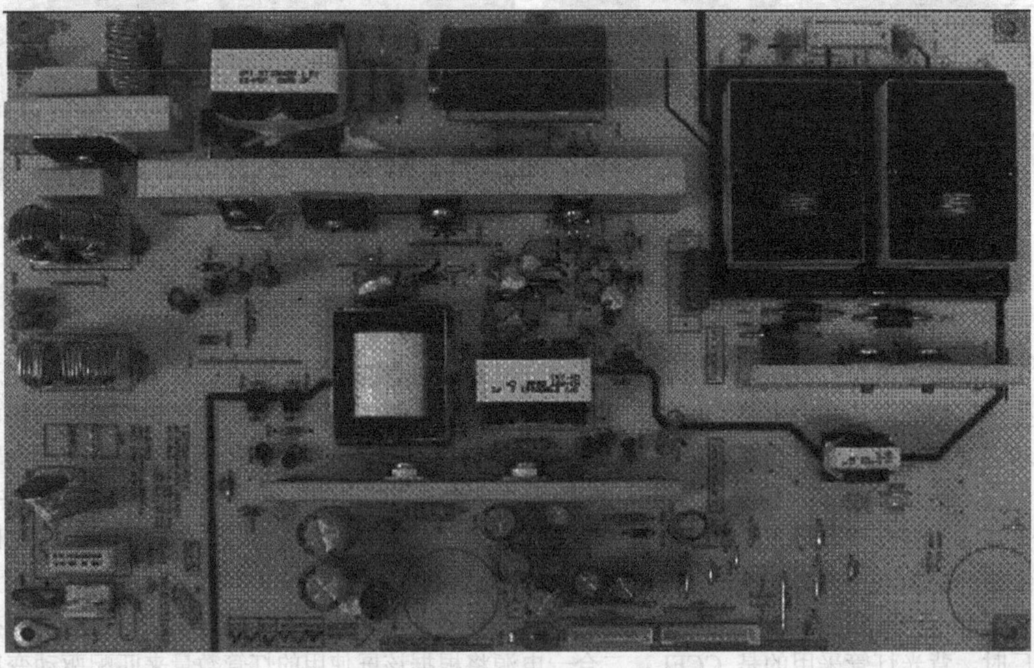

图 7-1-5　驱动 EEFL 的二合一电源实物图

二、逆变器的控制原理

1. 独立型逆变器的控制原理

在液晶电视中，逆变器比较常见的结构形式是全桥驱动方式。图7-1-6所示是驱动CCFL的全桥驱动控制框图，图7-1-7所示是驱动EEFL的全桥驱动控制框图。

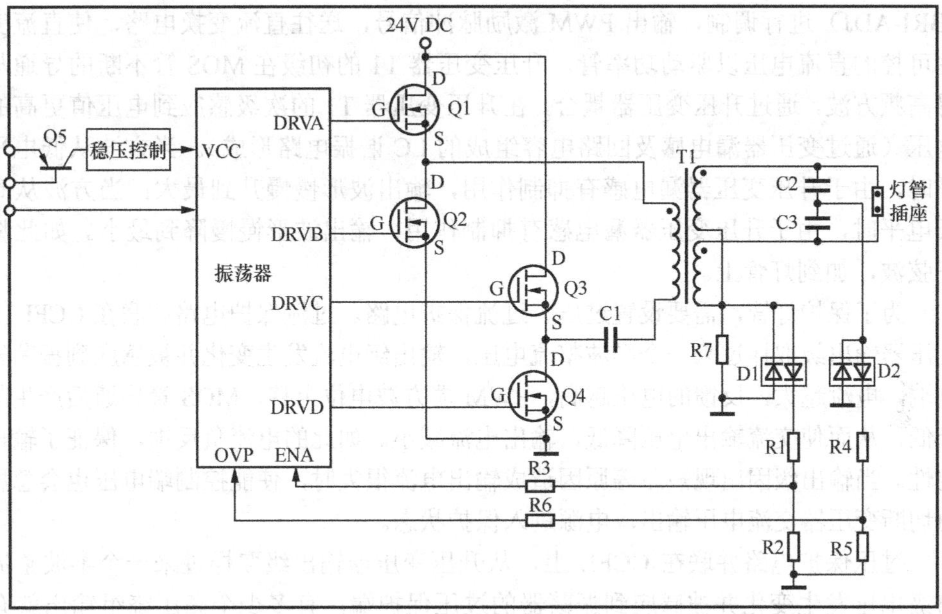

图7-1-6 驱动CCFL的全桥驱动控制框图

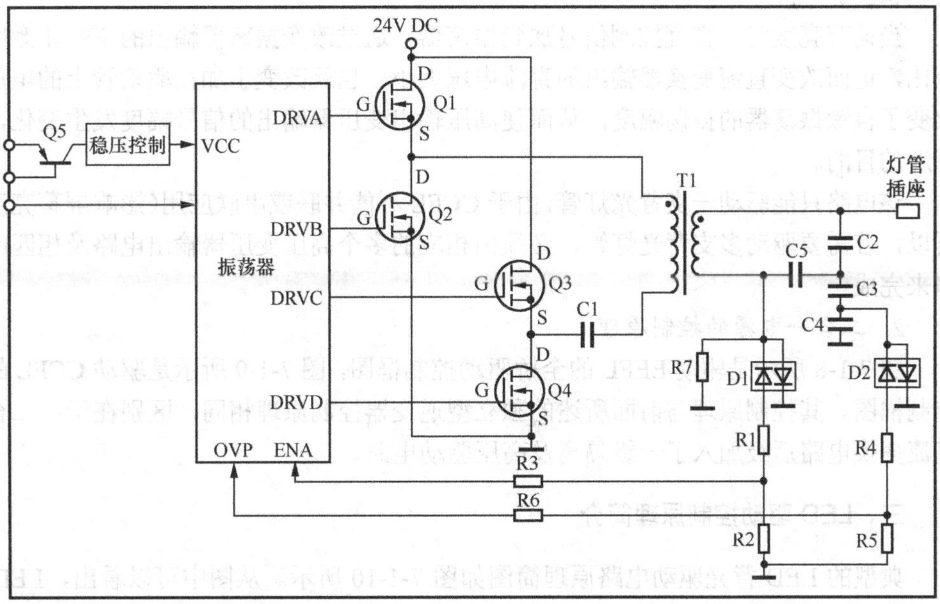

图7-1-7 驱动EEFL的全桥驱动控制框图（只绘出了主逆变器，副逆变器与之相同）

从图 7-1-6 和图 7-1-7 可以看出，驱动两种不同灯管的逆变器结构只有变压器和取样电路的连接存在差异，所以本节以图 7-1-6 所示结构介绍其控制原理。

图 7-1-6 中，BRI-ON/OFF 为逆变器开关控制信号输入端，该控制信号来自主信号处理板。当液晶电视二次开机后，主信号处理板上的 MCU 发出逆变器开关信号（高电平），打开逆变器振荡芯片的供电，逆变器的振荡器得到工作电压后，产生频率为 40～80kHz 的振荡信号送入振荡器内部调制器，在调制器内部与主信号处理板 MCU 送来的亮度控制信号（BRI-ADJ）进行调制，输出 PWM 激励脉冲信号，送往直流变换电路，使直流变换电路产生可控的直流电压以驱动功率管。升压变压器 T1 的初级在 MOS 管不断的导通与截止下获得高频方波，通过升压变压器耦合，在升压变压器 T1 的次级感应到电压值更高的高频方波电压（通过变压器漏电感及回路电容组成的 LC 谐振电路形成）。当方波从低电平跳到高电平时，由于升压变压器漏电感有抑制作用，输出波形慢慢升到最大；当方波从高电平跳到低电平时，由于升压变压器漏电感有抑制作用，输出波形慢慢降到最小。如此将方波变成正弦波，加到灯管上。

为了保护灯管，需要设置过压、过流保护电路。过流保护电路并联在 CCFL 上，从升压变压器输出级取样过来一个半波整流电压，输出级电流发生变化并被感应到振荡器的使能控制端，电流越大，反馈的电压越高，PWM 端方波电位上移，MOS 管导通后产生的方波峰值降低，从而使交流输出电压降低，输出电流减小。如此的电流负反馈，保证了输出电流的稳定性。当输出级因出现短路等原因造成输出电流很大时，使能控制端电压也会急剧上升，从而切断变压器交流电压输出，电源进入保护状态。

过压保护电路并联在 CCFL 上，从升压变压器输出级取样过来一个半波整流电压，输出级电压发生变化并被感应到振荡器的过压保护端，有多少个高压绕组输出就有多少个保护取样电路。由于各路保护取样电路都是并联在一起的，所以任何一路取样电压升高都会得到保护。

当调节亮度时，亮度控制信号加到振荡器，通过改变振荡器输出的 PWM 激励脉冲的占空比，进而改变直流变换器输出的直流电压大小，也就改变了加在驱动管上的电压大小，即改变了自激振荡器的振荡幅度，从而使高压输出变压器输出的信号幅度发生变化，达到调节亮度的目的。

该电路只能驱动一支背光灯管，由于 CCFL 不能并联或串联应用（影响屏幕亮度均匀性），所以，若需要驱动多支背光灯管，必须由相应的多个高压变压器输出电路及相匹配的激励电路来完成。

2. 二合一电源的控制原理

图 7-1-8 所示是驱动 EEFL 的全桥驱动控制框图，图 7-1-9 所示是驱动 CCFL 的全桥驱动控制框图。其控制原理与前面所述的独立型逆变器控制原理相同，区别在于：二合一电源在直流变换电路后级加入了一级隔离及高压驱动电路。

三、LED 驱动控制原理简介

典型的 LED 背光驱动电路原理简图如图 7-1-10 所示。从图中可以看出，LED 驱动电路由升压电路、均流电路、LED 灯串、驱动控制电路几部分组成。下面，我们介绍一下 LED 驱动板上的升压电路和均流电路的基本工作原理。

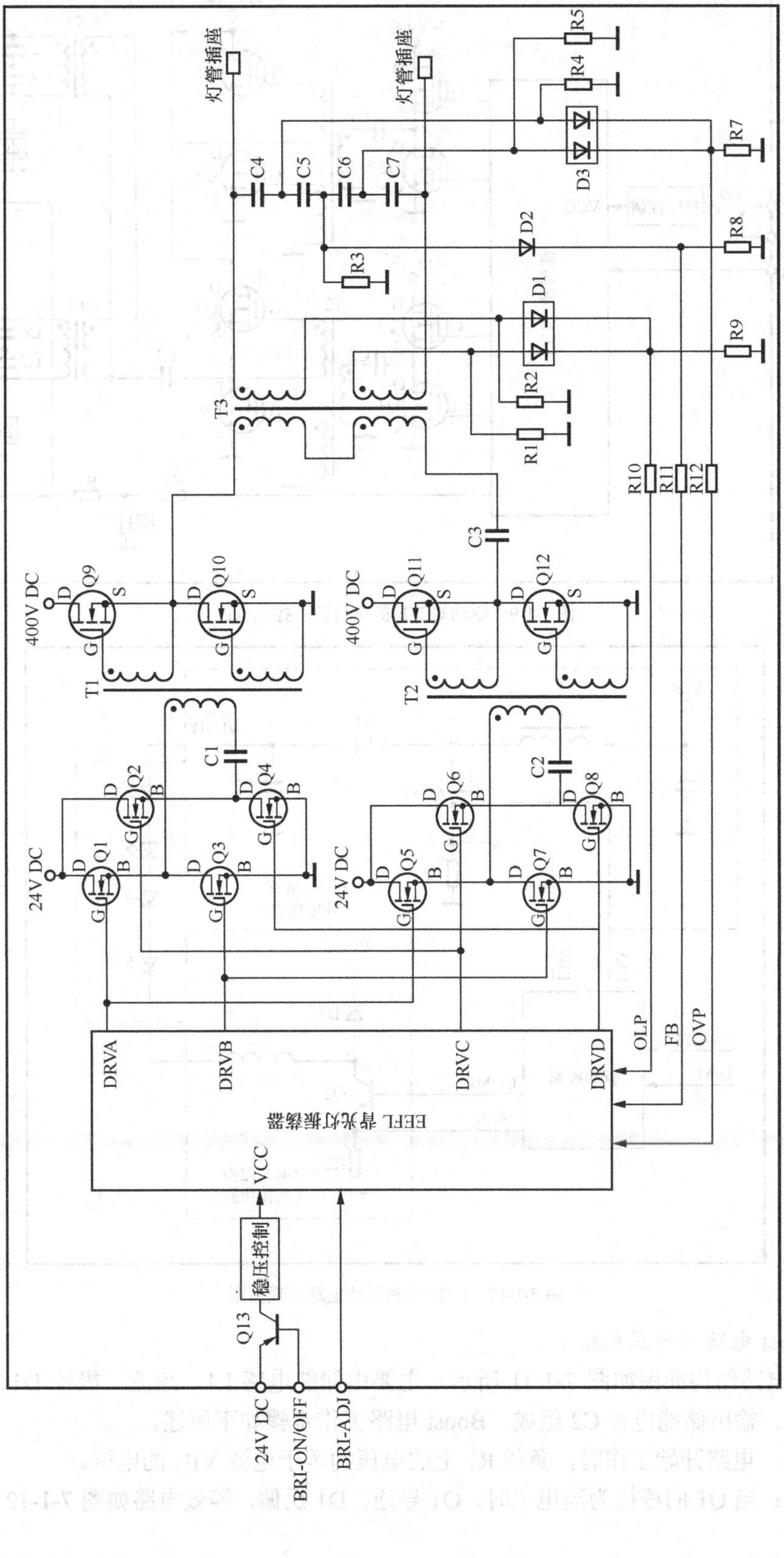

图 7-1-8　驱动 EEFL 的全桥驱动控制框图

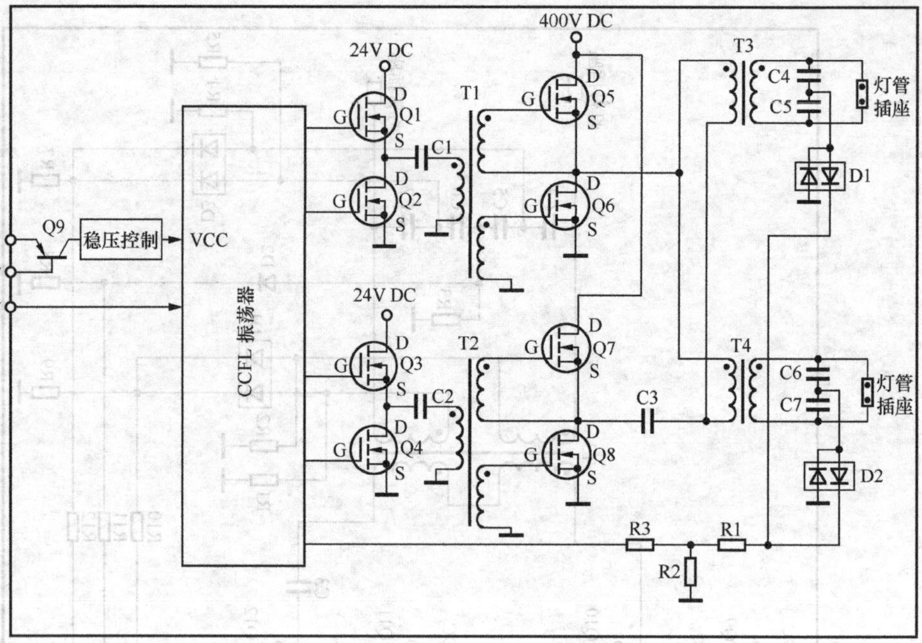

图 7-1-9　驱动 CCFL 的全桥驱动控制框图

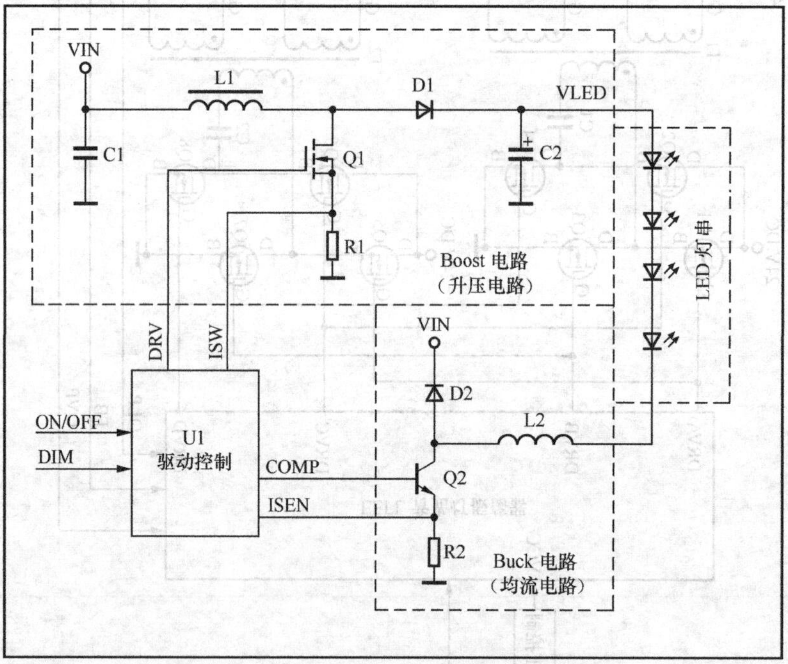

图 7-1-10　LED 背光驱动电路原理简图

1. Boost 电路（升压电路）

Boost 电路结构简图如图 7-1-11 所示，主要由储能电感 L1、续流二极管 D1、开关控制 MOS 管 Q1、输出储能电容 C2 组成。Boost 电路工作步骤如下所述。

步骤一：电路开始工作时，负载 R1 上的电压约等于电源 VIN 的电压。

步骤二：当 Q1 的栅极为高电平时，Q1 导通，D1 反偏，等效电路如图 7-1-12（a）所示。

储能电感L1上的电流逐渐增大，将能量存储于电感L1中，此时R1上的输出电流完全由C2提供。

步骤三：当Q1的栅极为低电平时，Q1截止，等效电路如图7-1-12（b）所示。由于L1中的电流不能突变，L1中的电压极性反偏，储能电感L1通过续流二极管D1给输出电容C2充电，使C2电压（泵升电压）高于输入直流电压，此时电感储能向负载提供电流并补充C2单独向负载供电时损失的电荷。

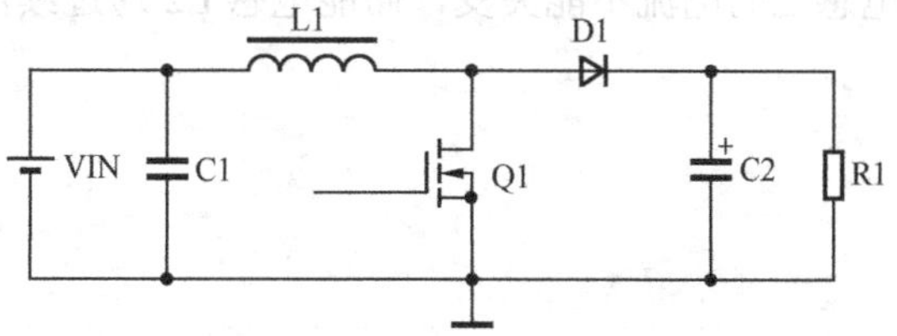

图 7-1-11　Boost 电路结构简图

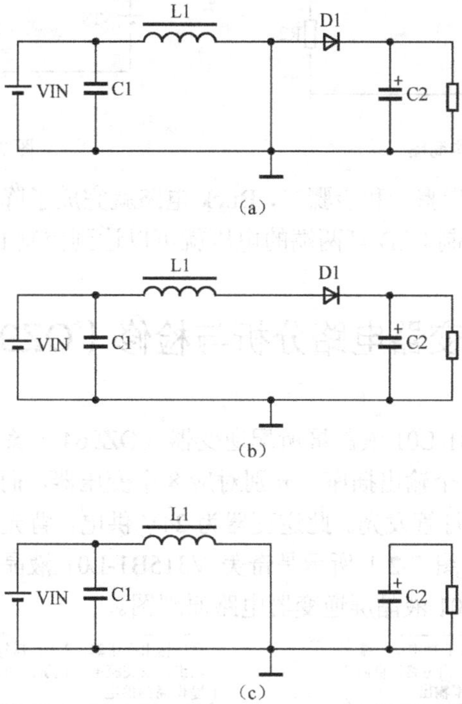

图 7-1-12　等效电路

步骤四：当Q1的栅极再次为高电平时，Q1导通，储能电感重新储能，续流二极管截止，等效电路如图7-1-12（c）所示。这时负载上的电压高于VIN上的电压。

正常工作时，电路重复步骤三和四，Boost电路就完成了升压的工作过程。输出电压的调整是通过负反馈环控制Q1的导通时间实现的。若直流负载电流上升，则导通时间会自动增加（为负载提供更多的能量）。若输入电压下降，峰值电流（即L1的储能）会下降，导致输出电压下降。但负反馈环会检测到输出电压的下降，通过增大占空比来维持输出电压的恒定。

2. Buck 电路（均流电路）

Buck电路结构简图如图7-1-13所示，主要由储能电感L2、续流二极管D2和开关管Q2组成。Buck电路工作步骤如下所述。

步骤一：当Q2的栅极为高电平时，Q2导通，VIN通过储能电感L2给负载R2供电，其等效电路如图7-1-14（a）所示。由于电感上的电流不能突变，L2上将产生一个反向的感应电压，达到降低负载R2上电压的目的。

步骤二：当 Q2 的栅极为低电平时，Q2 截止，其等效电路如图 7-1-14（b）所示。由于电感上的电流不能突变，储能电感 L2 通过续流二极管 D2 继续给负载 R2 供电。

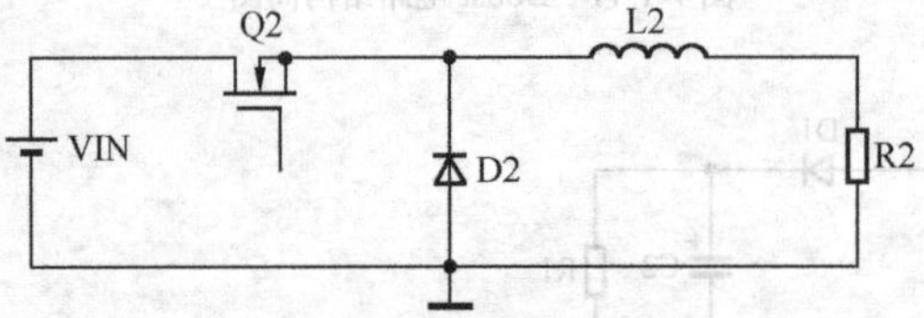

图 7-1-13　Buck 电路结构简图

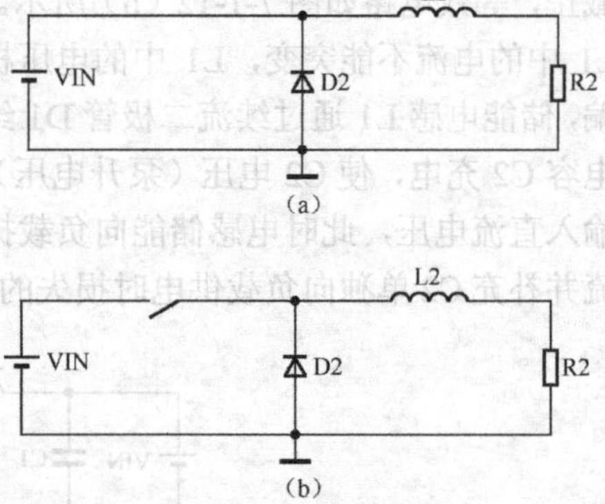

图 7-1-14　等效电路

正常工作时，电路重复步骤一和步骤二，Buck 电路就完成了降压的工作过程。由于 LED 灯是电阻性的负载，通过控制 LED 灯两端的电压就可以达到控制 LED 灯电流的目的。

第 2 节　逆变器电路分析与检修（OZ964 方案）

本节以奇美公司 V315B1-L01 液晶屏所配逆变器（OZ964 方案）为例进行介绍。该逆变器驱动 16 支 CCFL，具有 8 个输出插座，分别对应 8 个变压器，而每个变压器（一个变压器有两个高压绕组）驱动两支灯管发光。此逆变器为 24V 供电，背光灯的开关控制电平和亮度调节 PWM 信号来自主板。图 7-2-1 所示是奇美 V315B1-L01 液晶屏逆变器组件实物图，图 7-2-2 所示为奇美 V315B1-L01 液晶屏逆变器电路原理图。

图 7-2-1　奇美 V315B1-L01 液晶屏逆变器组件实物图

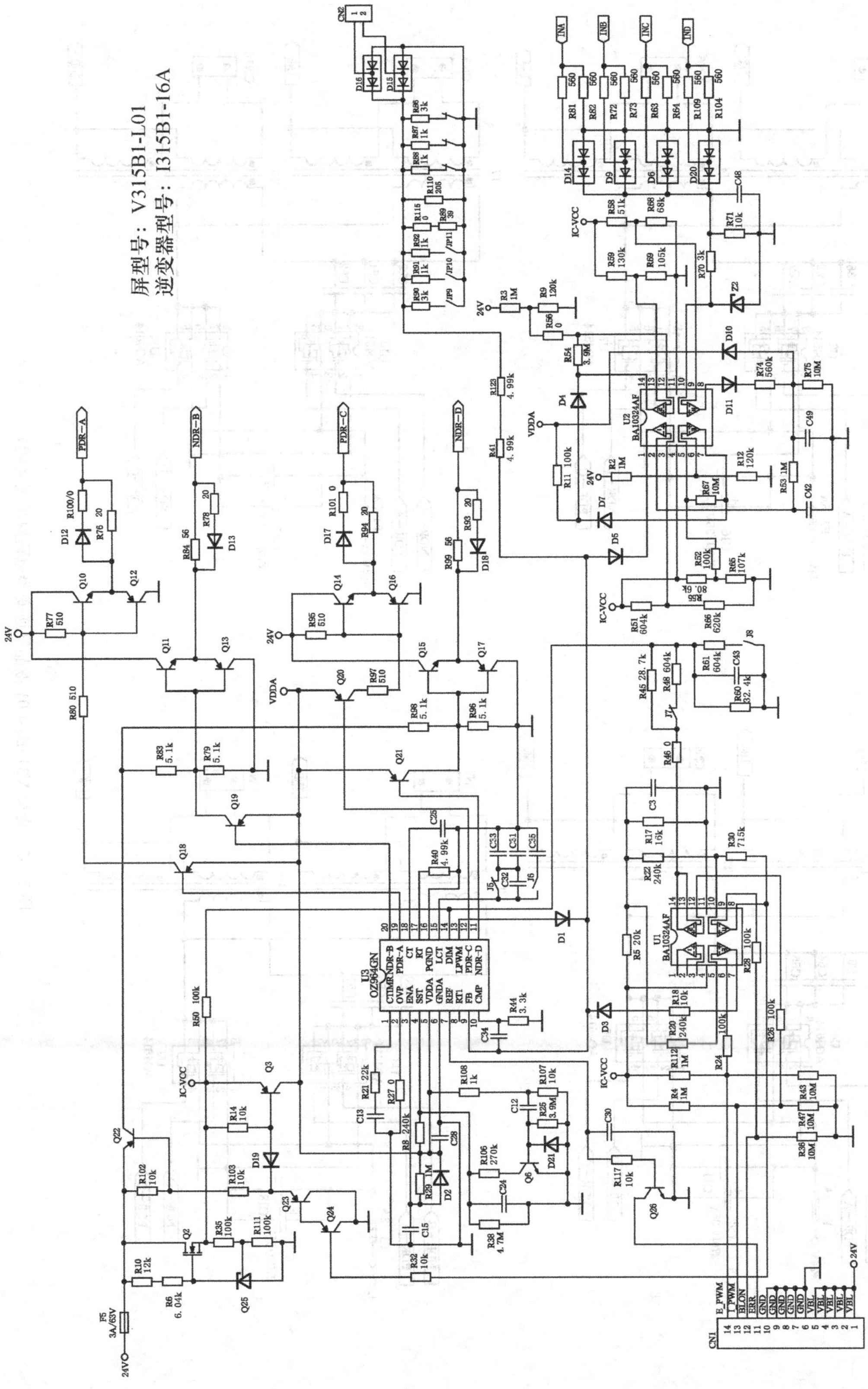

（a）

图 7-2-2　奇美 V315B1-L01 液晶屏逆变器电路原理图

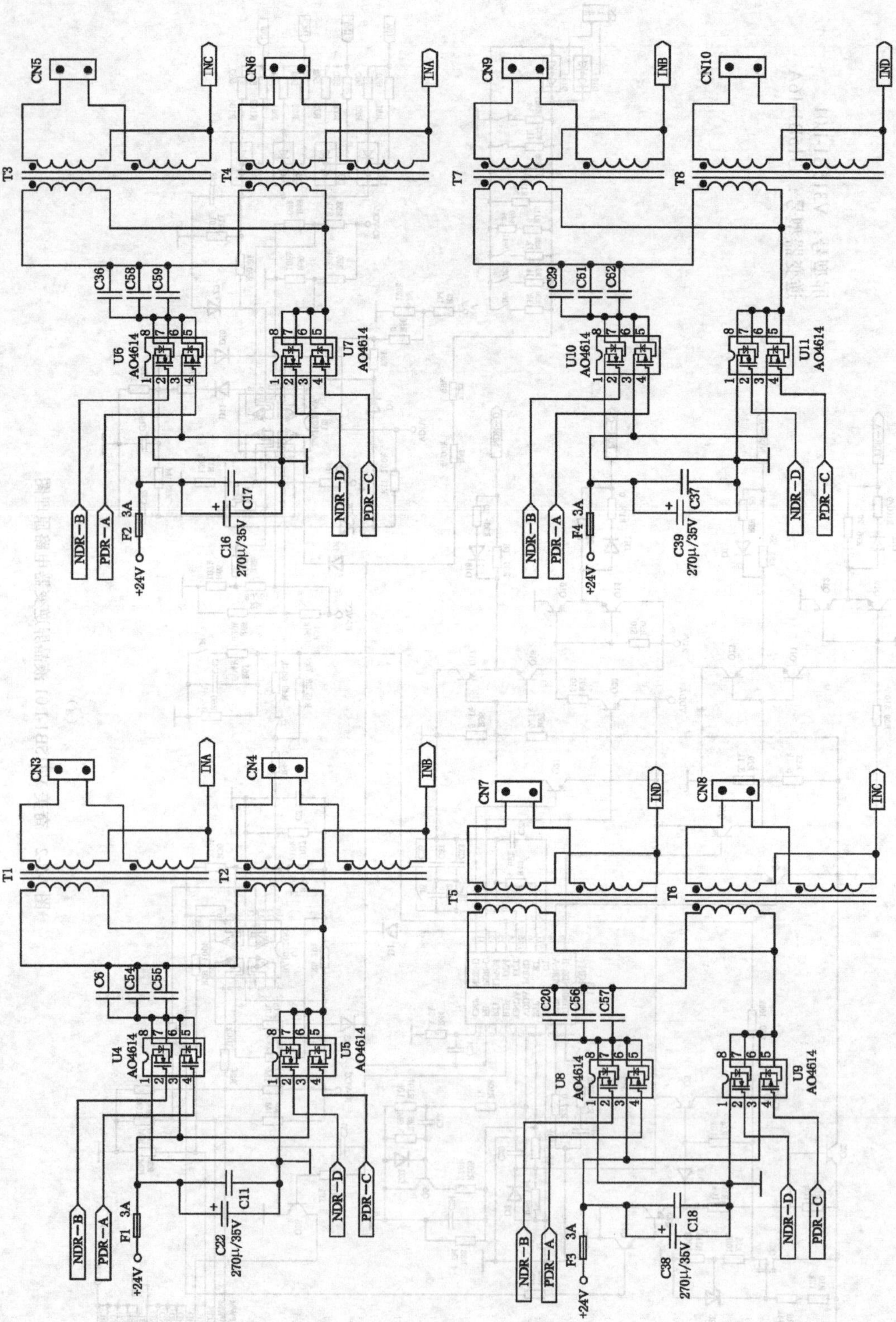

（b）

图 7-2-2　奇美 V315B1-L01 液晶屏逆变器电路原理图（续）

一、振荡控制芯片介绍

OZ964 是 O2 Micro International（凹凸微电子）公司生产的高效率 CCFL 背光灯控制集成电路，主要用于对单灯管以及多灯管的驱动。亮度控制是由模拟的可变直流电压转换为低频的脉冲宽度调制（PWM）实现的。

OZ964 支持宽电压范围输入，内置开灯启动保护和过压保护电路、输入电压超低保护及关闭延迟保护电路、PWM 调光控制电路、软启动电路，在奇美等品牌液晶屏所配的逆变器上都得到了广泛应用。产品封装分为 DIP-20 和 SOP-20 两种，引脚功能完全相同，不考虑安装因素可以直接代换。逆变器上用的 OZ960 和 OZ964 功能和脚位都是一样的，维修的时候可进行参考。

二、逆变器相关电路原理分析

1. DC/DC 变换电路

从插座 CN1①～⑤脚送来的 24V 直流电压，经 3A 保险管 F5 后分为两路：一路经 3A 保险管 F1、F2、F3、F4 后分别加到功率放大 MOS 管 U4、U5，U6、U7，U8、U9，U10、U11 的③脚，作为漏极工作供电；另一路经 JP38 后加到贴片 MOS 管 Q2 的漏极，在精密稳压控制器 Q25 的作用下，从 Q2 源极输出 5V 电压。

从 Q2 的源极输出的 5V 电压分 3 路：第一路送至运算放大电路 U1（BA10324AF）的④脚作为供电；第二路送至运算放大电路 U2（BA10324AF）的④脚作为供电；第三路经背光灯开关管 Q23、Q24、Q3 控制后输出 5V 电压给 U3（OZ964GN）的⑤脚供电，U3 得到正常工作电压后开始振荡。

2. 振荡启动

当逆变器开关控制信号（ON/OFF）从 U1 的⑨脚输入（高电平），与由⑩脚输入的固定电平经 U1 进行内部比较器取样后，一路从⑧脚输出低电平（0V）加在 Q24 的基极，Q24、Q23 导通，5V 电压经 R14、D19、Q23 组成的偏置电路为 Q3 的基极提供约 0.57V 的偏置电压，Q3 导通，5V 供电经 Q3 的发射极、集电极向 U3 的⑤脚供电；另一路通过 R29 给 C15 充电，同时通过 R8 给 U3④脚外围软启动电容 C24 充电，当 C15 充得的电压大于 2V 时，振荡电路开始启动，当 C15 上的电压低于 1V 时 U3 停止工作。

3. PWM 与输出

从主信号处理板 CPU 送来的亮度控制信号（I_PWM）加在 U1 的⑫脚，与⑬脚输入的固定电平经 U1 内部比较取样后从⑭脚输出加到 U3 的⑭脚，与 U3 的⑮脚外接的三角波振荡频率调整电容电压进行比较后，从 U3 的⑬脚输出低频 PWM 亮度控制信号，经 D1 后从⑨脚反馈输入。

U3 振荡电路产生的振荡信号与从⑨脚反馈回的 PWM 亮度控制信号进行调制，将振荡脉冲调制成断续的激励振荡脉冲，经内部驱动电路放大后分两路输出激励驱动信号：一路从 U3 的⑪脚输出 N 沟道激励信号，从⑫脚输出 P 沟道激励信号；另一路从 U3 的⑲脚输出 P 沟道激励信号，从⑳脚输出 N 沟道激励信号。

4. 高压激励驱动电路

U3 的⑪、⑫脚和⑲、⑳脚为其 4 个驱动脉冲输出端，分别为 NDR-D、PDR-C、PDR-A、

NDR-B，前两个脚与后两个脚轮换着产生高电平和低电平，经前级半桥结构组成的驱动电路放大后送至双 MOS 管与高压变压器，产生高压激励信号驱动灯管发光工作。

U3 的⑪脚输出的激励信号（直流电平约 1.95V）经 Q21、Q15、Q17 前级放大后，分别加在 U5、U7、U9、U11 的②脚；U3 的⑫脚输出的激励信号（直流电平约 2.76V）经 Q20、Q14、Q16 前级放大后，分别加在 U5、U7、U9、U11 的④脚；U3 的⑲脚输出的激励信号（直流电平约 2.81V）经 Q18、Q10、Q12 前级放大后，分别加在 U4、U6、U8、U10 的④脚；U3 的⑳脚输出的激励信号（直流电平约 1.98V）经 Q19、Q11、Q13 前级放大后，分别加在 U4、U6、U8、U10 的②脚。

U4 与 U5、U6 与 U7、U8 与 U9、U10 与 U11 这 4 组全桥架构功率输出电路，每组中的 N 沟道和 P 沟道 MOS 管在相应的激励信号驱动下轮流导通，放大后的激励信号分别通过升压变压器 T1 与 T2、T3 与 T4、T5 与 T6、T7 与 T8 升压，由于漏电感有抑制作用，将升压变压器初级感应到的高频方波变成正弦波加到背光灯管上点亮灯管。在开机瞬间，该电压能达到 1 500V 左右。

5. 保护电路

（1）过流保护

过流保护电路由 4 组取样电路组成。将 8 个高压变压器分成 4 组，取样信号取自每两个变压器次级绕组的负极端，利用二极管半波整流电路对 CCFL 的电流取样，反馈至 U3⑨脚，U3 内部调制电路检测到反馈信号而停止工作，达到故障保护目的。

升压变压器 T1、T4 的取样电流通过 R81 加在 D14 上输出取样电压，升压变压器 T2、T7 的取样电流通过 R72 加在 D9 上输出取样电压，升压变压器 T3、T6 的取样电流通过 R63 加在 D6 上输出取样电压，升压变压器 T5、T8 的取样电流通过 R109 加在 D20 上输出取样电压。D14、D9、D6、D20 输出端并联，下面以 T1、T4、R81、D14 这一路取样说明保护过程。

由于某种原因引起 T1 或 T4 输出电流过流时，电流经 R81 送给半波整流二极管 D14 的中间端，经 D14 整流，在中间端得到约 3.6V 电压，而负端电压则达 9.8V，此电压经过 R70 加在 U2 的⑩脚，与⑨脚输入的固定电压经内部比较放大后，从 U2 的⑧脚输出约 4V 电压，再经 D11、R74、R75、R53 降压后得到约 3V 电压加在 U2 的②脚，与③脚输入的固定电压经比较放大后，再从①脚输出约 0.32V 的保护电压，通过钳位二极管 D5 将 U3 的⑨脚电压拉低至 0.85V，U3 的⑨脚内部检测到此低电压后保护。逆变器正常工作时 D14 各端电压为 0，U2 的①脚电压为 3.95V，由于 D5 反向截止作用对 U3⑨脚电压无影响，保持正常，约 1.39V。

（2）开路保护

背光灯开路保护电路由 CN2、D15、D16 及输入匹配电阻组成，取样信号经 R123、R41 送入到 U3 的⑨脚。当背光灯开路时，D16、D15 无整流反馈电压输入，U3⑨脚的 1.39V 电压经 R41、R123、R86、R87、R88、R90、R91、R92、R89、R110 组成的分压电路分压，电压降为 0.64V，U3 的⑨脚内部检测到此低电压后保护。

（3）欠压保护

24V 供电与 DC/DC 变换电路形成的 5V 供电分别取样，经 U2 内部比较放大输出控制信号。欠压保护分为以下两路。

一路 24V 通过 R3、R9、R56 分压加在 U2 的⑫脚的同相输入端，IC-VCC 通过 R59、R69 分压加在 U2⑬脚的反相输入端，经内部比较后从 U2 的⑭脚输出取样电压。若输出的取样电压为低电平，通过 D4 钳位，Q3 处于截止状态（Q3 基极电压为 5V），控制芯片 U3 无工作电压，停止工作。

另一路 24V 通过 R2、R12 分压加在 U2 的⑥脚的反相输入端，IC-VCC 通过 R55、R52、R65 分压加在 U2 的⑤脚的同相输入端，经内部比较后从 U2 的⑦脚输出取样电压。若输出的取样电压为低电平，通过 D7 钳位，Q3 处于截止状态（Q3 基极偏置电压为 5V），控制芯片 U3 无工作电压，停止工作。

（4）逆变器故障去保护

U3②脚为保护取样电压反馈输入端，但在本机上该端接地。U3①脚为点灯时间限制控制端，当外接电容 C13 上充得电压大于 3V 时，U3 执行保护动作，停止驱动输出。

去保护时只要将 U3 的①脚电压值限制在执行保护动作电压值以下即可，一般是将 U3 的①脚直接接地即可。在不接灯管进行维修时也如此操作。

三、维修参考数据

U3、U1、U2、U4～U11 引脚功能及维修参考数据分别见表 7-2-1、表 7-2-2、表 7-2-3 及表 7-2-4。

表 7-2-1　　CCFL 振荡器 U3（OZ964GN）引脚功能及维修参考数据

脚号	符号	功　能	电压/V	电阻（黑笔接地）/kΩ	电阻（红笔接地）/kΩ
①	CTIMR	点灯时间设置	0.09	∞	∞
②	OVP	电压反馈	0	0	0
③	ENA	使能输入	4.58	179.8	∞
④	SST	软启动控制	5.00	∞	168.4
⑤	VDDA	电源供电端	5.04	10.9	10.9
⑥	GNDA	信号地	0	0	0
⑦	REF	参考电压输出	3.37	∞	∞
⑧	RT1	未用	空	∞	∞
⑨	FB	电源检测反馈输入	1.39	31.1	31
⑩	CMP	电压控制频率补偿	1.44	33.1	33.1
⑪	NDR-D	N-MOS 管栅极驱动输出	1.95	∞	∞
⑫	PDR-C	P-MOS 管栅极驱动输出	2.75	∞	∞
⑬	LPWM	PWM 亮度控制信号输入	1.02	∞	∞
⑭	DIM	控制 LPWM 占空比	1.72	25.7	25.7
⑮	LCT	外接定时电容提供 LPWM 频率	1.19	∞	∞
⑯	PGND	MOS 管驱动器地	0	0	0
⑰	RT	外接定时电阻	1.04	49.8	49.8
⑱	CT	外接定时电容	1.79	∞	∞
⑲	PDR-A	P-MOS 管栅极驱动输出	2.81	∞	∞
⑳	NDR-B	N-MOS 管栅极驱动输出	1.99	∞	∞

表 7-2-2　　集成运算放大器 U1（BA10324AF）引脚功能及维修参考数据

脚　号	符　号	功　能	电压/V	电阻（黑笔接地）/kΩ
①	OUT1	第一通道放大器输出	3.95	∞
②	−IN1	第一通道放大器反相输入	2.80 跳变	∞
③	+IN1	第一通道放大器同相输入	5.06	20.9
④	VCC	电源供电	5.06	20.9
⑤	+IN2	第二通道放大器同相输入	0.98	∞
⑥	−IN2	第二通道放大器反相输入	4.18	∞
⑦	OUT2	第二通道放大器输出	0.07	∞
⑧	OUT3	第三通道放大器输出	−0.02	∞
⑨	−IN3	第三通道放大器反相输入	3.27	∞
⑩	+IN3	第三通道放大器同相输入	0.89	∞
⑪	VEE	电源供电	0	0
⑫	+IN4	第四通道放大器同相输入	2.22	112.1
⑬	−IN4	第四通道放大器反相输入	2.25	53.1
⑭	OUT4	第四通道放大器输出	2.25	53.1

表 7-2-3　　集成运算放大器 U2（BA10324AF）引脚功能及维修参考数据

脚　号	符　号	功　能	电压/V	电阻（黑笔接地）/kΩ
①	OUT1	第一通道放大器输出	3.91	未用
②	−IN1	第一通道放大器反相输入	0.09	未用
③	+IN1	第一通道放大器同相输入	2.49	未用
④	VCC	电源供电	5.07	20.9
⑤	+IN2	第二通道放大器同相输入	2.84（测灯灭）	152.4
⑥	−IN2	第二通道放大器反相输入	2.61（测灯灭）	109.1
⑦	OUT2	第二通道放大器输出	3.95 跳变	∞
⑧	OUT3	第三通道放大器输出	−0.03	∞
⑨	−IN3	第三通道放大器反相输入	2.89	35.9
⑩	+IN3	第三通道放大器同相输入	0.38	12.9
⑪	VEE	电源供电	0	0
⑫	+IN4	第四通道放大器同相输入	2.61	107.3
⑬	−IN4	第四通道放大器反相输入	2.25	62.3
⑭	OUT4	第四通道放大器输出	3.92	∞

表 7-2-4　　双 MOS 管功率器件 U4～U11（AO4614）引脚功能及维修参考数据

脚　号	符　号	功　能	电压/V	脚　号	符　号	功　能	电压/V
①	S1	源极 1	0	⑤	D2	漏极 2	14.88
②	G1	栅极 1	4.47	⑥	D2	漏极 2	14.88
③	S2	源极 2	24.1	⑦	D1	漏极 1	14.88
④	G2	栅极 2	18.48	⑧	D1	漏极 1	14.88

第 3 节　LIPS 电源电路分析与检修（LX1692IDW 方案）

本节以长虹公司生产的 LT26610 机型所配二合一电源组件为例进行介绍，LT26610 机型所配二合一电源组件为 FSP107-2PS01，主要配合 LG 公司的 26 英寸屏使用，直接驱动 CCFL（冷阴极管）；若配合其余厂家（如三星、AU 公司等）的屏时，屏上带有平衡板的也可使用；若屏上不带平衡板则不能使用。图 7-3-1 所示是二合一电源组件（FSP107-2PS01）实物图。

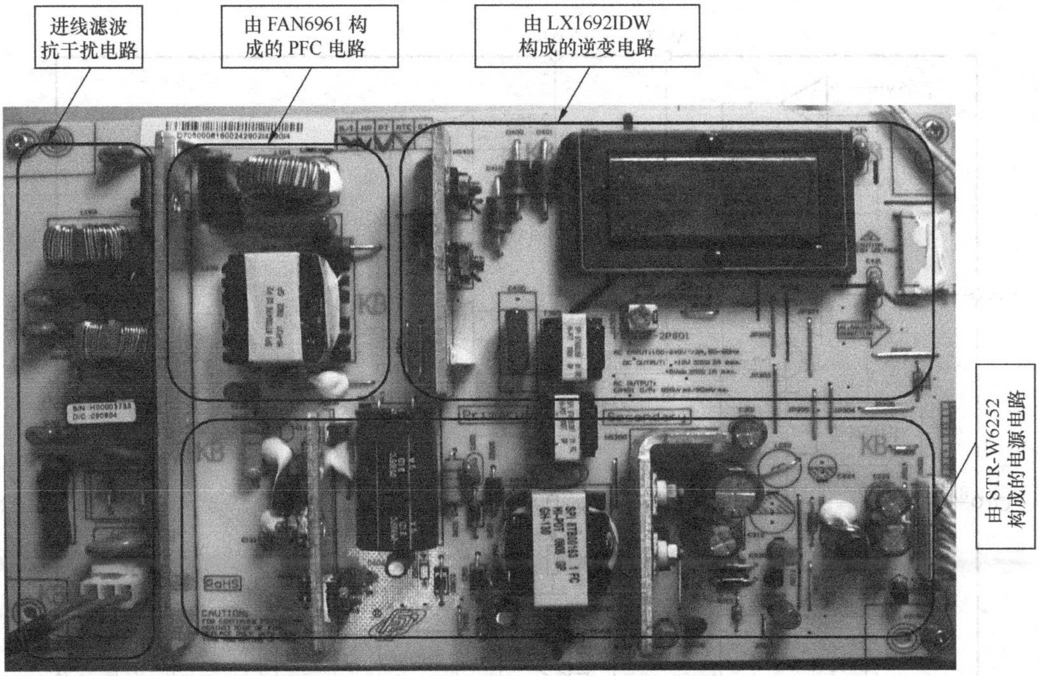

图 7-3-1　二合一电源组件（FSP107-2PS01）实物图

一、电源部分原理分析

二合一电源组件电源部分采用 FAN6961 和 STR-W6252 组合方案，电源输出两组电压：第一路 12V 为伴音集成电路供电、倍压后为中放一体化高频头电路供电以及供上屏供电等电路使用，第二路 5VSTB（1A）给主板待机部分供电和小信号处理部分供电。

1. 电源进线滤波抗干扰电路

电源进线滤波抗干扰电路由 F101、RV101、TH101、C102、C103、R101、R102、R103、L101、L102、C105、C104、L103 共同组成，其作用是增强液晶电视的电磁兼容性。该电路具有双向性：一方面它可以抑制高频干扰进入电视，确保电视正常工作；另一方面它可抑制开关电源产生的高频干扰，防止高频脉冲进入电网而干扰其他电气设备。

220V/50Hz 工频交流电经 CN101 进入液晶电视开关电源组件，先经过延迟保险管 F101，然后进入由 C102、C103、R101、R102、R103、L101、L102、C105、C104、L103 组成的二级低通滤波网络，滤除市电中的高频干扰信号，同时保证开关电源产生的高频信号不窜入电网。L101、L102 为共模扼流圈，它是绕在同一磁环上的两只独立的线圈，圈数相同，绕向相反，在磁环中产生的磁通相互抵消，磁芯不会饱和，主要抑制共模干扰，电感值愈大对低频干扰抑制效果愈佳。这样绕制的滤波电感抑制共模干扰的性能大大提高。电容 C102、C103 主要抑制相线和零线之间的干扰，电容值愈大对低频干扰抑制效果愈佳。

2. 功率因数校正（PFC）电路

PFC 电路采用的是西门子公司生产的一种新型 PFC 控制器 IC120（FAN6961）。FAN6961 的内部框图如图 7-3-2 所示，PFC 电路如图 7-3-3 所示。

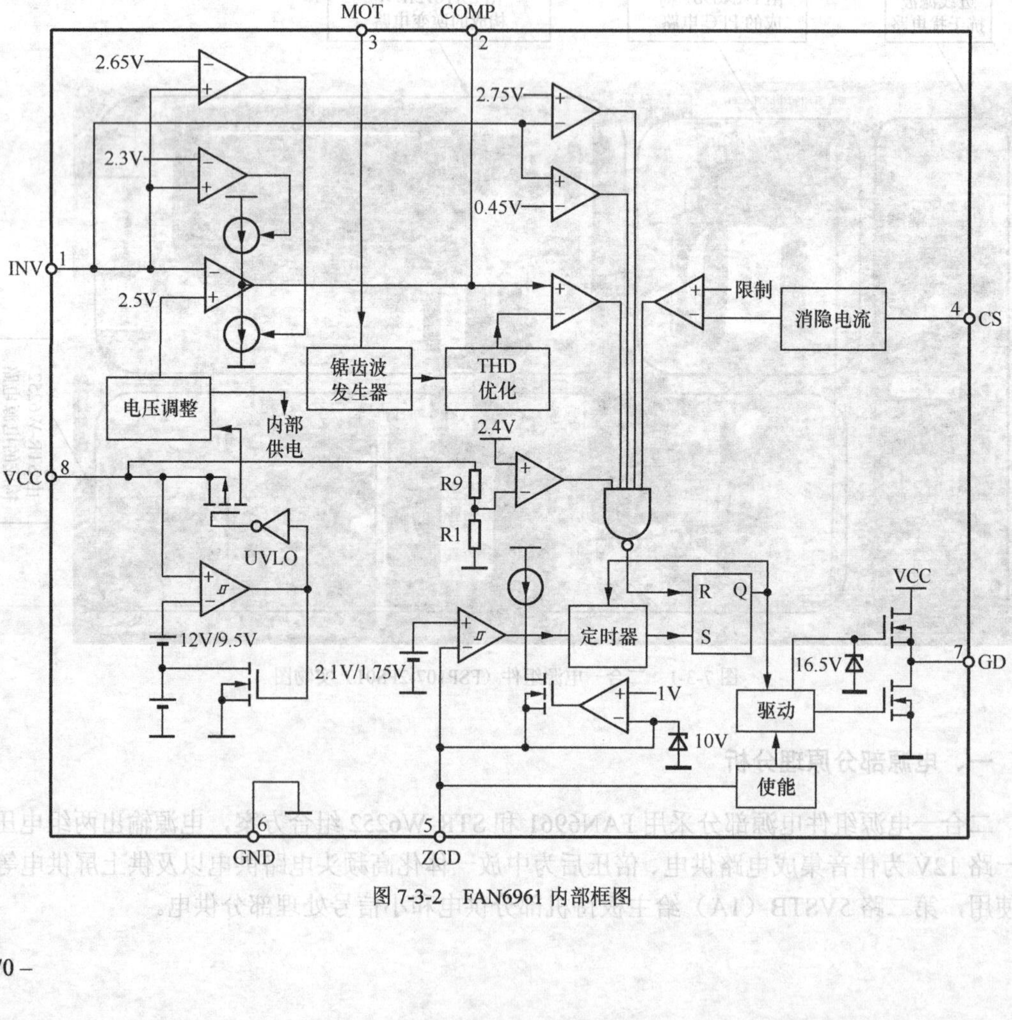

图 7-3-2 FAN6961 内部框图

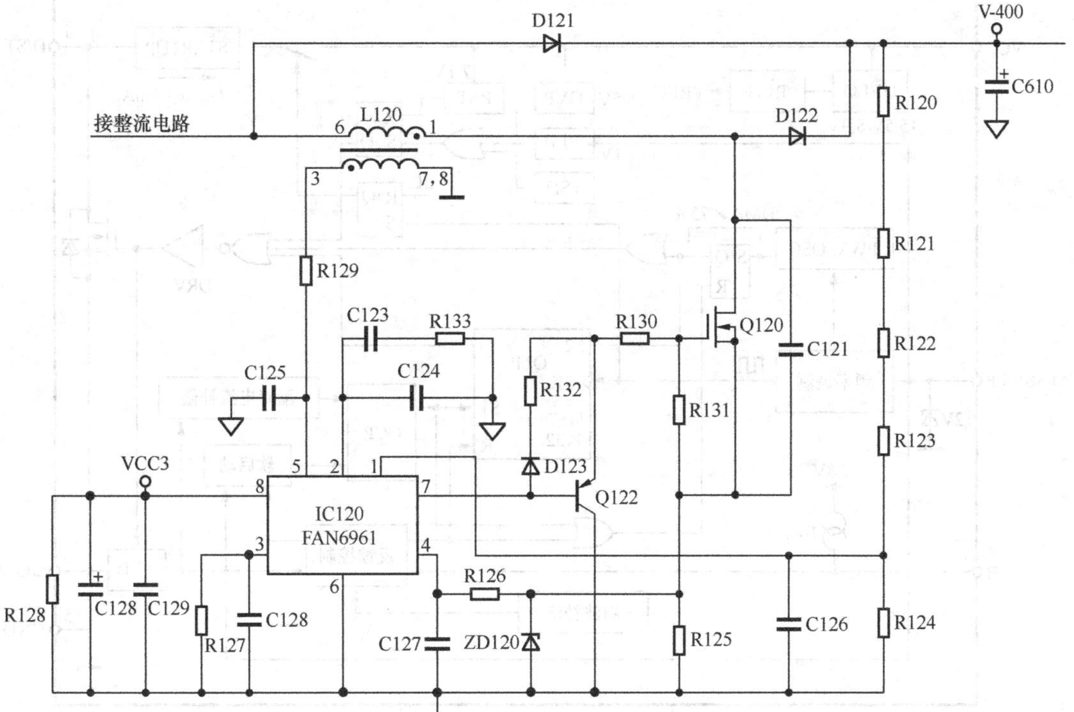

图 7-3-3　PFC 电路

二次开机后插件 CN201 的①脚（STB）从主板得到一个高电平，Q262 导通，光耦 PC700 导通，从 Q700 集电极输出一个稳定的+15.07V 电压加到 IC120（FAN6961）的⑧脚形成启动供电；IC120 得到正常工作电压后内部电路开始工作，从 IC120 的⑦脚输出 MOS 管驱动信号，经 Q122 激励后加到 Q120 的栅极，使其工作在开关状态；300V 直流电平经过 PFC 电感 L120 加至开关管 Q120 的漏极，由于 L120 的储能作用，振荡的开关脉冲经 D121 整流，在 C610 上获得约 400V 的直流电平 V–400。

IC120 的①脚内部电压放大器同相输入端可作为基准信号输入端，被内部钳位在 2.5V，而其反相输入端通过电阻 R120、R121、R122、R123 与 R124 分压后与前置变换器的输出端相连，实现对输出电压的检测。IC120 的②脚为内部电压放大器的输出端，通过外接电容 C124、C123 及电阻 R133 到地，构成反馈积分网络，有效抑制输入整流电压纹波中的二次谐波。为了使输出电压稳定，电压放大器的输出信号直接输入乘法器，以获取电流检测比较器的信号；IC120 的③脚为频率调整输入端，外接阻容网络 R127、C128，调整内部锯齿波发生器的频率；IC120 的④脚为开关管过流保护检测输入脚，R125 是取样电阻，连接 IC120 内部电流比较器。

3. STR-W6252 组成的电源电路

电源电路主要由开关变压器 T101、集成电路 U601（STR-W6252）及相关电路组成。该部分电路在电源上电后一直工作，在待机时提供一个 5VSTB 电压给控制系统，其余电源在待机时不输出电压。在二次开机后，该电源再输出 12V 电压，供整机使用。STR-W6252 内部框图如图 7-3-4 所示，STR-W6252 组成的电源电路如图 7-3-5 所示。

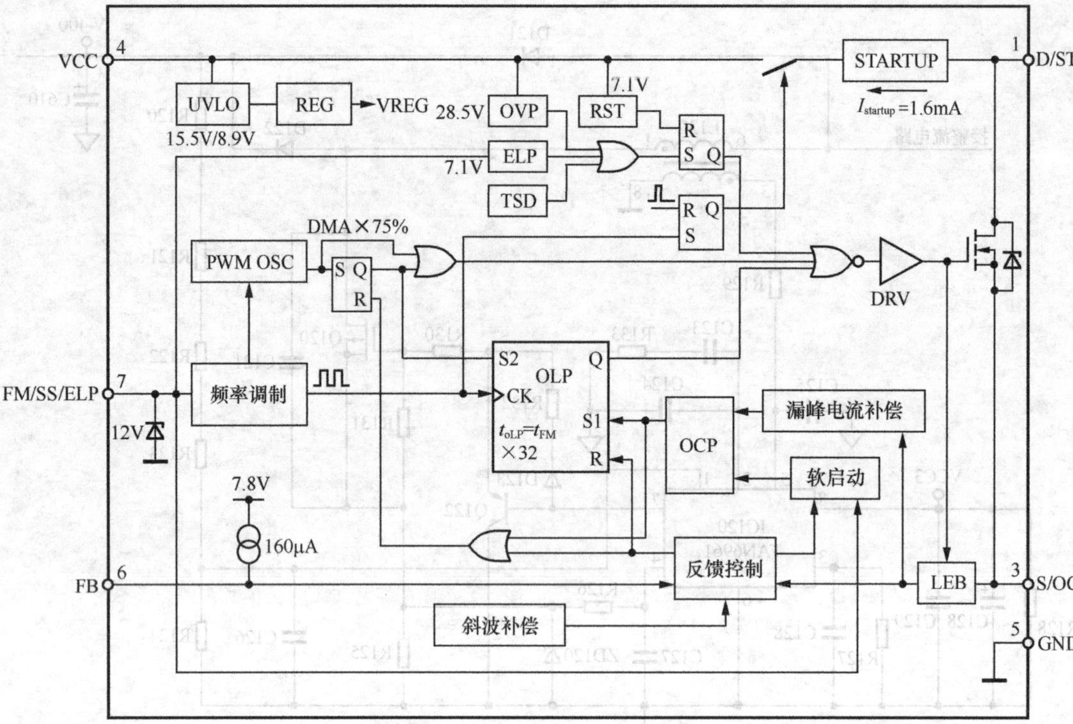

图 7-3-4　STR-W6252 内部框图

（1）开关电源的启动、振荡电路

经 PFC 电路产生的 400V 电压通过变压器 T101 的 5—2 绕组加到 U601（STR-W6252）内部 MOS 管的漏极，经内部软启动电路向④脚外接电容 C606 充电，当电容 C606 上的电压上升到 8.9V 以上时，U601 开始振荡，开关变压器 T101 的 5—2 绕组中有电流通过，此时开关变压器 T101 的 1—3 绕组通过互感产生一感应电动势，经 D700 整流、C700 滤波后得到 18.69V（待机时 18.83V）的电压，一方面通过 D701 整流、C606 滤波、ZD602 稳压后加到 U601 的④脚，形成二次启动供电；另一方面，该电压加到 Q700，经 Q700 控制后加到 IC120 的⑧脚，为 PFC 振荡电路提供工作电压。当 U601 内部得到一个稳定的启动供电后持续进行振荡，这时开关变压器 T101 的次级 6—8 绕组、7—9 绕组、9—10 绕组上将产生电动势。

（2）次级整流电路

在变压器 T101 的次级 6—8 绕组上产生的电动势经 D210 整流，C211、L210、C213 滤波后输出 5VSTB 电压，经插座 CN201 的⑦脚输出，供主板使用。

在变压器 T101 的次级 7—9 绕组上产生的电动势经 D220 整流、C221 滤波后输出的电压加到 Q220 的漏极，该电压受开、待机信号控制。二次开机后，插件 CN201 的①脚（STB）从主板得到一个高电平，Q262 导通，Q261 导通，D230 整流、C230 滤波产生的 18V 电压经 Q211 串联稳压后加到 Q220 的栅极，Q220 导通，在 IC220 精密器件控制下产生 12V 电压，经 C223 滤波后从 CN201 的③、④脚输出，供主板伴音等相关电路使用。

在变压器 T101 的次级 9—10 绕组上产生的电动势经 D230 整流、C230 滤波后输出 18VCC 电压，该电压经 Q221 后作为 12V 电压的开关使用。

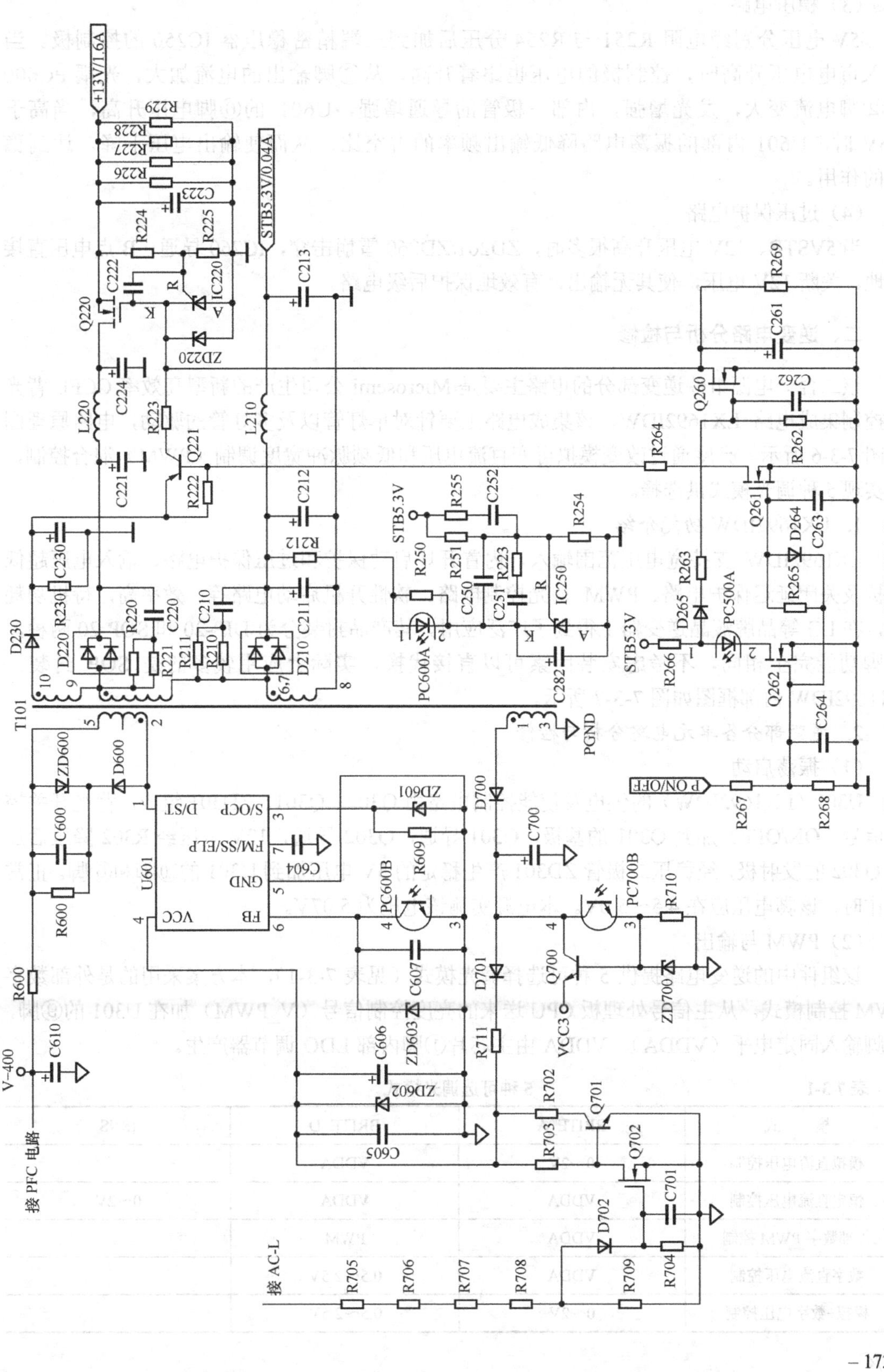

图 7-3-5　STR-W6252 组成的电源电路

（3）稳压电路

5V电压分别经电阻R251与R254分压后加到三端精密稳压器IC250的控制极。当输入市电电压升高时，控制极的电压也跟着升高，从③脚输出的电流加大，光耦PC600的②脚电流变大，发光增强，内部三极管的导通增强，U601 的⑥脚电压升高，当高于7.6V时，U601内部的振荡电路降低输出频率的占空比，从而使输出电压下降，达到稳压的作用。

（4）过压保护电路

当5VSTB、12V电压升高很多时，ZD261/ZD260雪崩击穿，IC260导通，B点电压直接到地，关断12V电压，使其无输出，有效地保护后级电路。

二、逆变电路分析与检修

该二合一电源组件逆变部分的电路主要是Microsemi公司生产的新型高效率CCFL背光灯控制集成电路 LX1692IDW，该集成电路主要针对单灯管以及多灯管的驱动，电路原理图如图7-3-6所示。亮度通过改变模拟可变直流电压和低频脉冲宽度调制（PWM）混合控制，可实现5种调光模式供选择。

1. LX1692IDW功能介绍

LX1692IDW 支持宽电压范围输入，内置开灯启动保护和过压保护电路、输入电压超低保护及关闭延迟保护电路、PWM 调光控制电路、软性开机启动电路等，效率高，待机功耗低，在LG等品牌液晶逆变器上得到了广泛应用。其产品封装分为DIP-20和SOP-20两种，引脚功能完全相同，不考虑安装因素可以直接代换，实际上应用较多的是 SOP 封装。LX1692IDW内部框图如图7-3-7所示。

2. 逆变部分各单元电路分析与检修

（1）振荡启动

U301（LX1692IDW）的供电及使能控制电路由Q302、Q301、ZD301组成。背光开关控制信号（ON/OFF）加到Q301的基极，Q301导通，Q302导通，12V电压经R302降压后加到Q302的发射极，经稳压二极管ZD301产生稳定的5V电压加到U301的⑳脚和⑥脚。正常工作时，该脚电压应在4.5～5.0V。本电源实测该电压为5.07V。

（2）PWM与输出

该组件中的逆变电路提供5种可选择调光模式（见表7-3-1），本方案采用的是外部数字PWM控制模式。从主信号处理板CPU送来的亮度控制信号（V_PWM）加在U301的⑨脚，⑦脚输入固定电平（VDDA），VDDA由主芯片①脚内部LDO调节器产生。

表7-3-1　　5种可选调光模式

模　式	BRITE_A	BRITE_D	ISNS
模拟直流电压控制	0～2V	VDDA	
恒定直流电压控制	VDDA	VDDA	0～2V
外部数字PWM控制	VDDA	PWM	
数字直流电压控制	VDDA	0.5～2.5V	
模拟+数字电压控制	0～2V	0.5～2.5V	

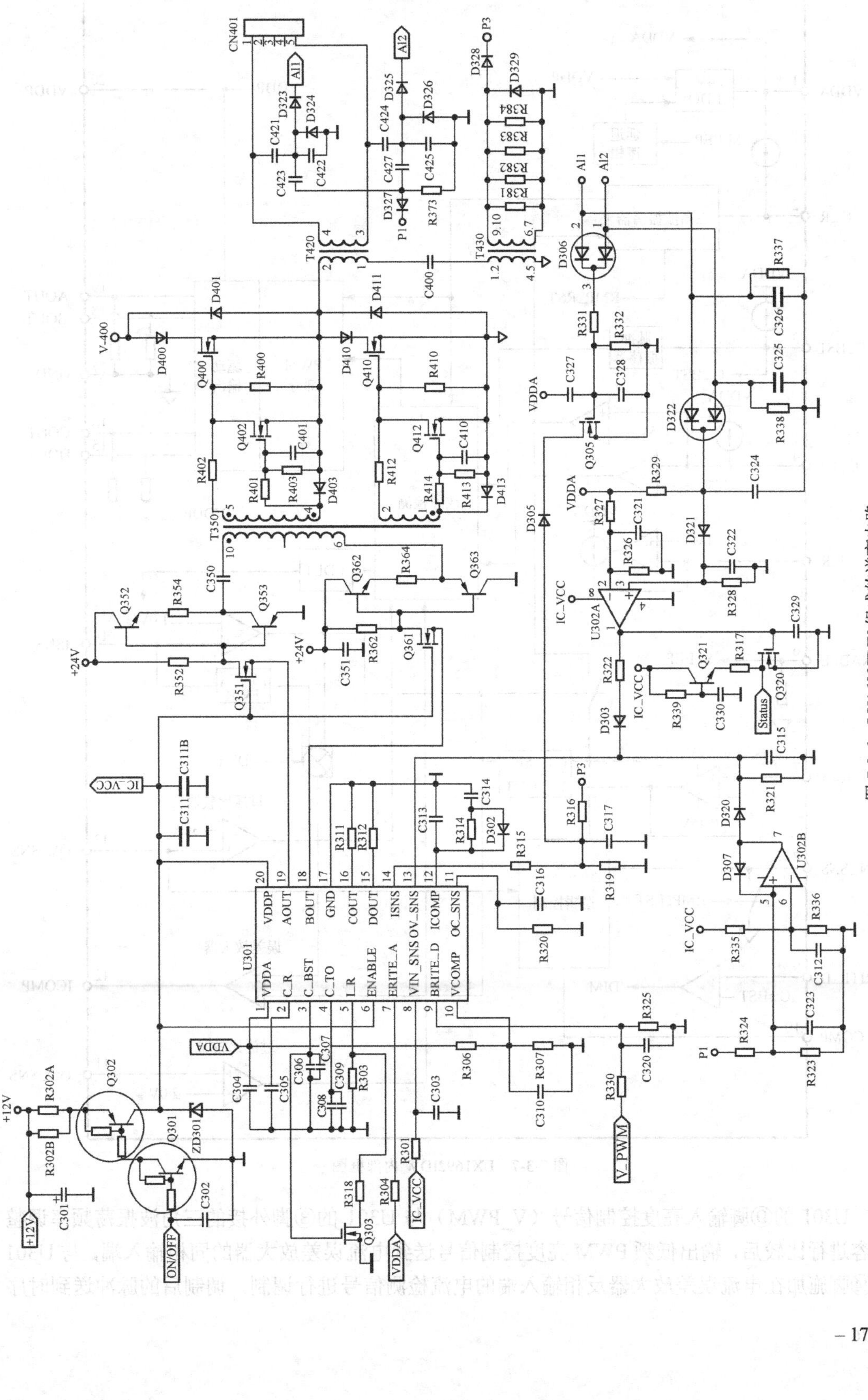

图 7-3-6　LX1692IDW 组成的逆变电路

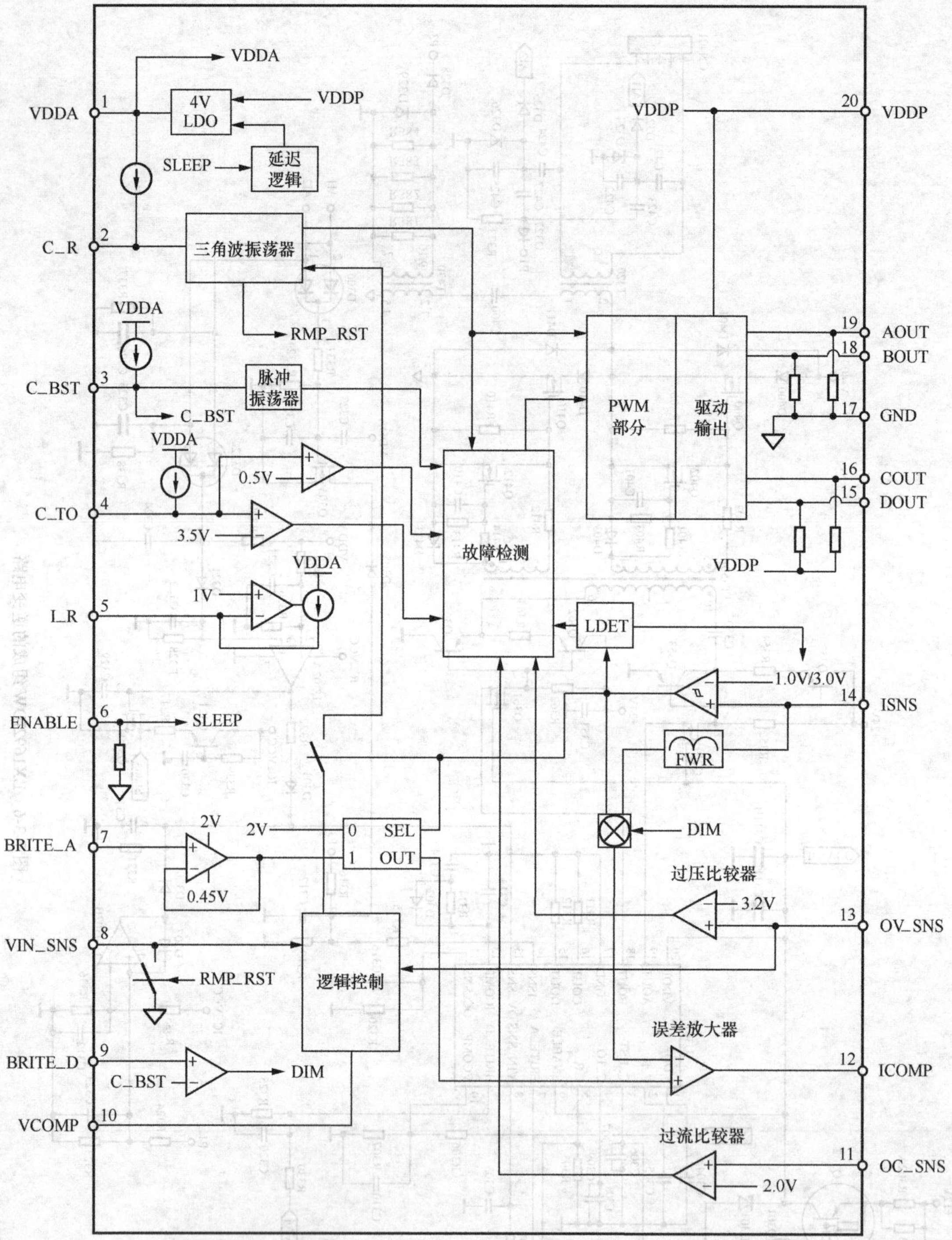

图 7-3-7　LX1692IDW 内部框图

U301 的⑨脚输入亮度控制信号（V_PWM）与 U301 的③脚外接的三角波振荡频率调整电容进行比较后，输出低频 PWM 亮度控制信号送到电流误差放大器的同相输入端，与 U301 的⑭脚施加在电流误差放大器反相输入端的电流检测信号进行调制，调制后的脉冲送到时序逻辑与误差检测器中，将振荡脉冲调制成断续的激励振荡脉冲，经内部驱动电路放大后分两组输出激励驱动信号：一路从 U301 的⑲脚输出 A 路激励信号，从⑱脚输出 B 路激励信号；第二路从 U301 的⑯脚输出 C 路激励信号，从⑮脚输出 D 路激励信号。本方案只使用了一路驱动信号，第二路驱动信号未使用，连接电阻 R311、R312 到地。

（3）高压激励驱动电路

U301 的⑲和⑱脚为集成电路的驱动脉冲输出端，分别为 AOUT、BOUT，轮换着产生高电平和低电平，经前级半桥结构组成的驱动电路放大后送至双 MOS 管与高压变压器，产生高压激励信号驱动灯管发光工作。

U301 的⑲脚输出的激励信号（直流电平约 0.058V）经 Q351、Q352、Q353 前级放大后，再经电容 C350 耦合到 T350 的⑩脚；U301 的⑱脚输出的激励信号（直流电平约 0.056V）经 Q361、Q362、Q363 前级放大后，与 T350 的⑥脚相连。U301 的⑲和⑱脚轮换着输出高电平和低电平，使几个 MOS 管轮换着导通和截止。当 Q352、Q363 导通时，Q362、Q353 截止，变压器 T350 初级中的电流流向为从上到下；当 Q352、Q363 截止时，Q362、Q353 导通，T350 初级中的电流流向为从下到上。通过 T350 的隔离，在 T350 的次级产生高频方波电压，通过控制 Q400、Q410 两个 N 沟道 MOS 管，将高频方波电压进一步提升后加到升压变压器 T420 的初级，在 MOS 管 Q400、Q410 不断的导通与截止下获得电压更高的高频方波，再通过变压器 T420 耦合，在次级感应到电压更高的高频方波，通过变压器漏电感及回路电容组成的 LC 谐振电路产生正弦波去驱动冷阴极灯管。

当变压器 T420 次级感应到的高频方波从低电平跳到高电平时，由于漏电感有抑制作用，输出波形慢慢升到最大；当变压器 T420 次级感应到的高频方波从高电平跳到低电平时，由于漏电感有抑制作用，输出波形慢慢降到最小，如此将方波变成正弦波加到灯管上。在开机瞬间，该电压能达到 1 500V 左右；正常工作时，输出为 800V 左右的交流电压。

（4）保护电路

① 过流检测输入。U301 的⑪脚外接电阻 R320 接地，在 R320 上产生与高压变压器次级绕组电流成正比的全波交流电压。与内部数字比较器的 2V 参考电压比较，如果峰值电压大于 2V，比较器输出关闭，以防止开机瞬间的误保护。如果该脚电压持续大于 2V，U301 关闭⑲和⑱脚的脉冲输出。

② 过压检测输入。U301 的⑬脚输入电压与内部数字比较器的 3.2V 参考电压比较，若产生大于 3.2V 的峰值电压，该电压根据各个脉冲信号产生频率范围为 30～500kHz 的数字逻辑脉冲。

升压变压器 T420 的取样电流分为两路：一路是通过 C421、C424 耦合，经 D323、D325 整流后，在电阻 R337、R338 上形成取样电压，加到 D322 中二极管的负端；另一路通过 C423、C427 耦合，经 D327 整流，在电阻 R324、R323 上形成取样电压，加到 U302（LM358）的⑤脚。

当由于某种原因引起 T420 输出电压过高时，D322 雪崩击穿，经 D321 整流后加在 U302 的③脚，与②脚输入的固定电压经内部比较放大后，从 U302 的①脚输出约 5V 的电压，再经 D303 降压后加在 U301 的⑬脚，同时加在状态检测电路 Q320 的栅极。另一方面，加到 U302 的⑤脚的取样电压与⑥脚输入的固定电压经内部比较放大后，从 U302 的⑦输出约 5V 的电压，再经 D320 降压后加在 U301 的⑬脚。

③ 电流检测输入。U301 的⑭脚输入电压与内部数字比较器的 1V 参考电压比较，产生大于 1V 的峰值电压（在点灯模式期间，电流传感输入禁用），输出一个电平控制数字逻辑脉冲发生器的脉冲到振荡器，从而改变振荡器的工作频率。U301 的⑭脚输入电压与灯管电流成正比。

升压变压器 T420 的取样电流分两路：一路是通过 C421、C424 耦合，经 D323、D325 整流后加到 D306 的阳极，经 D306 整流后加到 Q305 的栅极；另一路由 T430 感应的电压经 D328 整流，R316、R319 分压，R315 限流后加到 U301 的⑭脚。

④ 逆变器故障去保护。U301 的⑭脚为电流检测输入脚，去保护时只要将 U301 的⑭脚外接电阻 R315 断开即可。

U301 的⑬脚为过压检测输入端，去保护时只要将 U301 的⑬脚外接二极管 D320、D303 断开即可。

U301 的⑪脚为过流检测输入端，去保护时只要将 U301 的⑪脚接地即可。

三、维修参考数据

IC120、U601、U301 及 U302 的引脚功能和维修参考数据分别见表 7-3-2、表 7-3-3、表 7-3-4 和表 7-3-5。

表 7-3-2　　集成电路 IC120（FAN6961）引脚功能和维修参考数据

脚　号	符　号	功　能	待机电压/V	开机电压/V
①	INV	电压放大器的反相输入端	1.79	2.5
②	COMP	电压放大器输出端	0.13	1.6
③	MOT	频率调整端	0	3.6
④	CS	过流检测输入	0	0.03
⑤	ZCD	零电流检测输入	0	3.94
⑥	GND	地	0	0
⑦	GD	PFC 驱动脉冲输出	0	3.82
⑧	VCC	供电端	0.56	15.07

表 7-3-3　　U601（STR-W6252）引脚功能和维修参考数据

脚　号	符　号	功　能	待机电压/V	开机电压/V
①	D/ST	内部 MOS 管的漏极及软启动端	330	392
③	S/OCP	内部 MOS 管的源极及过流检测输入端	0	0.019
④	VCC	供电端	18.2	18.14
⑤	GND	接地端	0	0
⑥	FB	反馈控制输入端	1.08	2.05
⑦	FM/SS/ELP	频率调整端	3.67	3.67

表 7-3-4　　U301（LX1692IDW）引脚功能和维修参考数据

脚　　号	符　　号	功　　能	开机电压/V
①	VDDA	模拟电压调节器输出	3.99
②	C_R	外接灯管工作频率设置电容	0
③	C_BST	外接电容器设置脉冲调光模式频率	0
④	C_TO	外接定时电容	0
⑤	I_R	设置参考电流的电阻输入端	
⑥	ENABLE	点灯延迟控制端	3.99
⑦	BRITE_A	模拟调光的亮度控制输入	5.07
⑧	VIN_SNS	工作电压感测	0
⑨	BRITE_D	数字光亮度控制输入	0
⑩	VCOMP	模拟电压调节器循环补偿端	2.96
⑪	OC_SNS	过流感测输入	0
⑫	ICOMP	误差放大器输出端电流调节	3.99
⑬	OV_SNS	过压检测输入	0.2
⑭	ISNS	电流检测输入	0.14
⑮	DOUT	缓冲存储器 N-FET 激励输出 D	0
⑯	COUT	缓冲存储器 N-FET 激励输出 C	0
⑰	GND	接地	0
⑱	BOUT	缓冲存储器 N-FET 激励输出 B	0.056
⑲	AOUT	缓冲存储器 N-FET 激励输出 A	0.058
⑳	VDDP	工作电压输入端	5.07

表 7-3-5　　U302（LM358）引脚功能和维修参考数据

脚　　号	符　　号	功　　能	开机电压/V
①	OUT1	第一通道放大器输出	0
②	−IN1	第一通道放大器反相输入	1.98
③	+IN1	第一通道放大器同相输入	0
④	GND	接地	0
⑤	+IN2	第二通道放大器同相输入	0
⑥	−IN2	第二通道放大器反相输入	0
⑦	OUT2	第二通道放大器输出	0
⑧	VCC	电源供电端	5.07

第 4 节　LIPS 电源电路分析与检修（OZ964 方案）

奇美 V315B3-LN1 屏配的二合一电源组件（VLC82001.50）是力铭公司生产的，它驱动 12 支 CCFL，而逆变器上有 6 个输出插座，分别对应 6 个平衡变压器，而每个变压器（一个变压器有 2 个高压绕组）驱动 2 支灯管发光。图 7-4-1 所示是奇美 V315B3-LN1 屏配的二合一电源组件（VLC82001.50）的组成框图，图 7-4-2 所示是奇美 V315B3-LN1 屏配的二合一电源组件 VLC82001.50 实物图。

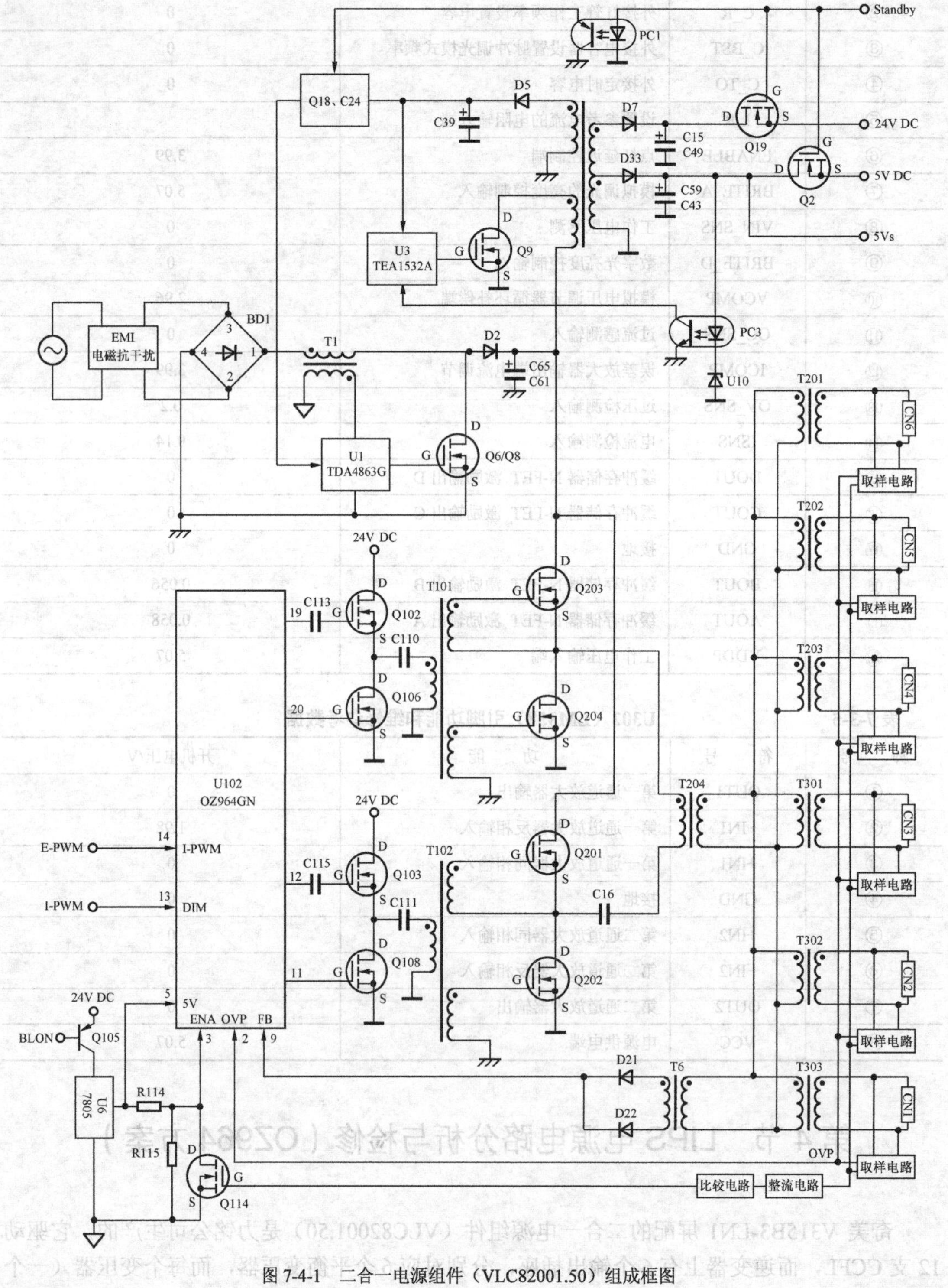

图 7-4-1　二合一电源组件（VLC82001.50）组成框图

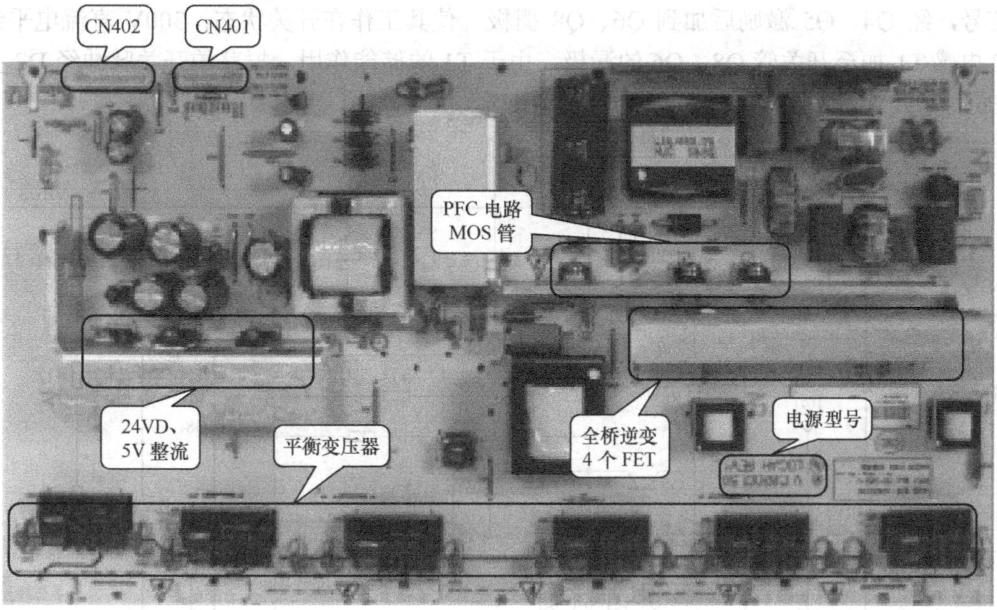

图 7-4-2　二合一电源组件 VLC82001.50 实物图

一、电源部分原理分析

电源部分采用 TDA4863G 和 TEA1532A 组合方案，电源输出 3 路电压：第一路 24V 供逆变部分电路使用和为伴音集成电路供电；第二路为 5V（3.5A），为小信号处理部分供电；第三路为 5VSTB（1A），为主板待机部分供电。

1. 电源进线滤波抗干扰电路

电源进线滤波抗干扰电路由 F1、CX1、ZNR1、LF2、CY2、CY3、CX2、RT1、LF1 共同组成，其作用是增强电视的电磁兼容性。该电路具有双向性：一方面它可以抑制高频干扰进入电视，确保电视正常工作；另一方面它可抑制开关电源产生的高频干扰，防止高频脉冲进入电网而干扰其他电气设备。

220V/50Hz 工频交流电经 CN1 进入液晶电视开关电源组件，先经过延迟保险管 F1，然后进入由 CX1、ZNR1、LF2、CY2、CY3、CX2、RT1、LF1 组成的二级低通滤波网络，滤除市电中的高频干扰信号，同时保证开关电源产生的高频信号不窜入电网。LF2、LF1 为共模扼流圈，它是绕在同一磁环上的两只独立的线圈，圈数相同，绕向相反，在磁环中产生的磁通相互抵消，磁芯不会饱和，主要抑制共模干扰，电感值愈大对低频干扰抑制效果愈佳。这样绕制的滤波电感抑制共模干扰的性能大大提高。电容 CX1、CX2 主要抑制相线和零线之间的干扰，电容值愈大对低频干扰抑制效果愈佳。

2. 功率因数校正（PFC）电路

PFC 电路采用的是西门子公司生产的一种新型 PFC 控制器 U1（TDA4863G）。TDA4863G 的内部框图如图 4-5-3 所示，PFC 电路如图 7-4-3 所示。

二次开机后插件 CN401 的①脚（PWR-ON）从主板得到一个高电平，Q7 导通，Q21 导通，光耦 PC1 导通，从 Q18 集电极输出一个稳定的+15.5V 电压，加到 U1（TDA4863G）的⑧脚形成启动供电；U1 得到正常工作电压后内部电路开始工作，从 U1⑦脚输出 MOS 管驱动信号，经 Q4、Q5 激励后加到 Q6、Q8 栅极，使其工作在开关状态；300V 直流电平经过 PFC 电感 T1 加至开关管 Q8、Q6 的漏极，由于 T1 的储能作用，振荡的开关脉冲经 D2 整流在 C65、C11 上获得约 400V 的直流电平 VBUS。

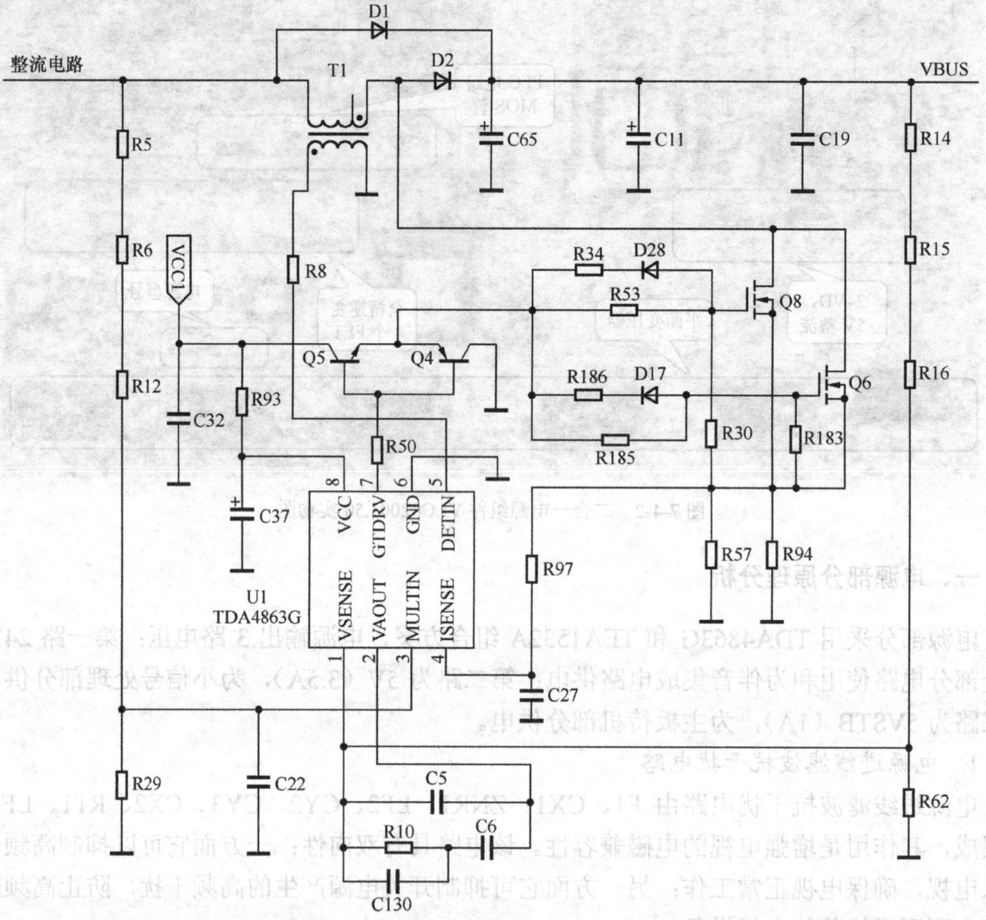

图 7-4-3　PFC 电路

U1①脚内部电压放大器同相输入端可作为基准信号输入端，被内部钳位在 2.5V，而其反相输入端通过电阻 R14、R15、R16 与 R62 分压后与前置变换器的输出端相连，实现对输出电压的检测。内部电压放大器的输出端（U1②脚）与反相输入端之间外接电容 C5、C6、C130 及电阻 R10 构成反馈积分网络，有效抑制输入整流电压纹波中的二次谐波。为了使输出电压稳定，电压放大器的输出信号直接输入乘法器，以获取电流检测比较器的信号；U1③脚为乘法器输入端，信号经电阻 R5、R6、R12 与 R29 进行分压，控制 U1 内部的乘法器第二个输入端；U1④脚为开关管过流保护检测输入端，R57、R94、R97 是取样电阻，连接 U1 内部电流比较器。

3. TEA1532A 组成的电源电路

电源电路主要由开关变压器 T2、集成电路 U3（TEA1532A）、功率 MOS 管 Q9 及相关电路组成。该部分电路在电源上电后一直工作，在待机时提供一个 5VSTB 电压给控制系统，其余电源在待机时不输出电压。在二次开机后，该电源再输出 24V、5V 电压，供整机使用。TEA1532A 内部框图如图 4-3-2 所示，TEA1532A 组成的电源电路如图 7-4-4 所示。

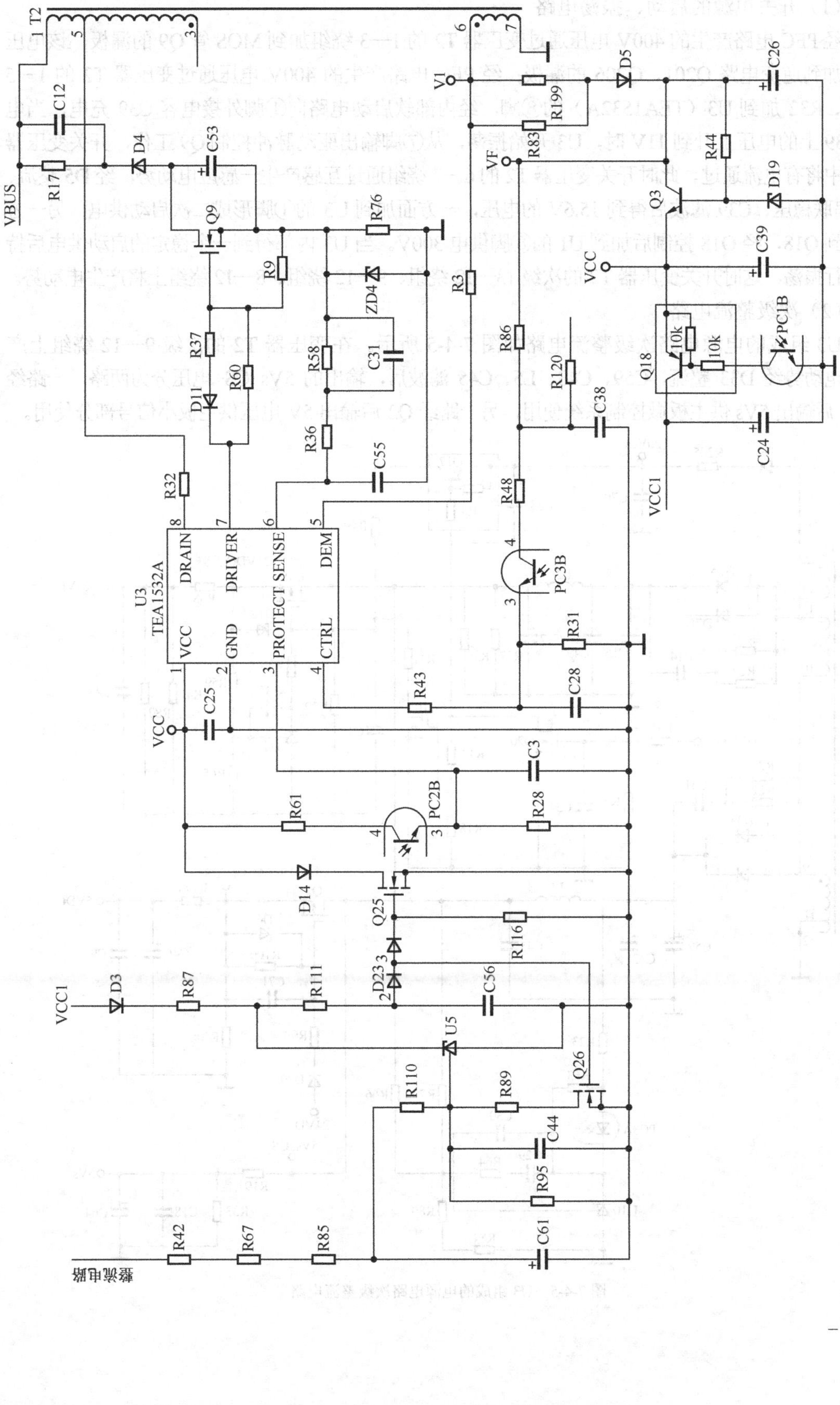

图 7-4-4　TEA1532 组成的电源电路

（1）开关电源的启动、振荡电路

经 PFC 电路产生的 400V 电压通过变压器 T2 的 1—3 绕组加到 MOS 管 Q9 的漏极，该电压同时加到逆变电路 Q201、Q206 的漏极；经 PFC 电路产生的 400V 电压通过变压器 T2 的 1—5 绕组、R32 加到 U3（TEA1532A）的⑧脚，经内部软启动电路向①脚外接电容 C39 充电，当电容 C39 上的电压上升到 11V 时，U3 开始振荡，从⑦脚输出驱动脉冲控制 Q9 工作，开关变压器绕组中将有电流通过。此时开关变压器 T2 的 6—7 绕组通过互感产生一感应电动势，经 D5 整流、Q3 串联稳压、C39 滤波后得到 15.6V 的电压，一方面加到 U3 的①脚形成二次启动供电；另一方面加到 Q18，经 Q18 控制后加到 U1 的⑧脚供电 300V。当 U3 内部得到一个稳定的启动供电后持续进行振荡，这时开关变压器 T2 的次级 13—12 绕组、9—12 绕组、8—12 绕组上将产生电动势。

（2）次级整流电路

U3 组成的电源电路次级整流电路如图 7-4-5 所示。在变压器 T2 的次级 9—12 绕组上产生的电动势经 D33 整流，C59、C43、L5、C45 滤波后，输出的 5Vs_CS+电压分为两路，一路经 R197 后输出 5Vs 供主板微控制系统使用，另一路经 Q2 后输出 5V 电压供主板小信号部分使用。

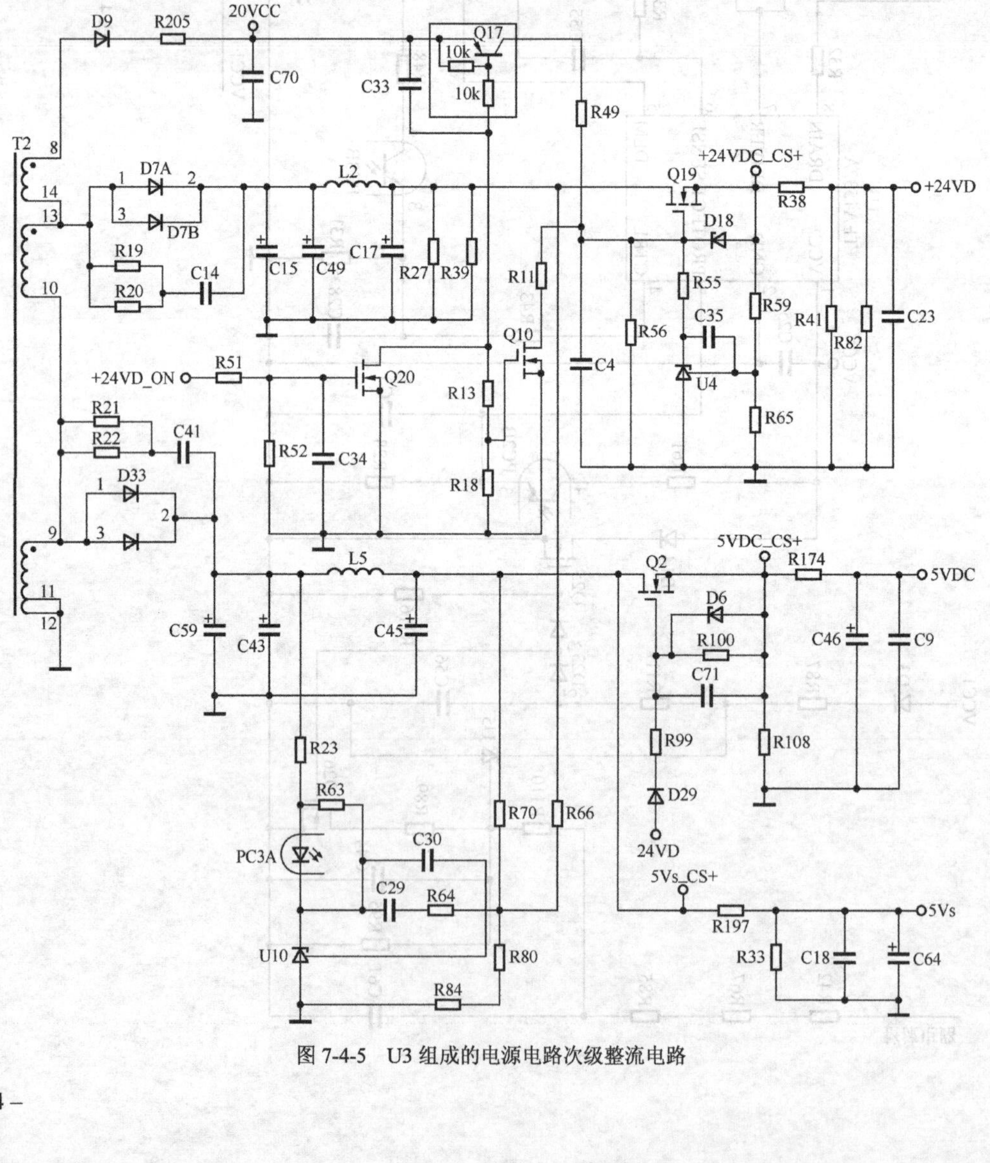

图 7-4-5　U3 组成的电源电路次级整流电路

在变压器的次级 13—12 绕组上产生的电动势经 D7 整流，C15、C49、L2、C17 滤波后输出的电压加到 Q19 的漏极，该电压受开/待机信号控制。二次开机后，插件 CN401 的①脚（PWR_ON）从主板得到一个高电平，Q7 导通，Q21 导通，输出+24VD_ON 电压到 Q20 的栅极，Q20 导通，Q10 截止，20VCC 经 Q17 加到 Q19 的漏极，经稳压控制后从源极输出 24VD 电压。该电压一方面供逆变部分电路使用；另一方面从 CN402 的①、③、④脚输出，供主板伴音等相关电路使用。

在变压器的次级 8—12 绕组上产生的电动势经 D9 整流、C70 滤波后输出 20VCC 电压，该电压一方面供 U2 使用，另一方面经 Q17 后作为 24VD 电压的开关使用。

（3）稳压电路

5V 和 24V 电压分别经电阻 R70、R66 与 R80、R84 串联电阻分压后加到三端精密稳压器 U10 的控制极。当输入市电电压升高时，控制极的电压也跟着升高，从 U10③脚输出的电流加大，光耦 PC3 的②脚电流变大，发光增强，内部三极管的导通增强，U3 的④脚电压升高，当高于 5.6V 时，U3 内部的振荡电路降低输出频率的占空比，从而使输出电压下降，达到稳压的作用。

（4）过压保护电路

电源电路的过压保护电路如图 7-4-6 所示。当 5Vs、5Vs_CS+、5VDC、5VDC_CS+、24VD、24VDC_CS+电压升高很多时，U2（LM324）内部运算放大器翻转，ZD2 雪崩击穿，Q24 导通，光耦 PC2 导通，VCC（15.6V）电压直接加到了 U3 的③脚，U3 内部的过压保护启动，从而关断 U3 的振荡，使其无输出，有效地保护其他电路。

二、逆变电路分析与检修

1. 电源供电、使能控制等相关电路分析与检修

U102（OZ964GN）的供电及使能控制电路由 Q121、Q105、U6（78M05）、U103B（LM358）、Q13、Q14、Q206 等组成，电路如图 7-4-7 所示。

（1）电源供电电路

电源供电电路由 Q121、Q105、U6、U102 的⑤脚内部电路组成。背光开关控制信号（BLON）加到 Q121 时，Q121 导通，Q105 导通，24VD 电压加到 U6 的②脚，经 U6 产生稳定的 5V 电压加到 U102 的⑤脚，正常工作时，该脚电压应在 4.5～5.0V。

（2）使能控制电路

U102 的使能控制电路由 U103B、Q13、Q14、Q206、U102 的③脚内部电路组成。U102 的③脚电压由主板 MCU 送来的逆变器开关控制信号控制。U102 的③脚电压为高电平时 U102 工作，低电平时 U102 停止工作。

U102 的③脚一方面通过 R114、R115 对 5V 供电分压，再经电容 C120 滤除干扰后送入 U102 的③脚，供开启振荡集成电路使用。电容 C120 的作用是让 ENA 脚慢慢升到 U102 开启电压，从 0V 升到开启电压需 1ms 左右时间，以保证 U102 的正常启动。另一方面，从电源板组件 6 个高频变压器输出的正弦交流电经高压取样电容取样，分别经 D216～D219 整流，R223、R224 分压后加到 U103B 的⑤脚（正常时 0.24V），与⑥脚电压（正常时 2.49V）进行比较，当 U103B 的⑤脚为低电平时，⑦脚输出低电平，Q14、Q1、Q206、Q13、Q12、Q114 均截止，U102 的③脚电压为高电平（正常时 2.49V）。当电源板组件的 6 个高频变压器存在故障或某根灯管存在故障时，U103B 的⑤脚电压升高，⑦脚输出高电平，Q14、Q1、Q206、Q13 导通，Q12、Q114 截止，U102 的③脚电压为低电平，U102 停止工作，关闭激励脉冲输出。

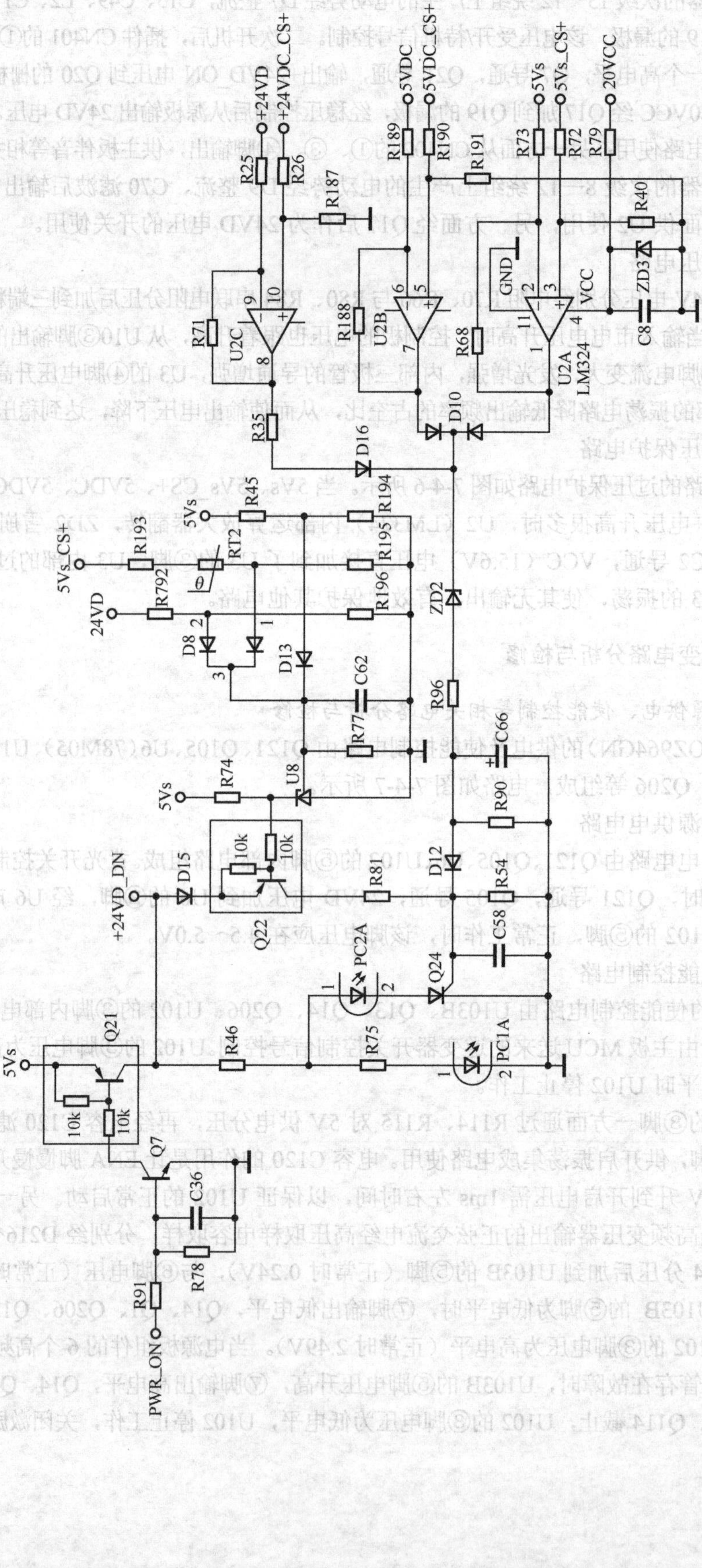

图 7-4-6 电源电路的过压保护电路

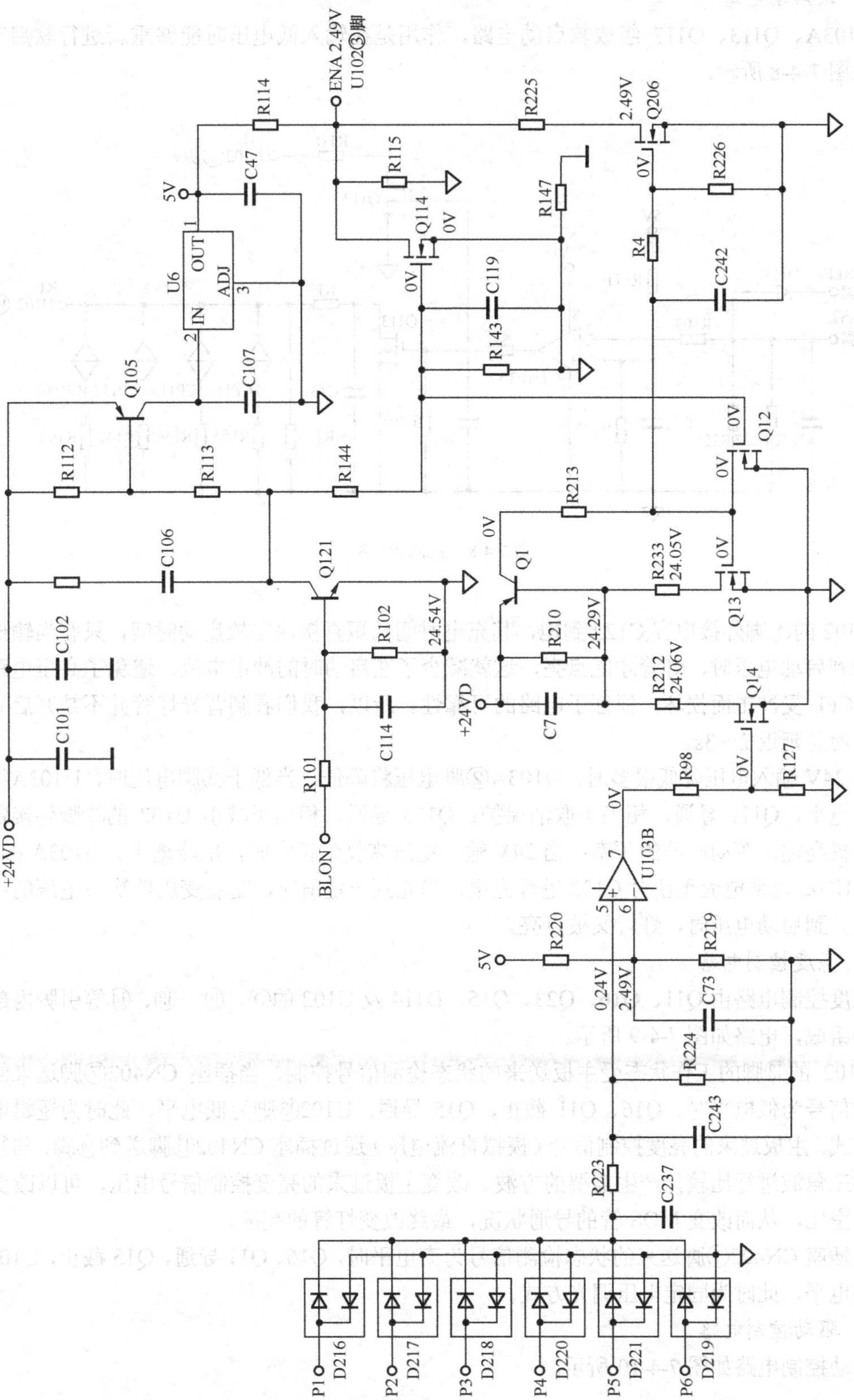

图 7-4-7　OZ964GN 的供电及使能控制电路

2. 软启动电路

U103A、Q113、Q117 组成软启动电路，作用是在输入低电压时能够重新进行软启动。电路如图 7-4-8 所示。

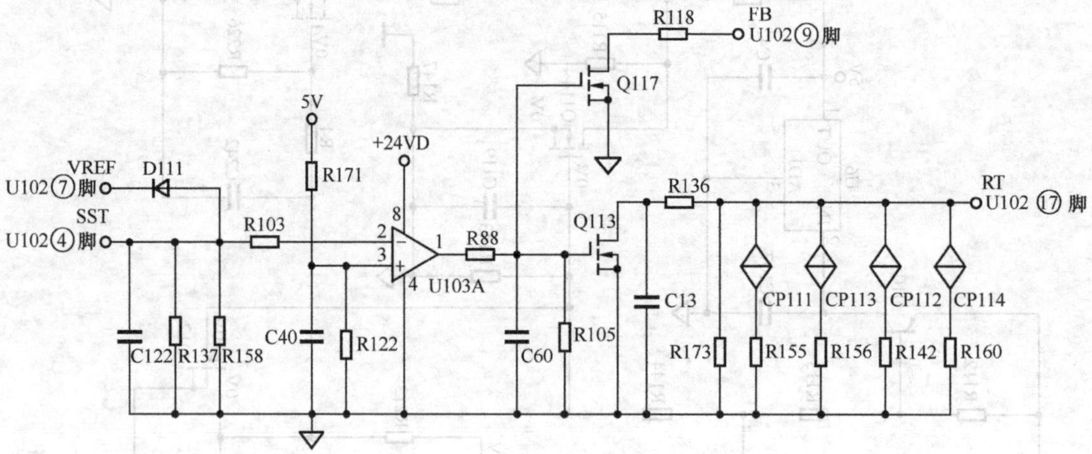

图 7-4-8 软启动电路

U102 的④脚外接电容 C122 到地，其充电时间长短直接决定软启动时间，只有当输出电压增加到启动电压时，灯管才能点亮，这就减少了在启动时的冲击电流，避免了高压电路零件和 CCFL 受冲击而损坏，保证了电路的可靠性。所以，我们看到背光灯管并不是开启立刻点亮，而是延迟 2～3s。

当 24V 输入电压降低很多时，U103A②脚电压将降低，当低于③脚电压时，U103A①脚输出高电平，Q117 导通，相当于取消保护；Q113 导通，相当于减小 U102 的⑰脚外接定时电阻，提高输出驱动脉冲的频率；当 24V 输入电压恢复到正常时，电流增大，U103A 截止；此时，U102 内部电流重新对 C122 进行充电，当充到一定值时，随着变压器次级电压的不断升高，升到启动电压时，灯管又被点亮。

3. 亮度控制电路

亮度控制电路由 Q11、Q16、Q23、Q15、D114 及 U102 的⑨、⑩、⑬、⑭等引脚内部相关电路组成，电路如图 7-4-9 所示。

U102 的⑬脚的工作状态受主板送来的状态检测信号控制，当插座 CN402⑦脚送来的状态检测信号为低电平时，Q16、Q11 截止，Q15 导通，U102⑬脚为低电平，此时为逻辑电压调光方式。主板过来的亮度控制信号（模拟直流电压）通过插座 CN402⑪脚送到⑭脚，与⑮脚产生的三角波进行比较，产生需要的方波。改变主板过来的亮度控制信号电压，可以改变方波的占空比，从而改变 MOS 管的导通状况，最终改变灯管的亮度。

当插座 CN402⑦脚送来的状态检测信号为高电平时，Q16、Q11 导通，Q15 截止，U102⑬脚为高电平，此时为固定电压调光方式。

4. 驱动控制电路

驱动控制电路如图 7-4-10 所示。

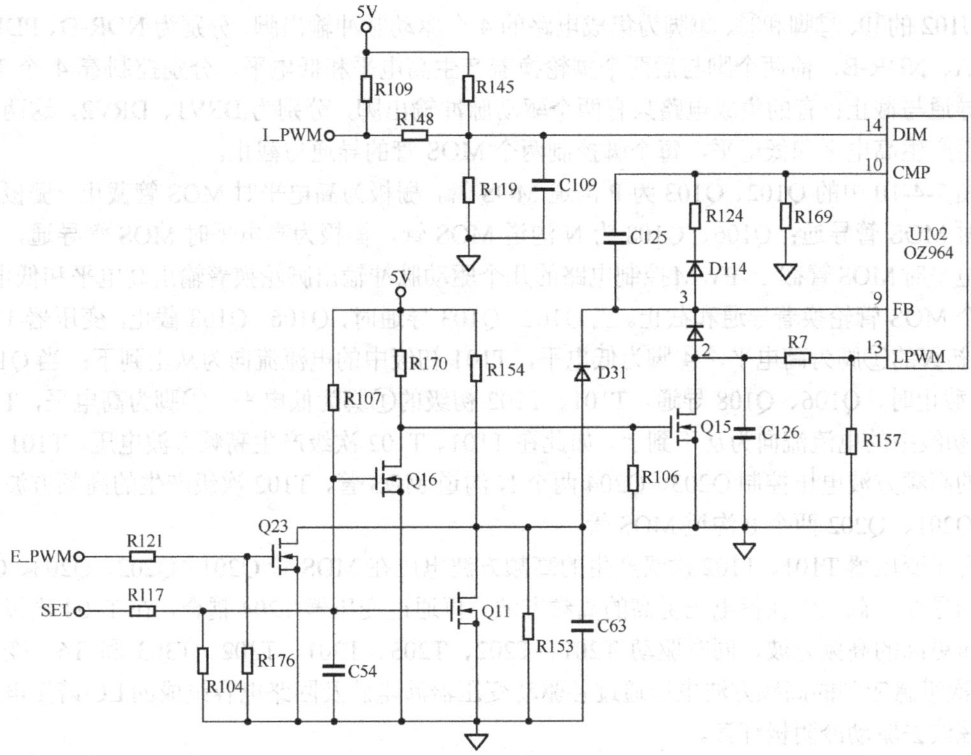

图 7-4-9　亮度控制电路

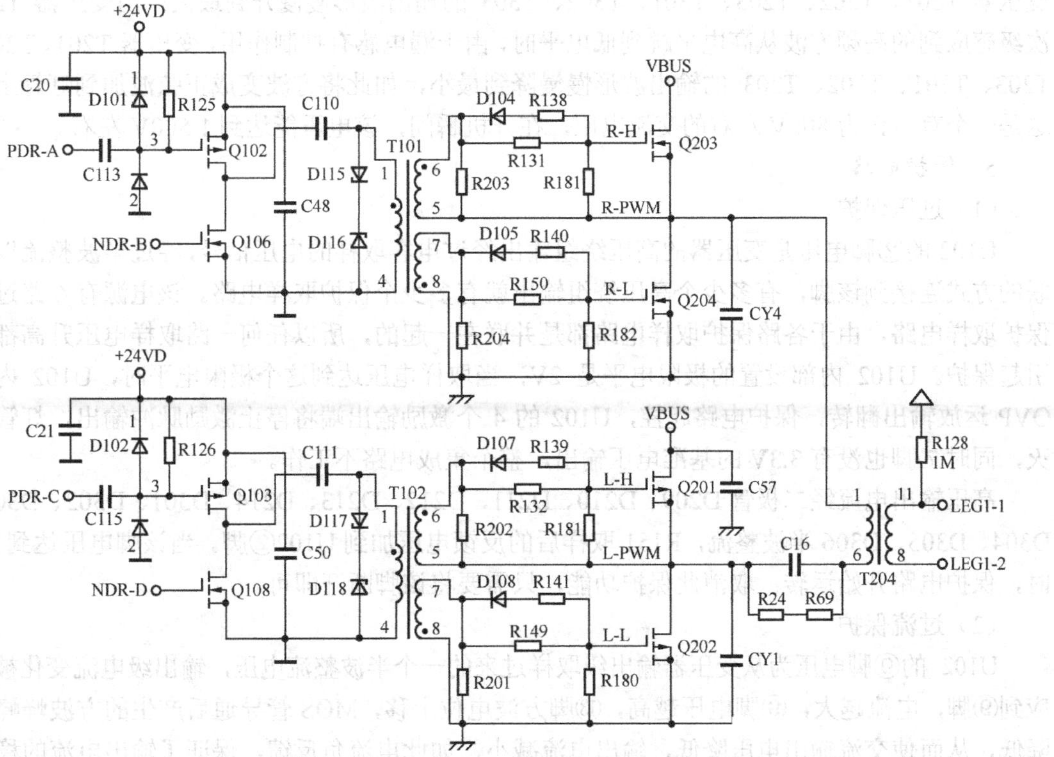

图 7-4-10　驱动控制电路

U102 的⑪、⑫脚和⑲、⑳脚为集成电路的 4 个驱动脉冲输出脚，分别为 NDR-D、PDR-C、PDR-A、NDR-B，前两个脚与后两个脚轮换着产生高电平和低电平，分别控制着 4 个 MOS 管的导通与截止；有的集成电路只有两个驱动脉冲输出脚，分别为 DRV1、DRV2，这两个脚轮换着产生高电平和低电平，每个脚控制两个 MOS 管的导通与截止。

图 7-4-10 中的 Q102、Q103 为 P 沟道 MOS 管，栅极为高电平时 MOS 管截止，栅极为低电平时 MOS 管导通；Q106、Q108 为 N 沟道 MOS 管，栅极为高电平时 MOS 管导通，栅极为低电平时 MOS 管截止。PWM 控制电路的几个驱动脉冲输出脚轮换着输出高电平和低电平，使几个 MOS 管轮换着导通和截止。当 Q102、Q103 导通时，Q106、Q108 截止，变压器 T101、T102 初级的①脚为高电平，④脚为低电平，T101 初级中的电流流向为从上到下；当 Q102、Q103 截止时，Q106、Q108 导通，T101、T102 初级的①脚为低电平，④脚为高电平，T101、T102 初级中的电流流向为从下到上。如此在 T101、T102 次级产生高频方波电压。T101 次级产生的高频方波电压控制 Q203、Q204 两个 N 沟道 MOS 管，T102 次级产生的高频方波电压控制 Q201、Q202 两个 P 沟道 MOS 管。

升压变压器 T101、T102 次级产生的高频方波电压在 MOS 管 Q201、Q202、Q203、Q204 不断的导通与截止中获得电压更高的高频方波，再通过变压器 T204 耦合，在 T204 次级感应到电压更高的高频方波，同时驱动 T201、T202、T203、T301、T302、T303 和 T6。变压器 T204 次级感应到的高频方波电压通过各驱动变压器漏电感及回路电容组成的 LC 谐振电路产生正弦波去驱动冷阴极灯管。

当变压器 T204 次级感应到的高频方波从低电平跳到高电平时，由于漏电感有抑制作用，变压器 T201、T202、T203、T301、T302、T303 的输出波形慢慢升到最大；当变压器 T204 次级感应到的高频方波从高电平跳到低电平时，由于漏电感有抑制作用，变压器 T201、T202、T203、T301、T302、T303 的输出波形慢慢降到最小，如此将方波变成正弦波加到灯管上。这是一个有效值为 800V 左右的交流电压，在开机瞬间，该电压能达到 1 500V 左右。

5. 保护电路

（1）过压保护

U102 的②脚电压是变压器的高压绕组输出经过电容取样的电压信号，经过半波整流以并联的方式连接到该脚，有多少个高压绕组输出就有多少个保护取样电路。该电源有 6 路过压保护取样电路，由于各路保护取样电路都是并联在一起的，所以任何一路取样电压升高都会引起保护。U102 内部设置的极限电平是 2V，当取样电压达到这个极限电平时，U102 内部 OVP 运放输出翻转，保护电路起控，U102 的 4 个激励输出端将停止激励脉冲输出，灯管熄灭，同时⑦脚也没有 3.3V 的基准电压输出，整个集成电路不工作。

高压输出电流经二极管 D209、D210、D211、D212、D213、D214、D301、D302、D303、D304、D305、D306 半波整流，R151 取样后的反馈电压加到 U102②脚。当该脚电压达到 2V 时，保护电路开始运转；取消此保护功能，只需要将该脚断开即可。

（2）过流保护

U102 的⑨脚电压为从变压器输出级取样过来的一个半波整流电压，输出级电流变化被感应到⑨脚，电流越大，⑨脚电压越高，⑬脚方波电位上移，MOS 管导通后产生的方波峰峰值降低，从而使交流输出电压降低，输出电流减小，如此电流负反馈，保证了输出电流的稳定性。当输出级出现短路等原因造成输出电流很大时，⑨脚电压也会急剧上升，从而切断变压器交流电压输出，电源进入保护状态。

CCFL 电流检测信号通过变压器 T6 的 3—4 绕组产生的感应电压经 D21、D22 半波整流，C112 滤波，R164 限流后加到 U102 的⑨脚，芯片根据此电流自动调整 CCFL 亮度使其均衡。变压器 T204 次级电压越高，变压器 T6 的 3—4 绕组产生的感应电压也越高，加到 U102 的⑨脚的电压也升高，经过 U102 内部处理，降低输出激励脉冲频率，最终减小灯管电流。

6. 其他电路

① U102 的①脚为 CCFL 点灯时间限制端。该脚外接 C103、R152 到地，当输出电路出现过压时，U102 内部的开关被打开，对该电容进行充电。当充电到一定值时，U102 启动内部保护功能，U102 被关闭，停止驱动脉冲输出。改变电容 C103 的大小，可以改变 U102 启动保护时间的快慢，电容越大，保护越慢；电容越小，保护越快。一般设计保护时间在 1～2s。

② U102 的⑥脚 AGND 为信号地。⑯脚 PGND 为电源地。设置这两个接地的目的是为了减小灯管与输入供电电路之间的干扰。有的背光板上设计了两个地，即信号地和电源地。信号地与灯管部分地相连，电源地与 MOS 管导通电路的地相连。信号地与电源地在背光板输入电路部分直接相连或通过跳线相连。

③ U102 的⑦脚为基准电压输出脚，通过一个电容 C108 到地，保持该脚电压的稳定性，同时通过钳位二极管 D111 连接到软启动脚④脚。常见的基准电压有 2.5V、3.3V 和 5V 3 种，U102 保护时该脚没有电压输出。

④ U102 的⑩脚为频率补偿脚。该脚为 U102 内部电流反馈比较器输出端，当灯管出现开路或损坏时，灯管没有电流，⑨脚电位急剧下降，⑩脚输出高电平，将 U102 关闭，电源进入保护状态。在灯管启动时，该脚的电压是个高电位，当灯管点亮后，电压恢复正常值。

⑤ U102 的⑰、⑱脚为振荡集成电路工作频率设定脚。其中⑰脚为定时电阻脚，外接电阻 R173 到地，改变电阻大小，可改变输出驱动脉冲的频率。电阻越大，驱动脉冲频率越低；电阻越小，驱动脉冲频率越高。⑱脚为定时电容脚，外接电容 C124 到地，改变电容大小，可改变输出驱动脉冲的频率。电容越大，驱动脉冲频率越低；电容越小，驱动脉冲频率越高。

三、维修参考数据

TDA4863G、TEA1532A、LM324、OZ964GN、LM358 和主要三极管的引脚功能及维修参考数据见表 7-4-1～表 7-4-6。

表 7-4-1　　TDA4863G（PFC）引脚功能及维修参考数据

脚　号	符　号	功　能	阻值（200kΩ挡）/kΩ	待机电压/V	开机电压/V
①	VSENSE	电压放大器的反相输入端	7.16	1.8	2.49
②	VAOUT	电压放大器输出端	∞	0	3.39
③	MULTIN	乘法器输入端	9.98	3.4	2.28
④	ISENSE	过流检测输入	1	0	0.04
⑤	DETIN	零电流检测输入	50	0	2.38
⑥	GND	地	0	0	0
⑦	GTDRV	PFC 驱动脉冲输出	∞	0	4.88
⑧	VCC	供电端	0	0.42	15.5

表 7-4-2　　TEA1532A（电源管理）引脚功能及维修参考数据

脚　号	符　号	功　能	阻值（200kΩ挡）/kΩ	待机电压/V	开机电压/V
①	VCC	供电	∞	16.38	15.62
②	GND	接地	0.1	0	0.002
③	PROTECT	保护控制输入	99.8	0	0.002
④	CTRL	控制输入	3.0	1.4	1.79
⑤	DEM	辅助绕组去磁时间输入	0.36	0.05	0.129
⑥	SENSE	MOS 管源极感应电流输入	6.10	0	0.01
⑦	DRIVER	MOS 管驱动信号输出	10.0	0.03	0.31
⑧	DRAIN	软启动输入	∞	306	426

表 7-4-3　　LM324（四运放算放大器）引脚功能及维修参考数据

脚　号	符　号	功　能	阻值（200kΩ挡）/kΩ	待机电压/V	开机电压/V
①	Out1	输出 1	17	0.67	0.63
②	Inverting IN1	反相输入 1	6000	5.33	5.27
③	Non-inverting IN1	同相输入 1		5.31	5.30
④	VCC	正电源	3800	26.32	26.96
⑤	Non-inverting IN2	同相输入 2	0.49	0	5.33
⑥	Inverting IN2	反相输入 2	0.50	0	5.33
⑦	Out2	输出 2	9.66	0.047	0.60
⑧	Out3	输出 3	24	0.19	0.92
⑨	Inverting IN3	反相输入 3	2.81	0.68	23.71
⑩	Non-inverting IN3	同相输入 3	2.91	0.68	23.71
⑪	VCC−	负电源	0	0	0
⑫	Non-inverting IN4	同相输入 4	∞	0.46	10.87
⑬	Inverting IN4	反相输入 4	∞	0.42	10.71
⑭	Out4	输出 4	∞	25.01	26.73

表 7-4-4　　OZ964GN（振荡芯片）引脚功能及维修参考数据

脚　号	符　号	功　能	阻值（200kΩ挡）/kΩ	开机电压/V
①	CTIMR	CCFL 点灯时间限制端	9.15	0
②	OVP	过压输入端	810	1.17
③	ENA	开关控制端	5.64	2.47
④	SST	软启动控制端	5000	4.84
⑤	VDDA	电源供电端	2.6	4.88
⑥	AGND	接地端	0	0

续表

脚 号	符 号	功 能	阻值（200kΩ挡）/kΩ	开机电压/V
⑦	VREF	2.5V 参考电压输出端	∞	3.31
⑧	RT1	启动点灯外接频率调整电阻	∞	2.50
⑨	FB	CCFL 反馈信号输入端	21.3	1.19
⑩	CMP	频率补偿端	36.2	1.91
⑪	NDRV-D	N-FET 激励输出端	∞	2.36
⑫	PDRV-C	P-FET 激励输出端	100	2.47
⑬	LPWM	低频 PWM 信号输出端	93.7	0.67
⑭	DIM	亮度控制端	64.7	1.74
⑮	LCT	脉冲方式调光端	∞	1.17
⑯	PGND	接地端	0	0
⑰	RT	外接定时电阻	44.4	测时会保护
⑱	CT	外接定时电容	∞	测时会保护
⑲	PDRV-A	P-FET 激励输出端	99.8	2.43
⑳	NDRV-B	N-FET 激励输出端	∞	2.23

表 7-4-5　LM358（运算放大器）维修参考数据

脚 号	符 号	功 能	阻值（200kΩ挡）/kΩ	待机电压/V	开机电压/V
①	OUT1	输出 1	101.6	0	−0.20
②	IN1−	反相输入 1	5000	0	4.84
③	IN1+	同相输入 1	50.5	0	2.46
④	GND	接地	0	0	0
⑤	IN2+	同相输入 2	99.5	0	0.359
⑥	IN2−	反相输入 2	10.66	0	2.46
⑦	OUT2	输出 2	199.9	0	0.21
⑧	VCC	供电端	2.84	0.68	23.83

表 7-4-6　主要三极管维修参考数据　（单位：V）

位号 / 引脚	Q21		Q7		U10		Q17		Q22	
	开	待	开	待	开	待	开	待	开	待
B	0	5.33	0.64	0	3.64	3.62	0	26.12	5.29	5.22
C	5.30	0	0	5.32	0	0	27.21	0	0	0
E	5.33	5.34	0	0	2.47	2.48	27.21	26.45	5.35	5.20

位号 / 引脚	Q20		Q10		U4		U8		D10	
	开	待	开	待	开	待	开	待	开	待
B	3.62	0	测灯灭	12.32	26.82	0	5.27	0	0.61	0
C	0	26.11	26.82	0	0	0	0	0	2.85	1.04
E	0	0	0	0	2.45	0.06	1.81	1.77	0.61	0.67

第 5 节　二合一电源和 LED 驱动板常见故障检修

1. HS180P-3HF01 常见故障

① 无待机 5V 电压：驱动 U301（A6059H）本身损坏（待机驱动模块 A6059H 可用 A6059 或 A6069H 替代）。

② 屏不亮或亮一下保护：引起该故障的原因有 U501（LX6512CD）高压驱动集成电路损坏，变压器绕组阻值变大或开路（T601、T602 型号为 TMS95058CT，T603 型号为 TMS95059CT，这两种型号是不能代换的。TMS95058CT 绕组阻值为 1.05kΩ左右，TMS95059CT 的正常阻值是 1.4kΩ左右，都用二极管挡测量）。

③ 开机屏亮保护：损坏最多的是激励变压器 T501（BCK-11603L）。

④ 屏亮保护：C503 变质会引起屏亮后保护。

2. HS095P-3HF01 常见故障

① 无待机 5V 电压：驱动 U301（A6059H）本身损坏。

② 炸待机 5V：U301 炸坏，ZD308（16V 稳压管）短路，R301（1Ω/2W，过流检测电阻）、Q304（实物标识为 2222，NPN 管作串联稳压用，二次启动供电电路）损坏。

③ 屏不亮或保护：逆变器驱动集成电路 IC501（FAN7319）变质会引起屏不亮或保护。串联稳压电路给 PFC、24V 驱动集成电路提供二次启动供电，当待机 5V 炸时容易炸坏此电路；产生 5V 电压的 MOS 管 Q308 短路时，也会将 IC501 烧坏。

3. 三星 LJ97-02422ALED 驱动板常见故障

① 待机无输出：主要是待机模块 ICB801（ICE3B0365J）损坏。

② 炸待机主要坏 ICE3B0365J、过流检测电阻 RB815（2.2Ω/2W）、稳压管 ZDB801（20V）、待机变压器 TB801S（KE-02B）。

③ 无 130V 输出：130V 驱动集成电路启动供电有问题（ICM801，MC33067P）；130V 驱动集成电路本身变质；振荡电容 CM820（1000V103J）变质或鼓包，有时需仔细看才能看出来有一点鼓包。

④ 炸 130V 开关管 QM804、QM805，一般更换即可；更换后需测量次级是否有其他电路短路，否则通电又会炸。QM804 和 QM805 原型号为 13N50CF，可用 18N50 和 SD20N60 替代。

⑤ 烧 LED 驱动和振荡 MOS 管。驱动集成电路（HV9911NG）和 MOS 管共用了 6 组驱动 MOS 管和 12 个振荡 MOS 管（3N40），一般情况下坏 5 个驱动和 5 个振荡 MOS 管（IC9101、IC9201、IC9301、IC9401、IC9501、Q9102、Q9202、Q9302、Q9402、Q9502）。

4. 典型故障检修实例

例 1　电源模块型号：FSP150P-3HF02

故障现象：不开机。

分析与检修：通电检测发现 5V 没有电压，说明待机控制有问题。测量 PFC 的电压只有 305V，电压明显偏低，正常电压应该在 400V。检测待机控制集成电路 U601（STR-W6252 ）供电 12V 正常，发现 U601 的①脚外接二极管 D600（HE1048）击穿，用 RU1 将其代换，开机电压还是不正常，检查二极管还是击穿。又用 RU2 将其更换，开机电压一切正常，说明二极管 D600 采用的是高频二极管。

例 2　电源模块型号：FSP270-3PI05A

故障现象：半边光暗。

分析与检修：半边光暗故障应该是逆变器输出电压不够，导致背光灯管发光亮度不足。电源板 FSP270-3PI05A 经变压器产生多路高压给灯管供电，首先怀疑驱动变压器有问题，代换后故障依旧，分析故障应该是逆变器管理芯片的振荡频率不对，导致电压输出偏低。经检查振荡芯片 U301 的②脚外接定时电容 C305 容量减小，代换后故障排除。

第 8 章　逻辑板电路分析与检修

不同的液晶屏因为内部电路的差别还需要一些不同的外围附属电路，这部分电路通常由逻辑板来实现。在本章中，将介绍几种常用液晶屏所配逻辑板的结构，同时对逻辑板的时序控制电路、TFT 偏压控制电路、伽马控制电路等进行详细分析。

第 1 节　逻辑板概述

一、逻辑板结构

逻辑板又称 T-CON 板，其作用是将主板送来的 LVDS 信号在逻辑板上 MCU 的控制下，转换成液晶面板所需要的行列驱动信号，驱动屏正常工作而显像。

逻辑板的输入接口主要有 TTL（三极管-三极管驱动）、LVDS（低压差分信号）、RSDS（微幅差分信号）等种类，使用最为普遍的是 LVDS 接口。LVDS 接口电路分为单路传输 RGB 数据（标清屏使用）或奇/偶双路传输 RGB 数据（高清屏使用）两种方式。如果考虑输出位数（6 位、8 位、10 位），目前常用的 LVDS 接口类型有单路 8 位 LVDS 接口、双路 8 位 LVDS 接口、单路 10 位 LVDS 接口、双路 10 位 LVDS 接口 4 种。图 8-1-1 所示为奇美 V420H1-LN1 屏所配逻辑板实物图。

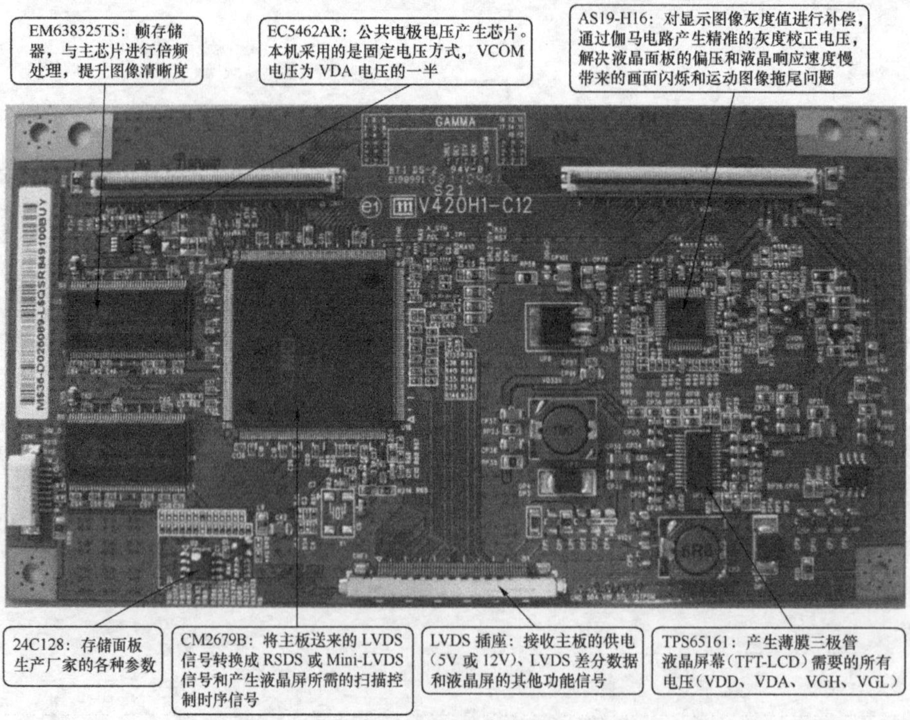

EM638325TS：帧存储器，与主芯片进行倍频处理，提升图像清晰度
EC5462AR：公共电极电压产生芯片。本机采用的是固定电压方式，VCOM 电压为 VDA 电压的一半
AS19-H16：对显示图像灰度值进行补偿，通过伽马电路产生精准的灰度校正电压，解决液晶面板的偏压和液晶响应速度慢带来的画面闪烁和运动图像拖尾问题
GAMMA
V420H1-C12
24C128：存储面板生产厂家的各种参数
CM2679B：将主板送来的 LVDS 信号转换成 RSDS 或 Mini-LVDS 信号和产生液晶屏所需的扫描控制时序信号
LVDS 插座：接收主板的供电（5V 或 12V）、LVDS 差分数据和液晶屏的其他功能信号
TPS65161：产生薄膜三极管液晶屏幕（TFT-LCD）需要的所有电压（VDD、VDA、VGH、VGL）

图 8-1-1　奇美 V420H1-LN1 屏所配逻辑板实物图

二、逻辑板组成框图

典型的 TFT 液晶屏所配逻辑板的组成框图如图 8-1-2、图 8-1-3 所示。图 8-1-2 与图 8-1-3 所示两种架构的逻辑板结构主要区别在于伽马校正电路。图 8-1-2 所示逻辑板结构中，伽马电压由分压电阻形成的直流电压和放大器组成的电流缓冲回路形成。图 8-1-3 所示逻辑板结构中，伽马电压通过 I^2C 总线输入数字数据，利用 D/A 转换器转换为模拟直流电压后，通过电流缓冲输出等级电压形成。

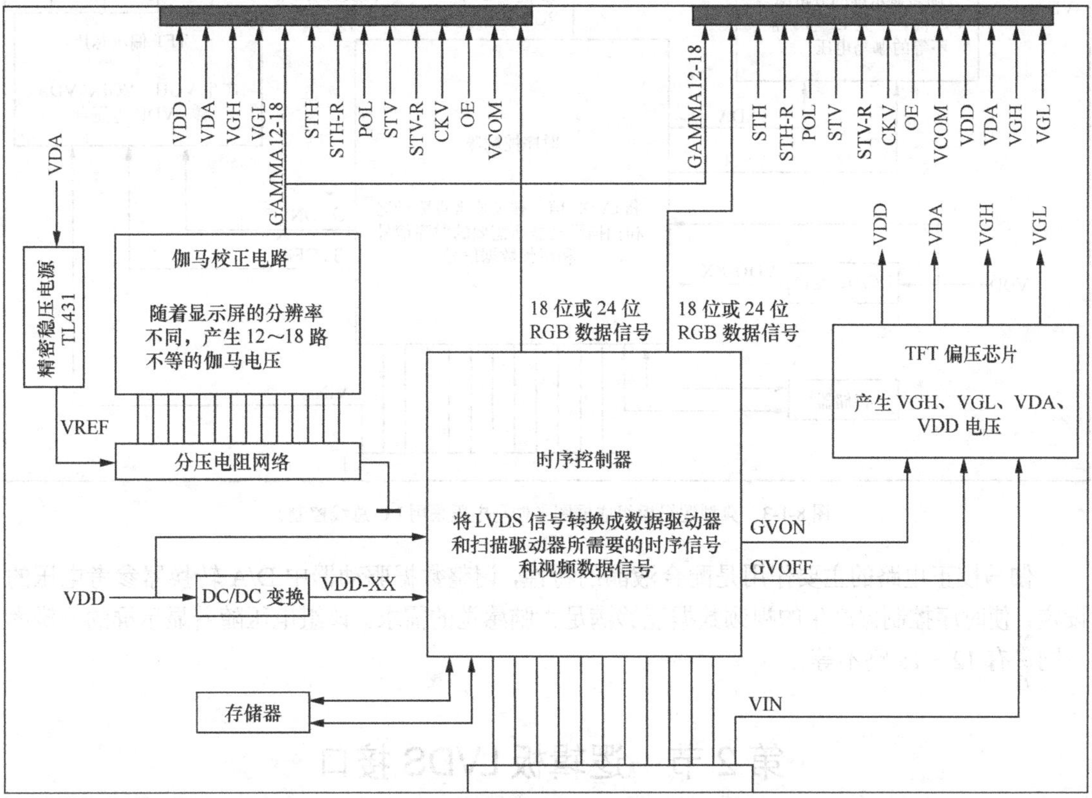

图 8-1-2　典型逻辑板组成框图（伽马电压采用分压电阻控制）

从主板送来的 LVDS 信号（包括数据信号、同步信号、时钟信号、使能信号）通过 LVDS 接口加到逻辑板上的时序控制器，通过时序控制器内部电路的处理，转换成数据驱动器和扫描驱动器所需要的时序信号和视频数据信号。时序信号包括同步信号（水平、垂直）、使能信号、锁存信号、位移信号等。主板送来的水平、垂直同步信号（Hsync、Vsync）、数据时钟（DCLK）均以使能控制信号（DE）为基础，产生各种控制信号。

TFT 偏压电路主要产生扫描驱动器（行驱动器或栅极驱动器）的开关电压 VGH、VGL 和数据驱动器（列驱动器或源极驱动器）的工作电压 VDA，以及 TFT 时序控制电路所需的工作电压 VDD。VDA 电压同时作为伽马控制电路将数字数据信号转换为电压时的基准电压 VREF。

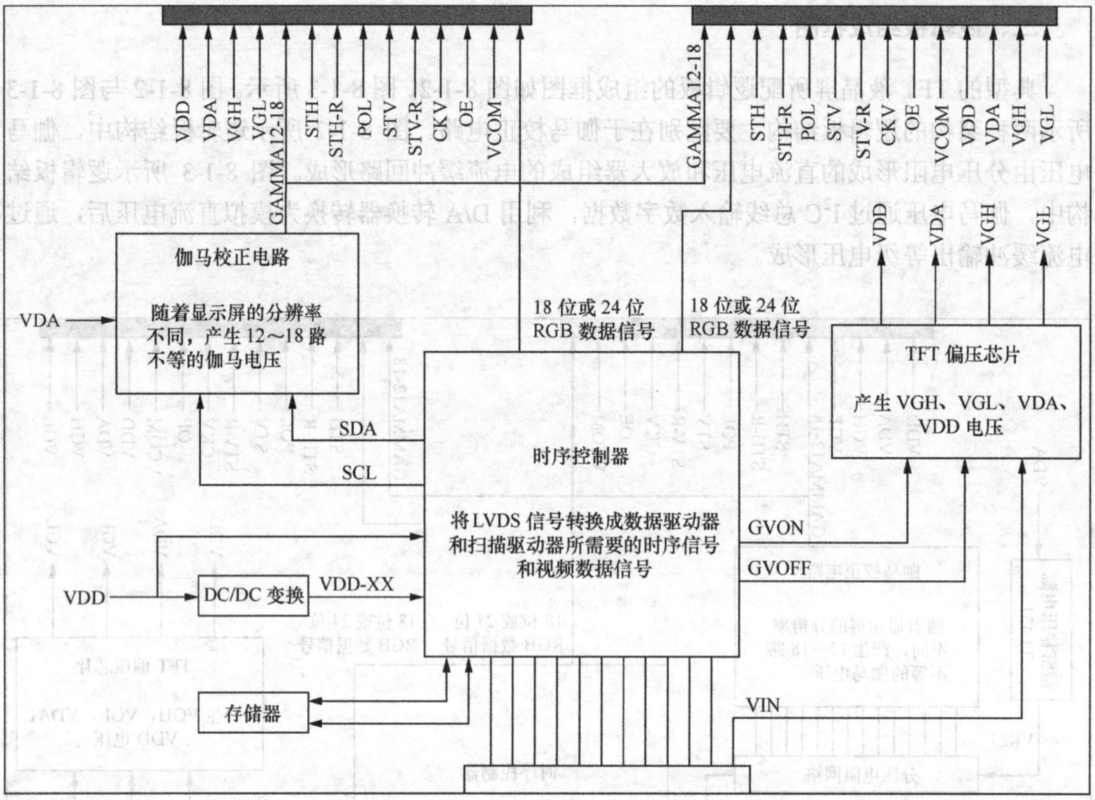

图 8-1-3　典型逻辑板组成框图（伽马电压采用 I^2C 总线控制）

伽马校正电路的主要作用是配合液晶的特性，调整数据驱动器中 D/A 转换器参考电压的设定，使时序控制器产生的视频数据能够满足大脑感觉的需求。该组电压随着显示屏的分辨率不同，有 12～18 路不等。

第 2 节　逻辑板 LVDS 接口

一、常用液晶屏 LVDS 接口功能

提示　液晶面板的输入接口主要有以下几种类型：TTL 接口（三极管-三极管逻辑）、LVDS 接口（低压差分信号）、RSDS 接口（低摆幅差分信号）、TCON 接口（定时控制器），使用最普遍的是 LVDS 接口。

1. LC420WUL-SBT1 液晶面板

LC420WUL-SBT1 为 LG-Philips 公司生产的 42 英寸 10bit 液晶面板，屏分辨率为 1 920×1 080（WUXGA），以 4 路方式传输 RGB 数据，显示方式为常黑型（像素两端不加电压时光线不通过，亮度为 450cd/m^2）。面板内含 LED 驱动板和逻辑板，LED 驱动板供电为 24V。

总消耗功率为 119.5W，逻辑板消耗为 6.5W，LED 背光源消耗 113W。逻辑板采用的是双 LVDS 信号输入接口，信号输入接口引脚功能见表 8-2-1、表 8-2-2。

表 8-2-1　　逻辑板 LVDS 输入信号接口引脚功能

脚　号	符　号	功　能	备　注
①	NC	空脚	
②	NC	空脚	
③	NC	空脚	
④	NC	空脚	
⑤	NC	空脚	
⑥	NC	空脚	
⑦	LVDS Select	LVDS 数据格式选择	该脚为高电平时选择 JEIDA 格式（默认），该脚为低电平或空时选择 VESA 格式
⑧	VBR EXT	基准输入	
⑨	OPC OUT	OPC 输出	
⑩	OPC Enable	OPC 输入	
⑪	GND	接地	
⑫	R1AN	奇像数 LVDS 差分信号输入 0−	
⑬	R1AP	奇像数 LVDS 差分信号输入 0+	
⑭	R1BN	奇像数 LVDS 差分信号输入 1−	
⑮	R1BP	奇像数 LVDS 差分信号输入 1+	
⑯	R1CN	奇像数 LVDS 差分信号输入 2−	
⑰	R1CP	奇像数 LVDS 差分信号输入 2+	
⑱	GND	接地	
⑲	R1CLKN	奇像数时钟信号−	
⑳	R1CLKP	奇像数时钟信号+	
㉑	GND	接地	
㉒	R1DN	奇像数 LVDS 差分信号输入 3−	
㉓	R1DP	奇像数 LVDS 差分信号输入 3+	
㉔	R1EN	奇像数 LVDS 差分信号输入 4−	
㉕	R1EP	奇像数 LVDS 差分信号输入 4+	
㉖	Reserved	空脚或接地	
㉗	Bit Select	面板分辨率选择	高电平时为 10bit，低电平时为 8bit
㉘	R2AN	偶像数 LVDS 差分信号输入 0−	
㉙	R2AP	偶像数 LVDS 差分信号输入 0+	
㉚	R2BN	偶像数 LVDS 差分信号输入 1−	
㉛	R2BP	偶像数 LVDS 差分信号输入 1+	
㉜	R2CN	偶像数 LVDS 差分信号输入 2−	
㉝	R2CP	偶像数 LVDS 差分信号输入 2+	
㉞	GND	接地	
㉟	R2CLKN	偶像数时钟信号−	
㊱	R2CLKP	偶像数时钟信号+	

续表

脚　号	符　号	功　能	备　注
㊲	GND	接地	
㊳	R2DN	偶像数 LVDS 差分信号输入 3−	
㊴	R2DP	偶像数 LVDS 差分信号输入 3+	
㊵	R2EN	偶像数 LVDS 差分信号输入 4−	
㊶	R2EP	偶像数 LVDS 差分信号输入 4+	
㊷	Reserved	空脚或接地	
㊸	Reserved	空脚或接地	
㊹	GND	接地	
㊺	GND	接地	
㊻	GND	接地	
㊼	NC	空脚	
㊽	VLCD	12V 供电	
㊾	VLCD	12V 供电	
㊿	VLCD	12V 供电	
51	VLCD	12V 供电	

表 8-2-2　　逻辑板 LVDS 信号输入 CN2 接口引脚功能

脚　号	符　号	功　能
①	NC	空脚
②	NC	空脚
③	NC	空脚
④	NC	空脚
⑤	NC	空脚
⑥	NC	空脚
⑦	NC	空脚
⑧	NC	空脚
⑨	GND	接地
⑩	RA3N	奇像数 LVDS 差分信号输入 0−
⑪	RA3P	奇像数 LVDS 差分信号输入 0+
⑫	RB3N	奇像数 LVDS 差分信号输入 1−
⑬	RB3P	奇像数 LVDS 差分信号输入 1+
⑭	RC3N	奇像数 LVDS 差分信号输入 2−
⑮	RC3P	奇像数 LVDS 差分信号输入 2+
⑯	GND	接地
⑰	RCLK3N	奇像数时钟信号−
⑱	RCLK3P	奇像数时钟信号+
⑲	GND	接地
⑳	RD3N	奇像数 LVDS 差分信号输入 3−

续表

脚　号	符　号	功　能
㉑	RD3P	奇像数 LVDS 差分信号输入 3+
㉒	RE3N	奇像数 LVDS 差分信号输入 4−
㉓	RE3P	奇像数 LVDS 差分信号输入 4+
㉔	GND	接地
㉕	GND	接地
㉖	RA4N	偶像数 LVDS 差分信号输入 0−
㉗	RA4P	偶像数 LVDS 差分信号输入 0+
㉘	RB4N	偶像数 LVDS 差分信号输入 1−
㉙	RB4P	偶像数 LVDS 差分信号输入 1+
㉚	RC4N	偶像数 LVDS 差分信号输入 2−
㉛	RC4P	偶像数 LVDS 差分信号输入 2+
㉜	GND	接地
㉝	RCLK4N	偶像数时钟信号−
㉞	RCLK4P	偶像数时钟信号+
㉟	GND	接地
㊱	RD4N	偶像数 LVDS 差分信号输入 3−
㊲	RD4P	偶像数 LVDS 差分信号输入 3+
㊳	RE4N	偶像数 LVDS 差分信号输入 4−
㊴	RE4P	偶像数 LVDS 差分信号输入 4+
㊵	GND	接地
㊶	GND	接地

2. LTA460WS-L03 液晶面板

LTA460WS-L03 为三星公司生产的 46 英寸 8bit 液晶面板，屏分辨率为 1 366×768（WXGA），以单路方式传输 RGB 数据，显示方式为常黑型（像素两端不加电压时光线不通过）。面板内含左右逆变器和逻辑板，逆变器供电为 24V，内置 24 根 CCFL 背光灯管。逻辑板采用的是单 LVDS 信号输入接口，信号输入接口引脚功能见表 8-2-3。

表 8-2-3　　逻辑板 LVDS 信号输入接口引脚功能

脚　号	符　号	功　能	备　注
①	Donotconnect	空脚	
②	Donotconnect	空脚	
③	Donotconnect	空脚	
④	GND	接地	
⑤	Rx0−	差分数据 0−	
⑥	Rx0+	差分数据 0+	
⑦	GND	接地	
⑧	Rx1−	差分数据 1−	
⑨	Rx1+	差分数据 1+	

续表

脚　号	符　号	功　能	备　注
⑩	GND	接地	
⑪	Rx2−	差分数据 2−	
⑫	Rx2+	差分数据 2+	
⑬	GND	接地	
⑭	RxCLK−	差分时钟−	
⑮	RxCLK+	差分时钟+	
⑯	GND	接地	
⑰	Rx3−	差分数据 3−	
⑱	Rx3+	差分数据 3+	
⑲	GND	接地	
⑳	Donotconnect	空脚	
㉑	LVDSOPTION	LVDS 数据格式选择	该脚为高电平时选择 VESA 格式(默认)，该脚为低电平或空时选择 JEIDA 格式
㉒	Donotconnect	空脚	
㉓	GND	接地	
㉔	GND	接地	
㉕	GND	接地	
㉖	VDD（+5VDC）	5V 供电	
㉗	VDD（+5VDC）	5V 供电	
㉘	VDD（＋5VDC）	5V 供电	
㉙	VDD（＋5VDC）	5V 供电	
㉚	VDD (+5VDC)	5V 供电	

3. T420HW04 V2 液晶面板

T420HW04 V2 为友达光电公司生产的 42 英寸 8bit 液晶面板，屏分辨率为 1 920×1 080（WUXGA），以双路方式传输 RGB 数据，显示方式为常黑型（像素两端不加电压时光线不通过）。面板内含逆变器和逻辑板，逆变器供电为 24V。逻辑板采用的是单 LVDS 信号输入接口，信号输入接口引脚功能见表 8-2-4。

表 8-2-4　逻辑板 LVDS 信号输入接口引脚功能

脚　号	符　号	功　能	备　注
①	GND	接地	
②	NC	空脚	
③	NC	空脚	
④	NC	空脚	
⑤	NC	空脚	
⑥	Reserved	保留	
⑦	LVDS SEL	LVDS 数据格式选择	该脚为低电平时选择 JEIDA 格式（默认），该脚为高电平时选择 VESA 格式
⑧	NC	空脚	

续表

脚　号	符　号	功　能	备　注
⑨	Reserved	保留	
⑩	Reserved	保留	
⑪	GND	接地	
⑫	RO0N	奇像数 LVDS 差分信号输入 0−	
⑬	RO0P	奇像数 LVDS 差分信号输入 0+	
⑭	RO1N	奇像数 LVDS 差分信号输入 1−	
⑮	RO1P	奇像数 LVDS 差分信号输入 1+	
⑯	RO2N	奇像数 LVDS 差分信号输入 2−	
⑰	RO2P	奇像数 LVDS 差分信号输入 2+	
⑱	GND	接地	
⑲	ROCLKN	奇像数时钟信号−	
⑳	ROCLKP	奇像数时钟信号+	
㉑	GND	接地	
㉒	RO3N	奇像数 LVDS 差分信号输入 3−	
㉓	RO3P	奇像数 LVDS 差分信号输入 3+	
㉔	NC	空脚	
㉕	NC	空脚	
㉖	GND	接地	
㉗	GND	接地	
㉘	RE0N	偶像数 LVDS 差分信号输入 0−	
㉙	RE0P	偶像数 LVDS 差分信号输入 0+	
㉚	RE1N	偶像数 LVDS 差分信号输入 1−	
㉛	RE1P	偶像数 LVDS 差分信号输入 1+	
㉜	RE2N	偶像数 LVDS 差分信号输入 2−	
㉝	RE2P	偶像数 LVDS 差分信号输入 2+	
㉞	GND	接地	
㉟	RECLKN	偶像数时钟信号−	
㊱	RECLKP	偶像数时钟信号+	
㊲	GND	接地	
㊳	RE3N	偶像数 LVDS 差分信号输入 3−	
㊴	RE3P	偶像数 LVDS 差分信号输入 3+	
㊵	NC	空脚	
㊶	NC	空脚	
㊷	GND	接地	
㊸	GND	接地	
㊹	GND	接地	
㊺	GND	接地	
㊻	GND	接地	

续表

脚　号	符　号	功　能	备　注
㊼	NC	空脚	
㊽	VLCD	12V 供电	
㊾	VLCD	12V 供电	
㊿	VLCD	12V 供电	
51	VLCD	12V 供电	

4. V420H1-L05 液晶面板

V420H1-L05 为奇美公司生产的 42 英寸 8bit 液晶面板，屏分辨率为 1 920×1 080（WUXGA），以双路方式传输 RGB 数据，显示方式为常黑型（像素两端不加电压时光线不通过）。面板内含逆变器和逻辑板，逆变器供电为 24V。逻辑板采用的是单 LVDS 信号输入接口，信号输入接口引脚功能见表 8-2-5。

表 8-2-5　逻辑板 LVDS 信号输入接口引脚功能

脚　号	符　号	功　能	备　注
①	GND	接地	
②	NC	空脚	
③	NC	空脚	
④	NC	空脚	
⑤	NC	空脚	
⑥	NC	空脚	
⑦	NC	空脚	
⑧	RPF	旋转控制	该脚为低电平时正常显示（默认），该脚为高电平时旋转 180°
⑨	ODSEL	图像优化选择	当帧频为 60Hz 时，该脚为低电平；当帧频为 50Hz 时，该脚为高电平
⑩	NC	空脚	
⑪	GND	接地	
⑫	ORX0−	奇像数 LVDS 差分信号输入 0−	
⑬	ORX0+	奇像数 LVDS 差分信号输入 0+	
⑭	ORX1−	奇像数 LVDS 差分信号输入 1−	
⑮	ORX1+	奇像数 LVDS 差分信号输入 1+	
⑯	ORX2−	奇像数 LVDS 差分信号输入 2−	
⑰	ORX2+	奇像数 LVDS 差分信号输入 2+	
⑱	GND	接地	
⑲	OCLK−	奇像数时钟信号−	
⑳	OCLK+	奇像数时钟信号+	
㉑	GND	接地	
㉒	ORX3−	奇像数 LVDS 差分信号输入 3−	
㉓	ORX3+	奇像数 LVDS 差分信号输入 3+	
㉔	NC	空脚	

续表

脚　　号	符　　号	功　　能	备　　注
㉕	NC	空脚	
㉖	NC	空脚	
㉗	NC	空脚	
㉘	ERX0−	偶像数 LVDS 差分信号输入 0−	
㉙	ERX0+	偶像数 LVDS 差分信号输入 0+	
㉚	ERX1−	偶像数 LVDS 差分信号输入 1−	
㉛	ERX1+	偶像数 LVDS 差分信号输入 1+	
㉜	ERX2−	偶像数 LVDS 差分信号输入 2−	
㉝	ERX2+	偶像数 LVDS 差分信号输入 2+	
㉞	GND	接地	
㉟	ECLK−	偶像数时钟信号−	
㊱	ECLK+	偶像数时钟信号+	
㊲	GND	接地	
㊳	ERX3−	偶像数 LVDS 差分信号输入 3−	
㊴	ERX3+	偶像数 LVDS 差分信号输入 3+	
㊵	NC	空脚	
㊶	NC	空脚	
㊷	NC	空脚	
㊸	NC	空脚	
㊹	GND	接地	
㊺	GND	接地	
㊻	GND	接地	
㊼	GND	接地	
㊽	VCC	12V 或 18V 供电	
㊾	VCC	12V 或 18V 供电	
㊿	VCC	12V 或 18V 供电	
51	VCC	12V 或 18V 供电	

二、液晶屏 LVDS 接口常用功能信号

LVDS 接口除了接收主板的供电（5V 或 12V）、LVDS 差分数据外，不同厂家的液晶屏还设有一些其他功能，如：LVDS 数据格式选择（SEL LVDS 或 LVDS OPTION）、显示模式控制信号、帧频选择信号（50Hz/60Hz）等，下面分别介绍上述几类控制信号。

1. LVDS 数据格式选择信号

液晶面板具有适应多种 LVDS 信号格式的功能，通过 LVDS 数据格式选择信号的设置（高电平或低电平），可以使液晶面板适应主板送来的 LVDS 信号格式。

LVDS 数据格式选择信号常用 SEL LVDS 或 LVDS OPTION 表示。目前，大多数 TFT 液晶面板都支持 VESA LVDS 信号格式和 JEIDA LVDS 信号格式。除三星液晶屏默认格式

为 JEIDA 外，其余各厂家（LG-Philips、CM、AU、CH）的液晶屏默认格式为 VESA 格式。

提示 VESA LVDS 信号格式又称 NS LVDS 信号格式和 NON-JEIDA LVDS 信号格式，为美国视频电子标准协会信号格式；JEIDA LVDS 信号格式为日本电子工业发展协会在显示器数字接口标准 DISM 中制定的 LVDS 信号格式。

注意 如果 JEIDA 格式的 LVDS 信号输入到默认格式为 VESA 格式的 LVDS 信号液晶屏时，将出现图像噪波点大或花屏现象，所以更换液晶屏或不同屏的主板后，需进入工厂模式进行屏参数调节或重新写入与该屏对应的软件。

2. 显示模式控制信号

有的液晶面板具有水平颠倒模式和垂直颠倒模式选择功能，水平颠倒模式控制信号常用 L_R 表示，垂直颠倒模式控制信号常用 U_D 表示。

不同厂家的液晶面板所具有的选择功能不一样，有的液晶面板只设有一种显示模式选择功能，有的液晶面板具有两种颠倒模式选择功能。具有两种颠倒模式选择功能的面板，通过在两个引脚施加不同的电压（设置显示模式），可以组成正常模式、水平颠倒模式、垂直颠倒模式和反转模式（即水平、垂直同时颠倒）4 种显示模式。下面以 Sharp（LK520D3LZ1x）液晶面板为例进行介绍。

Sharp（LK520D3LZ1x）液晶面板的⑤脚（R/L）为水平颠倒模式选择端，⑥脚（U/D）为垂直颠倒模式选择端。当两脚均为低电平时，为正常模式，如图 8-2-1（a）所示；当⑤脚为高电平、⑥脚为低电平时，为水平颠倒模式，如图 8-2-1（b）所示；当⑤脚为低电平、⑥脚为高电平时，为垂直颠倒模式，如图 8-2-1（c）所示；两脚均为高电平时，为反转模式，如图 8-2-1（d）所示。

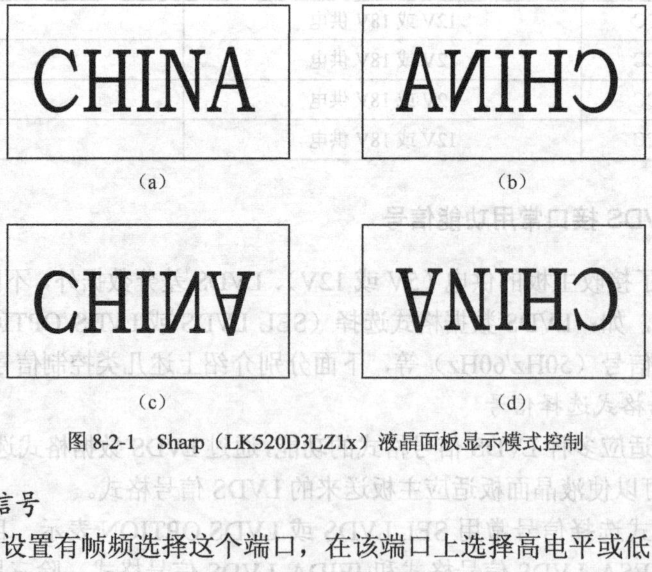

图 8-2-1 Sharp（LK520D3LZ1x）液晶面板显示模式控制

3. 帧频选择信号

有的液晶面板设置有帧频选择这个端口，在该端口上选择高电平或低电平控制信号，可以使液晶屏的显示频率在 50Hz/60Hz 帧频之间进行选择，以对应输入信号的帧频。如果该端口电平选择错误，屏的显示频率和输入信号的帧频不相同，将出现花屏故障。

4. BIT 选择信号

有的液晶面板设有 BIT 选择端口，在该端口上选择高电平或低电平控制信号，可以使液晶屏的数据信号在 10bit/8bit 之间进行选择，以对应输入信号的数据格式。

5. OPC 控制信号

OPC 技术，亦即在面板背光板中加入智能光度感应调节的功能，在显示全黑或较暗的画面时，可关闭部分背光源，除可增加画面对比度外，也可降低背光源的发光电耗。目前，只有 LG 的液晶面板才具备 OPC Enable 端口，在该端口上选择高电平或低电平控制信号，可以使液晶面板打开或关闭该功能，从而控制背光的工作状态，改善运动图像的拖尾问题。

第 3 节　逻辑板电路原理分析与检修

一、时序控制器电路

时序控制器是位于逻辑板上的一个数字集成电路，它负责将主板送来的 LVDS 信号转换成 RSDS 或 Mini-LVDS 信号和产生液晶屏所需的扫描控制时序信号。时序控制器对扫描驱动器和数据驱动器进行复位，以便从屏幕的最上面一行开始写入数据，每次扫描一行，直到屏幕的最下面一行。扫描驱动器是功率驱动的，用来选择在一个指定的时间写入哪一行的数据。数据驱动器将输入到液晶屏的数字视频数据转换成可存储在每一个像素单元里的模拟电压。

近年来，各面板生产企业为了寻求面板的差异化，在时序控制器中增加了一些附加功能，以改善液晶屏固有的运动模糊和对比度差问题。有代表性的是，LG 公司时序控制器增加的动态对比度与动态背光技术（OPC）和三星公司时序控制器中增加的 MEMC-120Hz 插帧技术等，改善了液晶屏的运动模糊问题，大幅提高了液晶屏的动态对比度，又可节能 20%～30%。无论各厂家采用何种技术，实质上都是通过 DBC 算法实现响应时间补偿（RTC），改善运动图像的拖尾问题。我们以奇美屏的一种逻辑板为例，介绍时序控制器产生的各时序控制信号的功能。时序控制器电路如图 8-3-1 所示。

时序控制器 CM1682A 用来传输图像数据信号和产生相应的时序控制信号，时序控制信号主要包括 CKV（行驱动时钟信号）、OE（数据有效信号）、STV（垂直同步信号）、STV-R（垂直同步结束信号）、STH（水平同步信号）、STH-R（行同步结束信号）、POL（数据驱动极性反向信号）、TP1（帧扫描结束信号）及 PWRON（液晶屏使能信号）。

CKV 信号是扫描驱动器的像素时钟信号，时序控制器 CM1682A 在 CKV 信号的上升沿处将数据送出，在 CKV 信号的下降沿处被液晶屏控制器取样；STV 信号是垂直同步信号（也称帧同步信号），用来指示新的一帧图像的开始；STV-R 信号是场扫描结束信号，液晶屏驱动器在每扫描一列像素后给出该信号；STH 信号是水平同步信号或行同步信号，用来给出新的一行扫描信号的开始；STH-R 信号是行扫描结束信号，液晶屏驱动器在每扫描一行像素后给出该信号；OE 信号是数据使能信号；PWRON 信号用来控制液晶屏控制器的开或关，以便降低功耗。

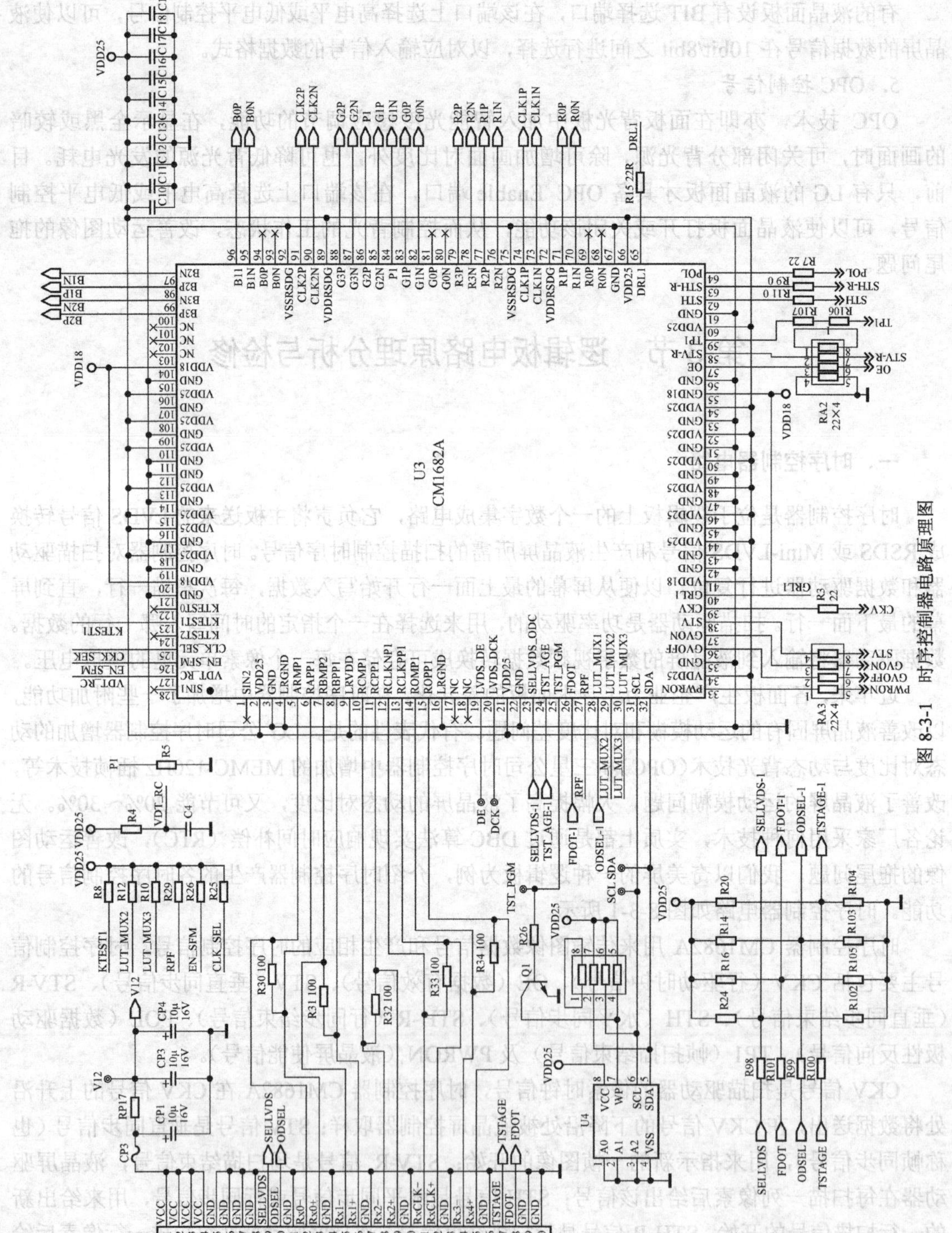

图 8-3-1 时序控制器电路原理图

二、TFT 偏压电路分析（以 TPS65161 为例）

目前，逻辑板上的 TFT 偏压芯片普遍采用的是 TPS65161、TPS65162 等型号的芯片，这些器件由于集成度高，只需少许外围元器件就可以产生 TFT 液晶屏幕需要的所有电压（VDD、VDA、VGH、VGL）。下面我们以 TPS65161 构成的 TFT 偏压电路为例进行分析，电路如图 8-3-2 所示。

1. TPS65161 介绍

TI 公司开发的 TPS65161 提供了一个紧凑的电源解决方案，能够为 TFT 液晶面板提供 4 路符合时序要求的不同电压输出。TPS65161 凭借其大电流输出能力，成为大尺寸显示器和液晶电视应用的理想选择。

TPS65161 包括可调上电时序和安全功能，如过压保护、升压转换器和短路保护锁存变换，以及过热保护（155℃）。另外，该器件集成了数据驱动信号，控制隔离 MOS 管开关，切换 VDA 与 VGH 电压。TPS65161 内部框图如图 8-3-3 所示，引脚功能见表 8-3-1。

表 8-3-1　　TPS65161 引脚功能

脚　号	符　号	功　能
①	FB	主升压电路反馈
②	COMP	主升压电路补偿
③	OS	输出感应
④	SW	主升压电路驱动
⑤	SW	主升压电路驱动
⑥	PGND	电源地
⑦	PGND	电源地
⑧	SUP	泵电源正电压驱动部分供电
⑨	EN2	升压电路、泵电源正电压使能
⑩	DRP	泵电源正电压驱动
⑪	DRN	泵电源负电压驱动
⑫	FREQ	频率调整
⑬	FBN	泵电源负电压反馈
⑭	FBP	泵电源正电压反馈
⑮	FBB	降压电路反馈
⑯	EN1	降压电路、泵电源负电压使能
⑰	BOOT	降压电源 N 沟道 MOS 管栅极驱动电压
⑱	SWB	降压电源开关
⑲	NC	空脚，不接任何元器件
⑳	VINB	降压电路电源输入
㉑	VINB	降压电路电源输入
㉒	AVIN	模拟电压输入
㉓	GND	模拟地
㉔	VREF	内部基准输出
㉕	DLY1	延时时间调整 1
㉖	DLY2	延时时间调整 2
㉗	GD	栅极驱动
㉘	SS	主升压电路软启动时间设置

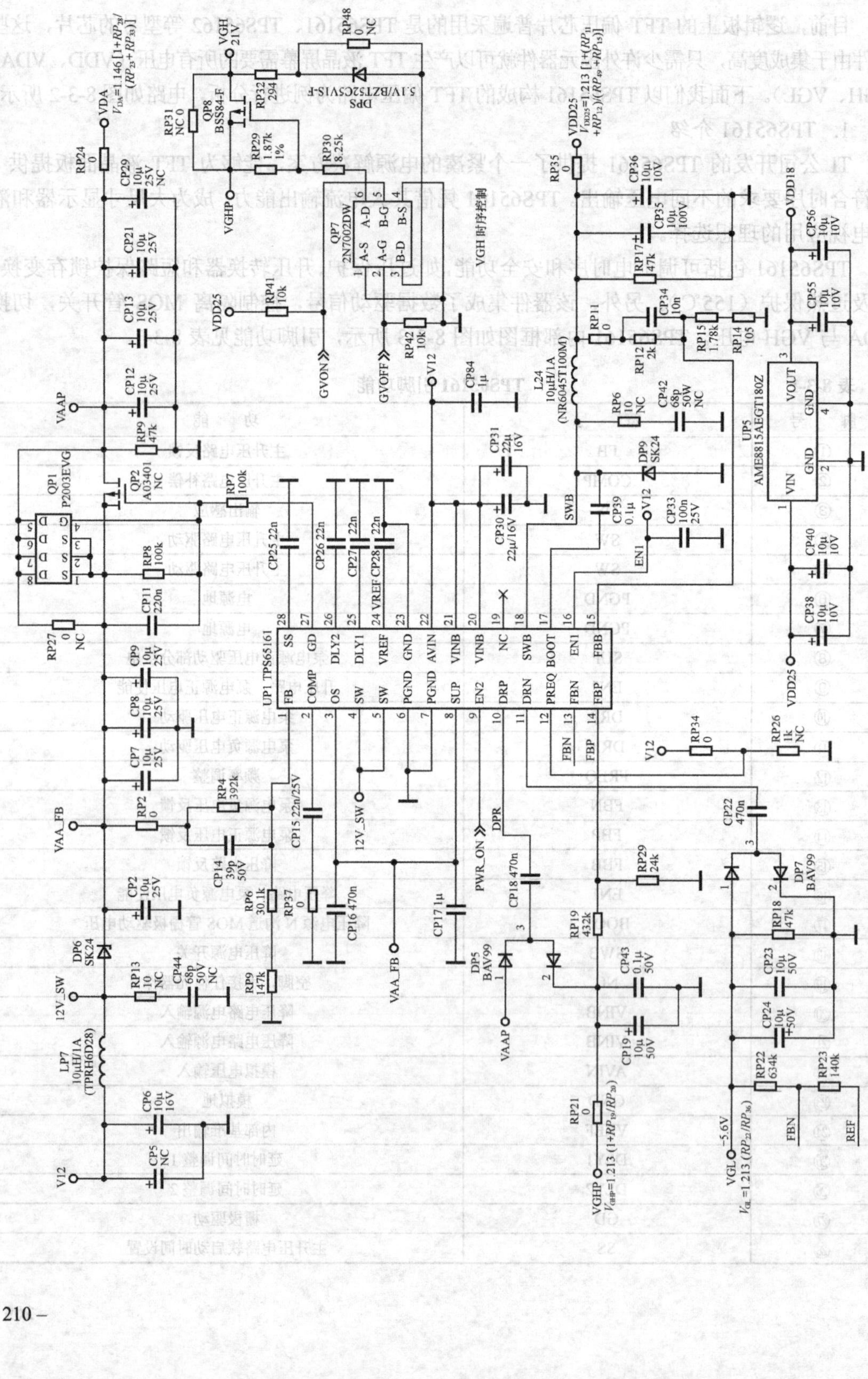

图 8-3-2 TPS65161 构成的 TFT 偏压电路

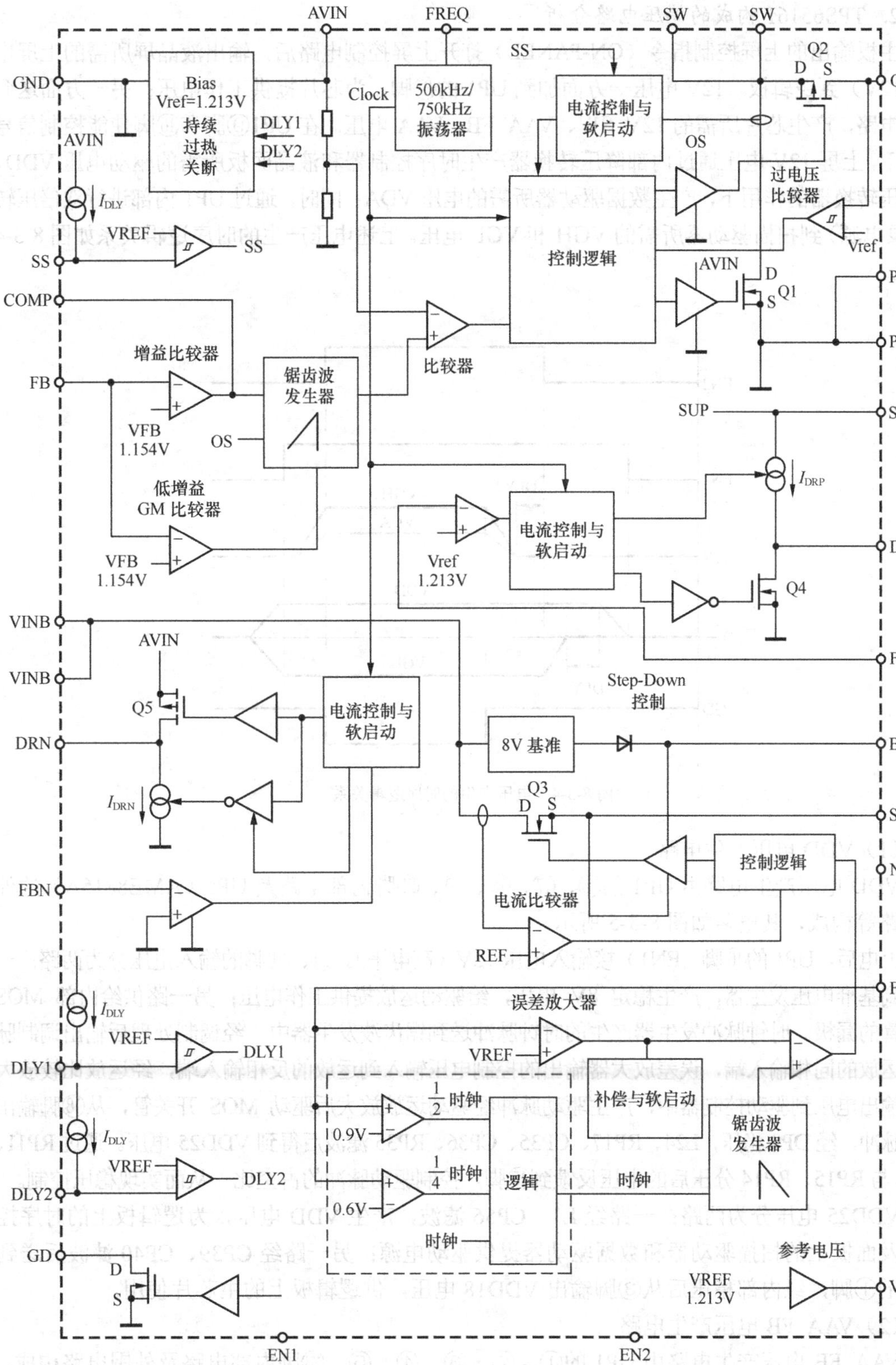

图 8-3-3　TPS65161 内部框图

2. TPS65161 构成的偏压电路分析

主板输出的上屏控制指令（ON-PANEL）打开上屏控制电路后，输出液晶屏所需的上屏电压（12V）到逻辑板，12V 电压一方面加到 UP1 的㉒脚，为芯片提供工作电压；另一方面送到外围电路，产生芯片所需的 12V_SW、VAA_FB、VAA 电压。在 UP1⑨脚和⑯脚使能控制信号控制下，上屏 12V 电压通过内部降压转换器产生时序控制器和液晶面板所需的驱动电压 VDD，在升压转换器的作用下，产生数据驱动器所需的电压 VDA；同时，通过 UP1 内部进行双倍压转换（泵电源）到扫描驱动器所需的 VGH 和 VGL 电压。上述电压产生的时序逻辑关系如图 8-3-4 所示。

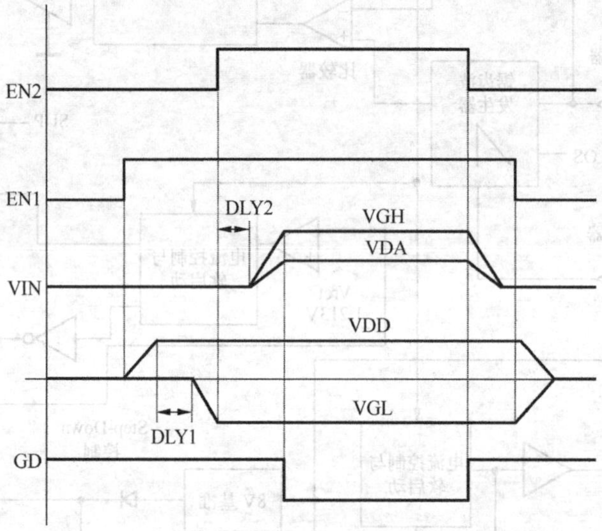

图 8-3-4　电压产生的时序逻辑关系

（1）VDD 电压产生电路

VDD 电压产生电路由 UP1 的⑮、⑰、⑱、⑳、㉑脚内部电路及 UP5（AME8815A）的外围电路等构成，其电路如图 8-3-5 所示。

上电后，UP1 的⑯脚（EN1）接输入电压 12V（高电平）。⑳、㉑脚的输入电压分为两路：一路送到基准电压发生器，产生稳定 8V 电压，给驱动运放提供工作电压；另一路供给内部 MOS 开关管的漏极。时钟脉冲发生器产生的时钟脉冲送到锯齿波发生器中，经调制处理后输出调制脉冲到运放的同相输入端，误差放大器输出的控制电压输入到运放的反相输入端，经运放比较放大后，输出电压到驱动控制器中，产生驱动脉冲经驱动运放放大后驱动 MOS 开关管，从⑱脚输出开关脉冲，经 DP9 稳压，L24、RP17、CP35、CP36、RP35 滤波后得到 VDD25 电压。通过 RP11、RP12 与 RP15、RP14 分压后的电压反馈到⑮脚，控制驱动脉冲的占空比，从而实现稳压控制。

VDD25 电压分为两路：一路经 L1、CP56 滤波，产生 VDD 电压，为逻辑板上的时序控制器及面板上的扫描驱动器和数据驱动器提供驱动电源；另一路经 CP39、CP40 滤波后送到 UP5 的①脚，经内部稳压后从③脚输出 VDD18 电压，供逻辑板上的主芯片使用。

（2）VAA_FB 电压产生电路

VAA_FB 电压产生电路由 UP1 的①、②、③、④、⑤、㉘脚内部电路及外围电路构成，其电路如图 8-3-6 所示。

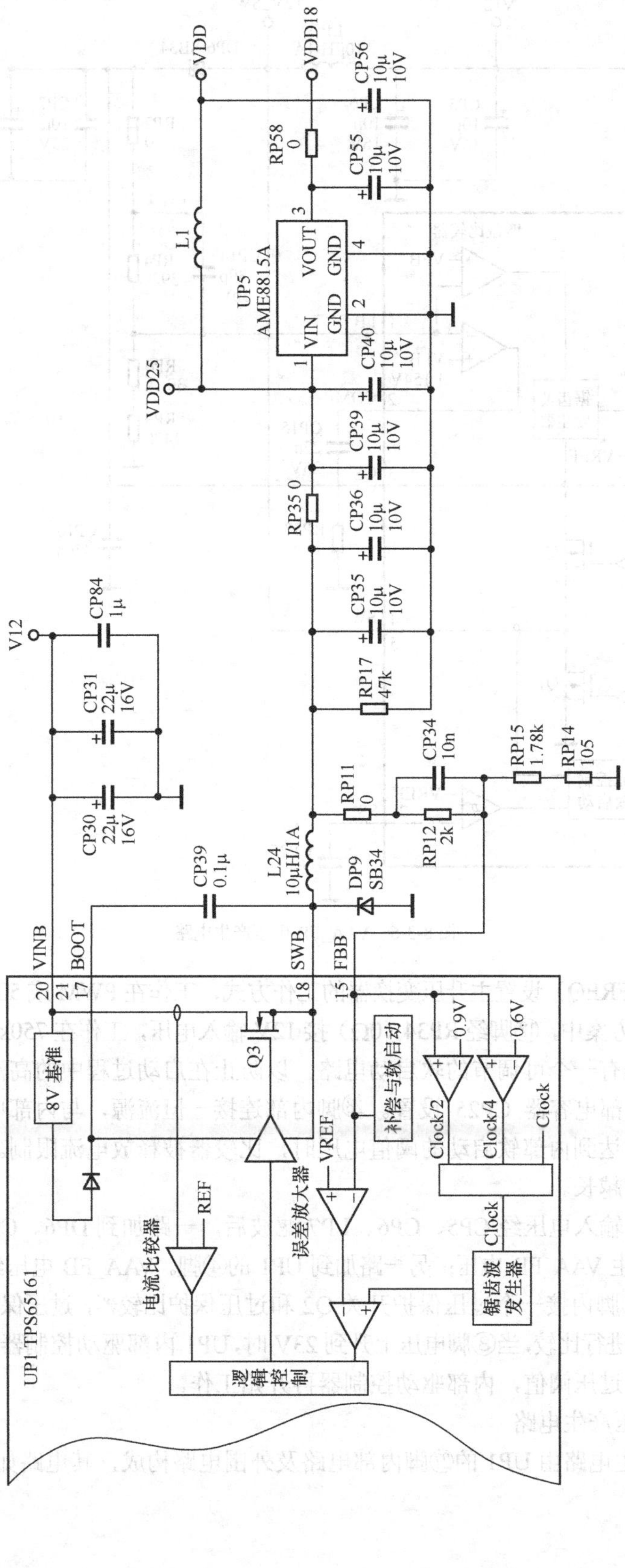

图 8-3-5　VDD 电压产生电路

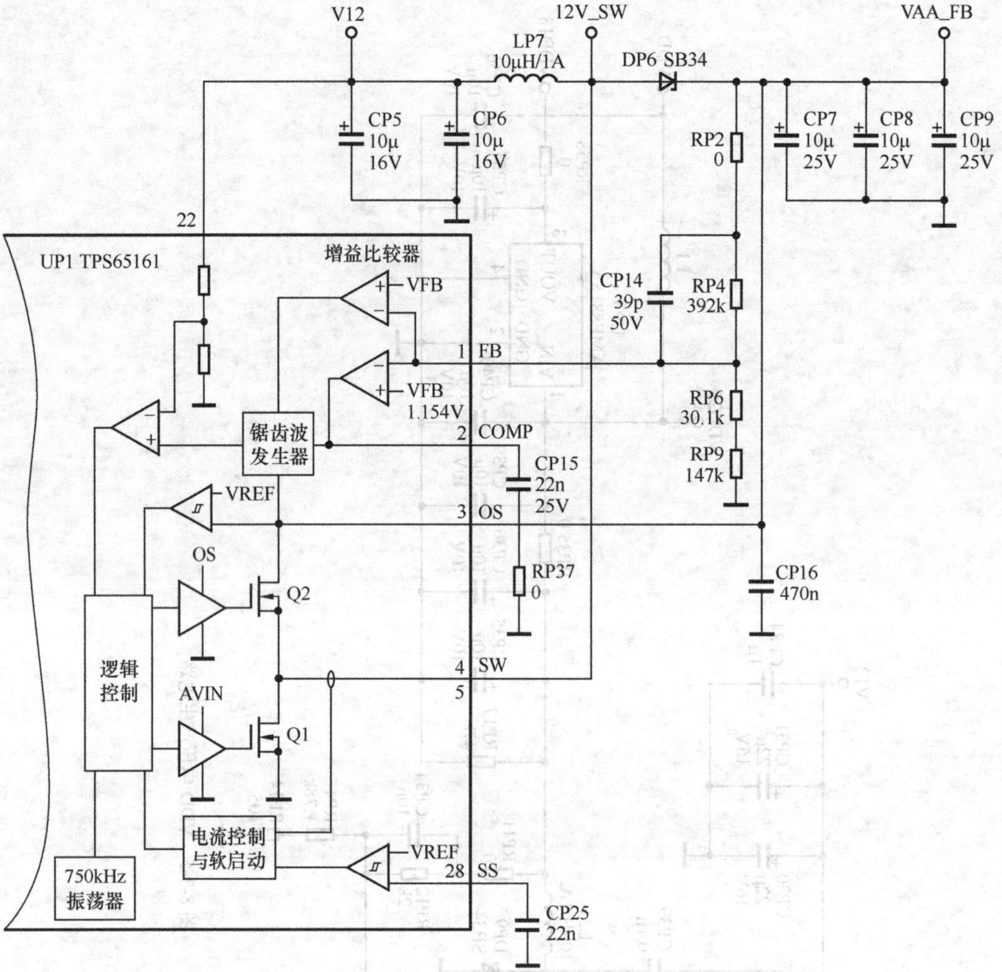

图 8-3-6　VAA_FB 电压产生电路

UP1 的⑫脚（FREQ）设置主升压变换器的工作方式，工作在 PWM 或 500kHz/750kHz 固定开关频率方式。本方案中，⑫脚经 RP34（0Ω）接 12V 输入电压，工作在 750kHz 固定开关频率。

主升压变换器有一个可调节的软启动电路，以防止在启动过程中的高涌流。软启动时间由连接到㉘脚的外部电容器 CP25 设置。㉘脚内部连接一恒流源，与内部电流限制与软启动脚电压成正比。在达到内部软启动的阈值电压时，比较器被释放电流限制。软启动电容器值越大，软开启时间越长。

上电后，12V 输入电压经 CP5、CP6、LP7 滤波后，一路加到 DP6、CP7、CP8、CP9 组成的滤波电路，产生 VAA_FB 电压；另一路加到 UP1 的④脚。VAA_FB 电压经 CP16 滤波后加到 UP1 的③脚，③脚内接一个过压保护开关 Q2 和过压保护比较器，过压保护比较器将③脚电压与内部基准电压进行比较，当③脚电压上升到 23V 时，UP1 内部驱动控制器关掉 N 通道 MOS 管，输出电压低于过压阈值，内部驱动控制器再开始工作。

（3）VDA 电压产生电路

VDA 电压产生电路由 UP1 的㉗脚内部电路及外围电路构成，其电路如图 8-3-7 所示。

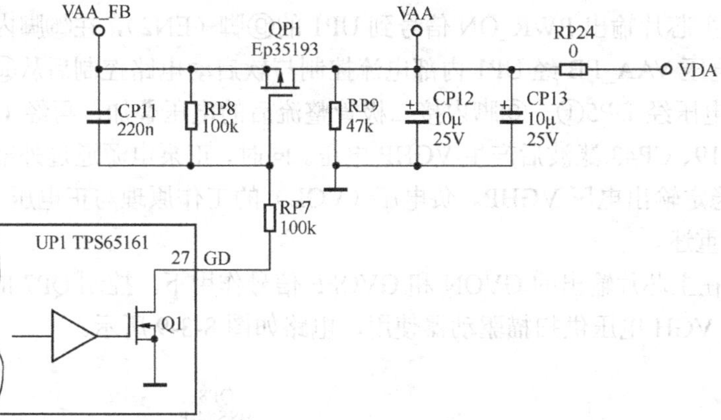

图 8-3-7　VDA 电压产生电路

逻辑板上的主芯片输出 PWR_ON 信号（高电平）到 UP1 的⑨脚（EN2），在㉖脚内外部电路延时作用后，UP1 的㉗脚内部 MOS 管 Q1 截止，㉗脚输出电压（20.2V）到 QP1 的栅极，QP1 将输入电压 VAA_FB 进行串联稳压后，从源极输出 VAA 电压，经 CP12、CP13 等滤波后产生 VDA 电压，为数据驱动器提供工作电压。

（4）VGH、VGL 电压产生电路

由于液晶屏内集成有数字电路和模拟电路，需要外部提供数字电压和模拟电压。另外，为了完成数据扫描，需要 TFT 轮流开启/关闭。当 TFT 开启时，数据通过源极驱动器加载到显示电极，显示电极和公共电极间的电压差再作用于液晶实现显示，因此需要控制 TFT 的开启电压 VGH、关闭电压 VGL，以及加到公共电极上的电压 VCOM。

VGH、VGL 电压产生电路由 UP1 的⑧、⑩、⑭、⑪、⑬、㉔脚内部电路及外围电路构成，其电路如图 8-3-8 所示。

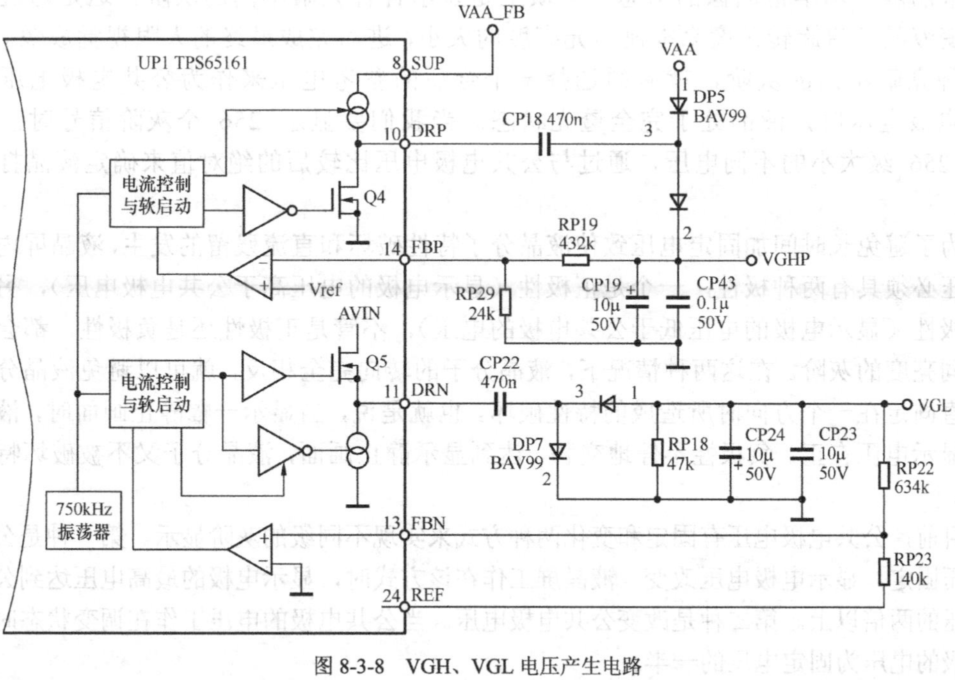

图 8-3-8　VGH、VGL 电压产生电路

逻辑板上的主芯片输出PWR_ON信号到UP1的⑨脚（EN2），在㉖脚内外部电路延时作用下，⑧脚输入电压VAA_FB经UP1内部电流控制与软启动电路控制后从⑩脚输出，经CP18耦合后与VAA电压经DP5①、③脚内接二极管整流后的电压叠加，再经DP5③、②脚内接二极管整流，CP19、CP43滤波后产生VGHP电压。同时，正泵电源通过外部分压电阻RP19、RP29的设置来稳定输出电压VGHP。负电压（VGL）的工作原理与正电压（VGHP）的原理相似，在此不再重述。

VGHP电压在主芯片输出的GVON和GVOFF信号作用下，控制QP7的导通与截止，经DP7稳压，产生VGH电压供扫描驱动器使用，电路如图8-3-9所示。

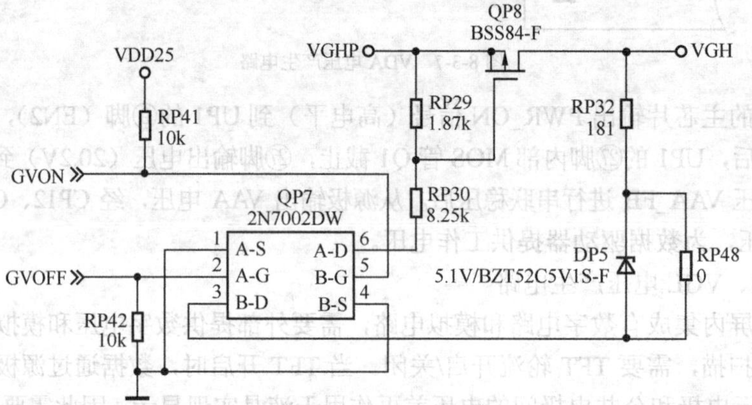

图8-3-9 VGH电压控制电路

（5）公共电极电压（VCOM）产生电路

液晶屏显示丰富图像的信息，实质上是显示各种亮暗不同的灰阶，这是通过控制和改变液晶开启旋转角度来控制透光亮度的大小，进而完成最终的人眼视觉成像。要显示各种亮暗不同的灰阶，就必须选择一个合适的参考电压来作为公共电极电压，在公共电极电压时，液晶处于完全透光状态。当我们要显示256个灰阶信号时，就得施加256级大小的不同电压，通过与公共电极电压比较后的绝对值来确定液晶打开的角度。

为了避免长时间加固定电压致使液晶分子特性破坏和直流残留的发生，液晶屏内的显示电压必须具有两种极性，一个是正极性（显示电极的电压高于公共电极电压），另一个是负极性（显示电极的电压低于公共电极的电压），不管是正极性还是负极性，都会有一组相同亮度的灰阶。在这两种情况下，液晶分子的转向完全相反，就可以避免液晶分子转向一直固定在一个方向时所造成的特性破坏。也就是说，当显示一幅静止画面时，液晶屏内的显示电压在正、负极性不停地交替，达到显示静止画面，液晶分子又不被破坏特性的目的。

目前，公共电极电压有固定和变化两种方式来实现不同级的灰阶显示。第一种是公共电极电压固定，显示电极电压改变。液晶屏工作在该方式时，显示电极的最高电压达到公共电极电压的两倍以上。第二种是改变公共电极电压。当公共电极的电压工作在调变状态时，显示电极的电压为固定电压的一半。

三、伽马校正电路分析与检修

电视专用的液晶面板对图像质量要求非常高，同时比液晶显示器的面板要求更高精度的灰度校正。为了真实地再现视频输入信号，解决液晶面板存在偏压和液晶响应速度慢带来的画面闪烁和运动图像拖尾问题，通常采用两种方法进行改善。一是调节面板的公共电极电压（VCOM）。如果液晶屏公共电极采用固定电压（约为 VDA 值的一半）方式，实际存在一定差异，这将导致画面闪烁。为了消除这种影响，通常调节面板的公共电极电压来消除闪烁。在部分液晶面板中，公共电极采用的是调变方式来改善。二是进行伽马校正。因为显像管电视的灰度值为 2.2～2.5，所以，电视用液晶面板的灰度值必须补偿到 CRT 电视灰度值使用的等级电压，且拥有更精准的灰度校正才能满足要求。

液晶面板各子像素发出的光与施加到这个子像素上的电压呈非线性关系，即“伽马曲线”，实际上是一个 S 形曲线，它相对公共电极电压可以是正值，也可以是负值。事实上，大多数液晶屏上的像素电压在两极之间交替切换，使得液晶屏上的平均电压值为 0V，避免了与偏压相关的老化问题。由于每个面板都有不同的伽马响应曲线，数据驱动器需要一个参考曲线，这样它们能为每个像素提供合适的电压驱动，得到所需的亮度。一般采用伽马缓冲器提供这种曲线，也可以用一串电阻模拟该曲线。采用电阻串模拟伽马曲线的电路较简单，在此不再阐述。下面主要以伽马缓冲器构成的两种伽马校正电路为例进行分析。

1. HX8915 构成的伽马电路

面板生产厂家根据液晶屏的显示效果，将对等级电压发生电路的分压电阻进行调试，以产生各种等级的电压，通过电流缓冲放大器产生伽马电压，形成符合面板特性的伽马曲线。电流缓冲放大器产生的伽马电压与等级电压发生电路产生的等级电压是一一对应的，若某一路电压不正常，将导致整机图像显示不正常，如白屏、负像、亮度过高等。由 HX8915 构成的伽马电路如图 8-3-10 所示。

2. BD08821 构成的伽马电路

BD08821 是一个 8 通道可编程伽马电压生成芯片，同时还带有一个通道 VCOM 电压输出。数据驱动器根据数据信号的幅度选择加到每个点的电压。以 8bit 面板为例，RGB 分量各为 8bit，加到数据驱动器的数据为 24 bit，因而每个点可以有 128 种灰度的变化。

面板生产厂家根据液晶屏的显示效果，将各种状态的伽马数据写入了时序控制器外挂的 EEPROM 中，时序控制器动态读取 EEPROM 中的数据，在 I^2C 总线控制下，BD08821 内部 D/A 转换电路将工作电压 VDA 转换为模拟直流电压，电流缓冲器就可以自动产生符合当前帧图像所需的等级电压。由于 BD08821 内部 D/A 转换电路的分辨率为 8 位，可以输出 512 种灰度等级的电压。正常工作时，BD08821 把默认的 8 路伽马电压和 1 路 VCOM 电压通过 RSDS 接口送入液晶面板，由这 9 路电压控制液晶面板共同完成屏幕图像的显示。

由于液晶屏分辨率的不同，采用的可编程伽马电压生成芯片型号也存在差异，等级电压输出数最多达 18 位，可以进行最大限度的等级百分设定，因此能够以近似直线、最小限度地控制误差的产生。

附录

附录 1　典型电源板电路原理图

1．GP01

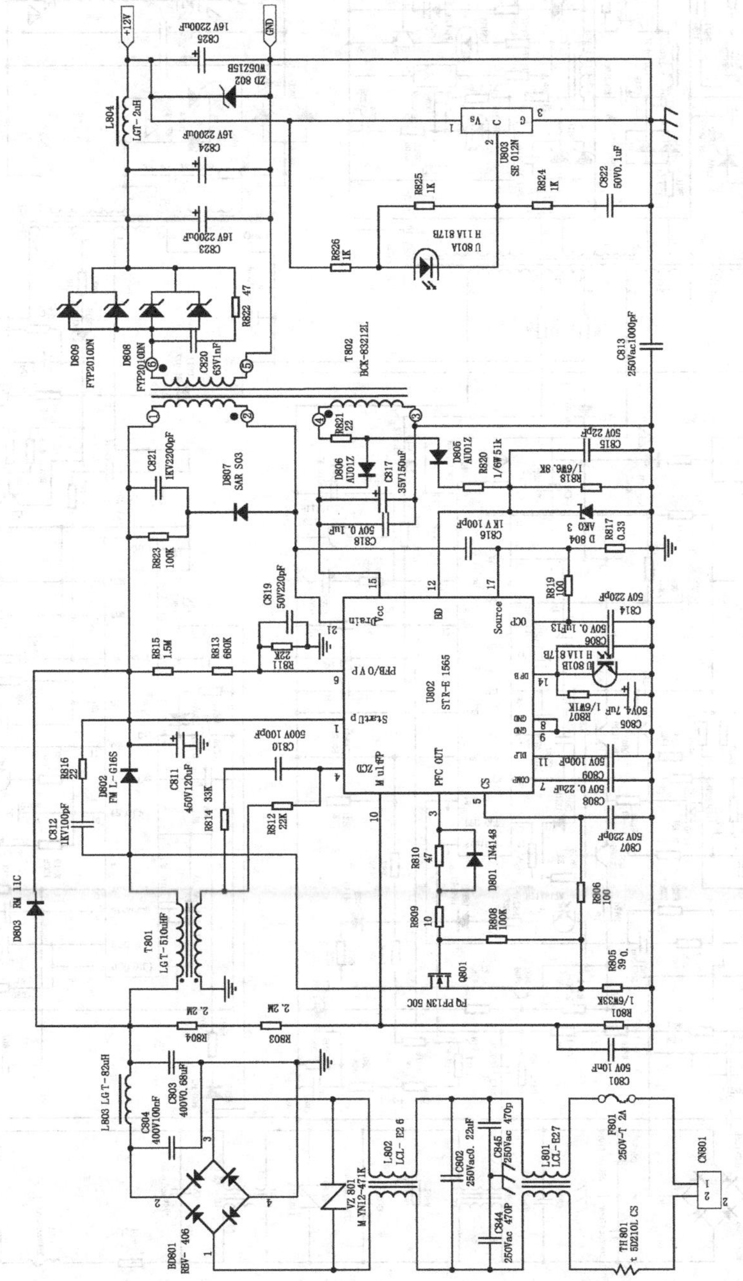

2．GP04

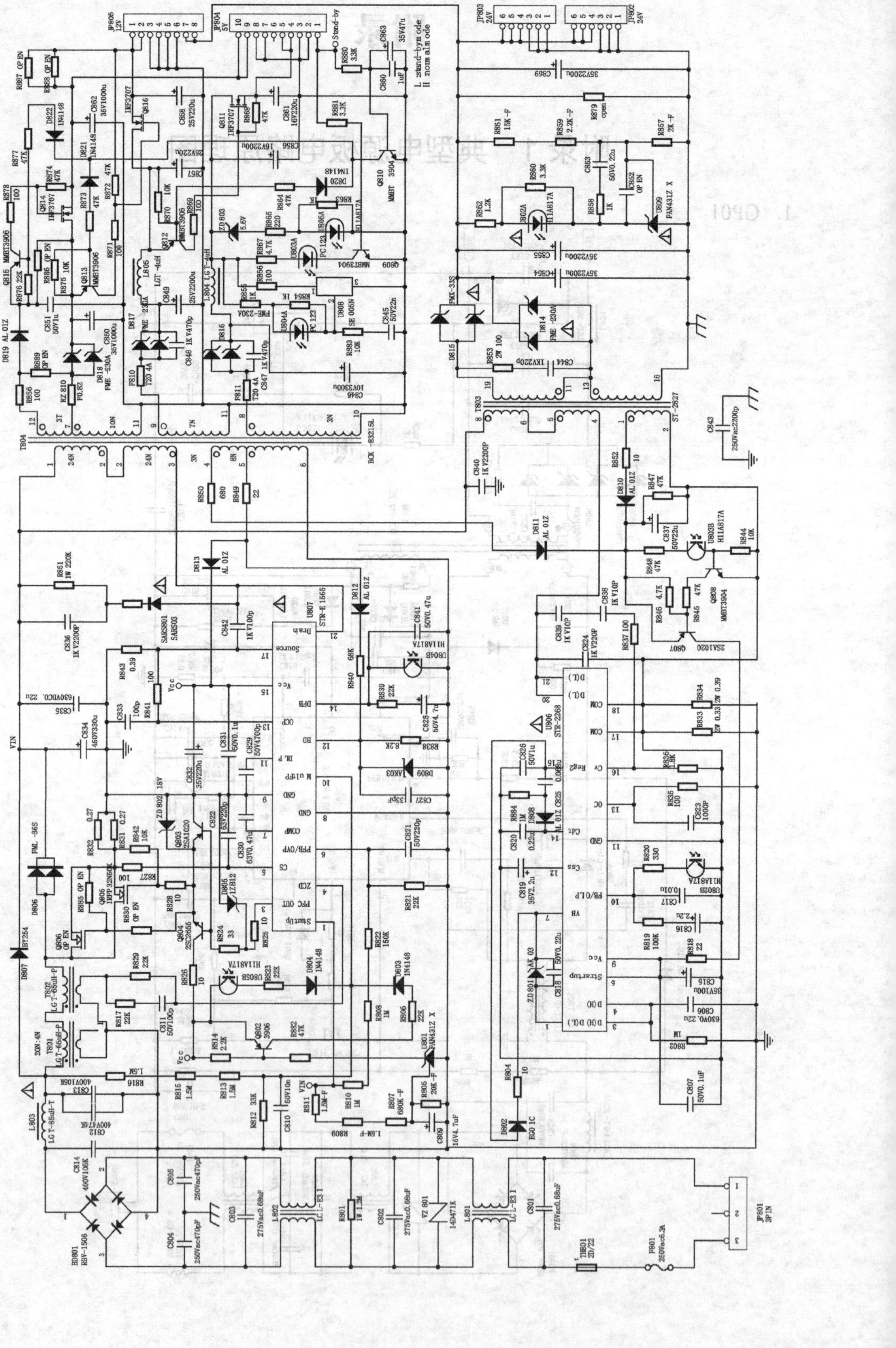

3．GP05

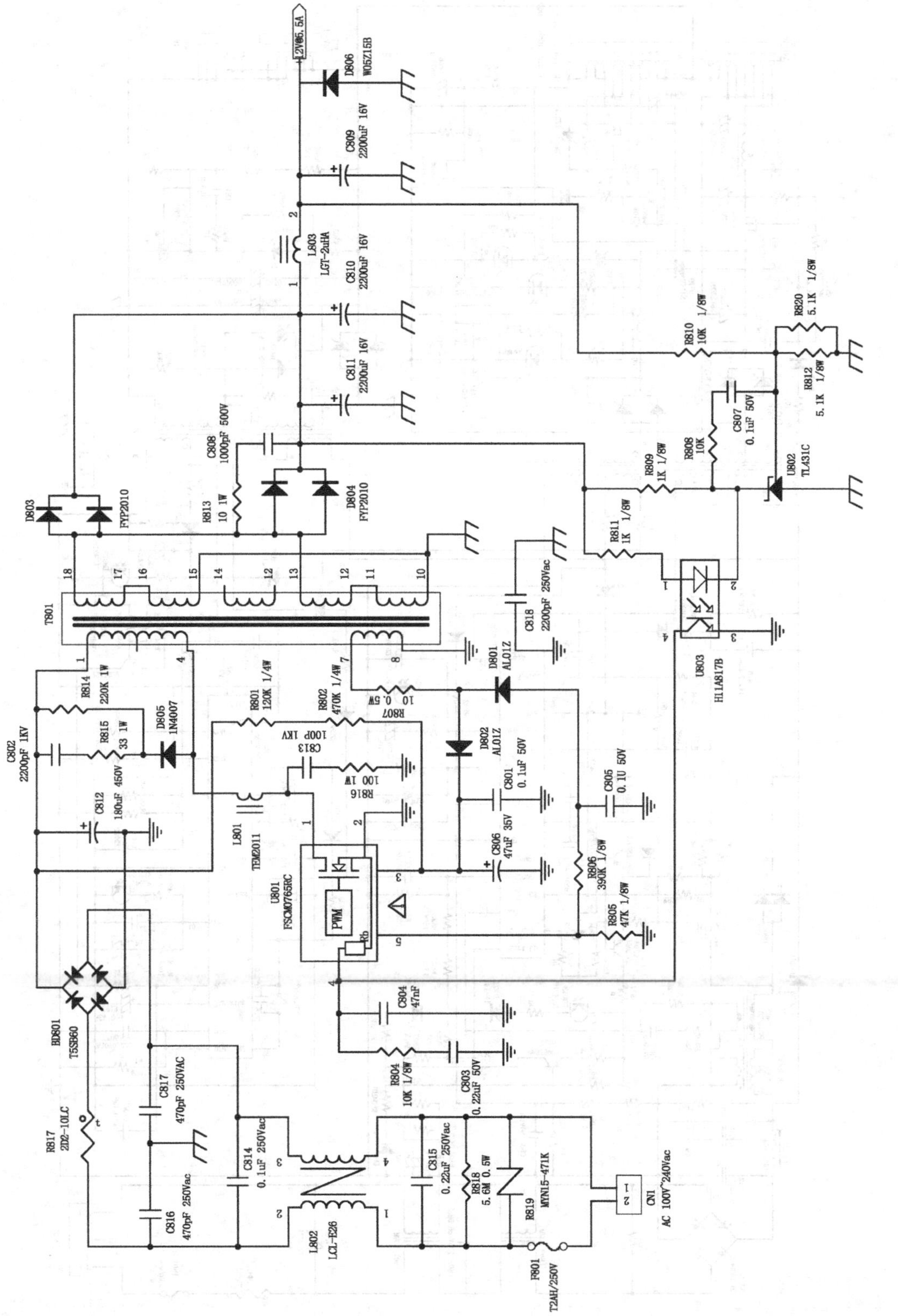
12V@5.5A
D806
W05Z15B
C809
2200uF 16V
L803
LGT-2uHA
C810
2200uF 16V
C811
2200uF 16V
C808
1000pF 500V
R813
10 1W
D803
FYP2010
D804
FYP2010
R810
10K 1/8W
R820
5.1K 1/8W
R812
5.1K 1/8W
C807
0.1uF 50V
R808
10K
R809
1K 1/8W
U802
TL431C
R811
1K 1/8W
T801
C818
2200pF 250Vac
U803
H11A817B
D801
AL01Z
R807
10 0.5W
R802
470K 1/4W
R801
120K 1/4W
R814
220K 1W
C802
2200pF 1KV
R815
33 1W
D805
1N4007
C813
100P 1KV
R816
100 1W
D802
AL01Z
C801
0.1uF 50V
C805
0.1U 50V
C812
180uF 450V
L801
TEM2011
U801
FSCM0765RC
PWM
C806
47uF 35V
R806
390K 1/8W
R805
47K 1/8W
C804
47nF
BD801
T5SB60
R804
10K 1/8W
C803
0.22uF 50V
C817
470pF 250VAC
R817
2D2-10LC
C814
0.1uF 250Vac
C815
0.22uF 250Vac
R818
5.6M 0.5W
R819
MYN15-471K
C816
470pF 250Vac
L802
LCL-E26
F801
T2AH/250V
CN1
AC 100V~240Vac

4．GP07

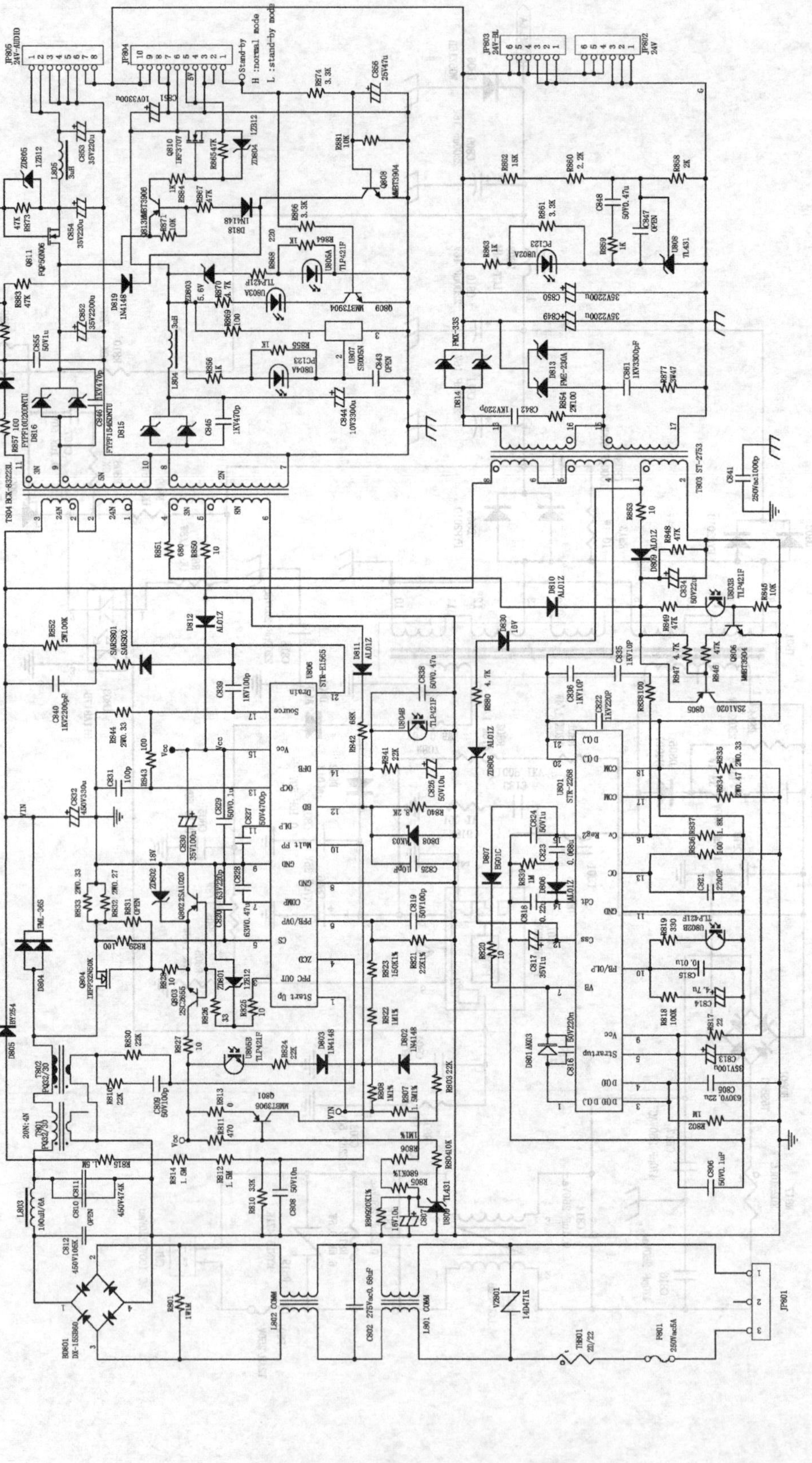

5．GP08

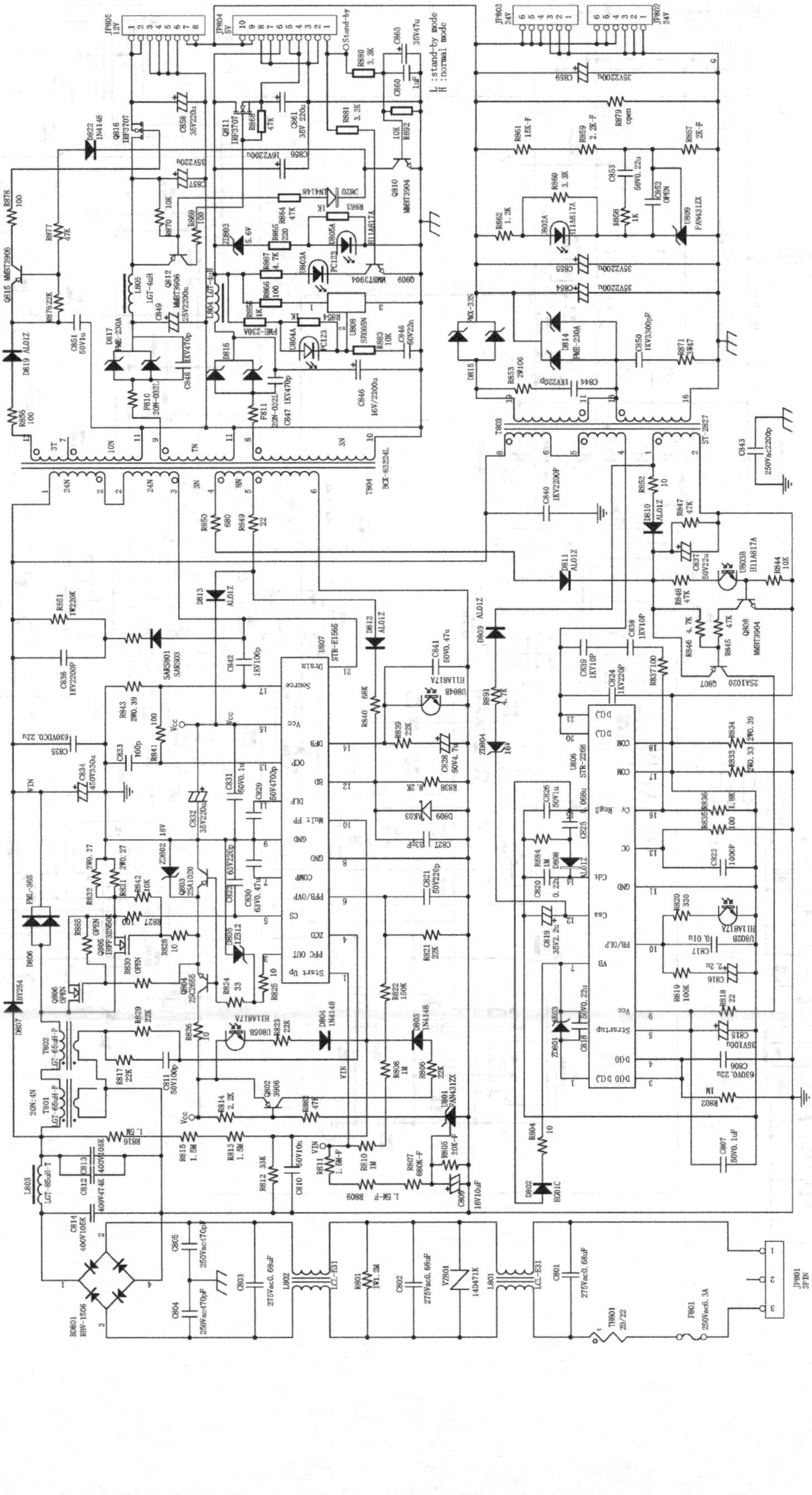

6．GP09

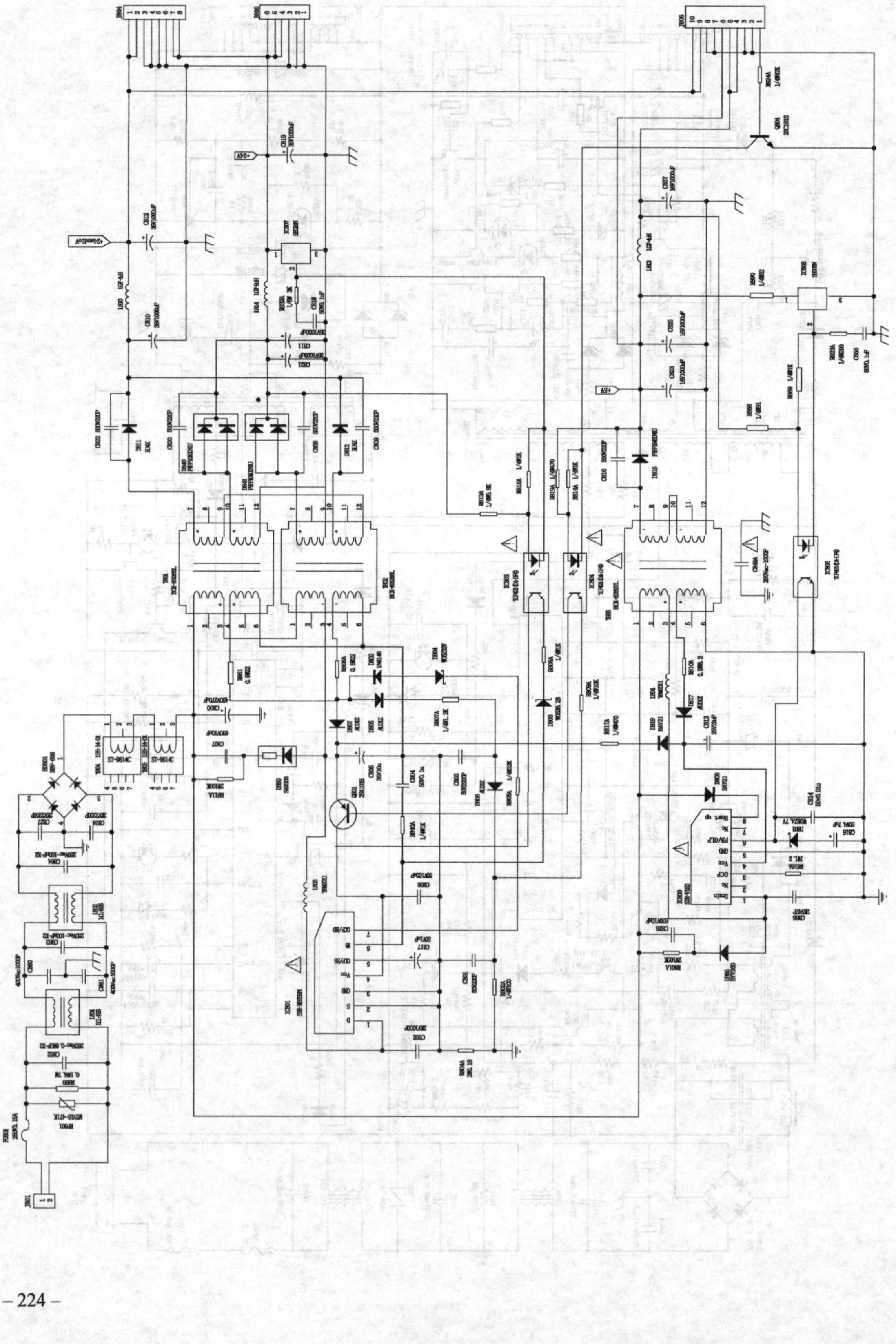

7. HS280-4N02

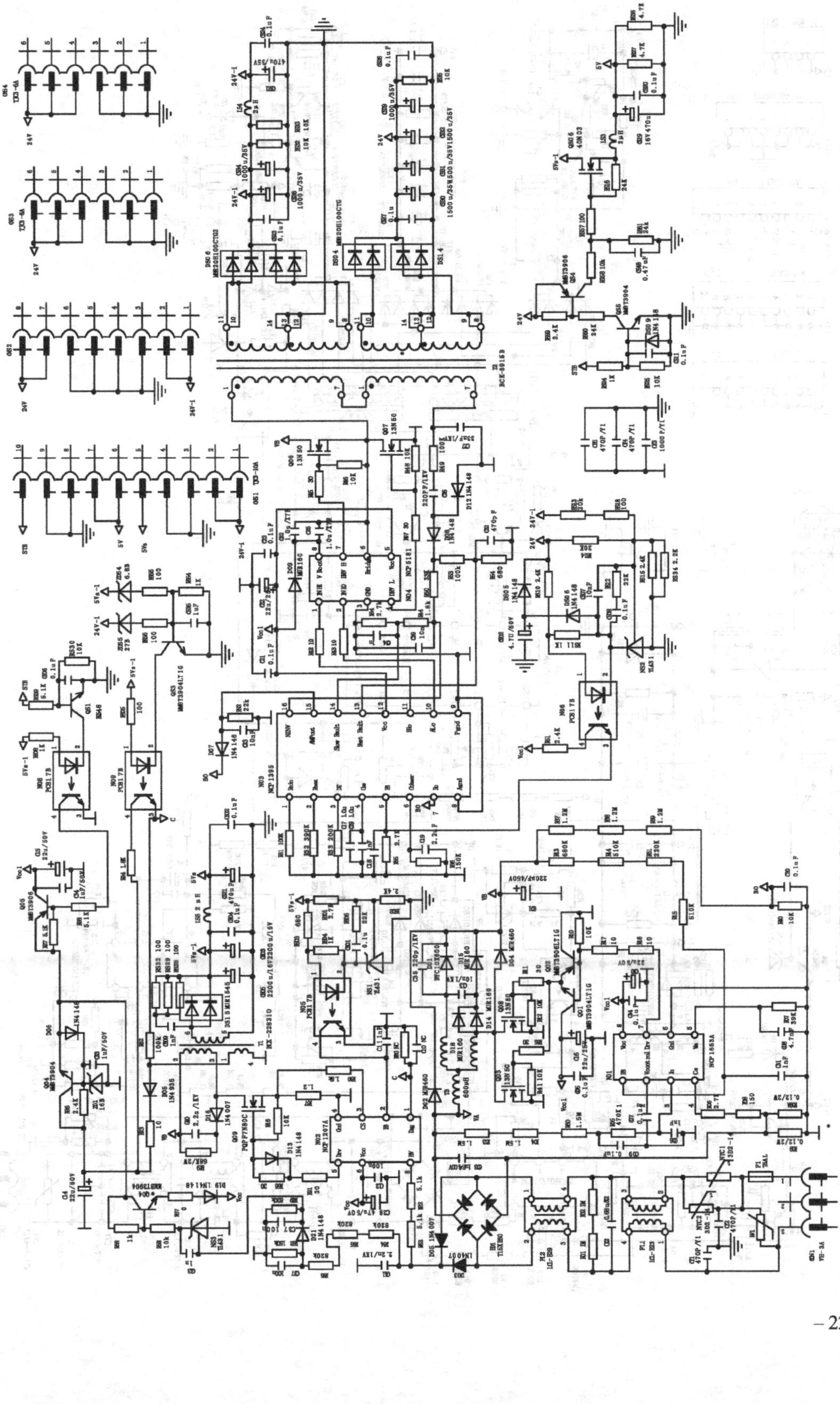

8．HS488-4N01

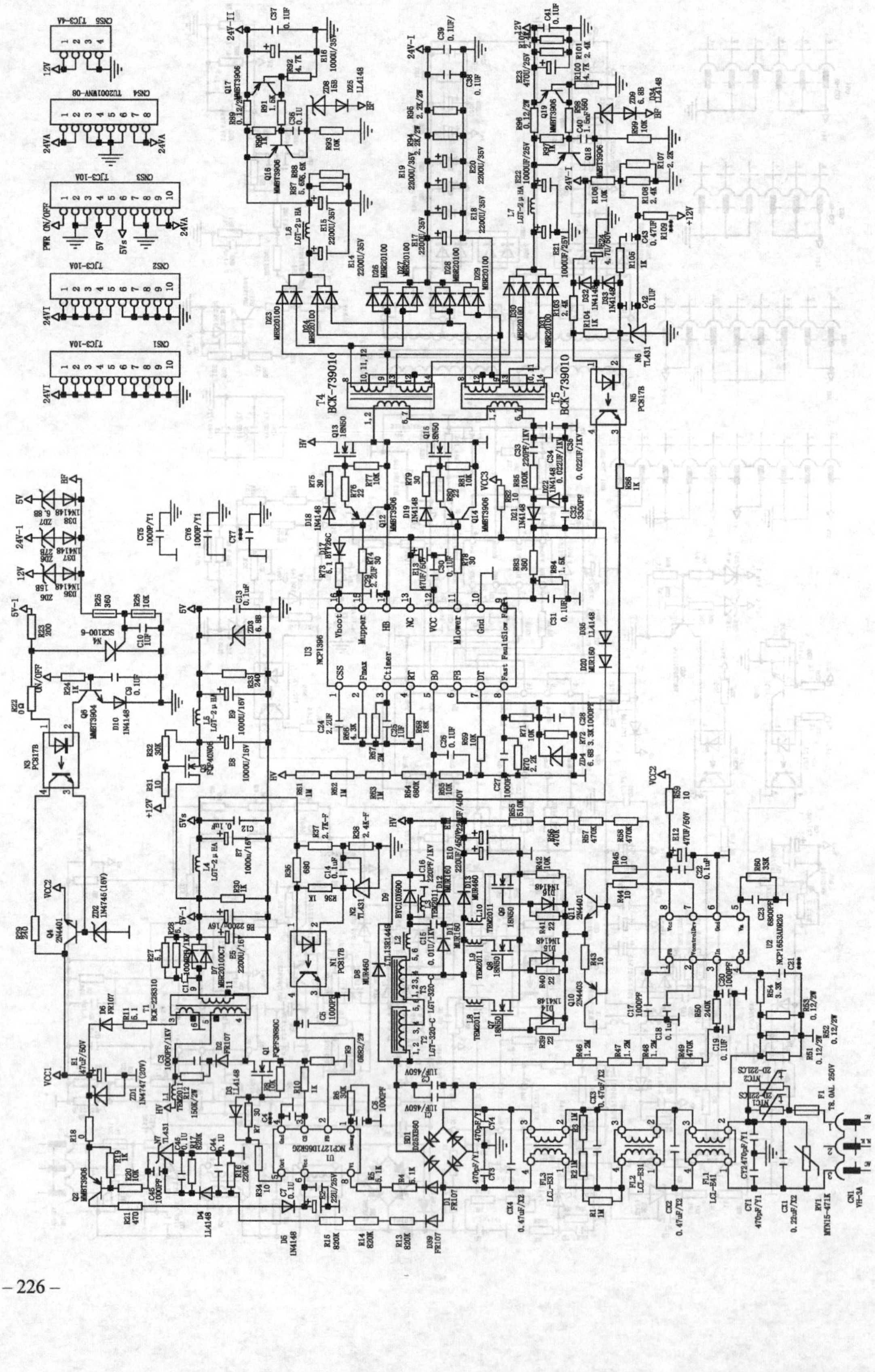
T4
BCK-739010
T5
BCK-739010
U3
NCP1396
U2
NCP1653ADR2G
U1
NCP1271D65R2G
N5
PC817B
N3
PC817B
N1
PC817B
CN1
YH-3A

9．HS120-4S01

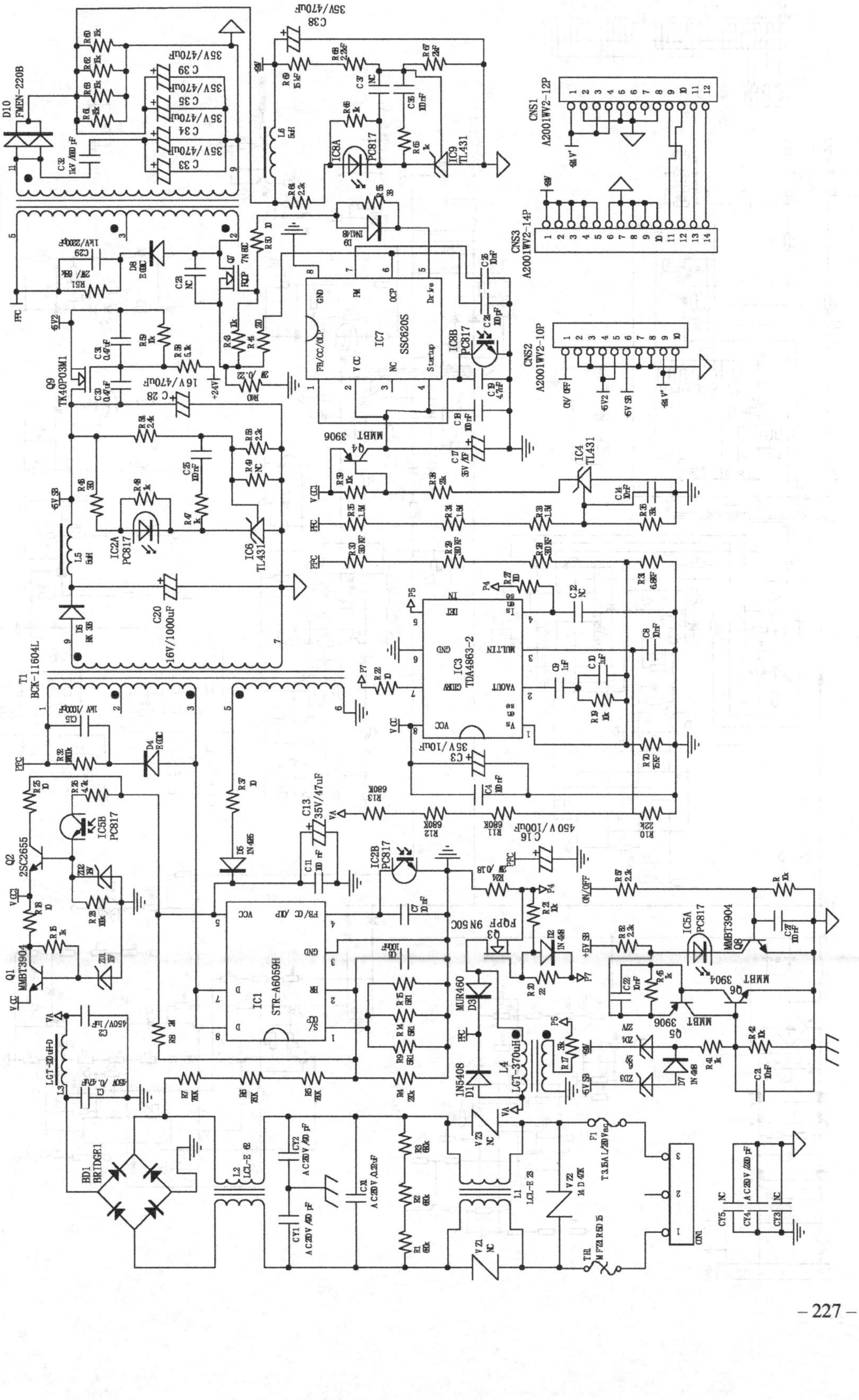

10．FSP241-4P01

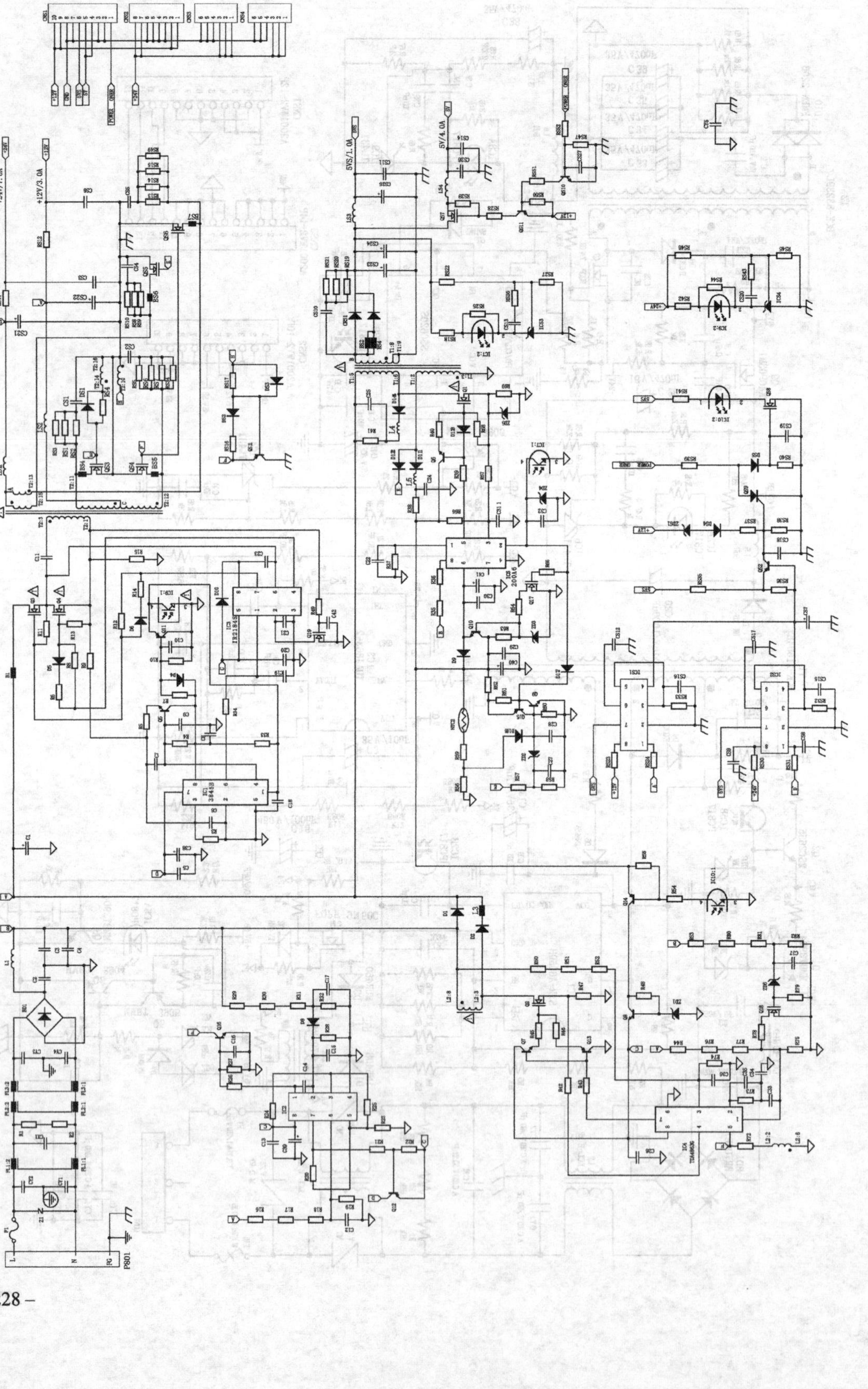

11. PSP368-4M01

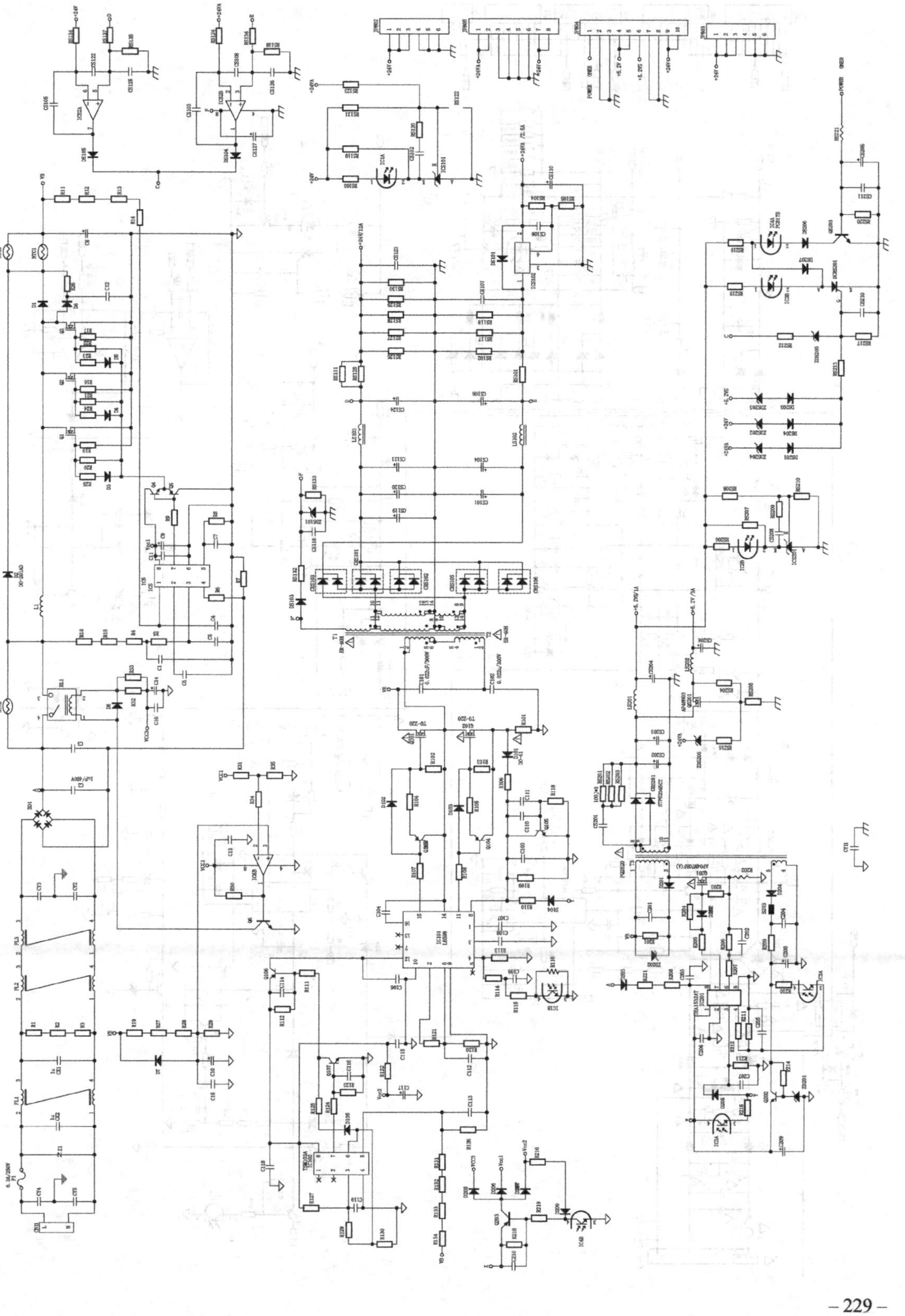

12．PSP488-4F01

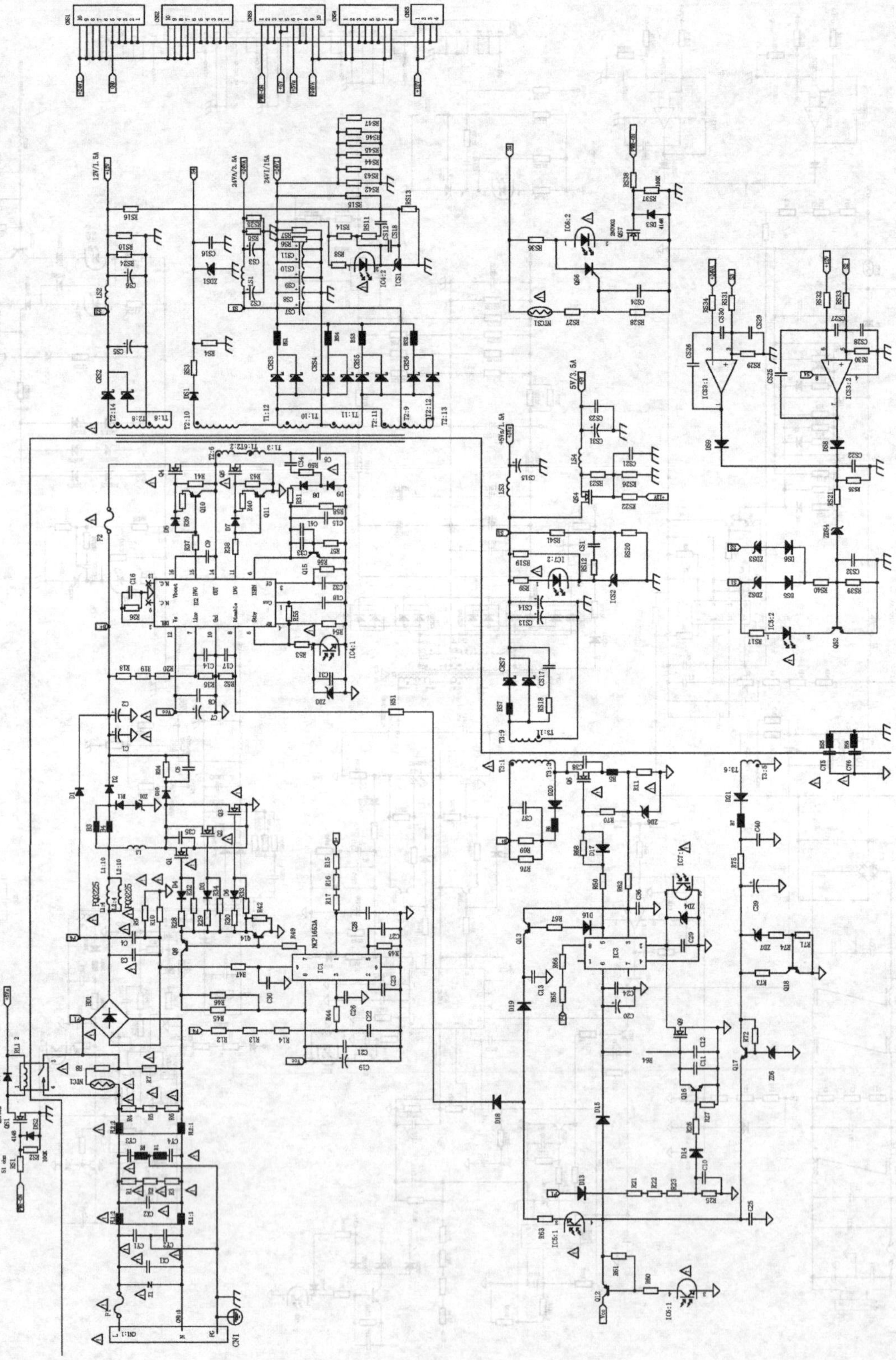

附录2　典型二合一电源板（电源+逆变器）电路原理图

1．FSP140-3PS01 电源电路

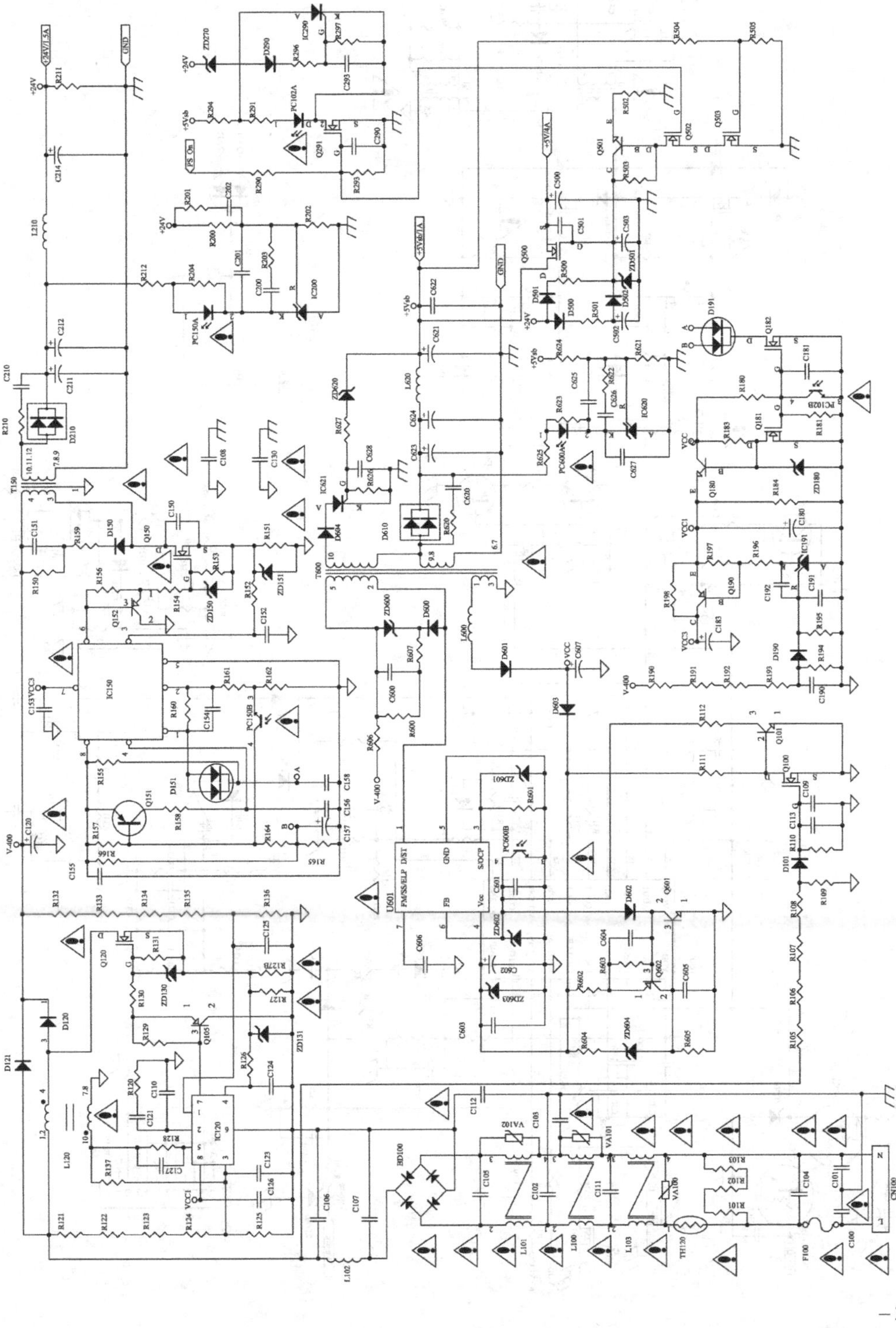

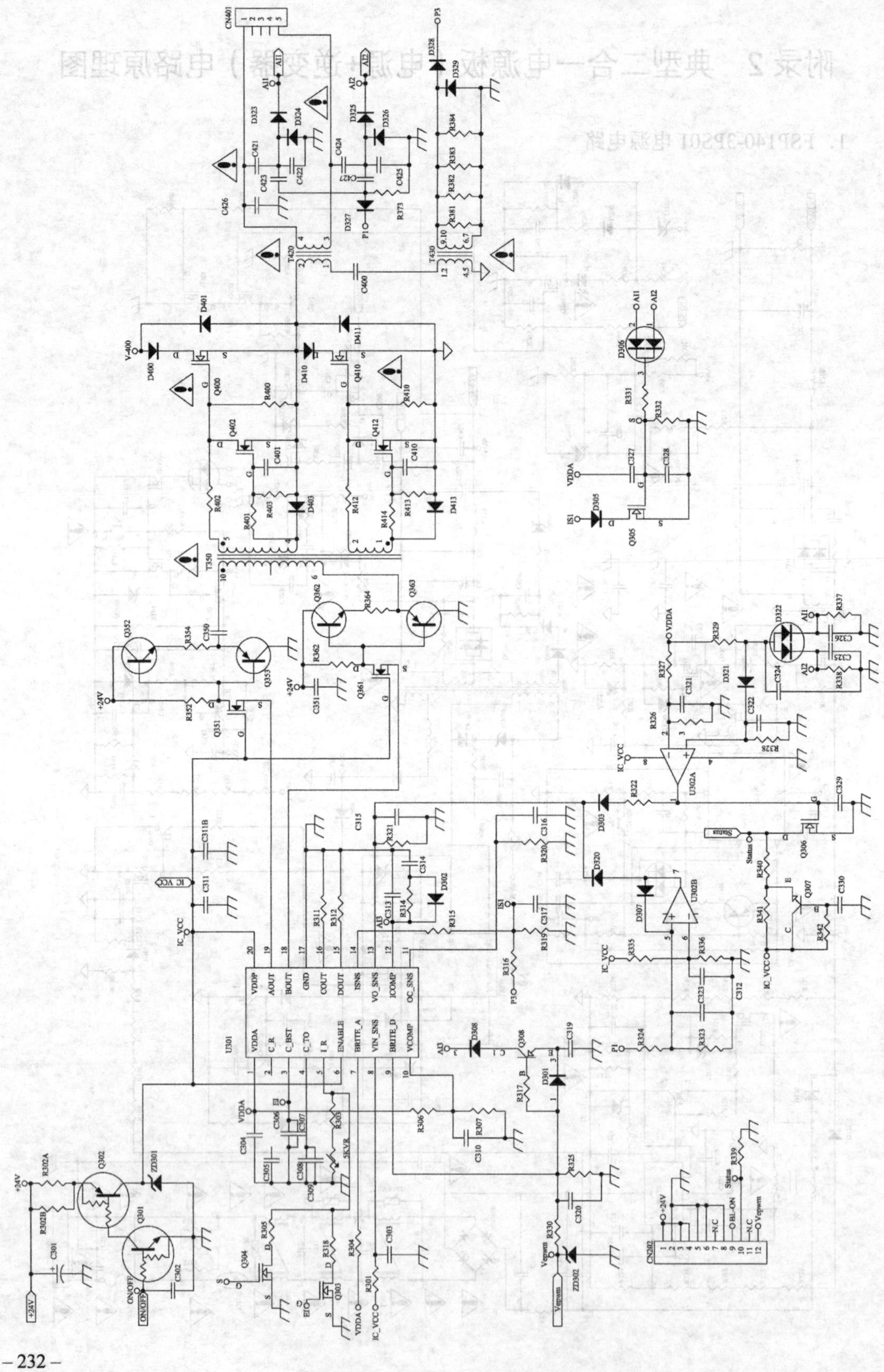
CN401
T420
T430
T350
U301
VDDP
AOUT
BOUT
GND
COUT
DOUT
ISNS
VO_SNS
ICOMP
OC_SNS
VDDA
C_R
C_BST
C_TO
I_R
ENABLE
BRITE_A
VIN_SNS
BRITE_D
VCOMP
IC_VCC
U302A
U302B
CN202
+24V
ON/OFF
Vepwm
Status
V-400
5KVR

2．FSP150P-3HF02 电源电路

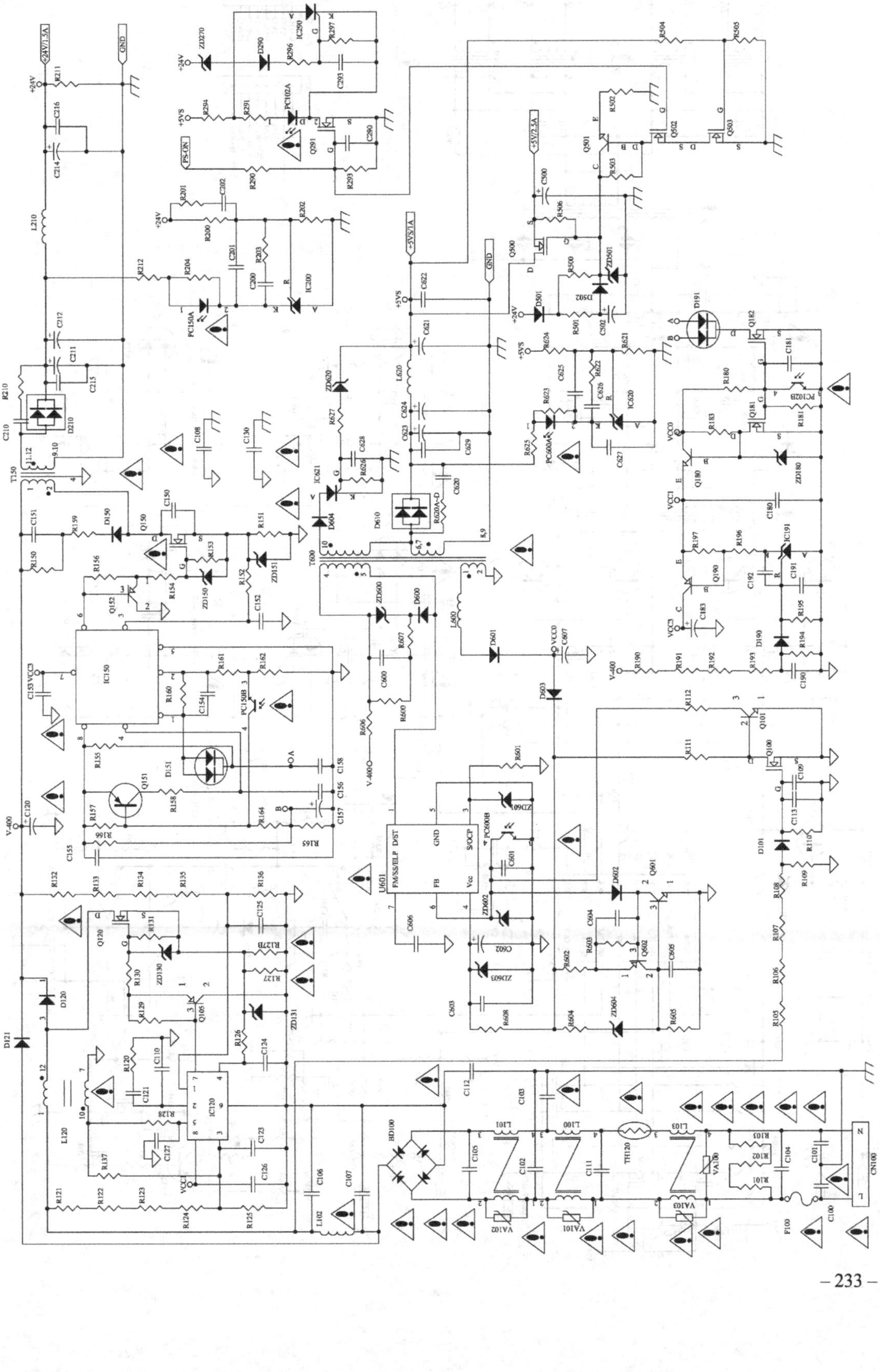

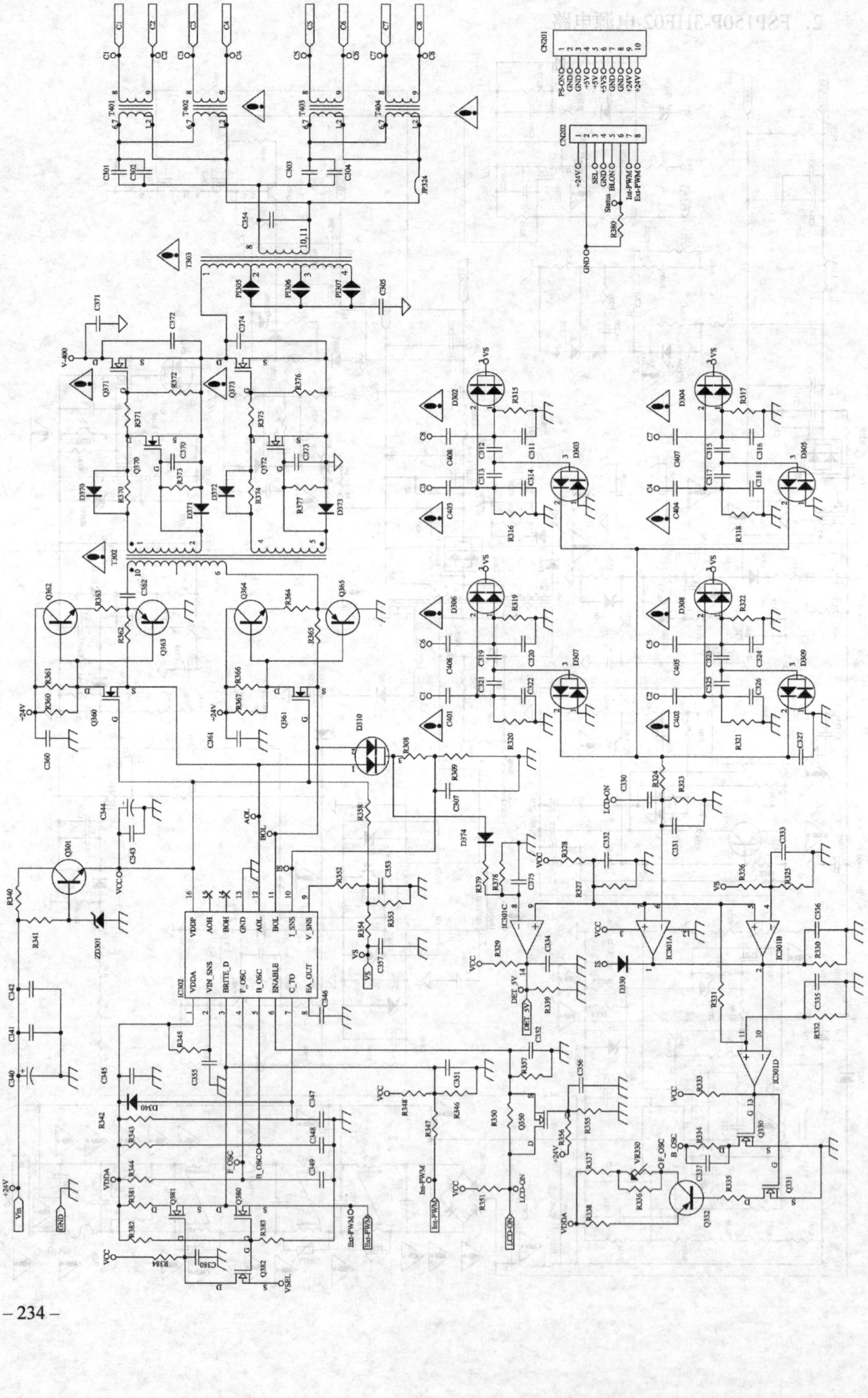
CN201
PS-ON
GND
+5V
+5VS
+24V
CN202
SEL
BLON
Status
Int-PWM
Ext-PWM
IC302
VDDA
VIN_SNS
BRITE_D
F_OSC
B_OSC
ENABLE
C_TO
EA_OUT
VDDP
AOH
BOH
AOL
BOL
I_SNS
V_SNS
IC301A
IC301B
IC301C
IC301D
T302
T303
T401
T402
T403
T404
V-400
Vin
LCD-ON
DET_5V
VSEL
VDDA
VCC

3．FSP160-3PI01 电源电路

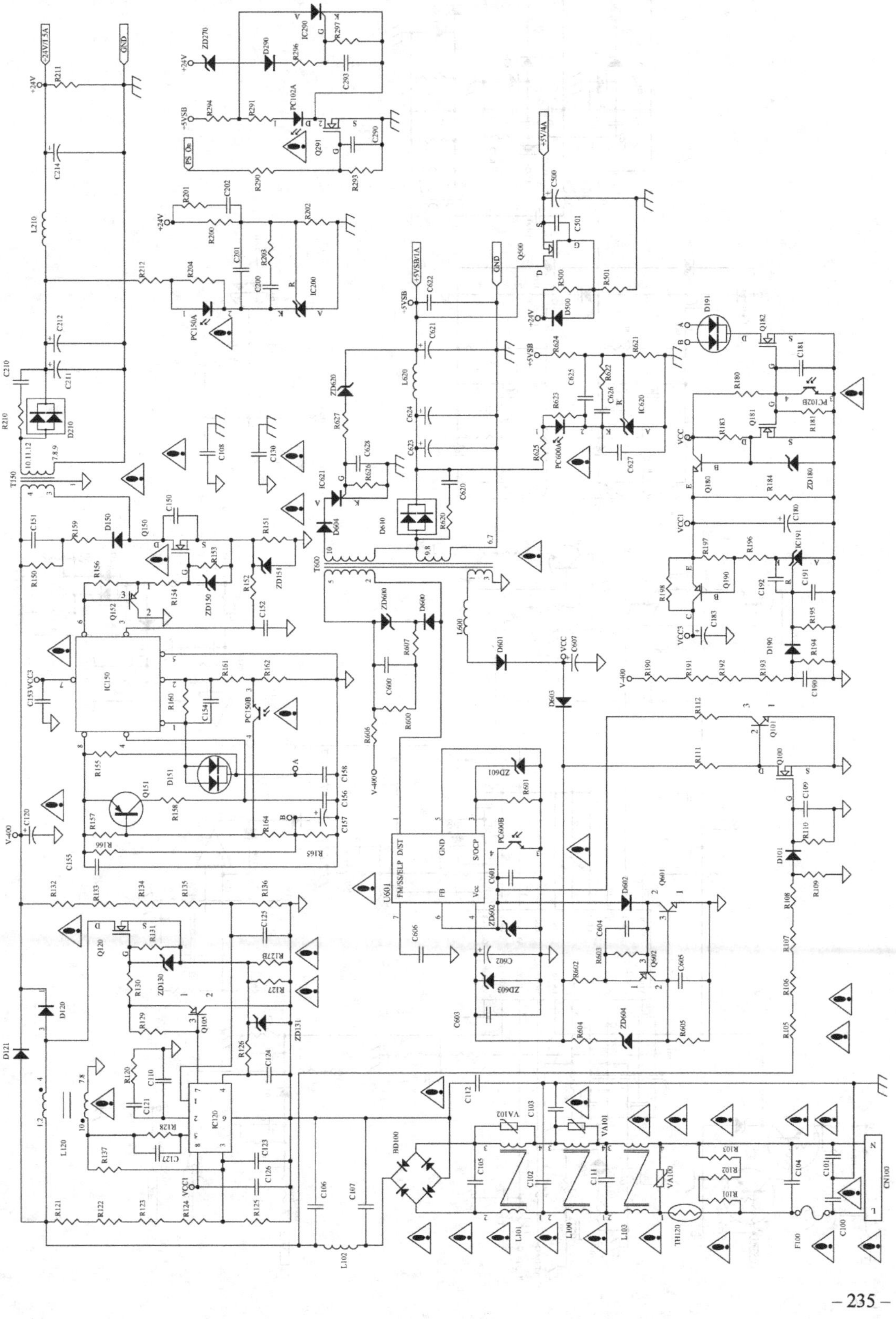

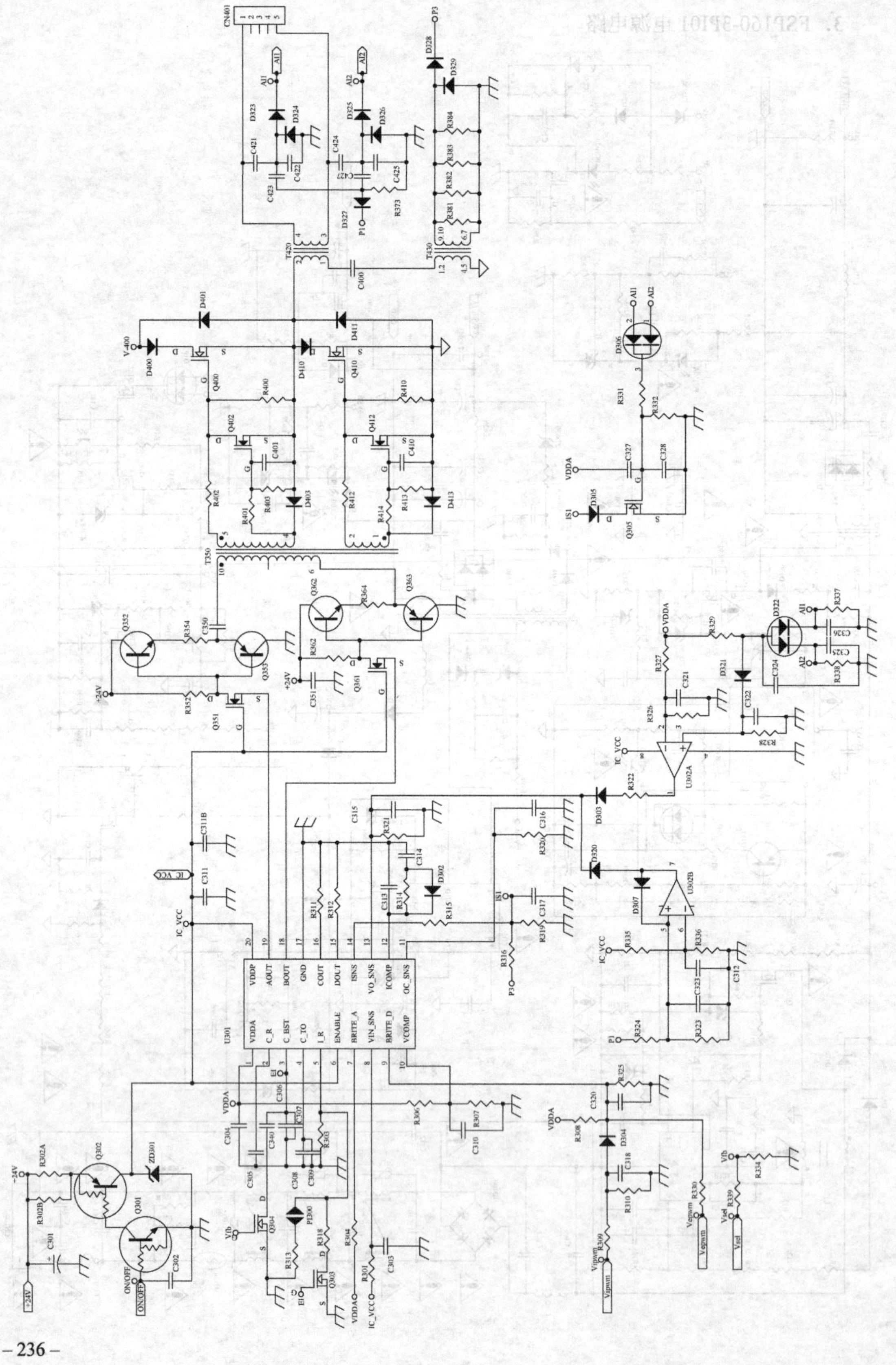
CN401
T420
T430
T350
U301
VDDA
C_R
C_BST
C_TO
I_R
ENABLE
BRITE_A
VIN_SNS
BRITE_D
VCOMP
VDDP
AOUT
BOUT
GND
COUT
DOUT
ISNS
VO_SNS
ICOMP
OC_SNS
U302A
U302B
IC_VCC
+24V
ON/OFF
V-400
Vfb
Vipwm
Vepwm
Vsel

4．FSP196P-3HF01 电源电路

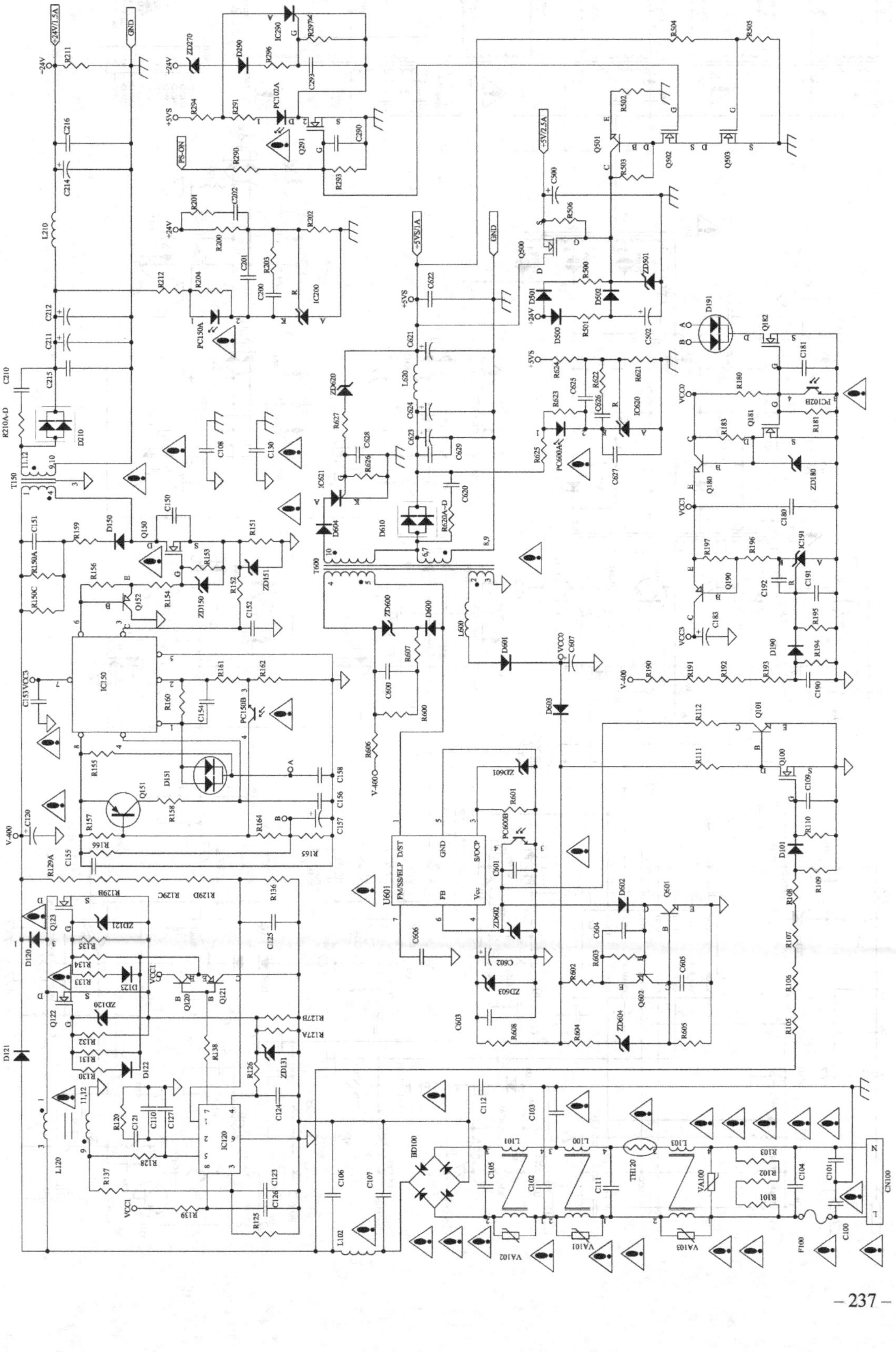

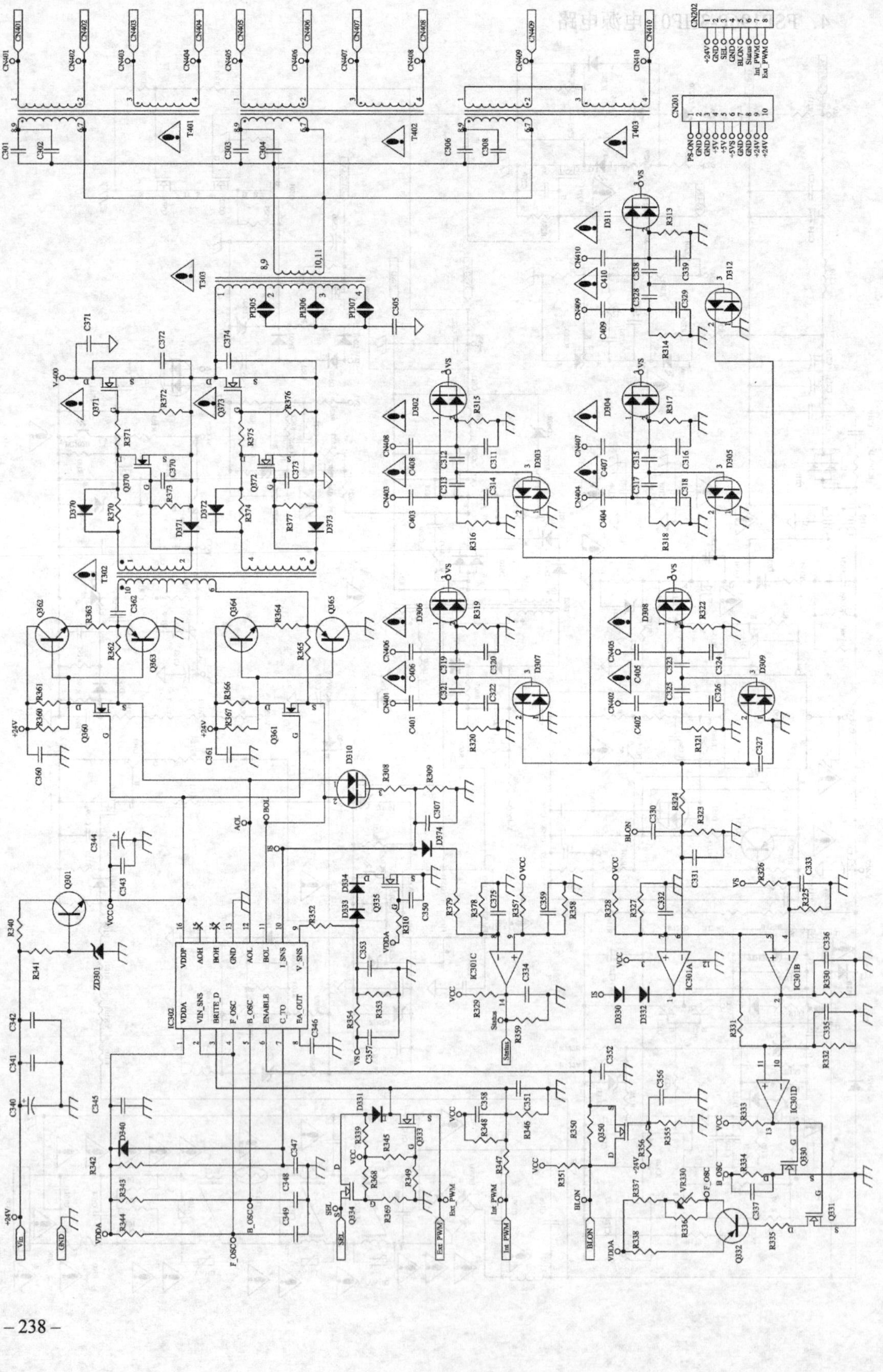

5．FSP236-3PS01 电源电路

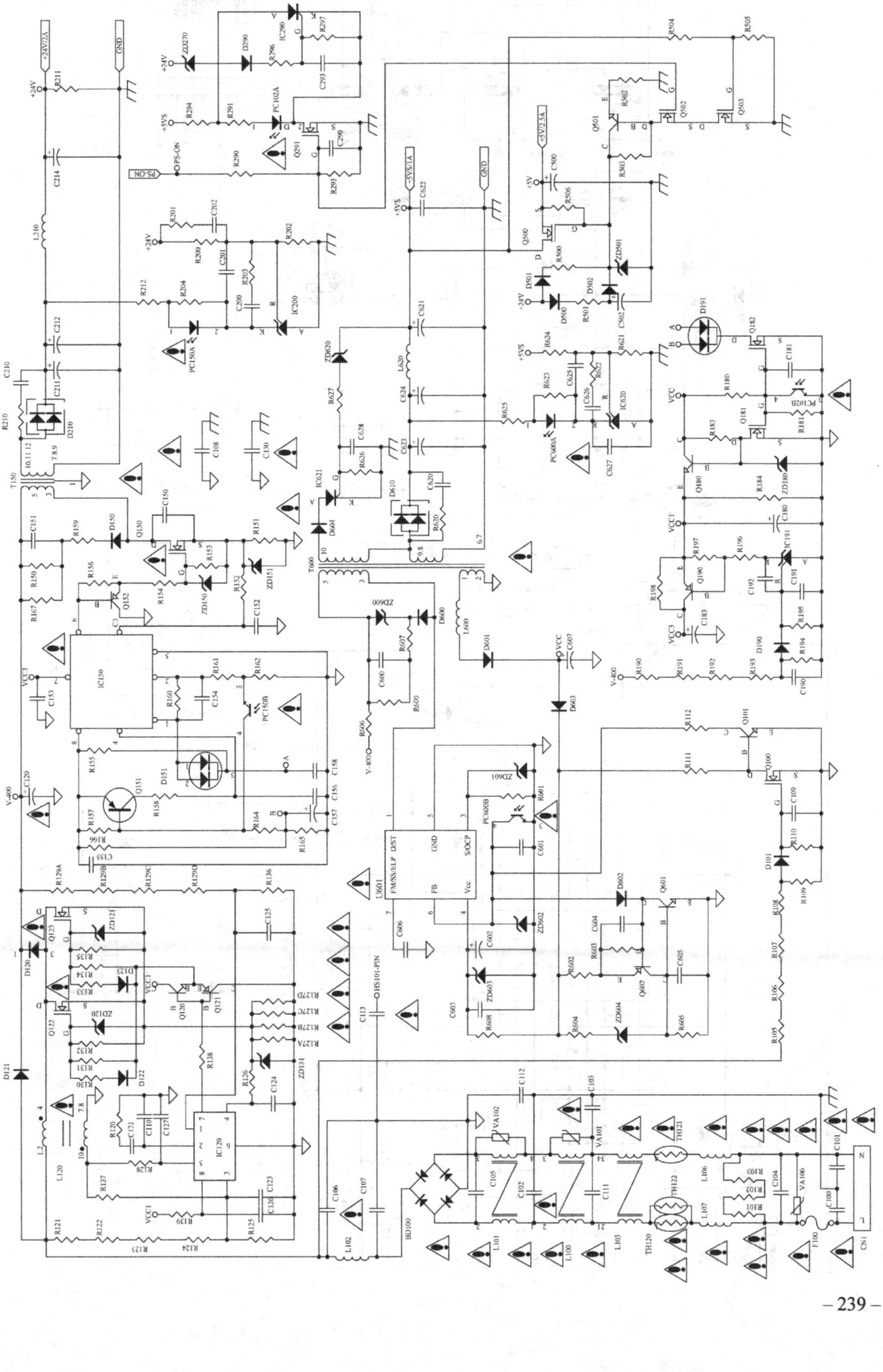

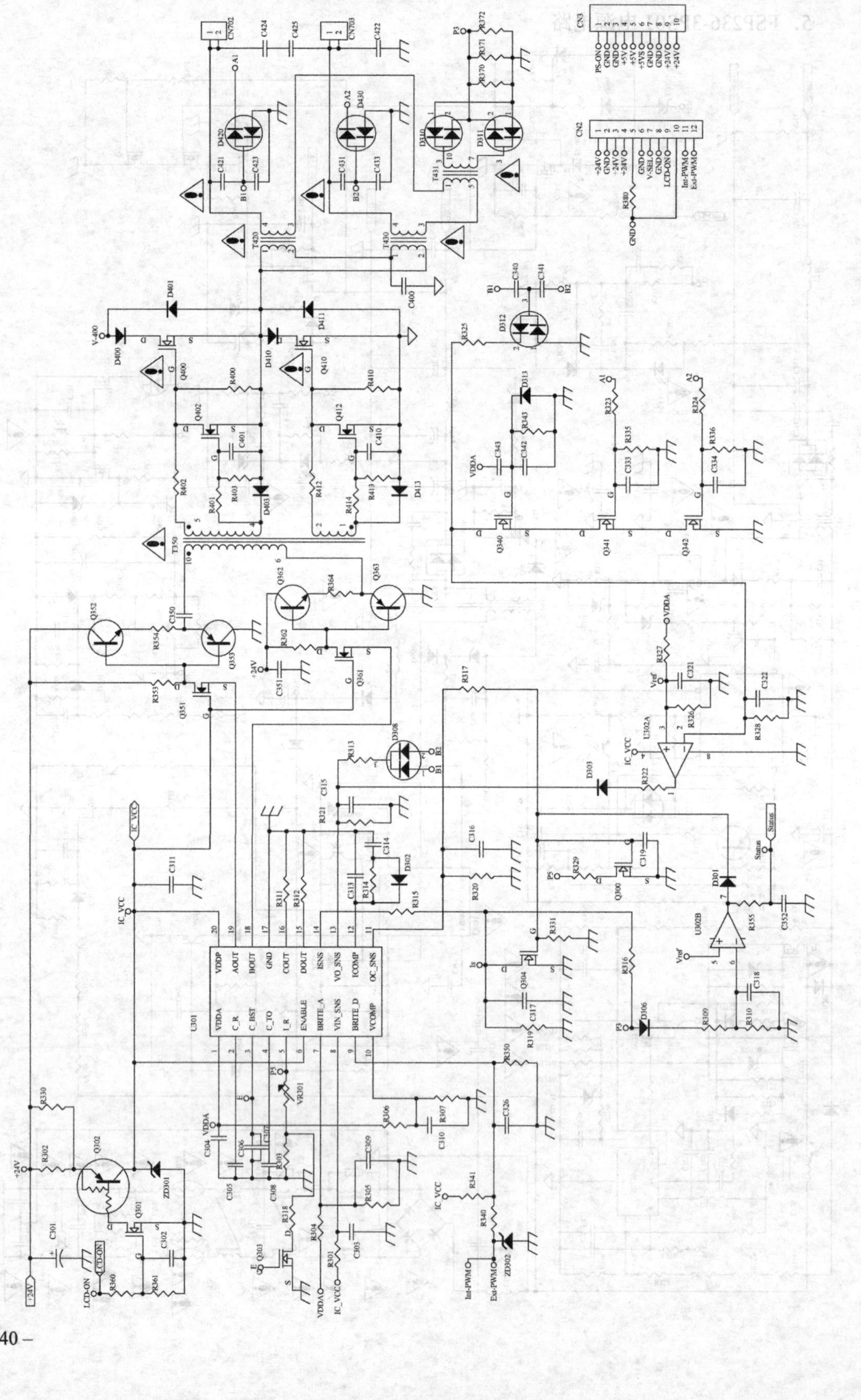
CN3
PS-ON
GND
GND
+5V
+5V
+5VS
GND
GND
+24V
+24V
CN2
+24V
GND
+24V
+24V
GND
GND
V-SEL
GND
LCD-ON
Int-PWM
Ext-PWM
U301
VDDP
AOUT
BOUT
GND
COUT
DOUT
ISNS
VO_SNS
ICOMP
OC_SNS
VDDA
C_R
C_BST
C_TO
I_R
ENABLE
BRITE_A
VIN_SNS
BRITE_D
VCOMP
T350
T420
T430
T431
CN702
CN703
IC_VCC
LCD-ON
+24V
Status

6．FSP250-3PI03 电源电路

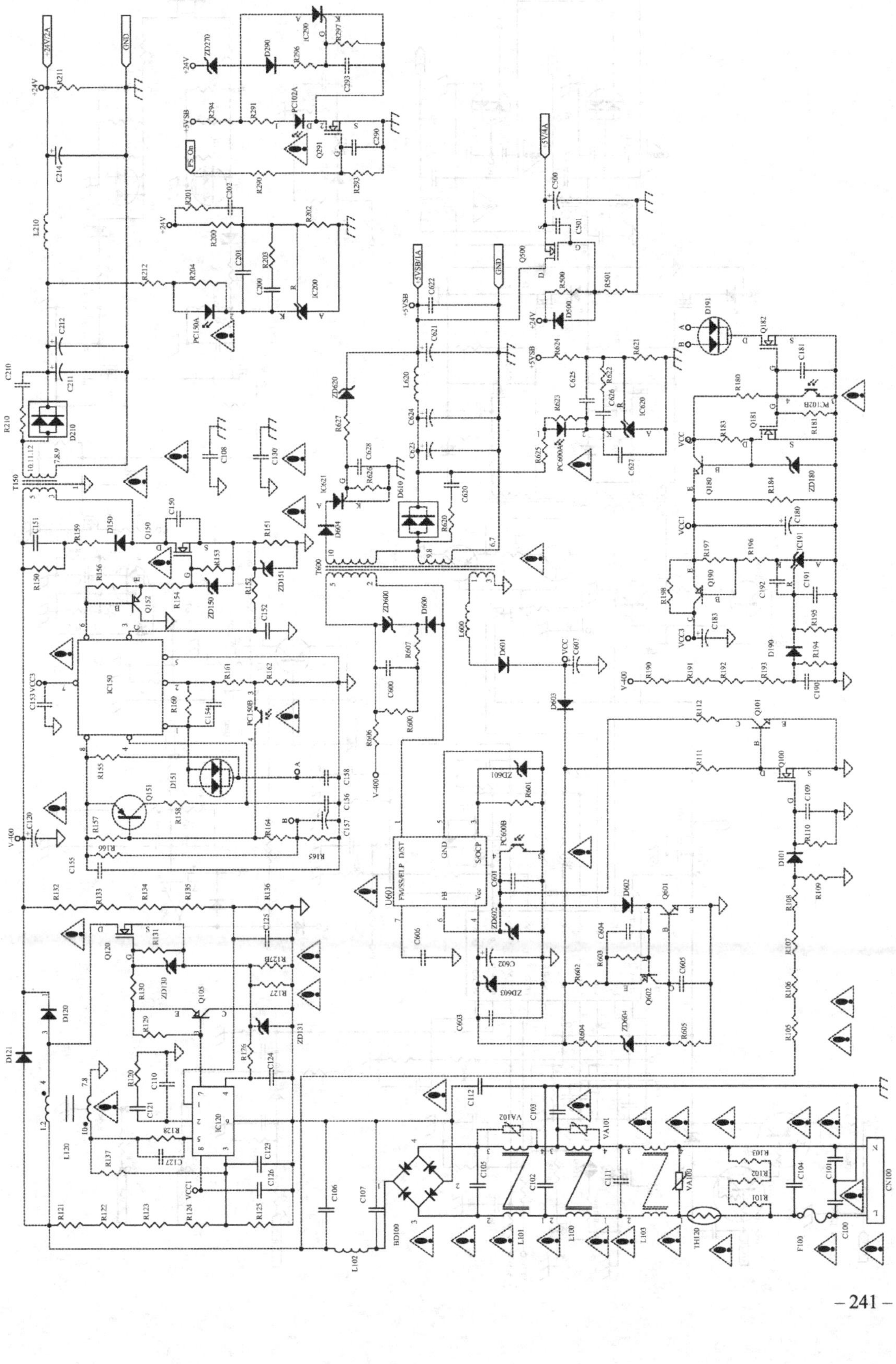

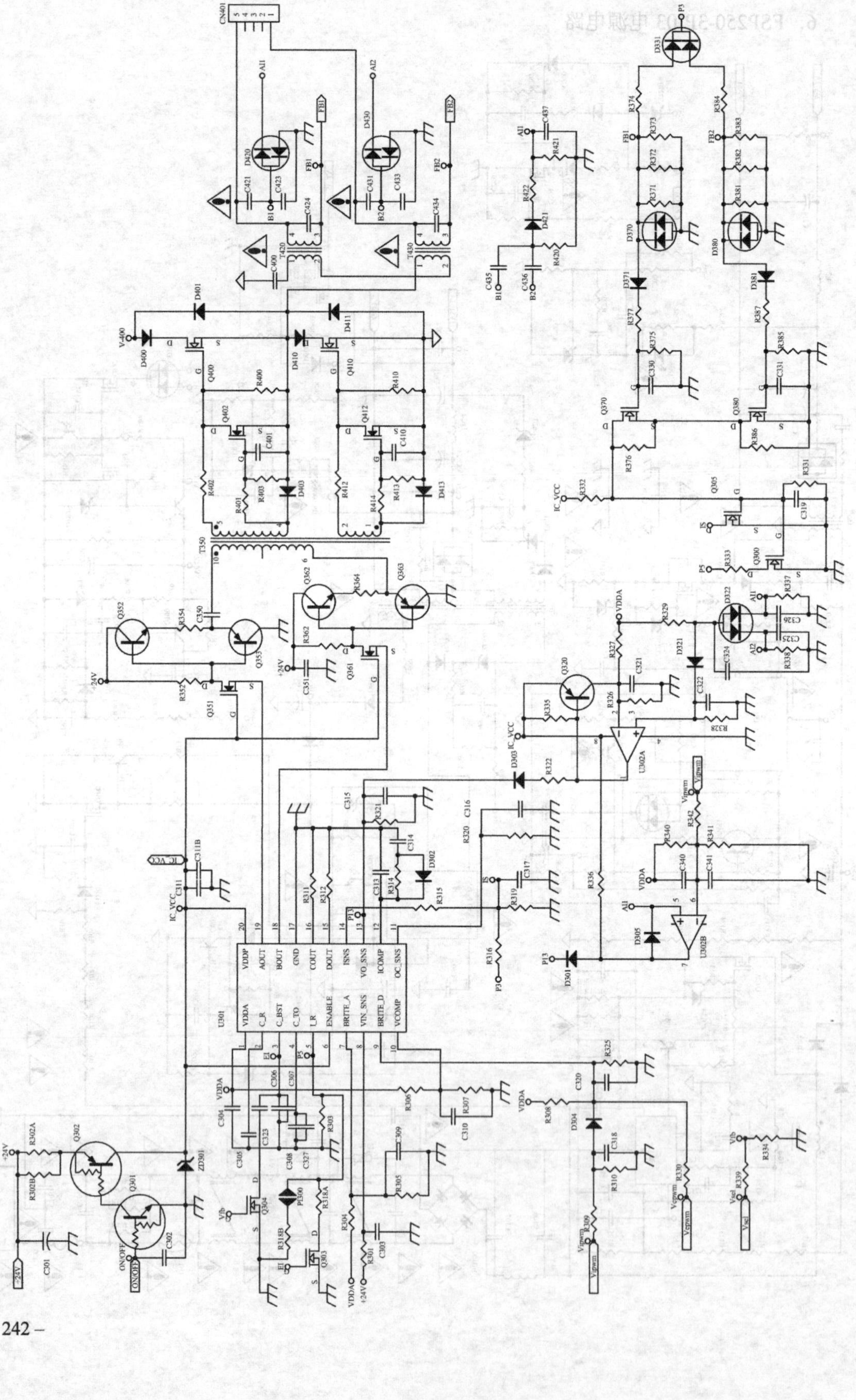
CN401
D420
D430
FB1
FB2
AI1
AI2
B1
B2
T420
T430
C400
C421
C423
C424
C431
C433
C434
C435
C436
C437
D421
R420
R421
R422
D331
P3
R374
R373
R372
R371
D370
D371
R377
R375
C330
Q370
R376
R384
R383
R382
R381
D380
D381
R387
R385
C331
Q380
R386
IC_VCC
R332
Q305
R331
C319
Q300
R333
P5
R337
C326
C325
D322
R338
VDDA
R329
R327
C321
C324
D321
C322
Q320
R326
R335
R328
U302A
D303
R322
D400
D401
V-400
Q400
D410
D411
Q410
R400
R410
Q402
Q412
C401
C410
R402
R403
R401
D403
R412
R413
R414
D413
T350
Q352
R354
C350
Q353
Q362
R364
Q363
R362
Q361
C351
R352
Q351
+24V
C311
C311B
C315
R321
C314
D302
C313
R314
R315
C316
R320
IS
C317
R319
R316
P3
P13
R311
R312
U301
VDDP
AOUT
BOUT
GND
COUT
DOUT
ISNS
VO_SNS
ICOMP
OC_SNS
VDDA
C_R
C_BST
C_TO
I_R
ENABLE
BRITE_A
VIN_SNS
BRITE_D
VCOMP
R336
R340
R341
R342
Vbpwm
C340
C341
D305
U302B
D301
R325
C320
R306
R307
C310
R308
D304
C318
R310
R330
Vcpwm
R309
Vapwm
Vfb
R334
R339
Vsel
C304
C305
C306
C307
C323
C308
C327
R303
C309
R305
R304
R301
C303
P1300
R318A
R318B
Q303
Q304
ZD301
Q302
R302A
R302B
Q301
C302
C301
ON/OFF
-24V

7. FSP270-3PI05 电源电路

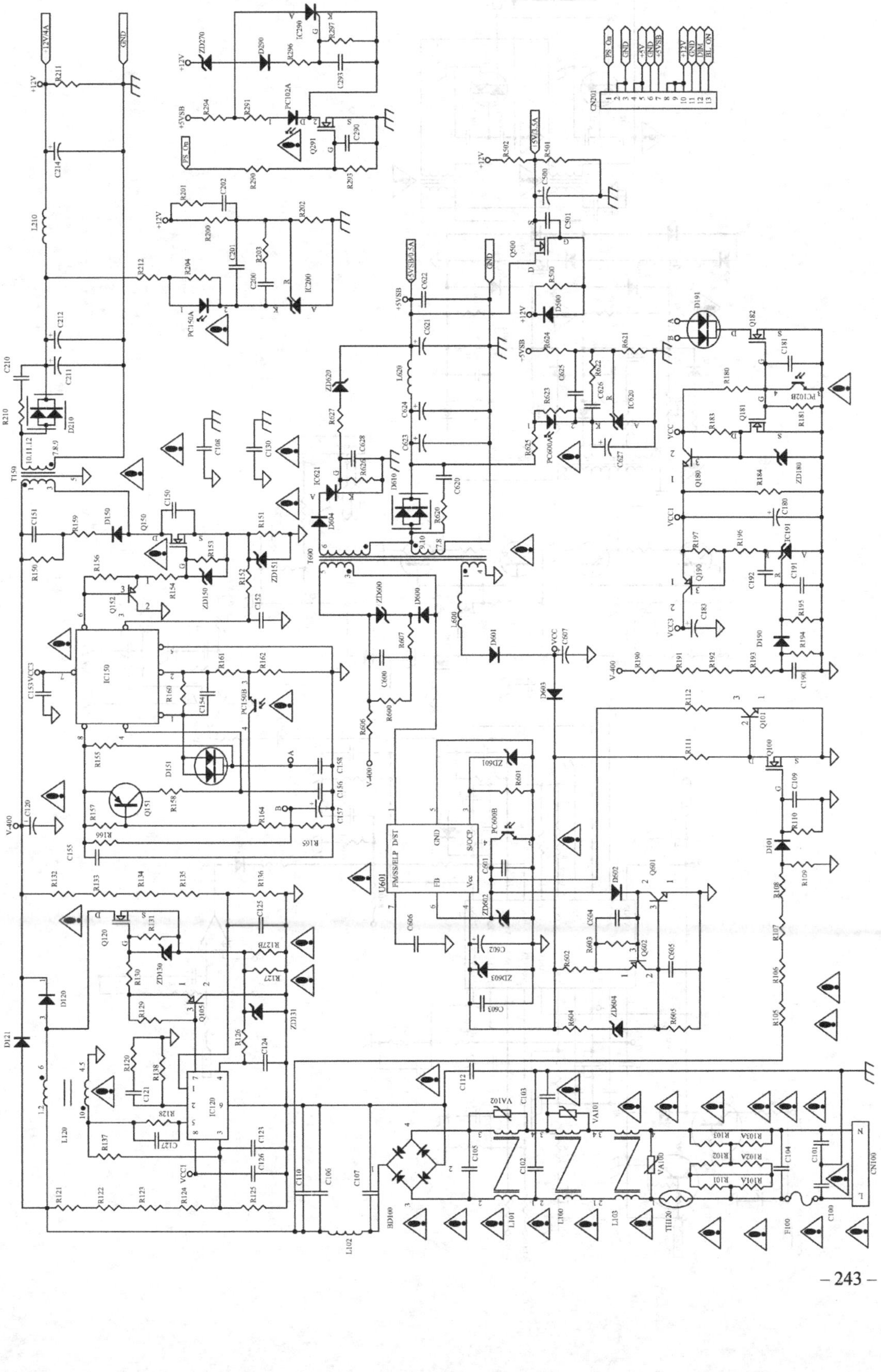

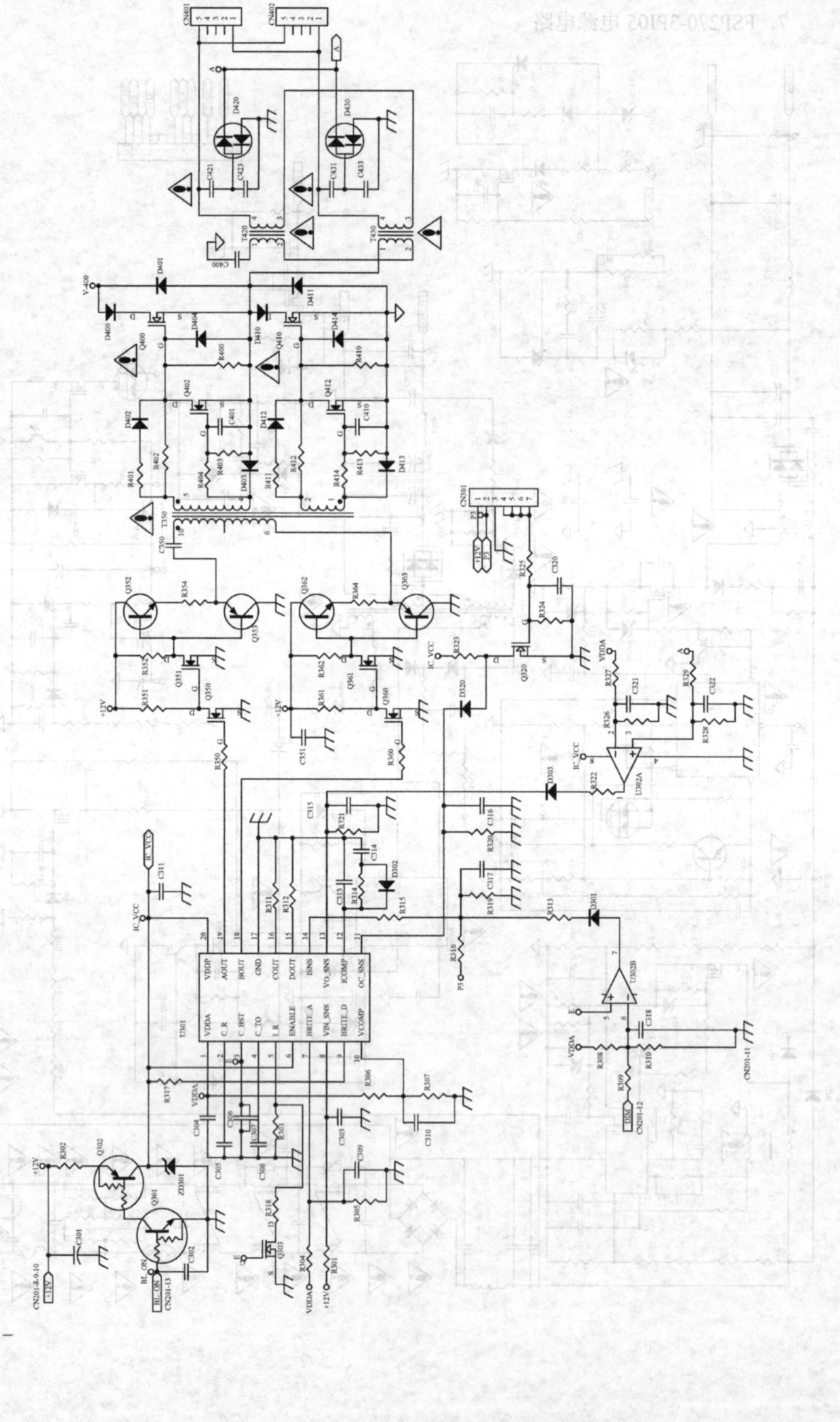
U301
VDDA
C_R
C_BST
C_TO
I_R
ENABLE
BRITE_A
VIN_SNS
BRITE_D
VCOMP
VDDP
AOUT
BOUT
GND
COUT
DOUT
ISNS
VO_SNS
ICOMP
OC_SNS
IC_VCC
+12V
BL_ON
CN201-13
CN201-8-9-10
CN201-12
CN201-11
DIM
CN301
CN401
CN402
V-400
T350
T420
T430
U302A
U302B

8. FSP304-3PI01 电源电路

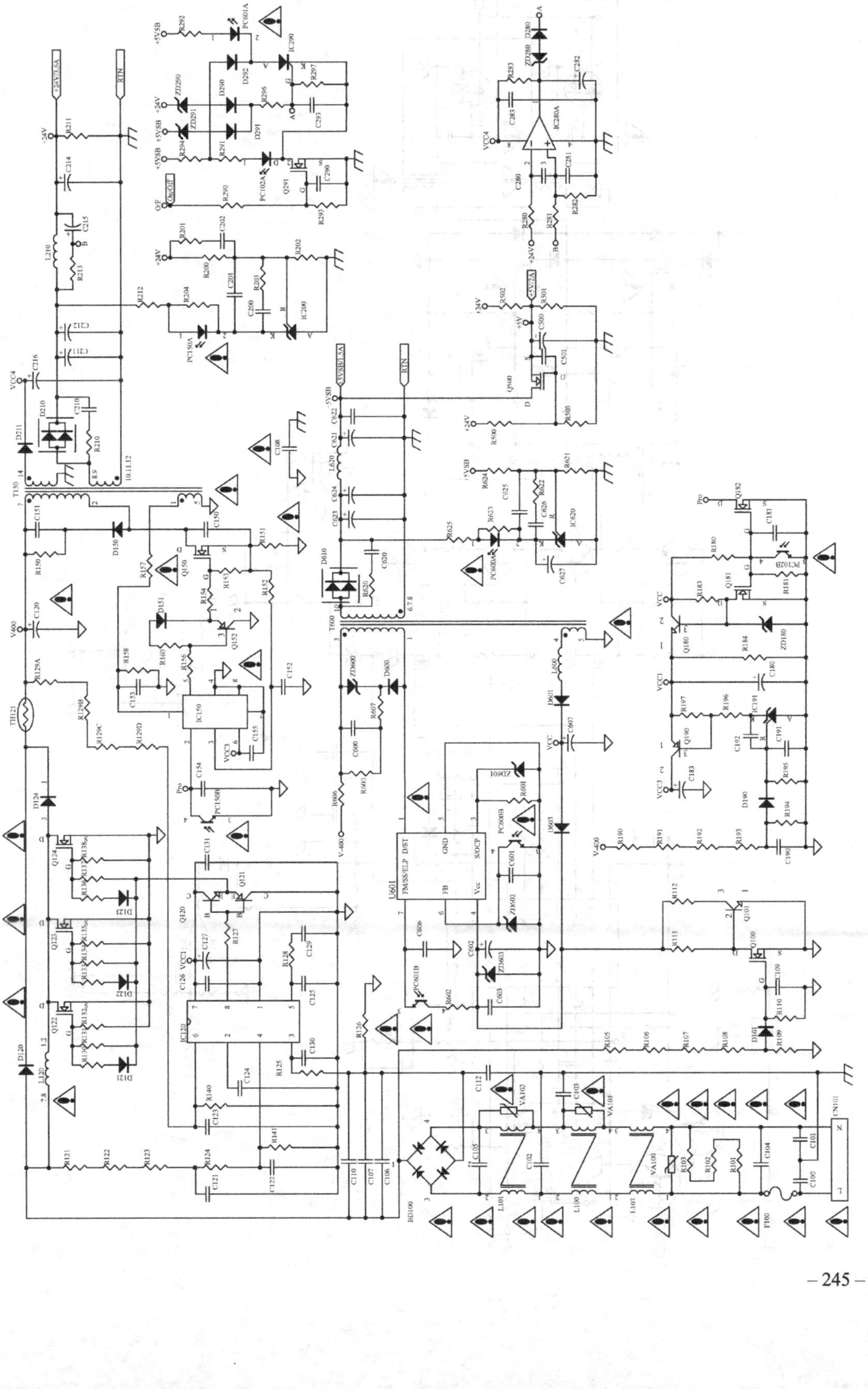

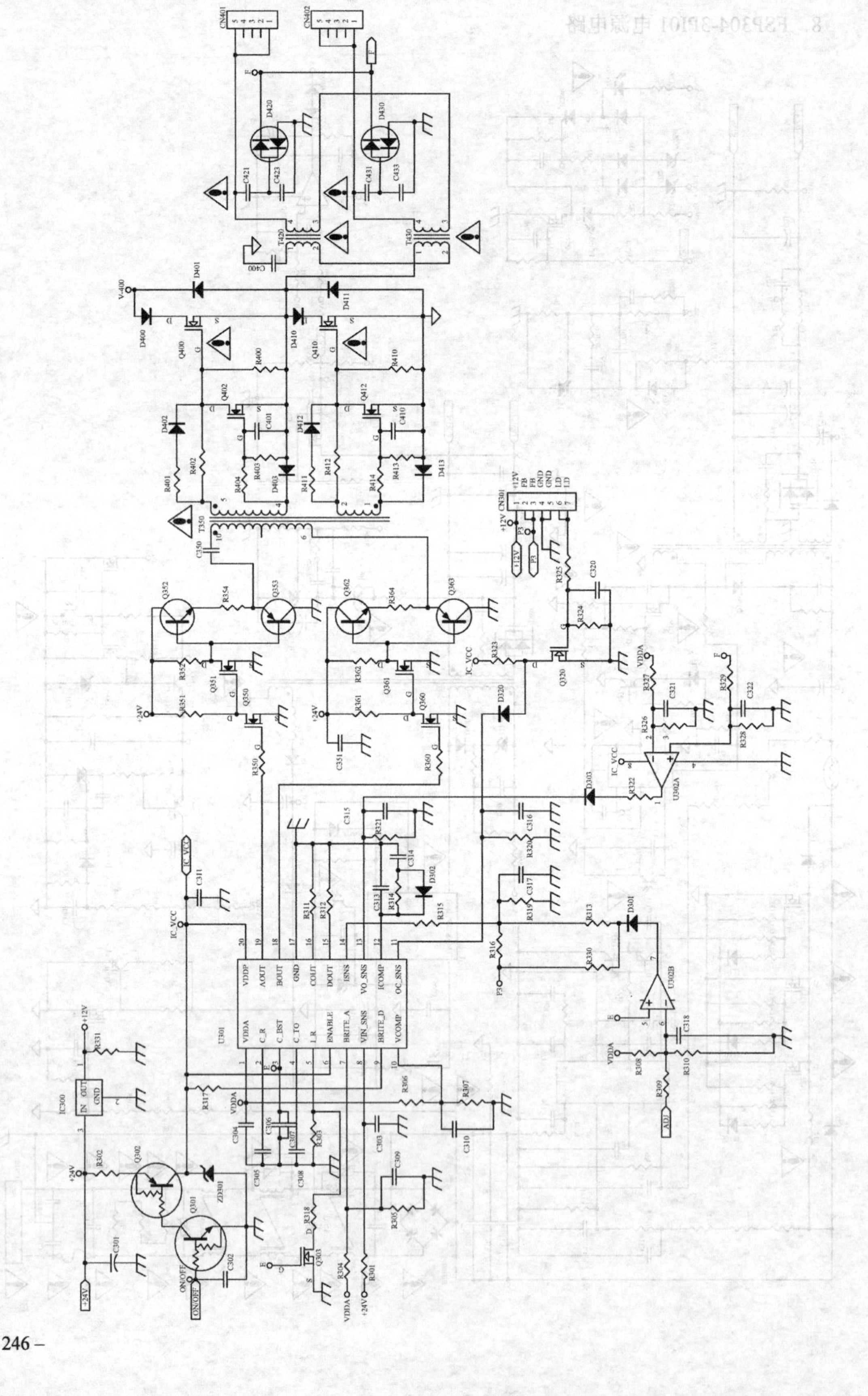
CN401
CN402
D420
D430
C421
C423
C431
C433
T420
T450
C400
D401
D411
V-400
D400
D410
Q400
Q410
R400
R410
Q402
Q412
C401
C410
D402
D412
D403
D413
R401
R402
R403
R404
R411
R412
R413
R414
T350
C350
Q352
Q353
Q362
Q363
R354
R364
R352
R362
Q351
Q361
Q350
Q360
R351
R361
+24V
C351
R350
R360
D320
IC_VCC
R323
Q320
R324
R325
C320
CN301
+12V
FB
GND
LD
P3
VDDA
R327
C321
R326
R329
C322
R328
U302A
U302B
R322
D303
C315
C316
R321
R320
C314
D302
C313
R314
R315
C317
R319
C311
R311
R312
R313
D301
R316
R330
U301
VDDP
AOUT
BOUT
GND
COUT
DOUT
ISNS
VO_SNS
ICOMP
OC_SNS
VDDA
C_R
C_BST
C_TO
I_R
ENABLE
BRITE_A
VIN_SNS
BRITE_D
VCOMP
C318
R308
R310
R309
ADJ
IC300
IN
OUT
GND
R331
R317
R306
R307
C304
C306
C307
R303
C303
C310
C305
C308
C309
R305
R302
Q302
Q301
ZD301
C301
C302
R318
Q303
R304
R301
ON/OFF

9．HS140P-3HF01 电源电路

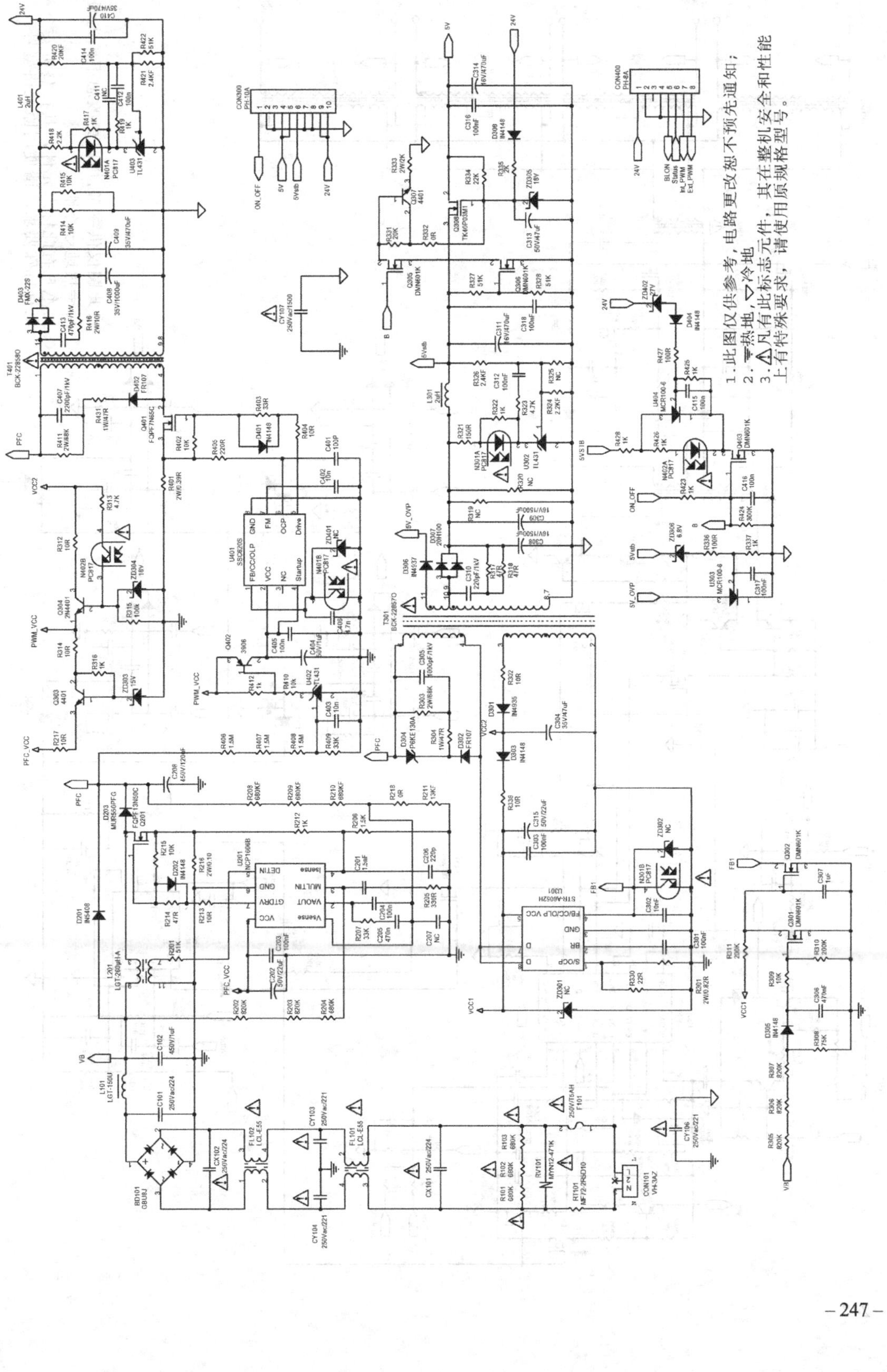

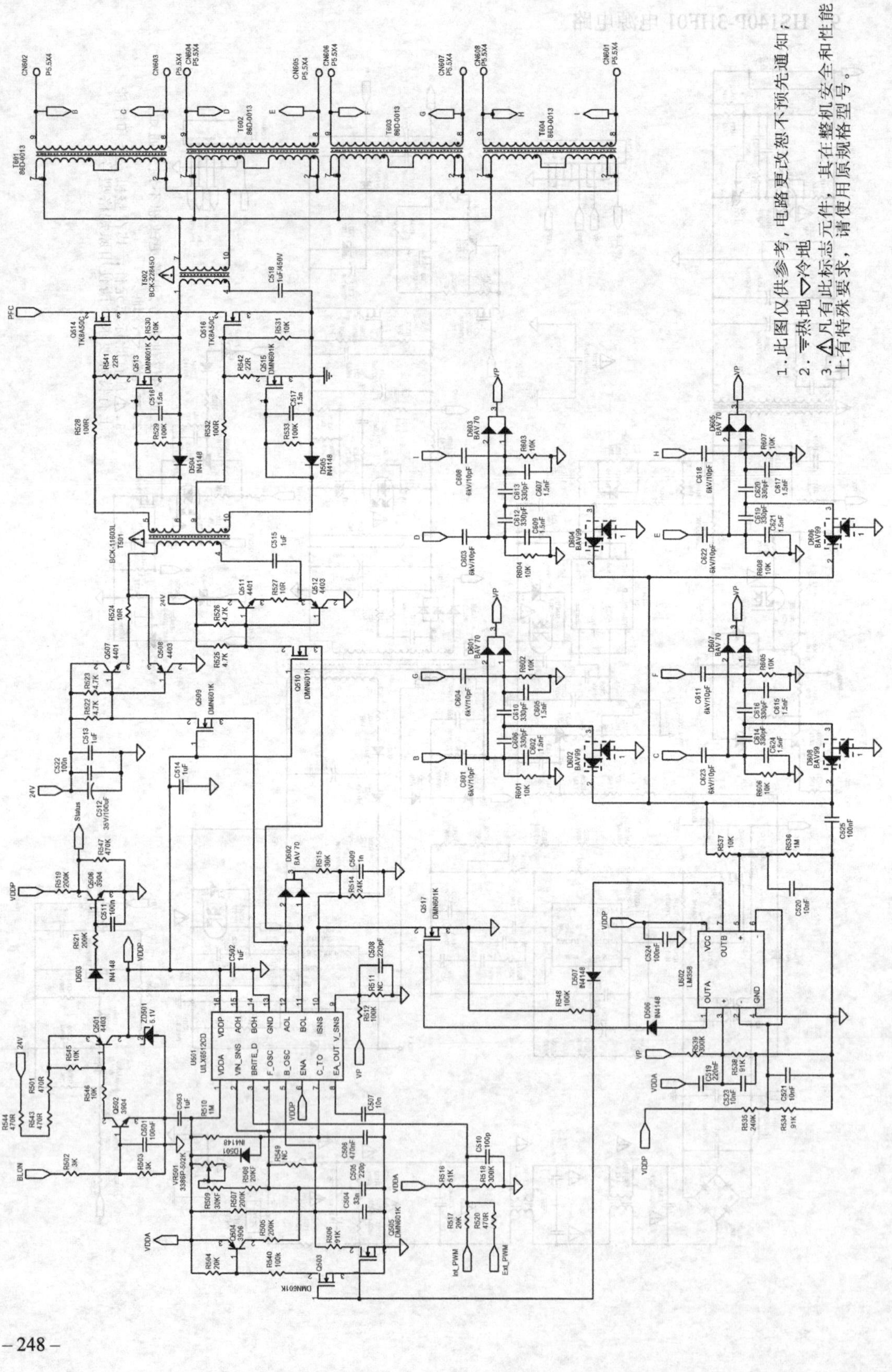
1.此图仅供参考，电路更改恕不预先通知。
2.⏚热地 ▽冷地
3.⚠凡有此标志元件，其在整机安全和性能上有特殊要求，请使用原规格型号。

10．R-HS180P-3HF01 电源电路

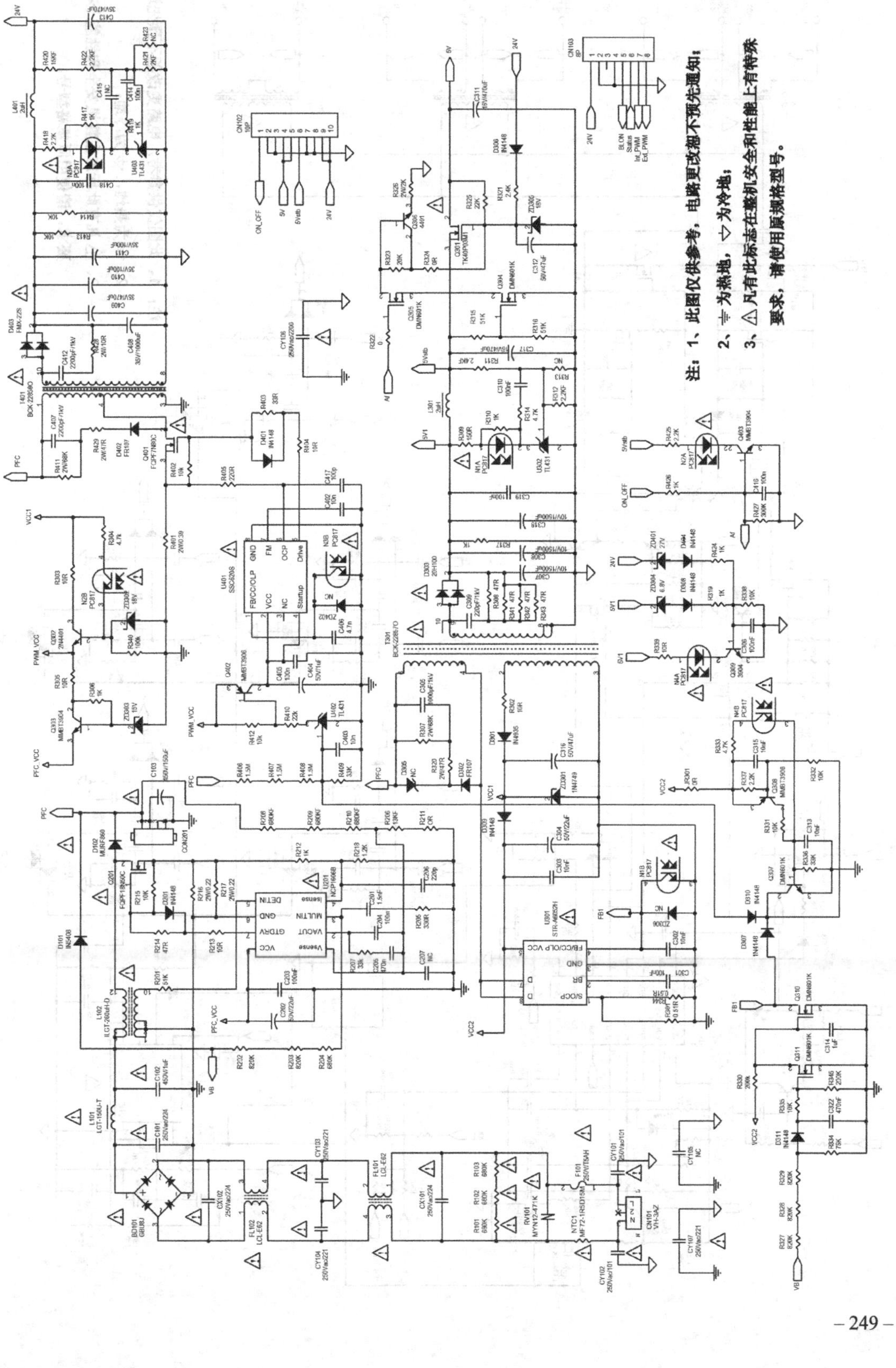

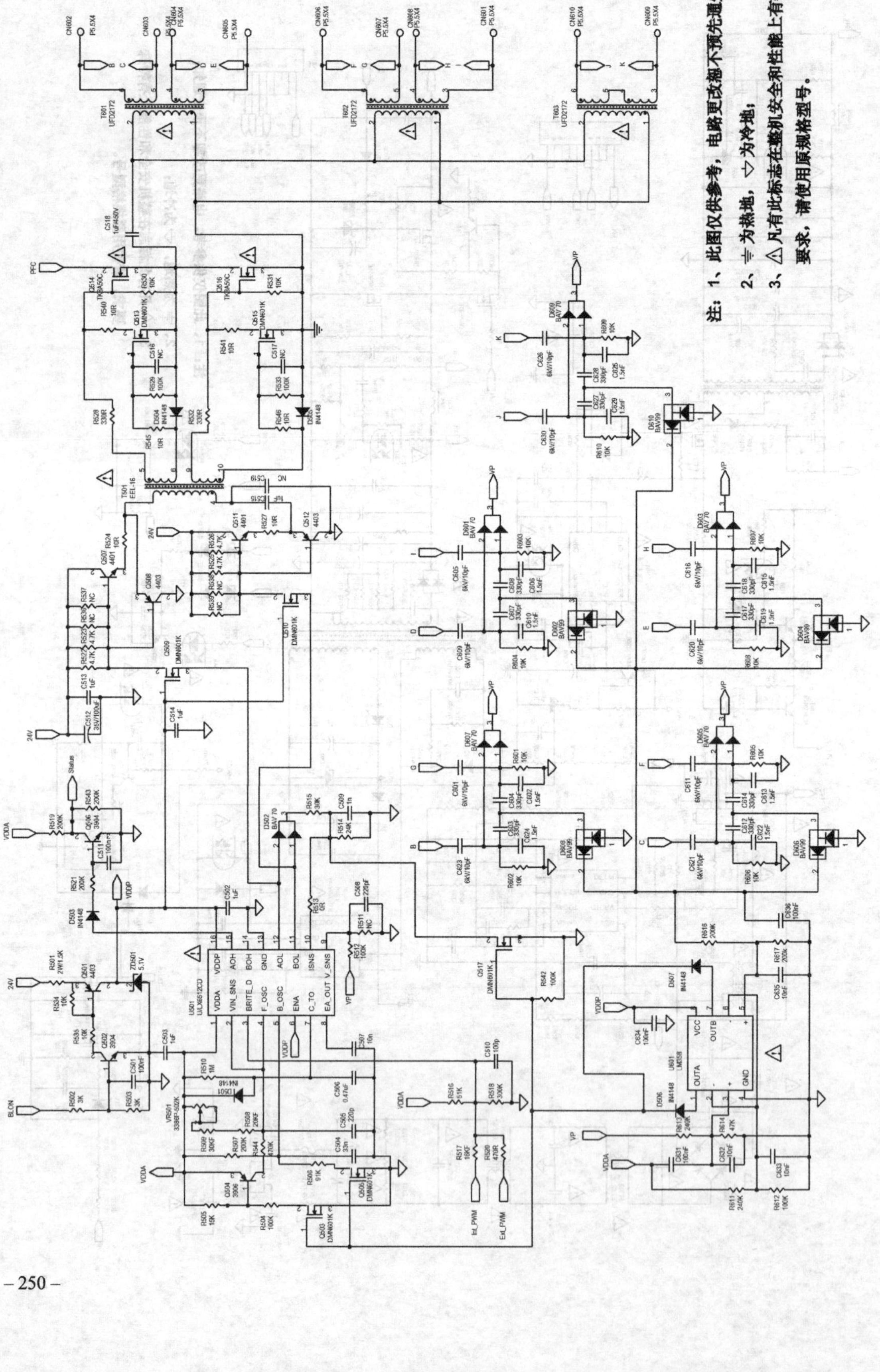

注：1、此图仅供参考，电路更改恕不预先通知；

2、⏚为热地，▽为冷地；

3、⚠凡有此标志在整机安全和性能上有特殊要求，请使用原规格型号。

11．HSL37-3L01 电源电路

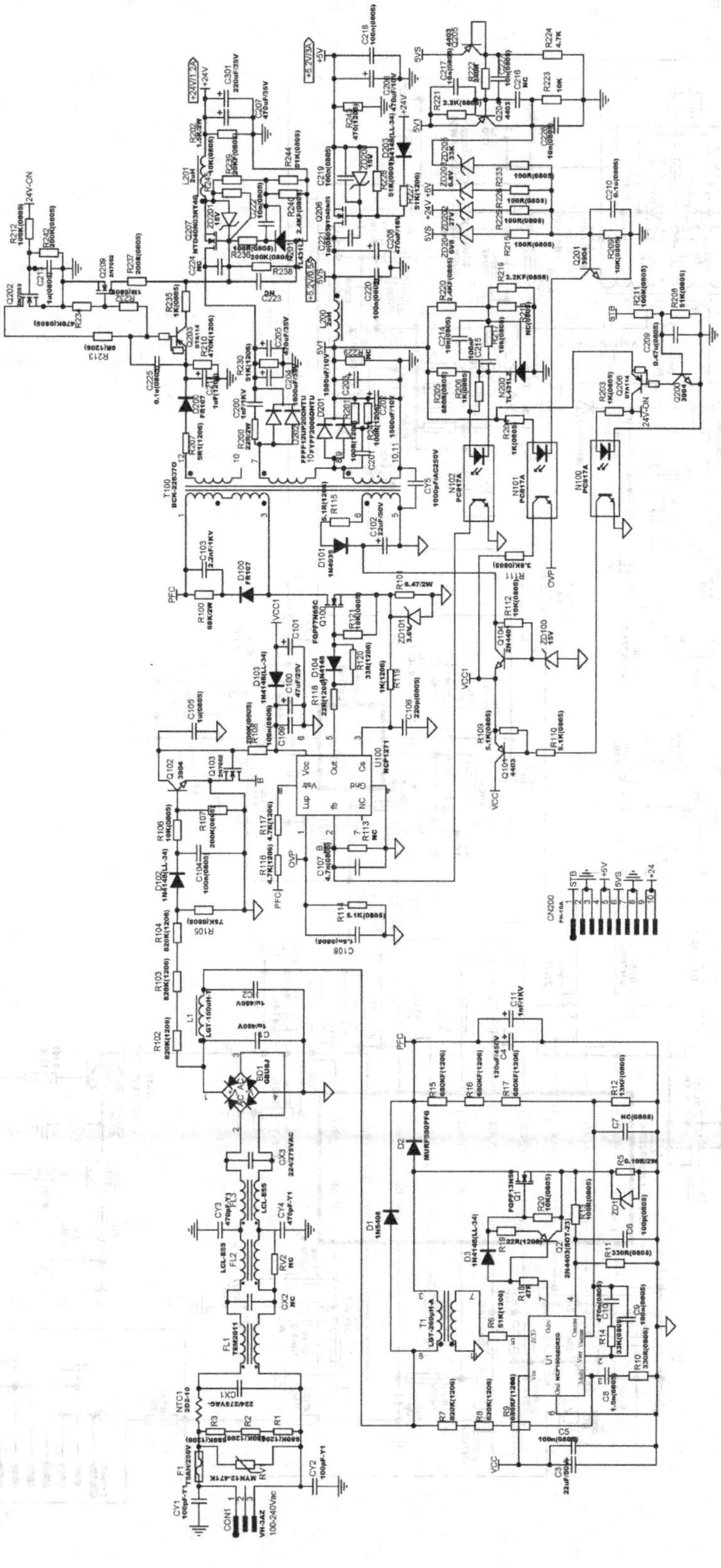

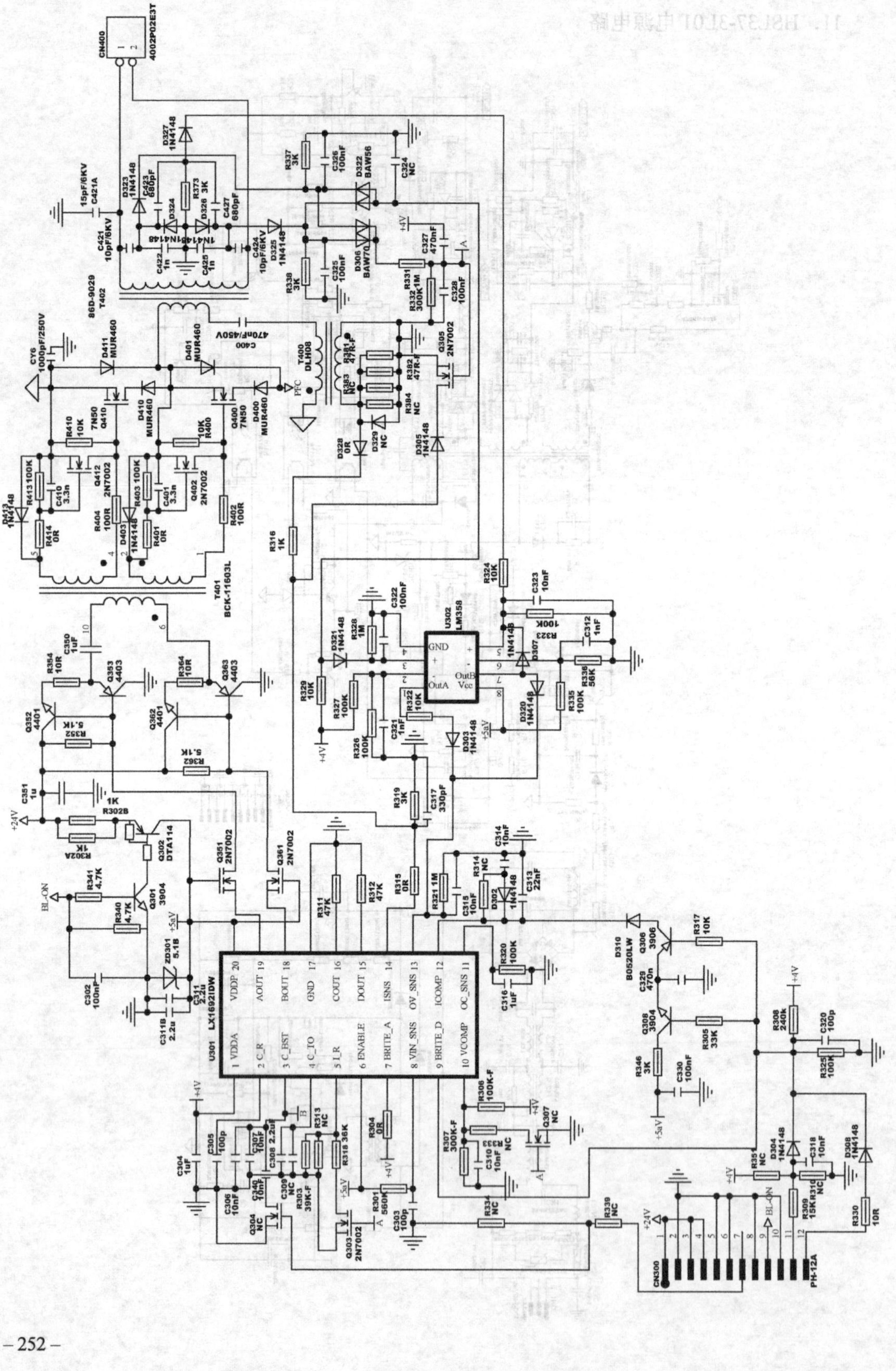
U301 LX1692IDW
U302 LM358
T400 DLH08
T401 BCK-11603L
86D-9029 T402
CN300 PH-12A
CN400 4002P02E3T

附录 3　LED 驱动电路原理图

1．康佳彩色电视机 LED 驱动电路

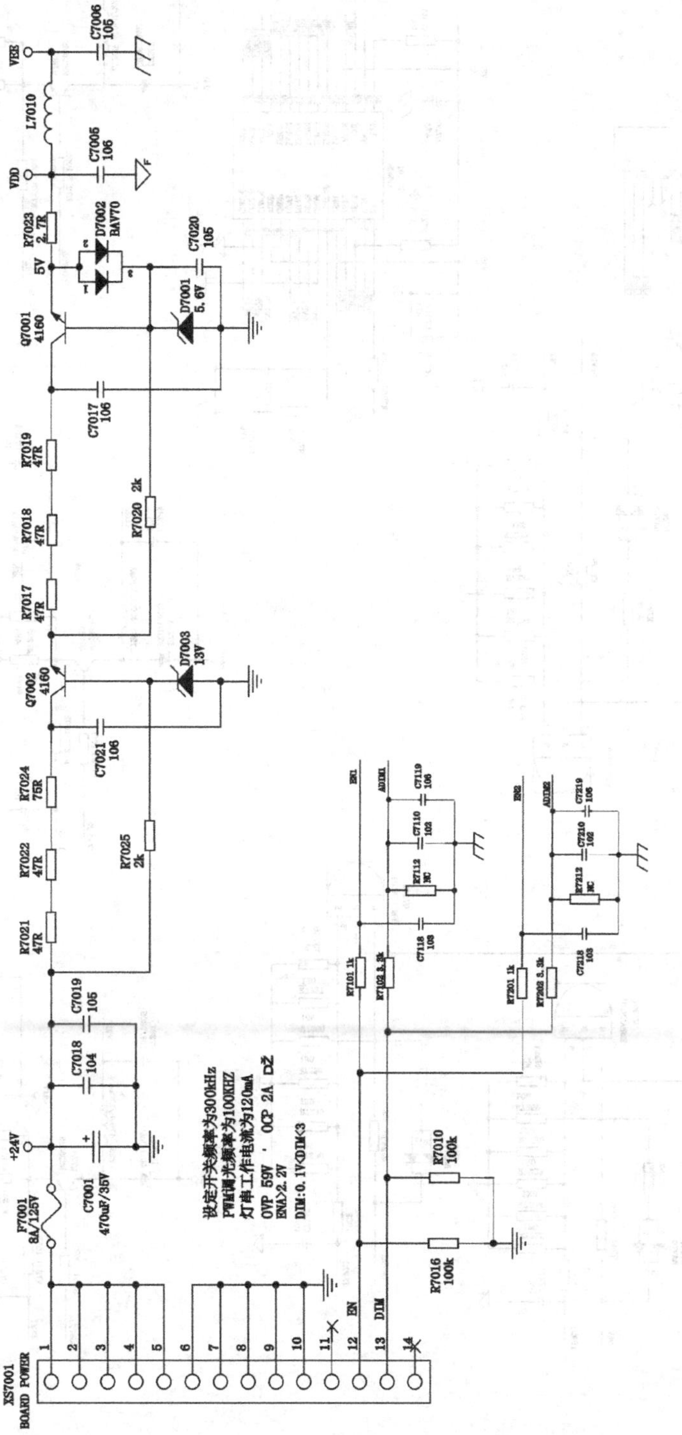

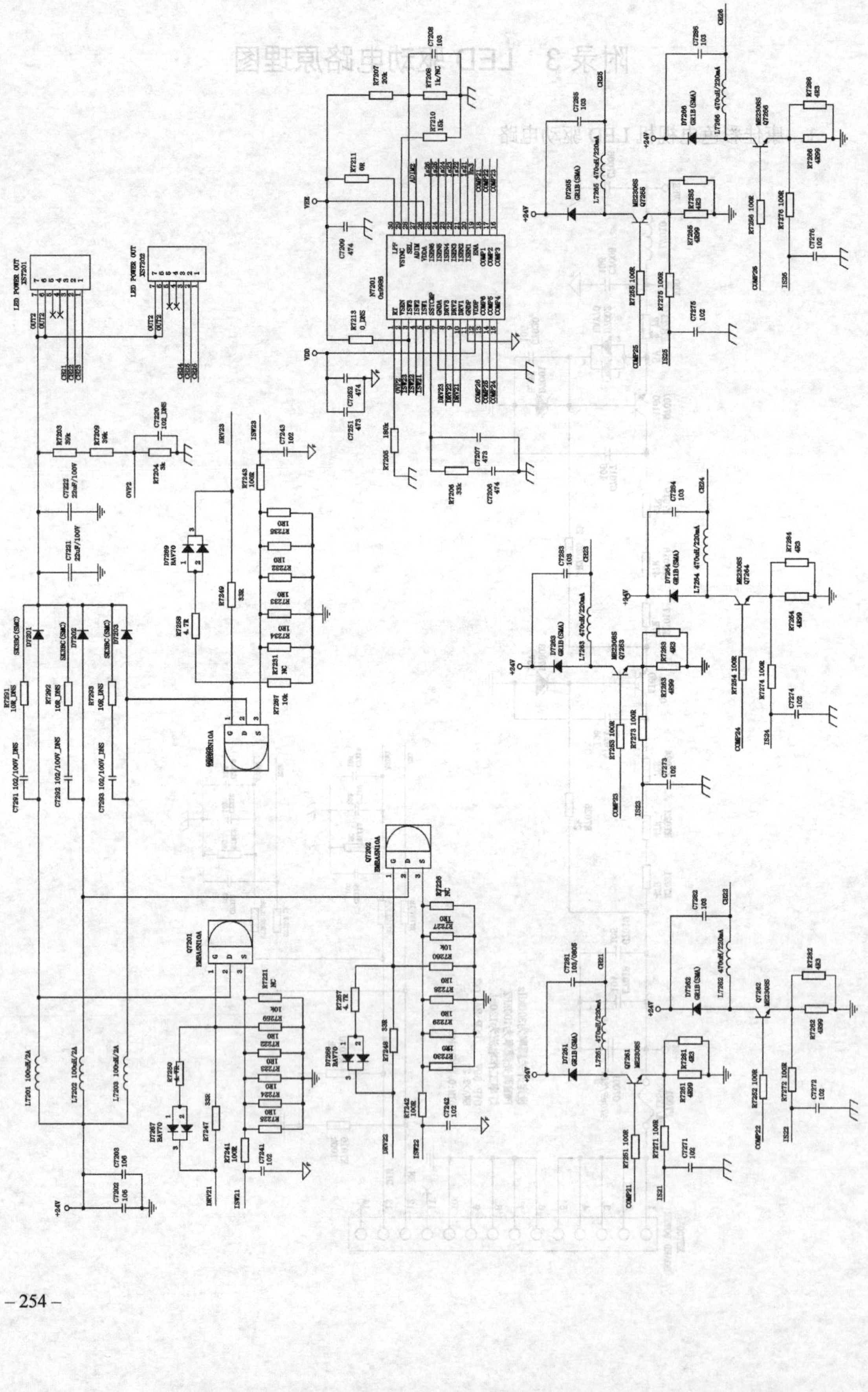

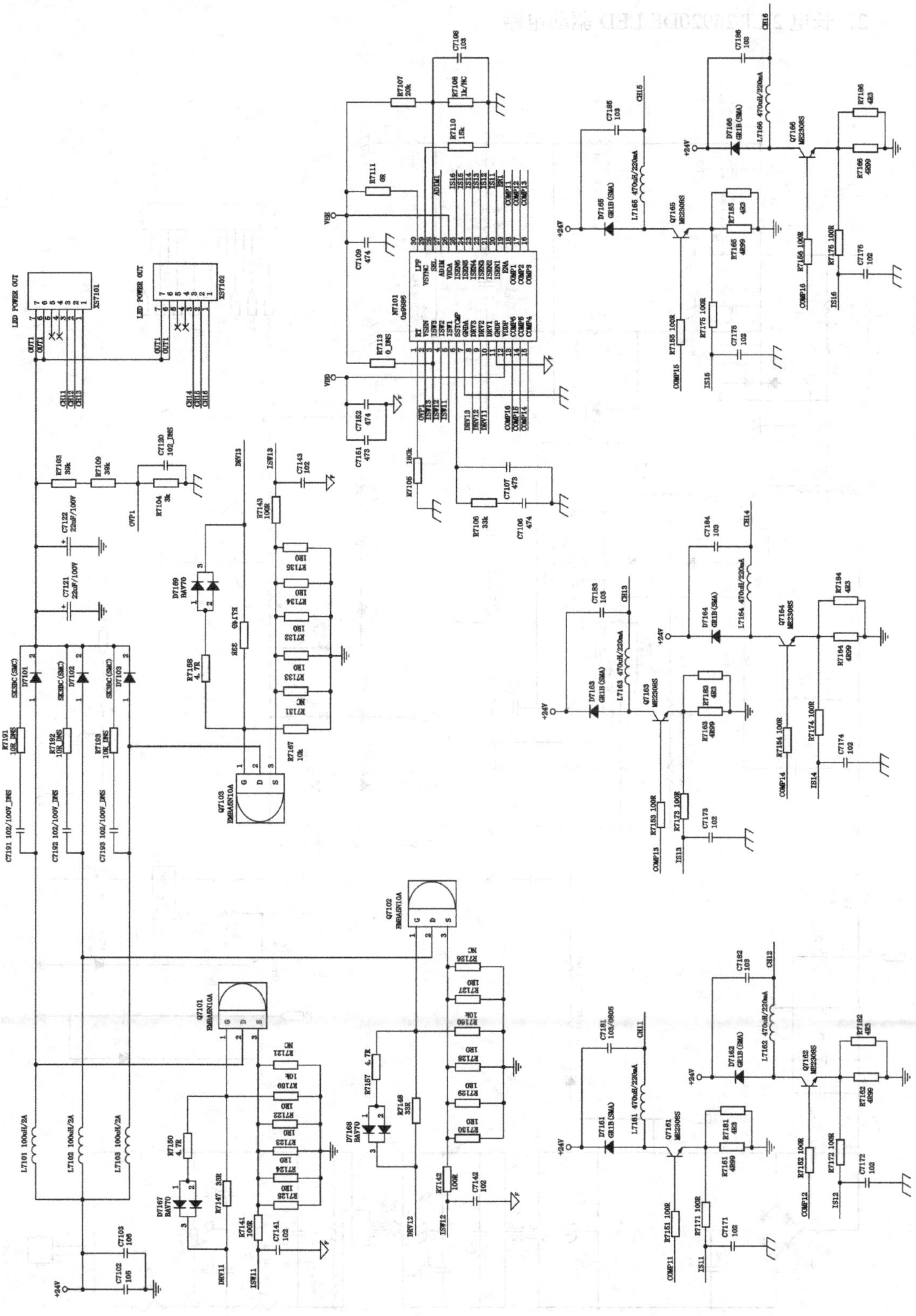

2．长电 2 LT 26920DE LED 驱动电路

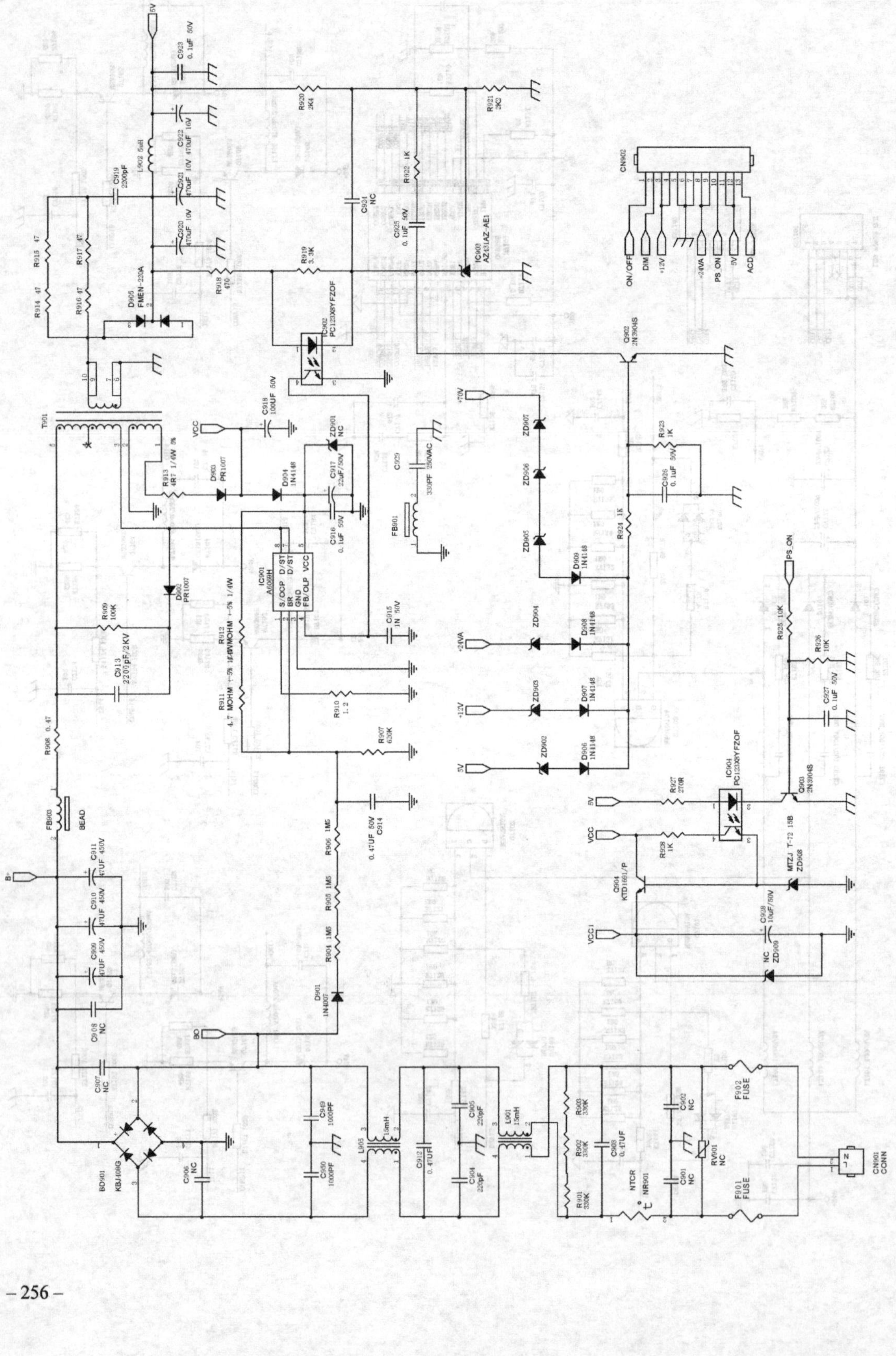

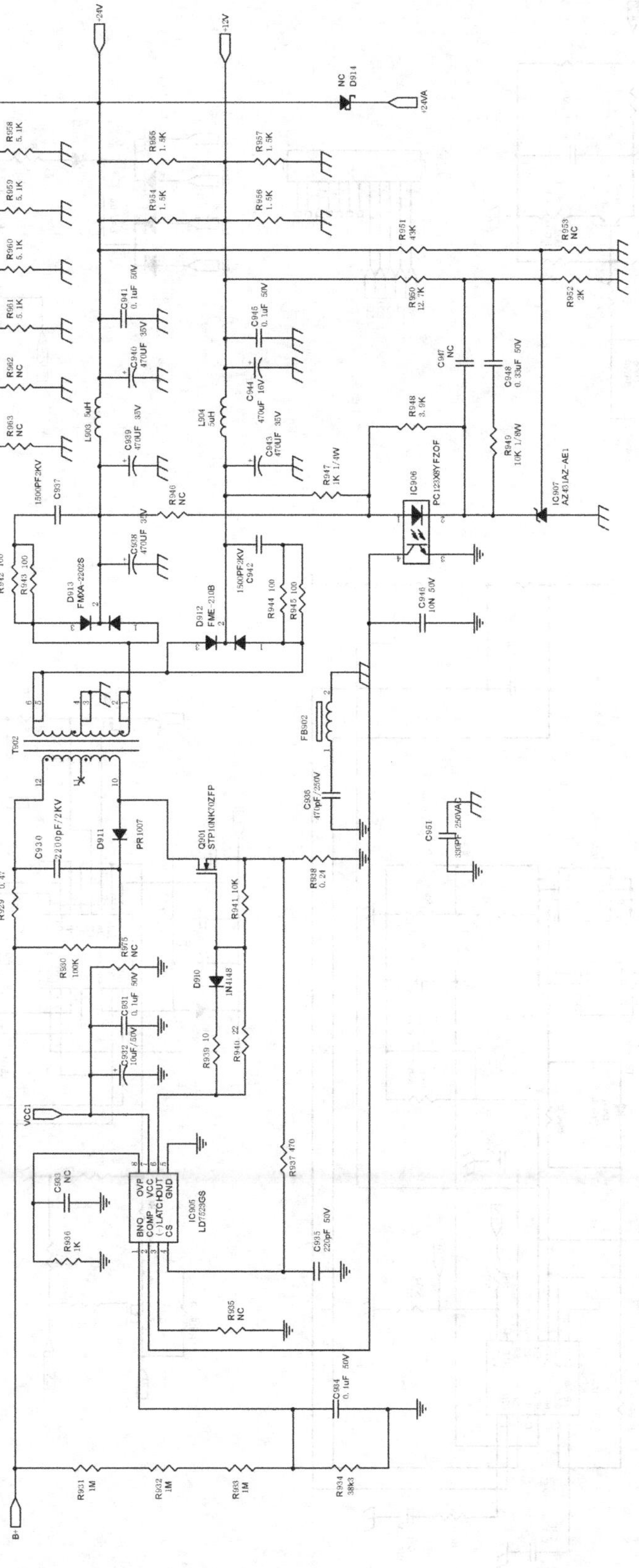
+24V
+12V
NC
D914
+24VA
R958 5.1K
R959 5.1K
R960 5.1K
R961 5.1K
R962 NC
R963 NC
R955 1.5K
R954 1.5K
R957 1.5K
R956 1.5K
R951 43K
R953 NC
R950 12.7K
R952 2K
C941 0.1uF 50V
C940 470UF 35V
C939 470UF 35V
L503 5uH
C945 0.1uF 50V
C944 470uF 16V
C943 470UF 35V
L504 5uH
C947 NC
C948 0.33uF 50V
R948 3.6K
R949 10K 1/8W
R947 1K 1/4W
IC906 PC123X8YFZOF
IC907 AZ431AZ-AE1
1500PF/2KV C937
R946 NC
C938 470UF 35V
R912 100
R943 100
D913 FMXA-2202S
D912 FME-210B
1500PF/3KV C942
R944 100
R945 100
C946 10N 50V
T902
FB902
C936 470pF/250V
C951 330PF 250VAC
C930 2200pF/2KV
R929 0.47
D911 PR1007
Q901 STP10NK70ZFP
R938 0.24
R941 10K
R930 100K
R975 NC
D910 1N4148
C931 0.1uF 50V
C932 10uF/50V
R939 10
R940 22
VCC1
C933 NC
R936 1K
OVP
VCC
OUT
GND
BNO
COMP
( )LATCH
CS
IC905 LD7523GS
R937 470
C935 220pF 50V
R935 NC
C934 0.1uF 50V
R931 1M
R932 1M
R933 1M
R934 38K3
B+

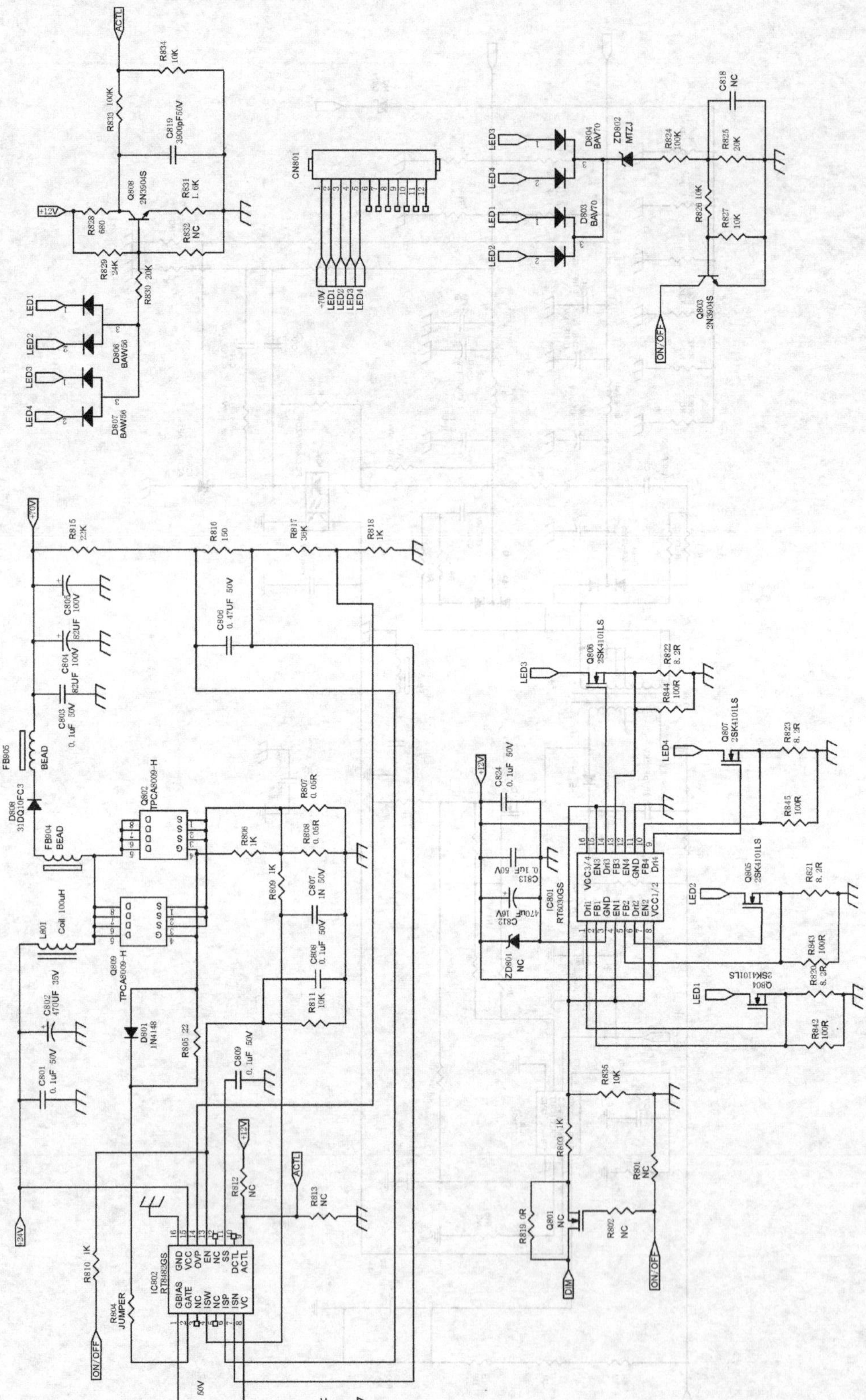
ACTL
R834 10K
R833 100K
C819 3300pF50V
Q808 2N3904S
R831 1.6K
+12V
R828 680
R832 NC
R829 24K
R830 20K
LED1
LED2
LED3
LED4
D806 BAW56
D807 BAW56
CN801
+70V
D804 BAV70
D803 BAV70
ZD802 MTZJ
R824 100K
C818 NC
R825 20K
R826 10K
R827 10K
Q803 2N3904S
ON/OFF
R815 22K
R816 150
R817 36K
R818 1K
C805 82UF 100V
C804 82UF 100V
C803 0.1uF 50V
C806 0.47UF 50V
FB905 BEAD
D808 31DQ10FC3
FB904 BEAD
Q802 TPCA8009-H
R807 0.05R
R806 1K
R808 0.05R
R809 1K
C807 1N 50V
L801 Coil 100uH
Q809 TPCA8009-H
C808 0.1uF 50V
C802 470UF 35V
C801 0.1uF 50V
R811 10K
D801 1N4148
R805 22
C809 0.1uF 50V
+24V
R812 NC
R813 NC
R810 1K
R804 JUMPER
IC802 RT8482GS
GBIAS GATE NC NC ISW ISP ISN VC
GND VCC OVP EN NC SS DCTL ACTL
C811 0.47UF 50V
R814 10K
C810 3.3NF 50V
Q806 2SK4101LS
R822 8.2R
R844 100R
Q807 2SK4101LS
R823 8.2R
R845 100R
C824 0.1uF 50V
C813 0.1uF 50V
C812 470UF 16V
IC801 RT8603GS
ZD801 NC
Q805 2SK4101LS
R821 8.2R
R843 100R
Q804 2SK4101LS
R820 8.2R
R842 100R
R835 10K
R803 1K
R801 NC
Q801 NC
R819 0R
R802 NC
DIM

3．三星 LTA 460HF07 屏 LED 驱动电路

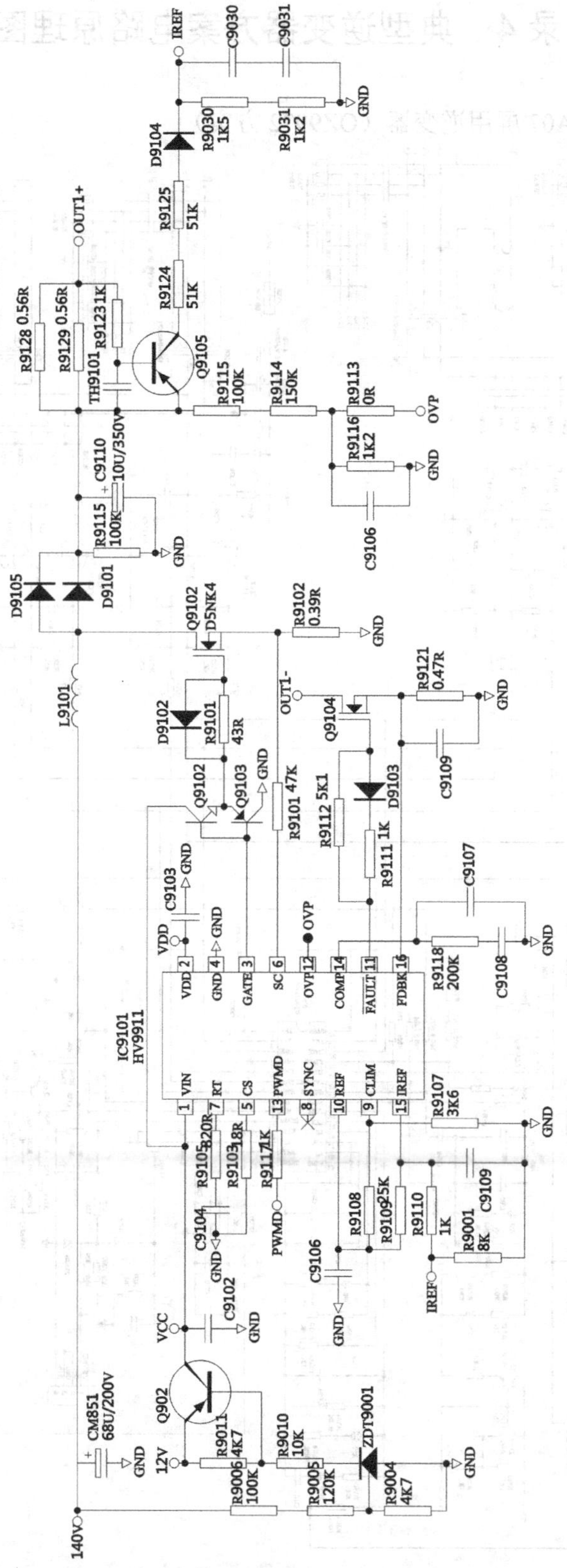

附录 4　典型逆变器方案电路原理图

1. 三星 LTA640HA07 屏用逆变器（OZ9972 方案）

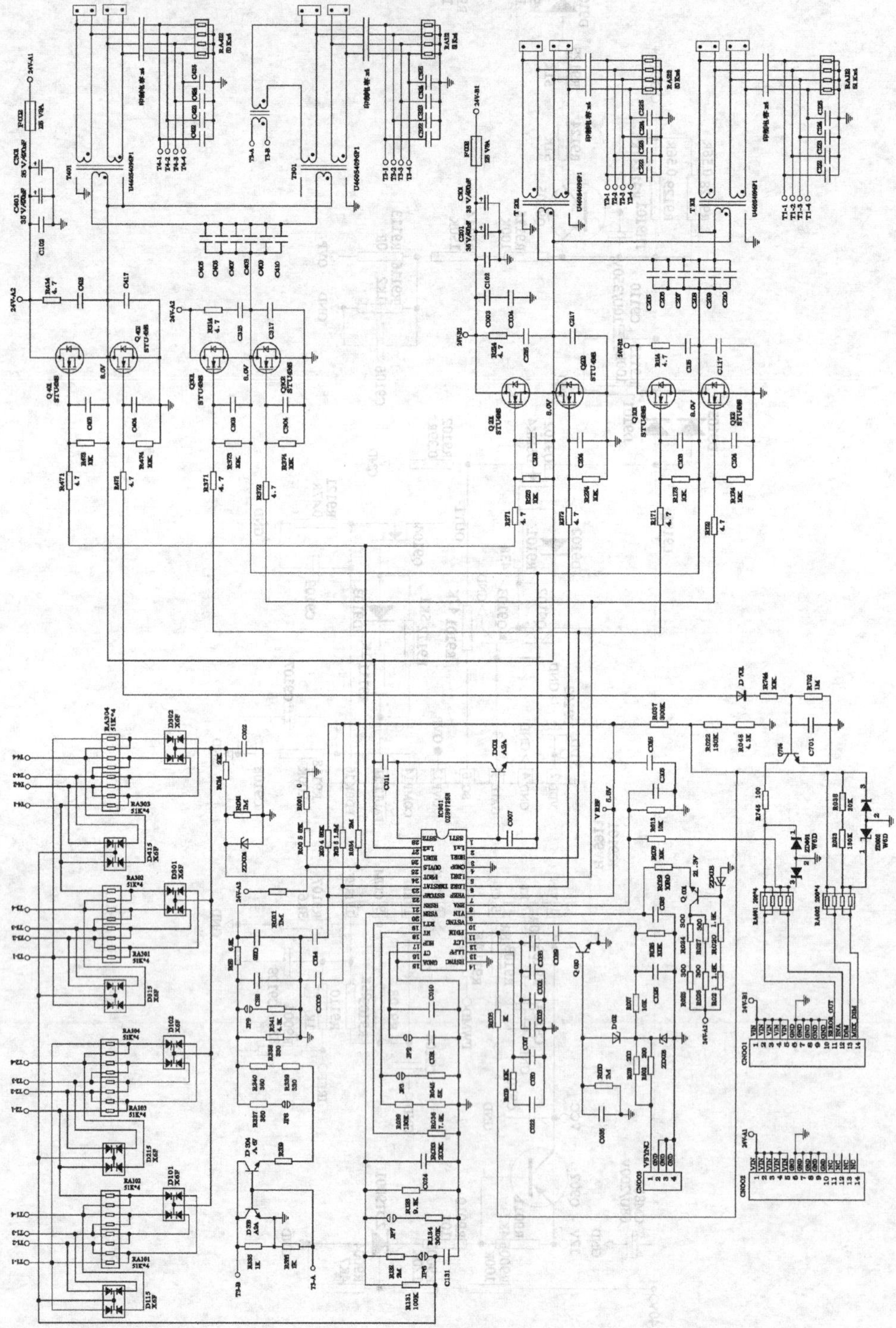

2．LG 屏用逆变器（BD9887PS 方案）

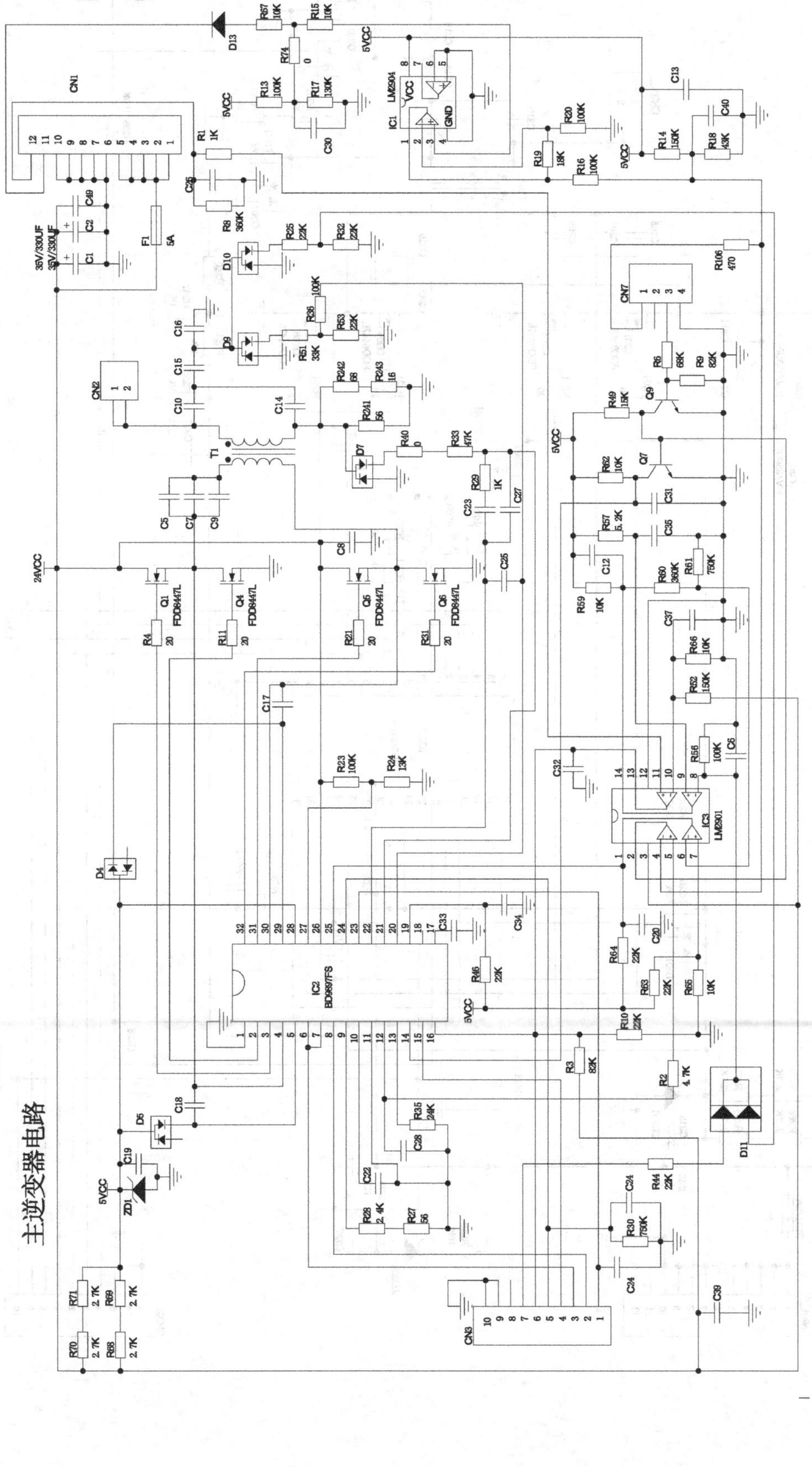

主逆变器电路

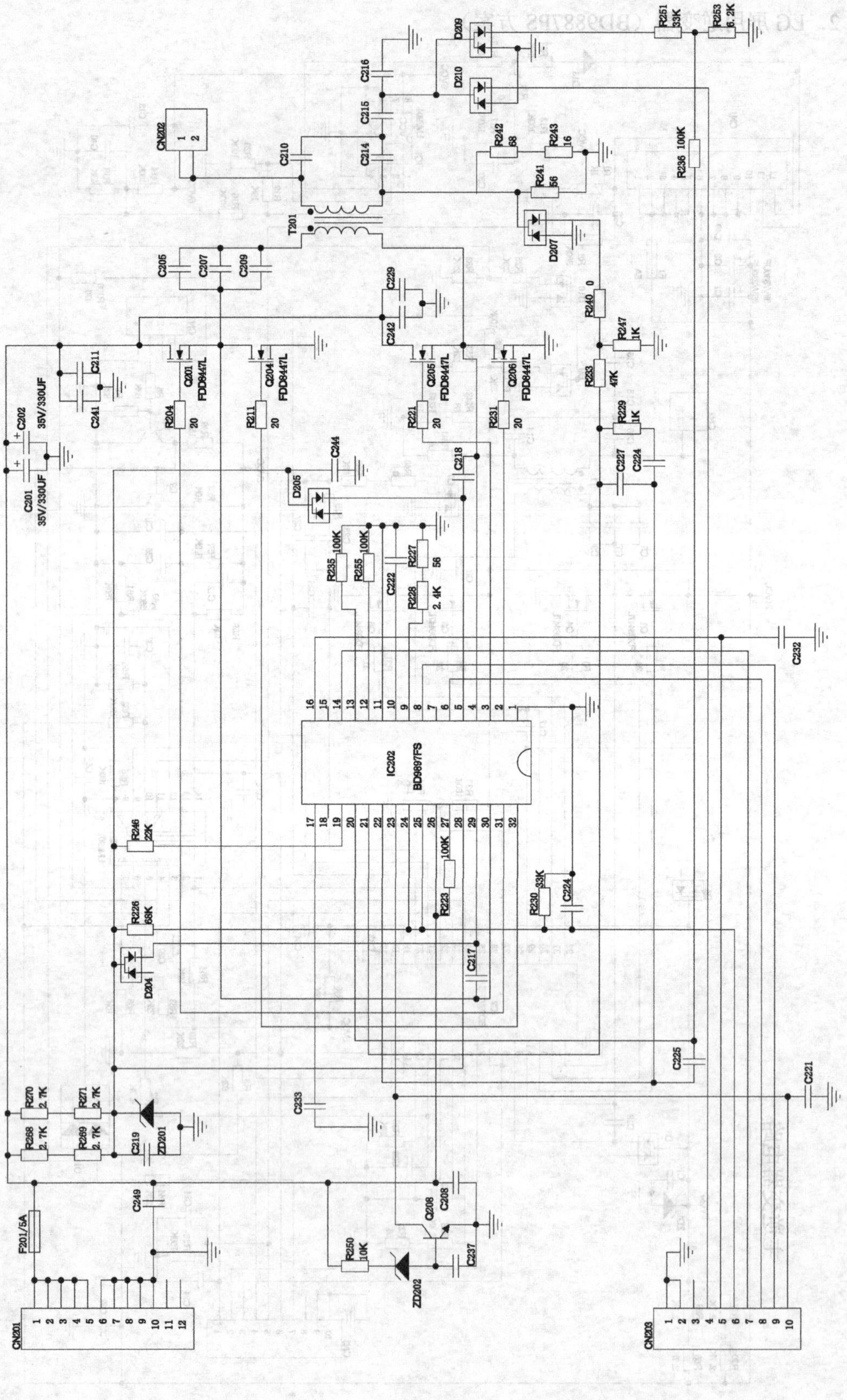
CN201
F201/5A
R268 2.7K
R269 2.7K
R270 2.7K
R271 2.7K
C219
ZD201
C249
C201 35V/330UF
C202 35V/330UF
C241
C211
R204 20
R211 20
R221 20
R231 20
Q201 FDD8447L
Q204 FDD8447L
Q205 FDD8447L
Q206 FDD8447L
C205
C207
C209
T201
CN202
C210
C214
C215
C216
C229
C242
D209
D210
R242 68
R243 16
R241 56
D207
R240 0
R247 1K
R233 47K
R229 1K
C227
C224
C218
C244
D205
R235 100K
R255 100K
C222
R227 56
R228 2.4K
IC202
BD9897FS
R246 22K
R226 68K
D204
R223 100K
C217
R230 33K
C225
C233
C221
C232
R236 100K
R251 33K
R253 6.2K
Q208
C208
C237
R250 10K
ZD202
CN203

附录 5 MST6M69FL 方案主板电路原理图

1/13

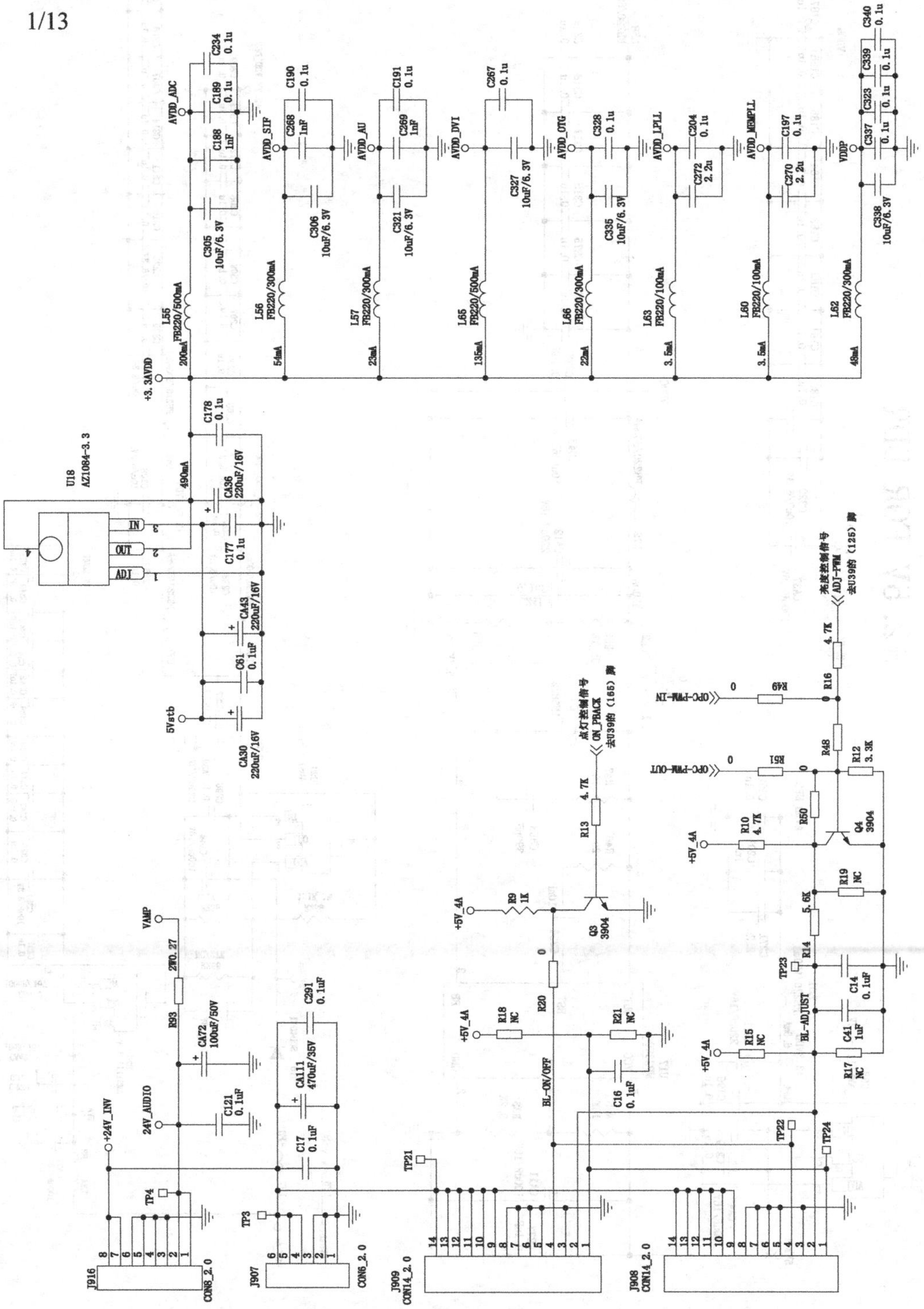

2/13

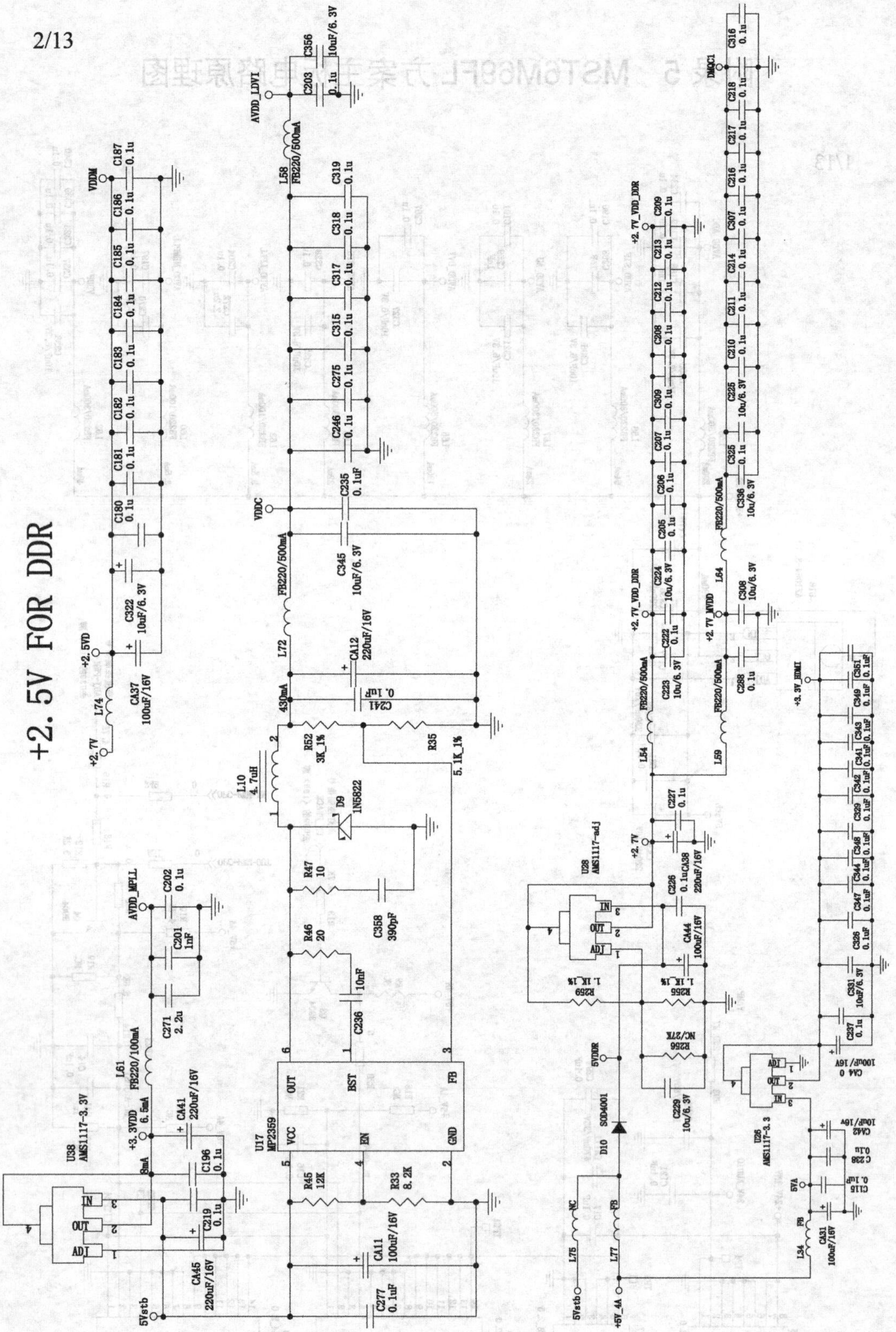
+2. 5V FOR DDR
U17
MP2359
U38
AMS1117-3.3V
U28
AMS1117-adj
U26
AMS1117-3.3

3/13

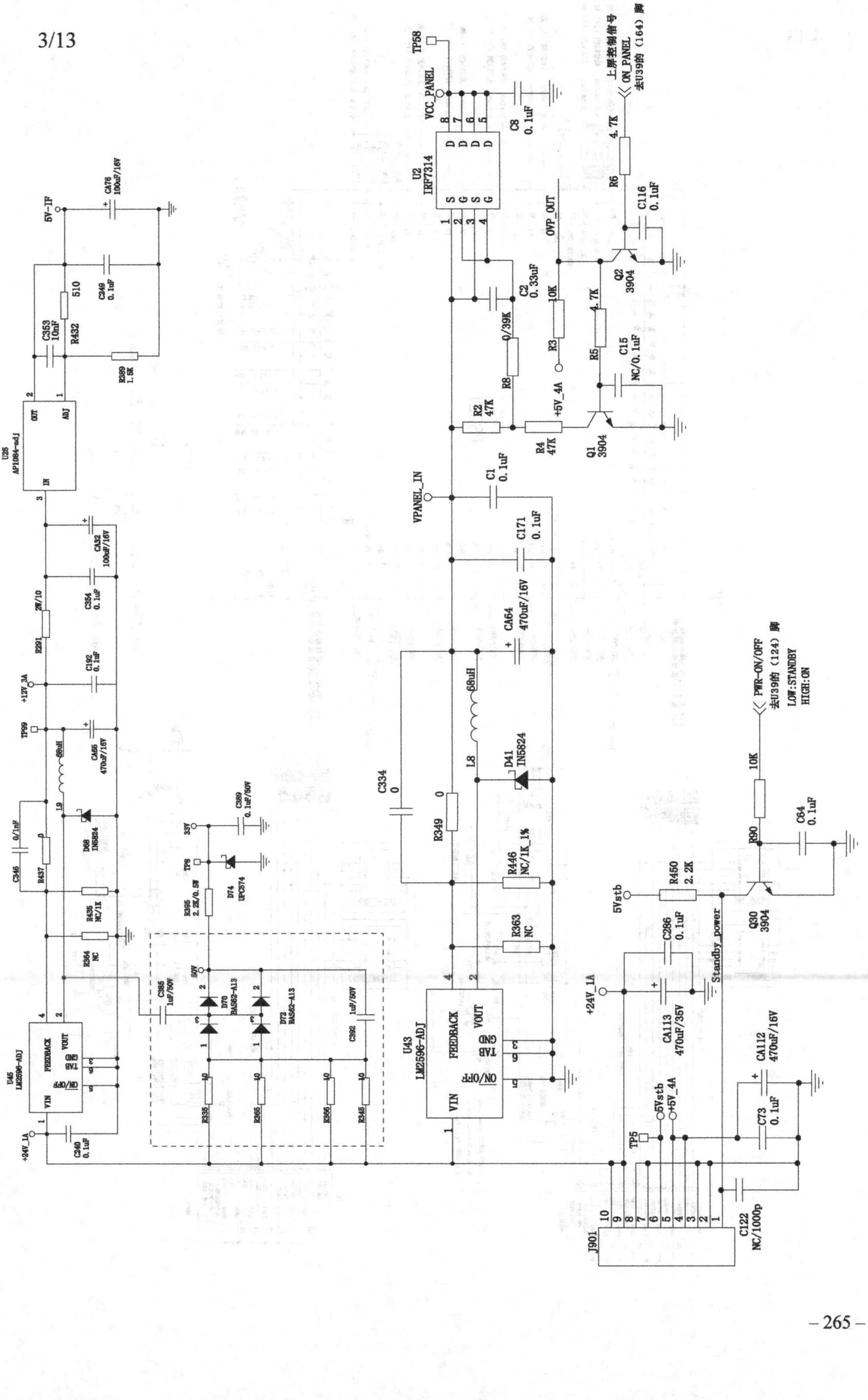
U45
LM2596-ADJ
U25
AP1084-adj
U43
LM2596-ADJ
U2
IRF7314
VCC_PANEL
VPANEL_IN
TP58
TP99
TP8
TP5
+24V_1A
+12V_3A
5V-IF
+5V_4A
5Vstb
OVP_OUT
上屏控制信号
ON_PANEL
去U39的（164）脚
PWR-ON/OFF
去U39的（124）脚
LOW:STANDBY
HIGH:ON
Standby_power
J901
C122
NC/1000p
Q1
3904
Q2
3904
Q30
3904
D70
BAS62-A13
D72
BAS62-A13
D74
UPC574
D41
IN5824
D58
IN5824
CA64
470uF/16V
CA113
470uF/35V
CA112
470uF/16V
CA55
470uF/16V

4/13

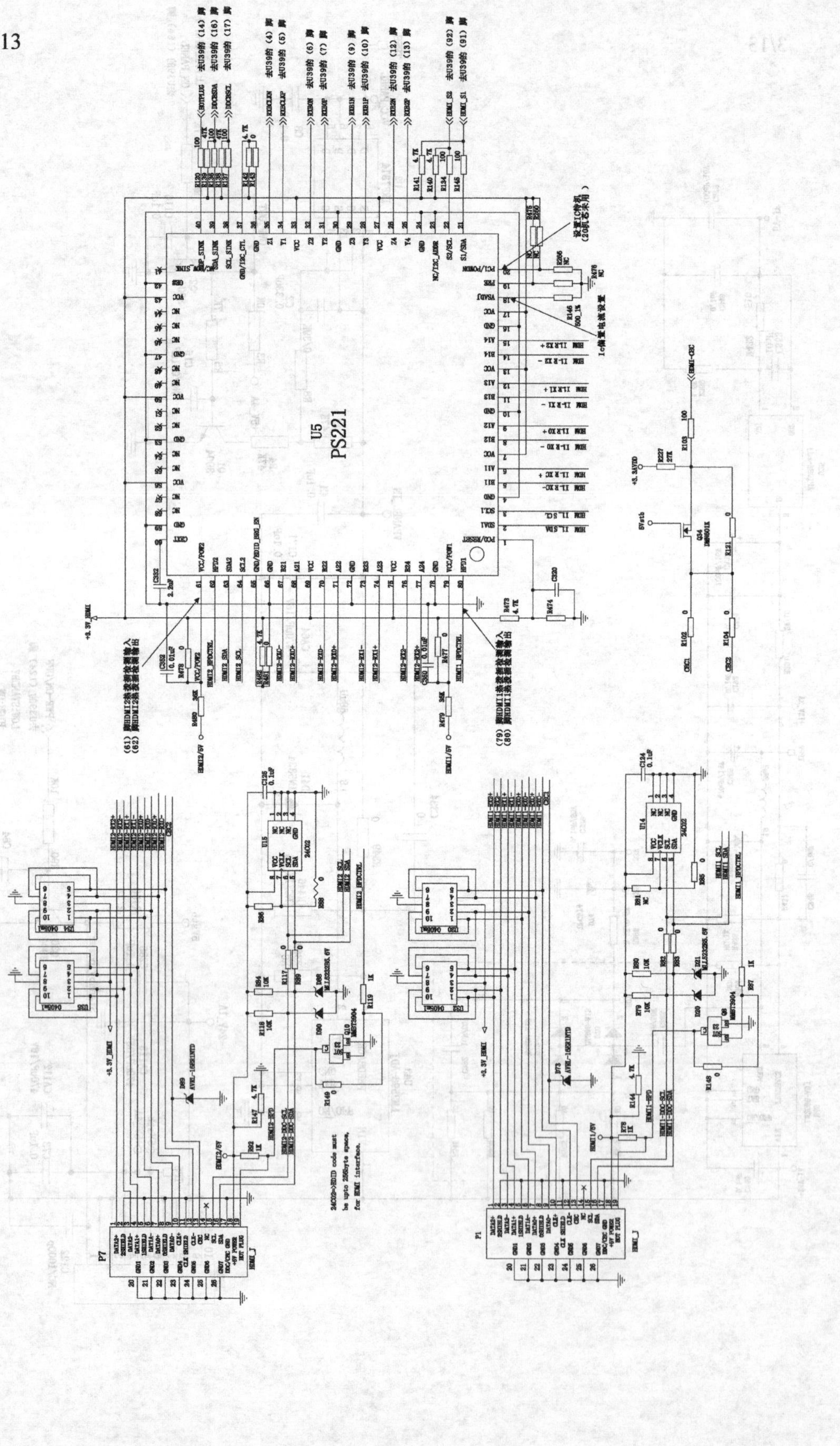

5/13

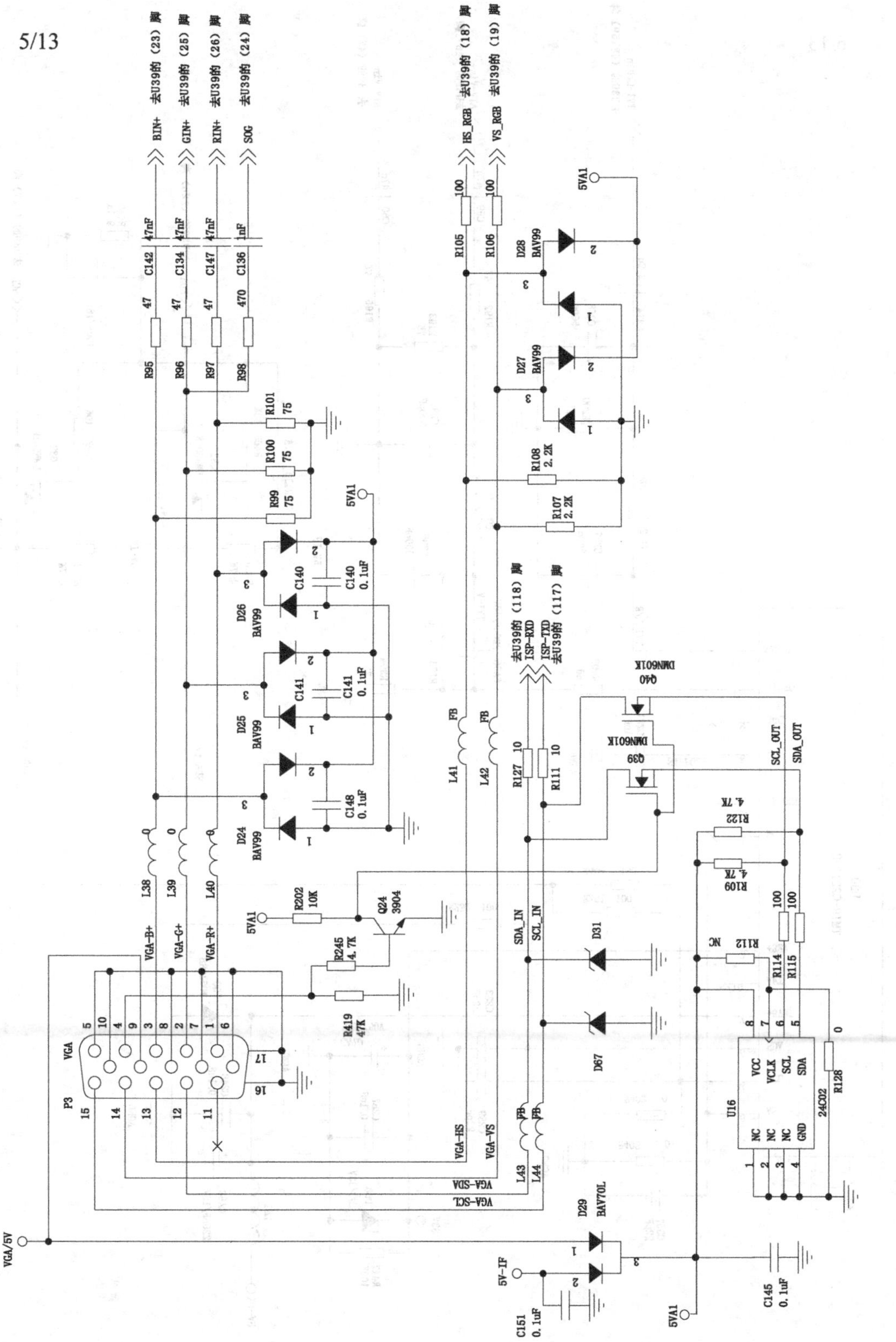
BIN+ 去U39的（23）脚
GIN+ 去U39的（25）脚
RIN+ 去U39的（26）脚
SOG 去U39的（24）脚
HS_RGB 去U39的（18）脚
VS_RGB 去U39的（19）脚
去U39的（118）脚 ISP-RXD
ISP-TXD 去U39的（117）脚
5VA1
R95 47 C142 47nF
R96 47 C134 47nF
R97 47 C147 47nF
R98 470 C136 1nF
R101 75
R100 75
R99 75
R105 100
R106 100
R108 2.2K
R107 2.2K
D24 BAV99
D25 BAV99
D26 BAV99
D27 BAV99
D28 BAV99
C140 0.1uF
C141 0.1uF
C148 0.1uF
L38 L39 L40
L41 FB
L42 FB
L43 FB
L44 FB
R127 10
R111 10
Q39 DMN601K
Q40 DMN601K
SCL_OUT
SDA_OUT
R122 4.7K
R109 4.7K
R112 NC
R114 100
R115 100
R128 0
U16 24C02
NC NC NC GND VCC VCLK SCL SDA
R202 10K
Q24 3904
R245 4.7K
R419 47K
VGA-B+ VGA-G+ VGA-R+
VGA-HS VGA-VS
VGA-SDA VGA-SCL
SDA_IN SCL_IN
D31 D67
P3 VGA
VGA/5V
D29 BAV70L
5V-IF
C151 0.1uF
C145 0.1uF

6/13

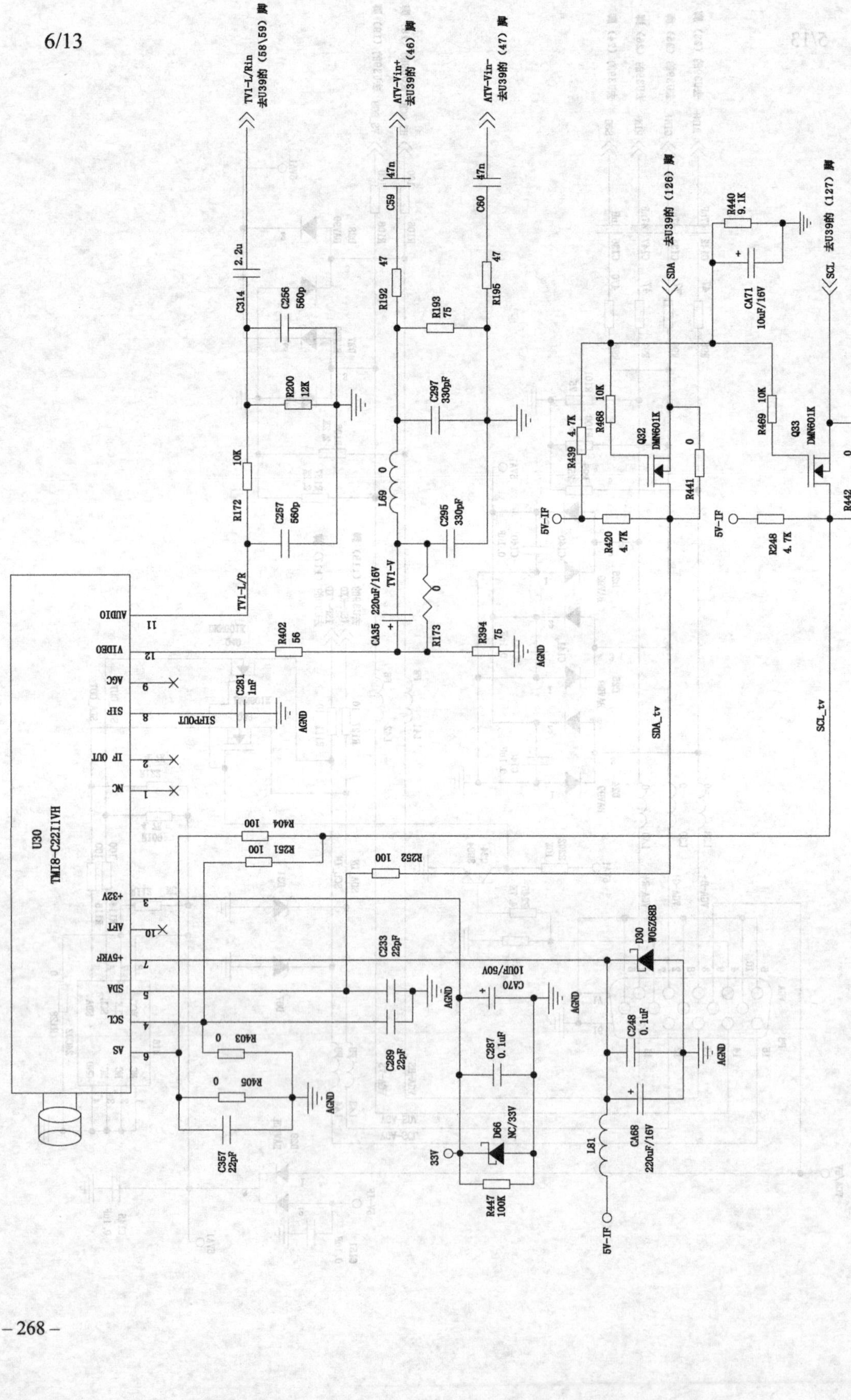
U30
TMI8-C22I1VH
AUDIO
VIDEO
AGC
SIF
IF OUT
NC
+32V
AFT
+5VRF
SDA
SCL
AS
TV1-L/Rin
去U39的（58(59)脚
ATV-Vin+
去U39的（46）脚
ATV-Vin-
去U39的（47）脚
SDA 去U39的（126）脚
SCL 去U39的（127）脚
TV1-L/R
TV1-V
SIFOUT
SDA_tv
SCL_tv
5V-IF
33V
AGND
C314 2.2u
C256 560p
R200 12K
R172 10K
C257 560p
C59 47n
C60 47n
R192 47
R195 47
R193 75
C297 330pF
C295 330pF
L69 0
CA35 220uF/16V
R173 0
R402 56
R394 75
C281 1nF
R404 100
R251 100
R252 100
C233 22pF
C289 22pF
CA70 10UF/50V
C287 0.1uF
R403 0
R405 0
C357 22pF
D66 NC/33V
R447 100K
D30 W05Z68B
C248 0.1uF
CA68 220uF/16V
L81
R440 9.1K
CA71 10uF/16V
R439 4.7K
R468 10K
Q32 DMN601K
R441 0
R420 4.7K
R469 10K
Q33 DMN601K
R442 0
R248 4.7K

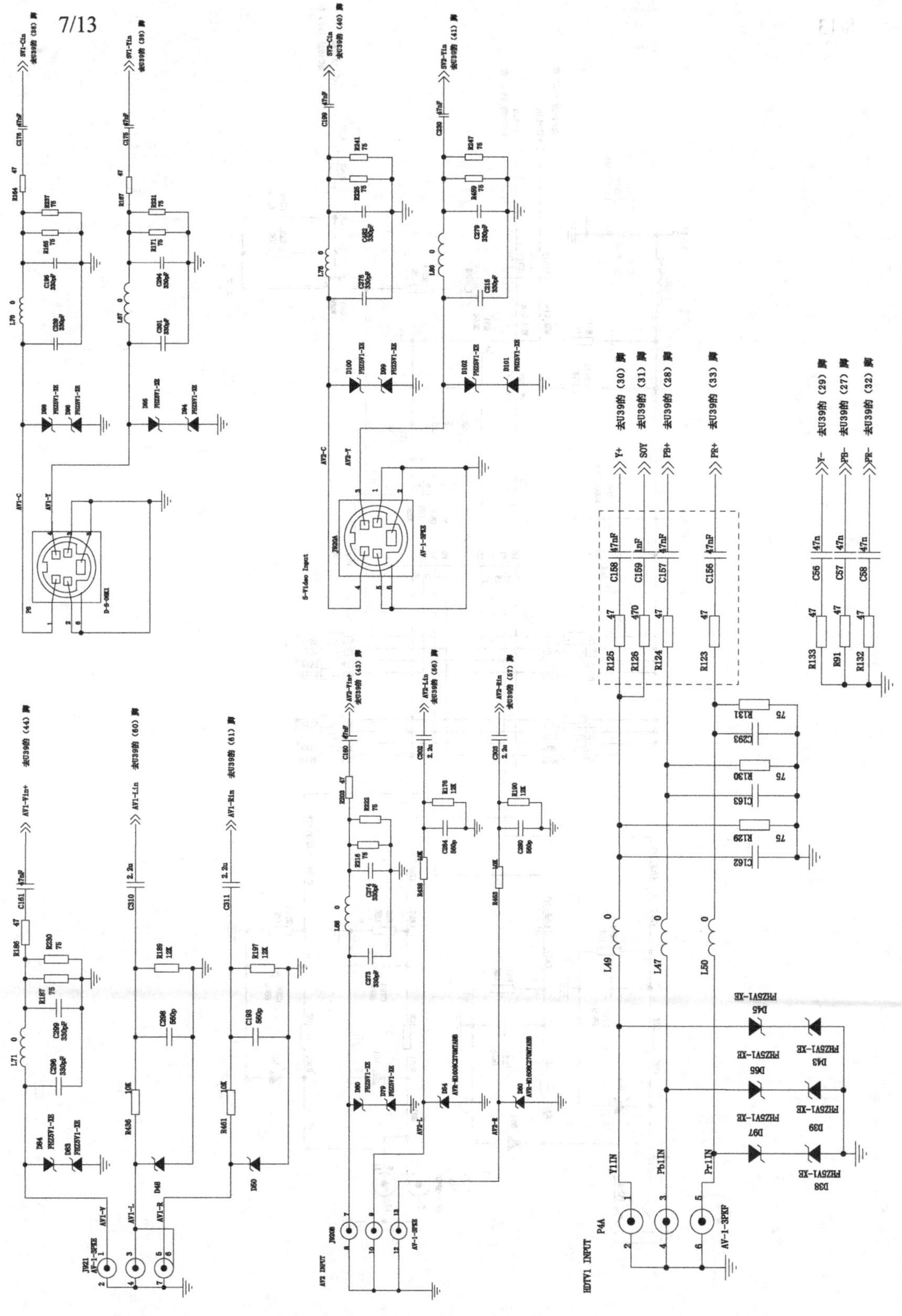
7/13
S-Video Input
AV2 INPUT
HDTV1 INPUT

8/13

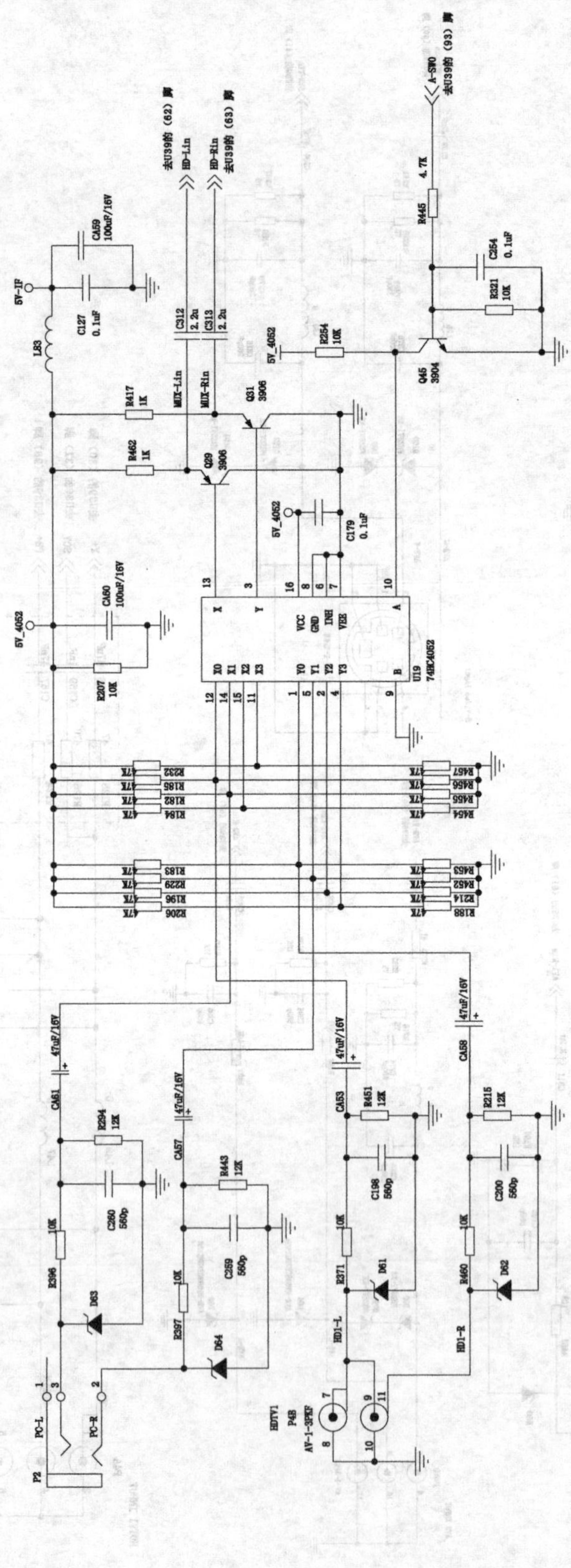
去U39的（62）脚
HD-Lin
HD-Rin
去U39的（63）脚
A-SWO
去U39的（93）脚
U19
74HC4052
HDTV1
P4B
AV-1-3PKF
PC-L
PC-R
P2

9/13

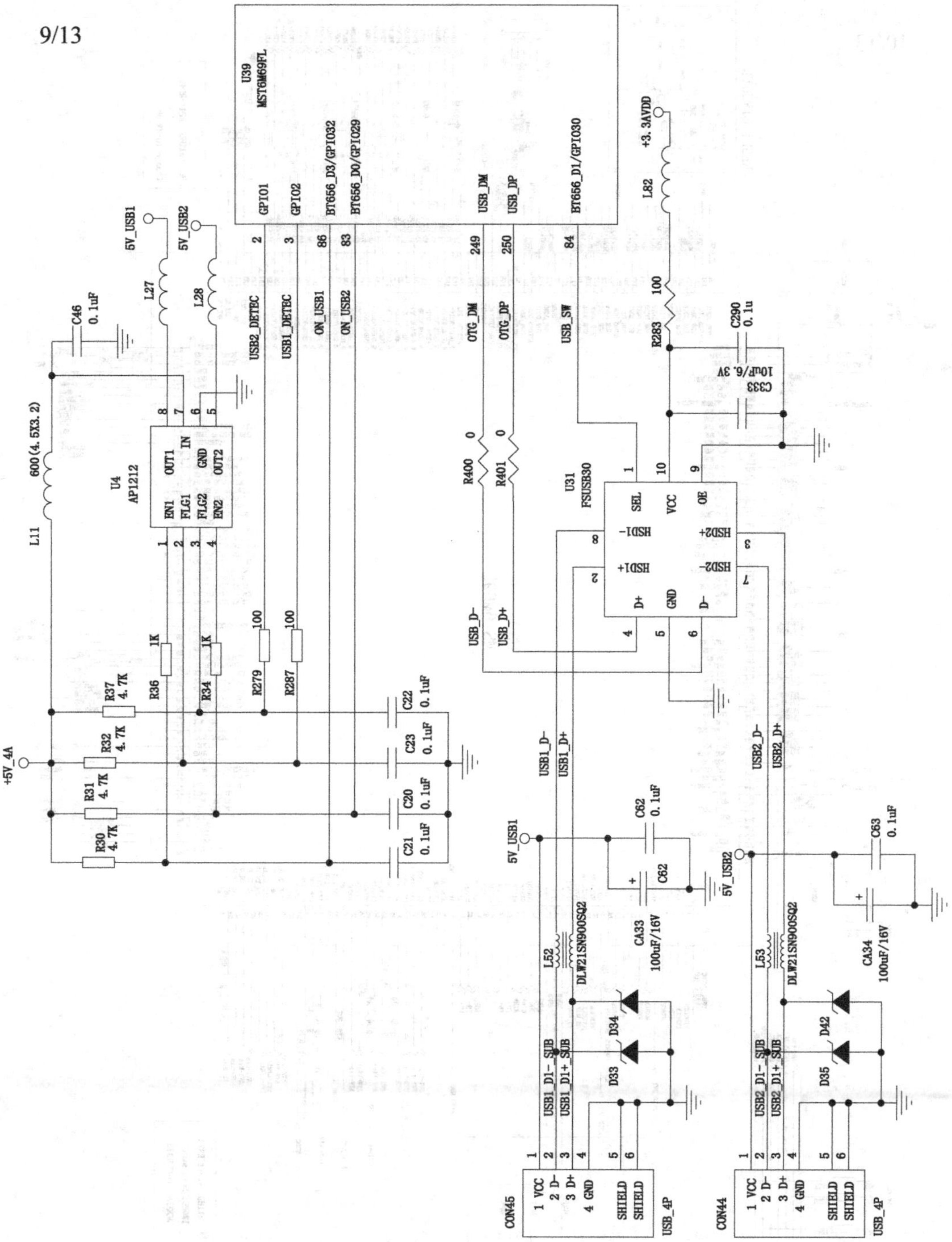
U39
MST6M69FL
GPIO1
GPIO2
BT656_D3/GPIO32
BT656_D0/GPIO29
USB_DM
USB_DP
BT656_D1/GPIO30
+3.3AVDD
L82
R283
100
C290
0.1u
C333
10uF/6.3V
5V_USB1
5V_USB2
L27
L28
C46
0.1uF
L11
600(4.5X3.2)
U4
AP1212
EN1
FLG1
FLG2
EN2
OUT1
IN
GND
OUT2
USB2_DETEC
USB1_DETEC
ON_USB1
ON_USB2
OTG_DM
OTG_DP
USB_SW
R400
R401
U31
FSUSB30
SEL
VCC
OE
HSD1-
HSD1+
HSD2+
HSD2-
D+
GND
D-
USB_D-
USB_D+
R36
1K
R34
1K
R279
100
R287
100
R37
4.7K
R32
4.7K
R31
4.7K
R30
4.7K
+5V_4A
C22
0.1uF
C23
0.1uF
C20
0.1uF
C21
0.1uF
USB1_D-
USB1_D+
USB2_D-
USB2_D+
C62
0.1uF
C63
0.1uF
CA33
100uF/16V
CA34
100uF/16V
L52
DLW21SN900SQ2
L53
DLW21SN900SQ2
D33
D34
D35
D42
USB1_D1-_SUB
USB1_D1+_SUB
USB2_D1-_SUB
USB2_D1+_SUB
CON45
CON44
1 VCC
2 D-
3 D+
4 GND
SHIELD
SHIELD
USB_4P

10/13

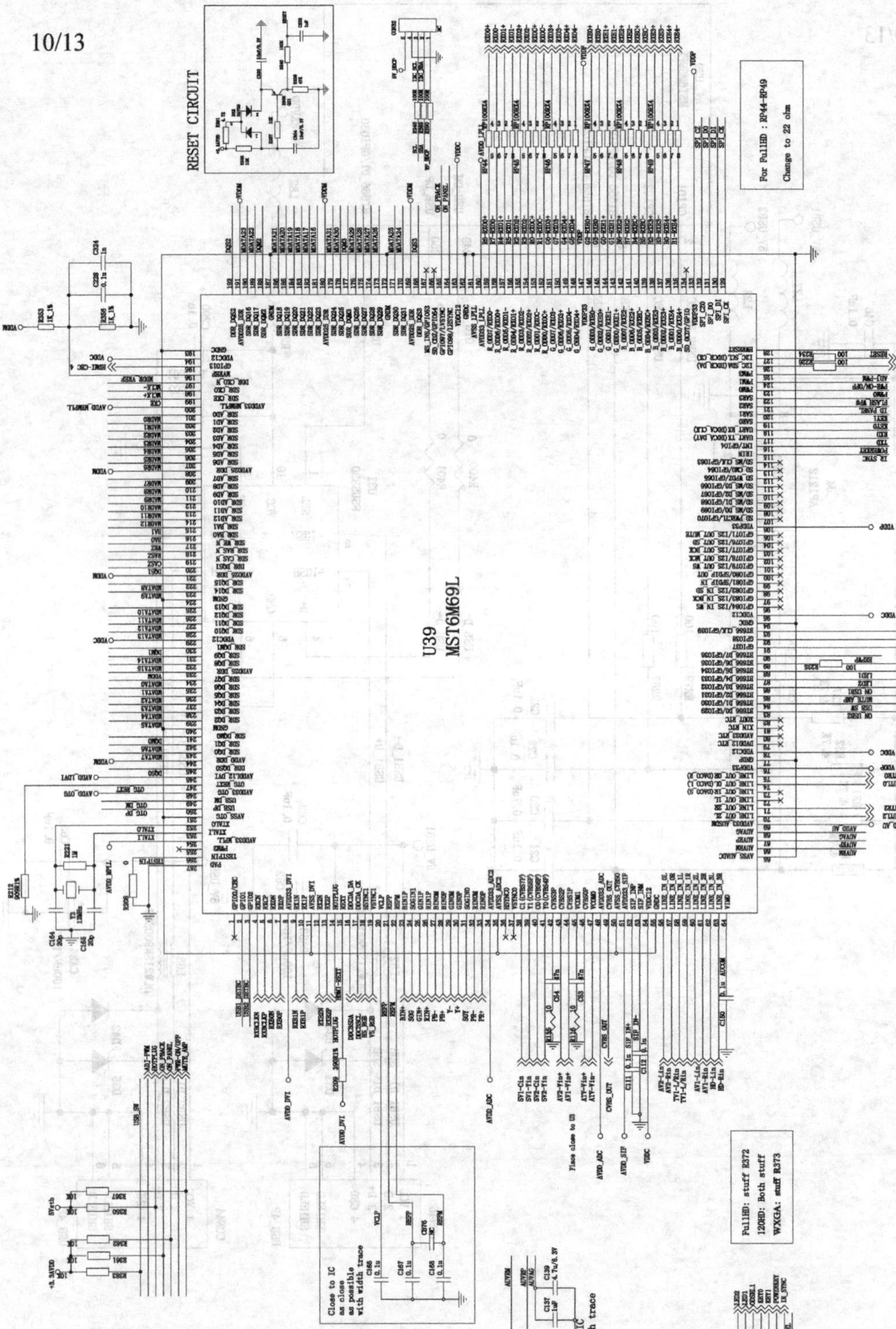
RESET CIRCUIT
U39
MST6M69L
For FullHD : RP44-RP49
Change to 22 ohm
FullHD: stuff R372
120HD: Both stuff
WXGA: stuff R373
Close to IC
as close
as possible
with width trace
Close to IC
with width trace

11/13

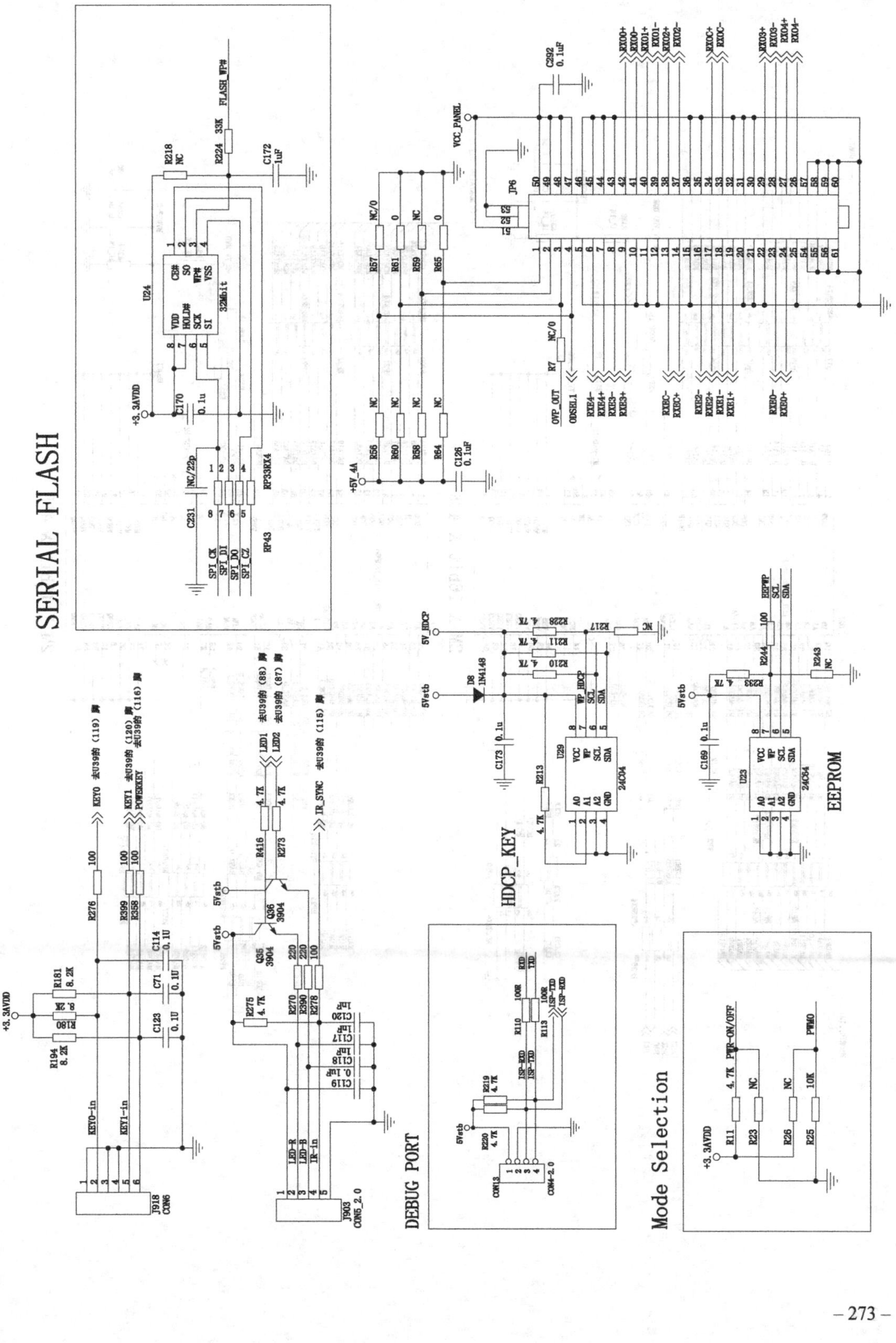

12/13

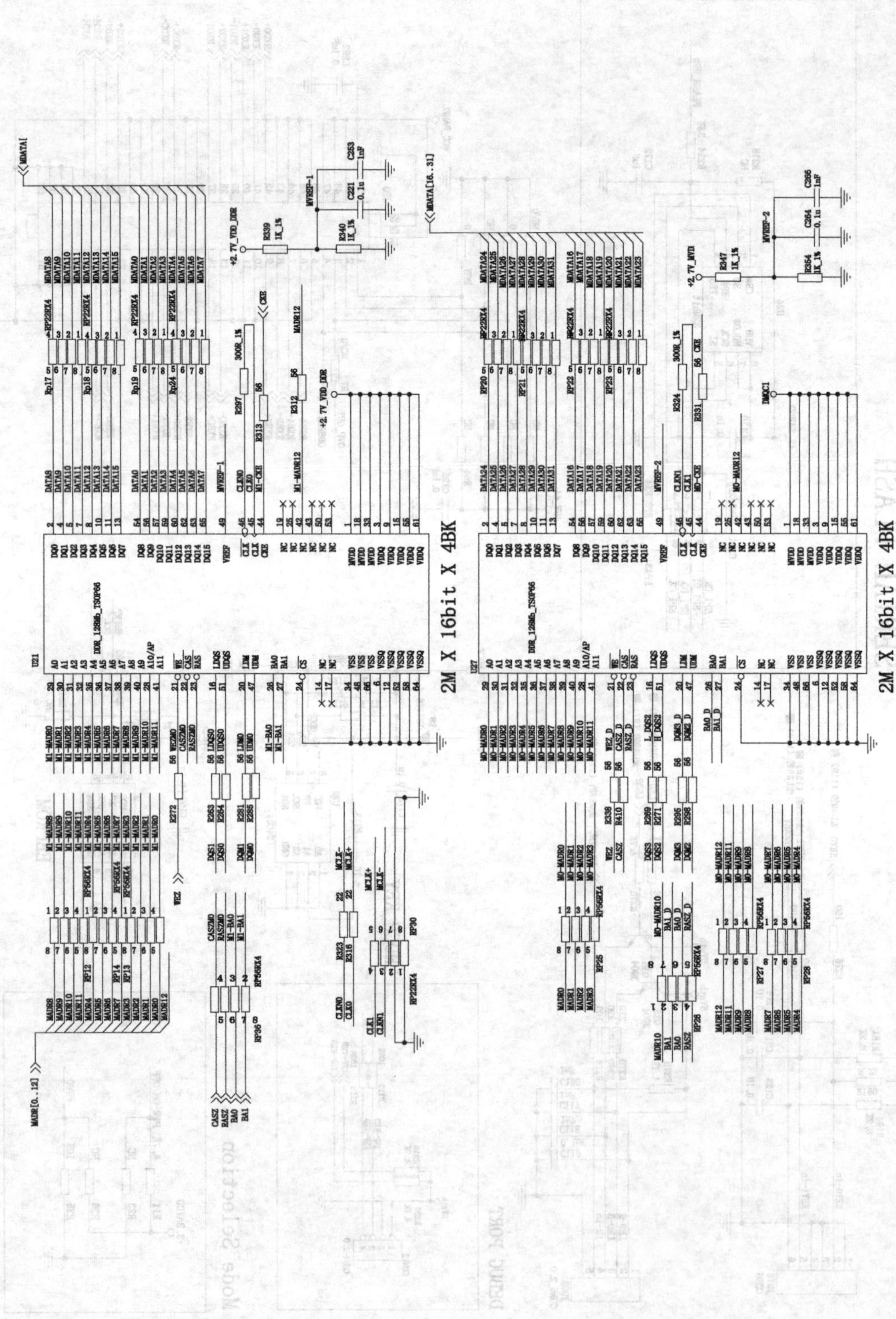

13/13

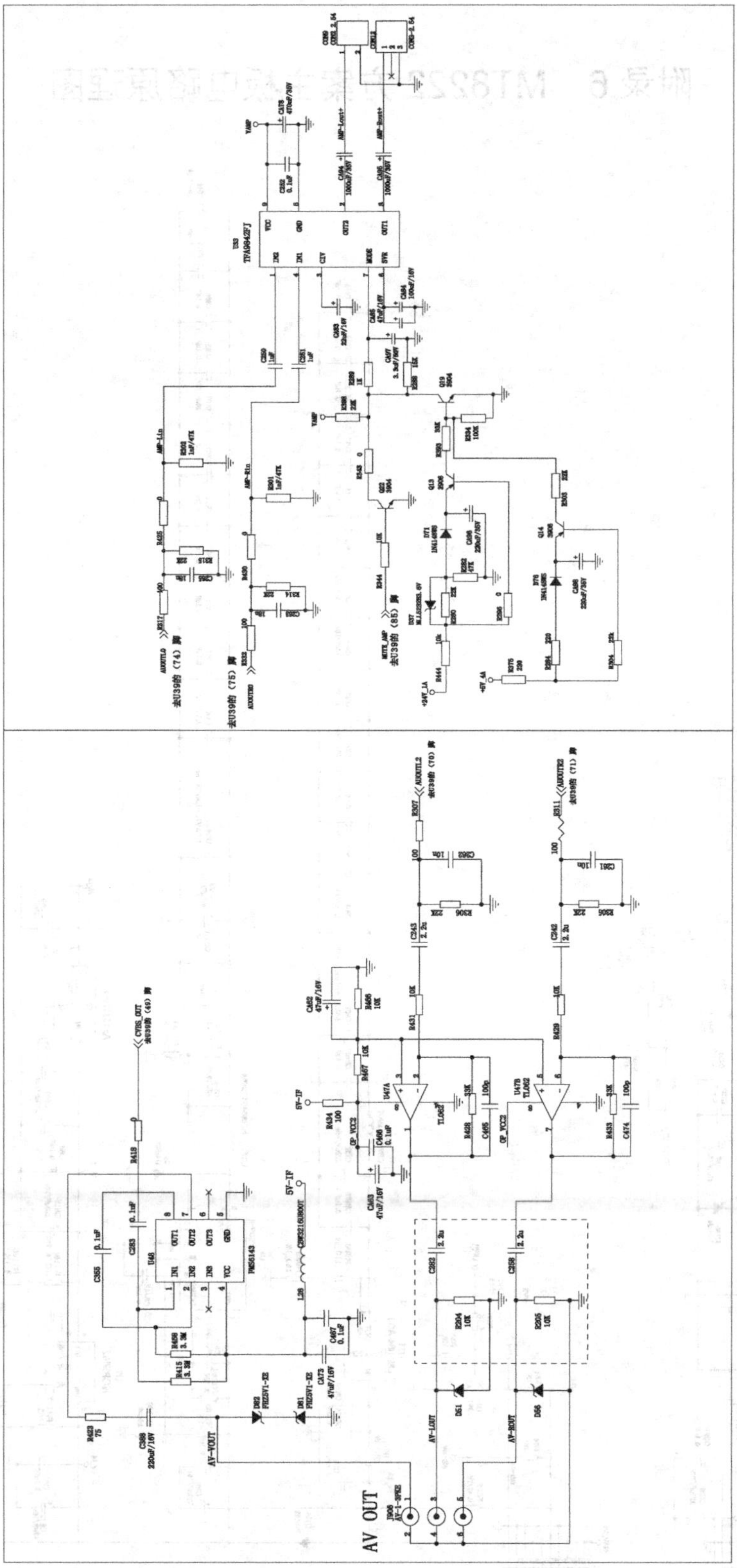

附录 6　MT8222 方案主板电路原理图

1/10

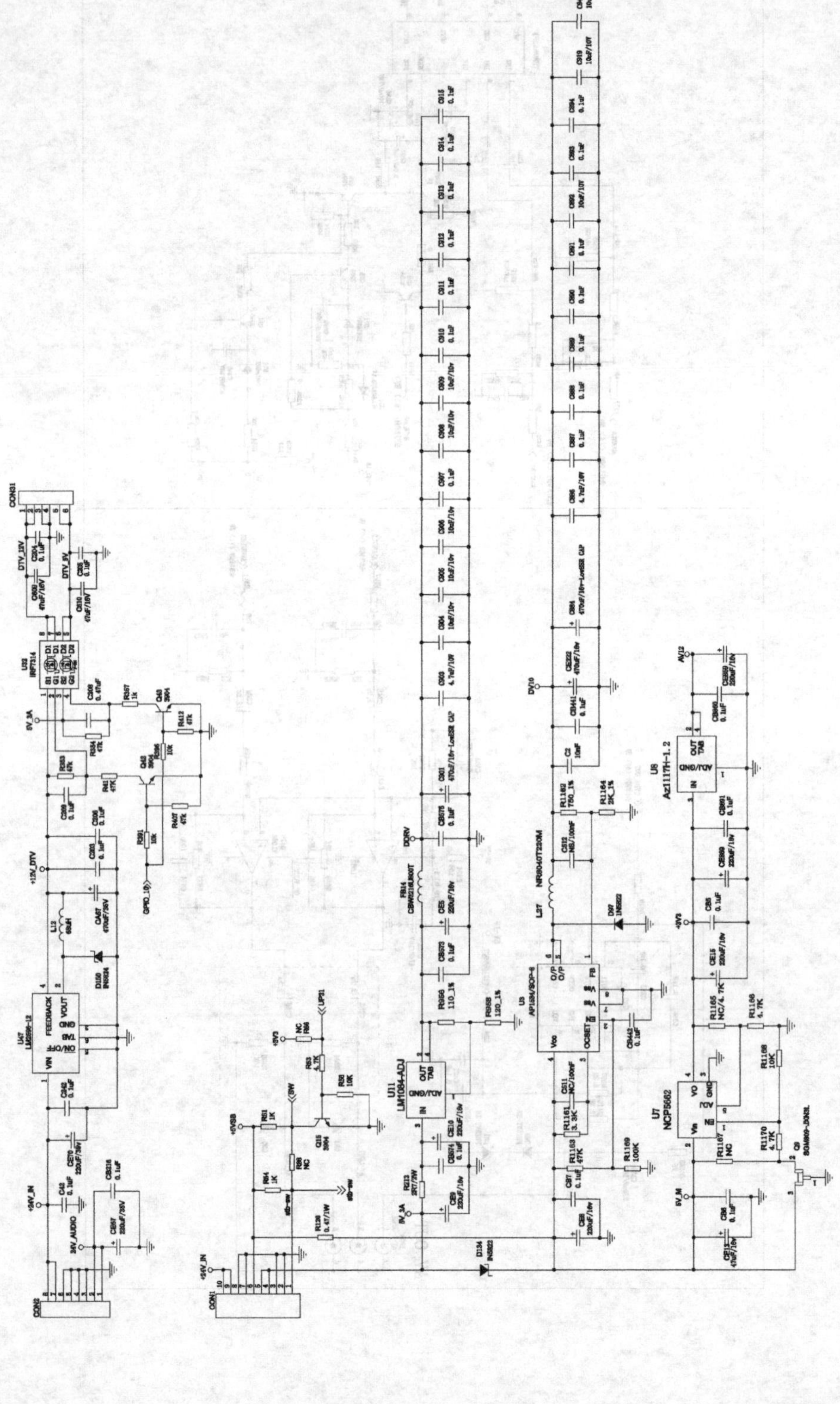

2/10

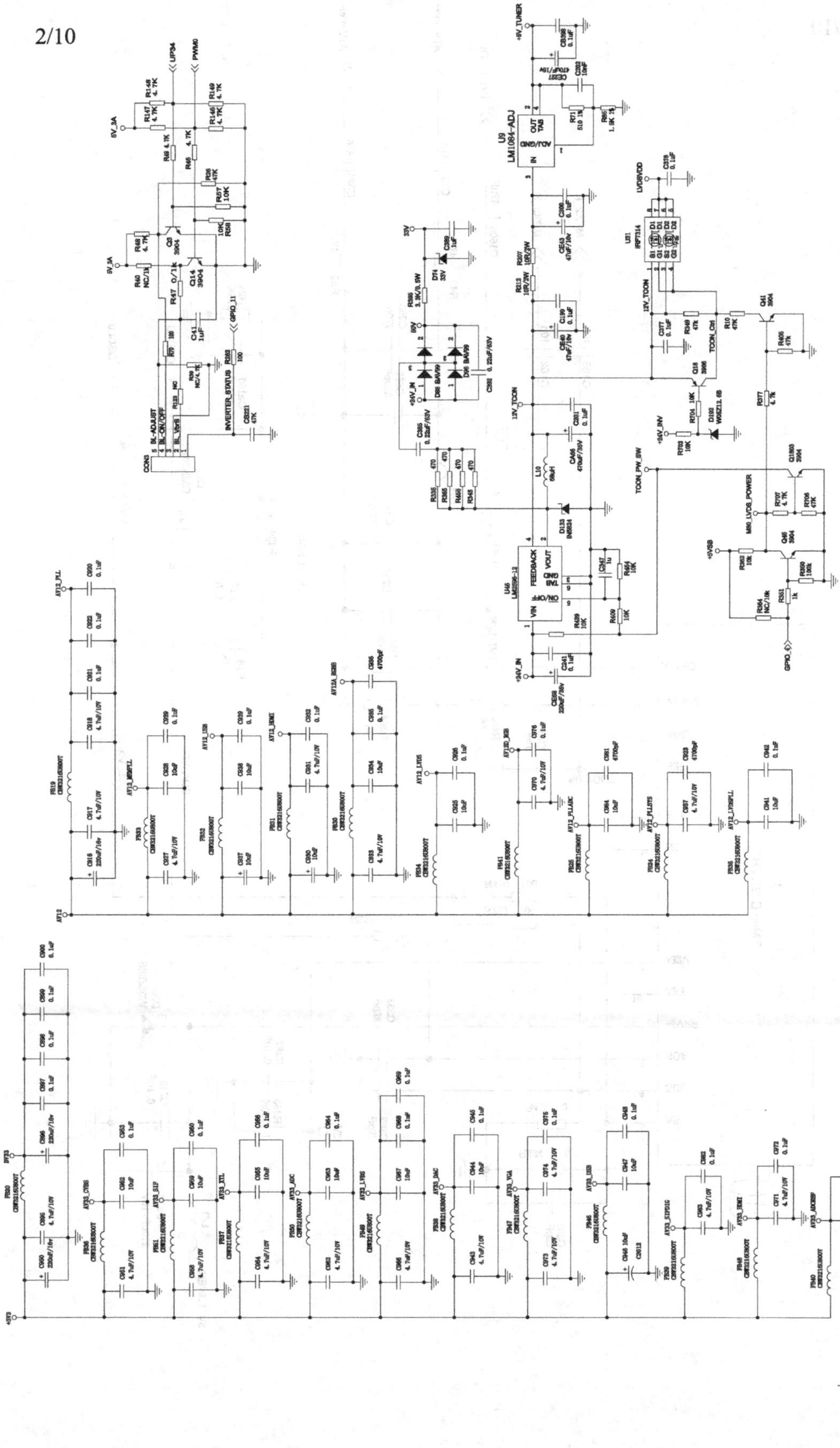

3/10

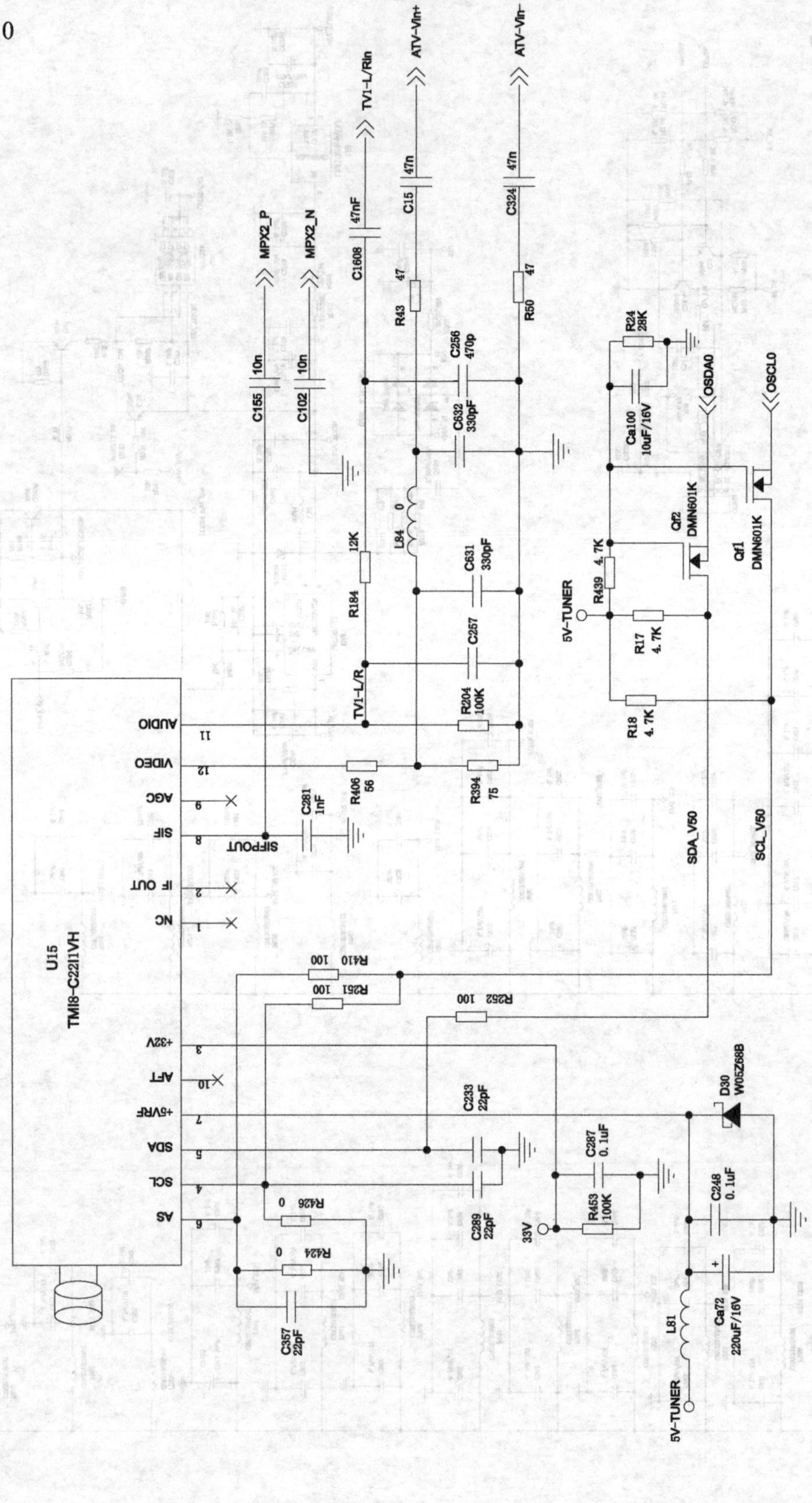
U15
TMI8-C22I1VH
AUDIO
VIDEO
AGC
SIF
IF OUT
NC
+32V
AFT
+5VRF
SDA
SCL
AS
SIFFOUT
MPX2_P
MPX2_N
TV1-L/Rin
ATV-Vin+
ATV-Vin-
TV1-L/R
C155
10n
C102
10n
C1608
47nF
C15
47n
C324
47n
R43
47
R50
47
C256
470p
C632
330pF
L84
0
R184
12K
C631
330pF
C257
R204
100K
R406
56
R394
75
C281
1nF
R24
28K
Ca100
10uF/16V
OSDA0
OSCL0
Qf2
DMN601K
Qf1
DMN601K
R439
4.7K
5V-TUNER
R17
4.7K
R18
4.7K
SDA_V50
SCL_V50
R410
100
R251
100
R252
100
C233
22pF
D30
W05Z68B
C287
0.1uF
R453
100K
C248
0.1uF
33V
C289
22pF
R426
0
R424
0
C357
22pF
L81
Ca72
220uF/16V
5V-TUNER

4/10

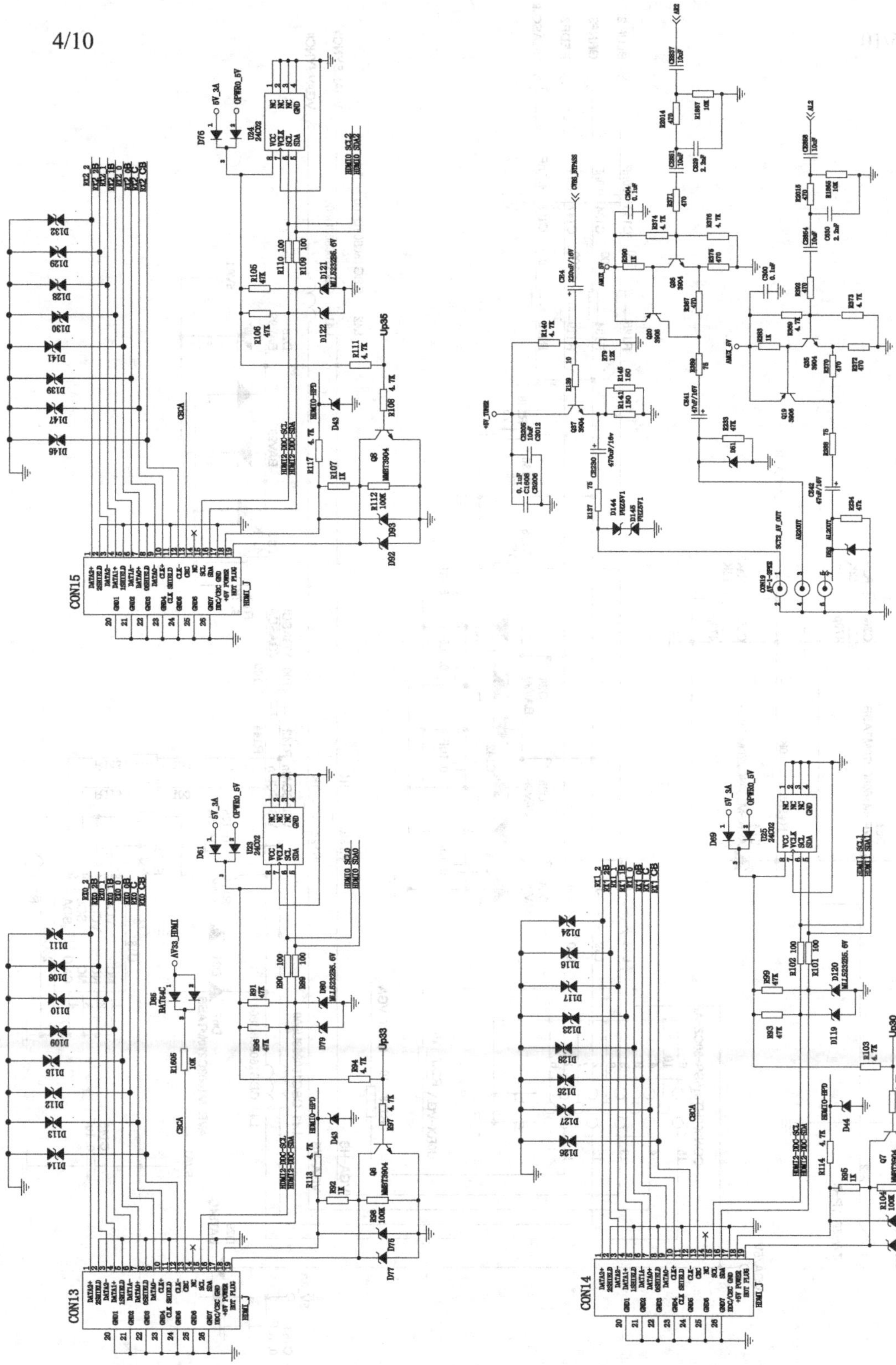

5/10

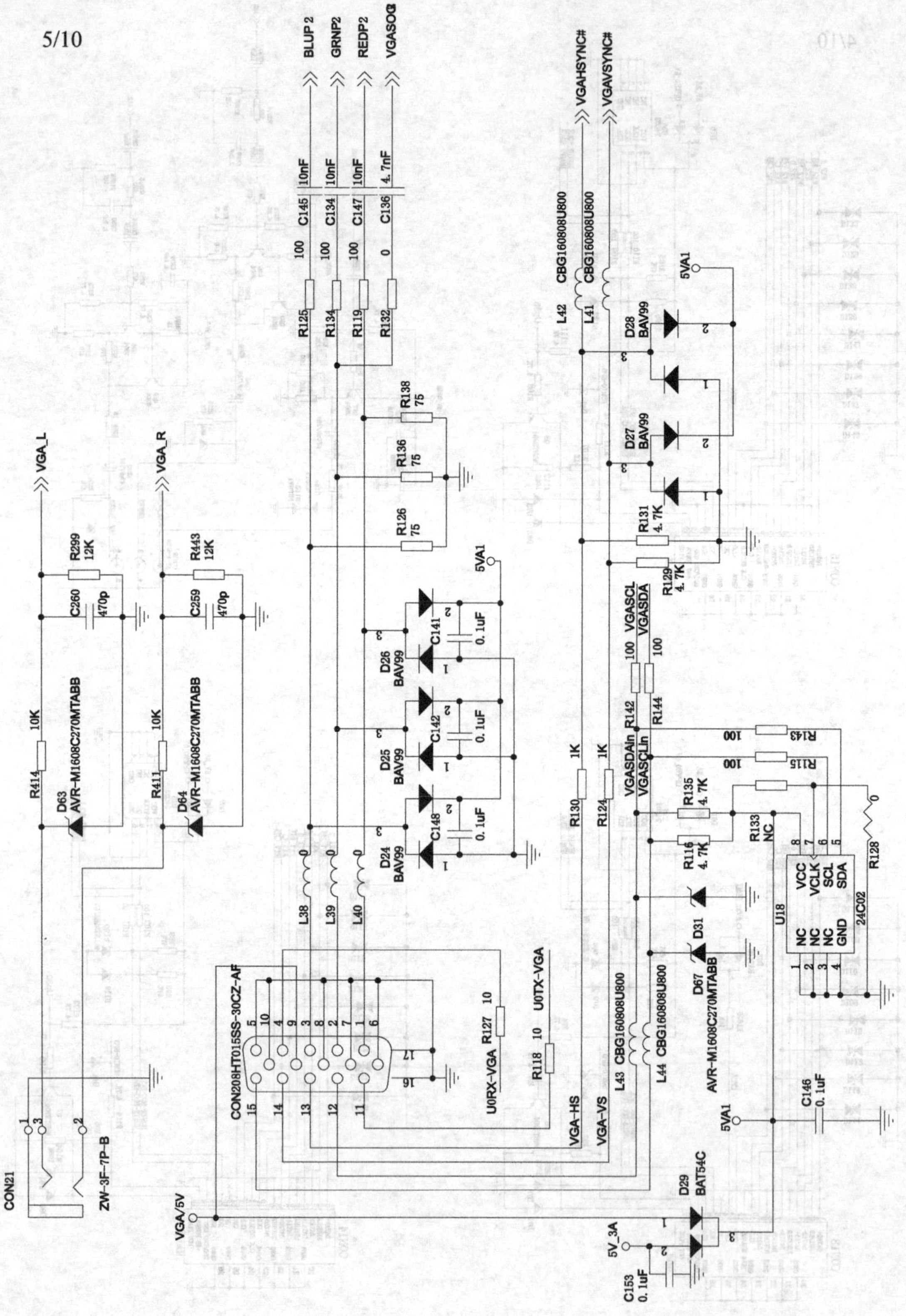

6/10

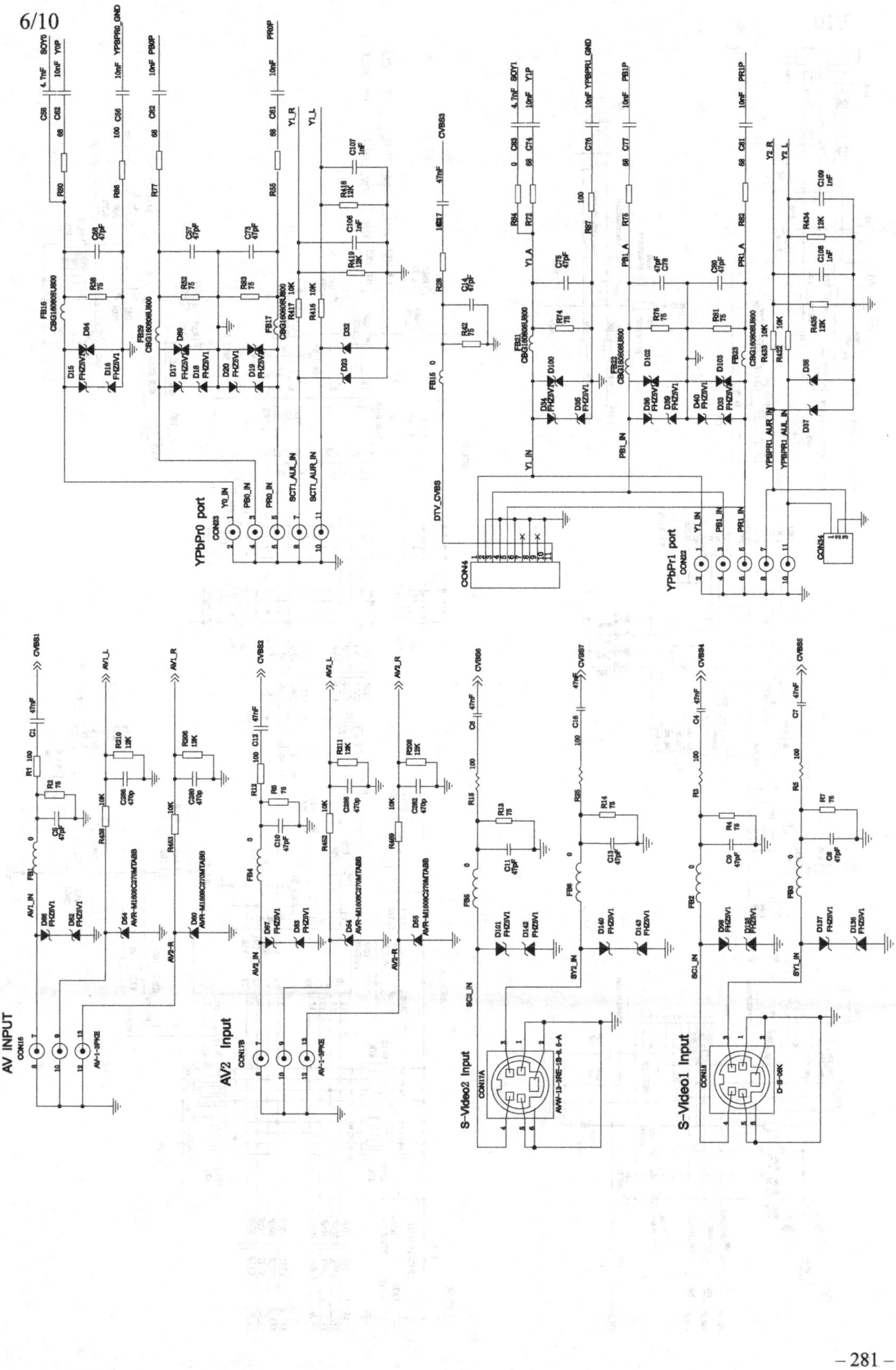
AV INPUT
AV2 Input
S-Video2 Input
S-Video1 Input
YPbPr0 port
YPbPr1 port

7/10

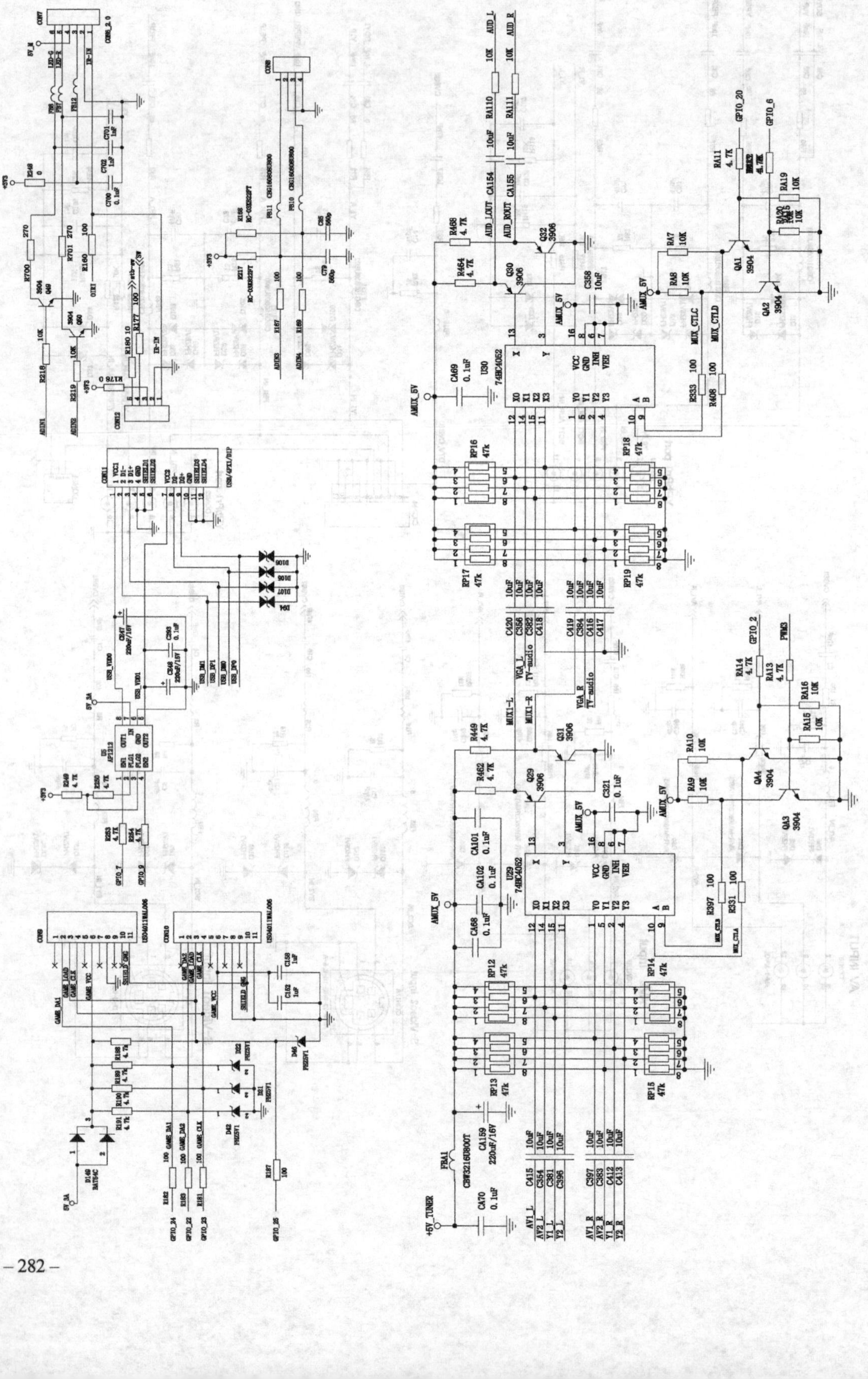

8/10

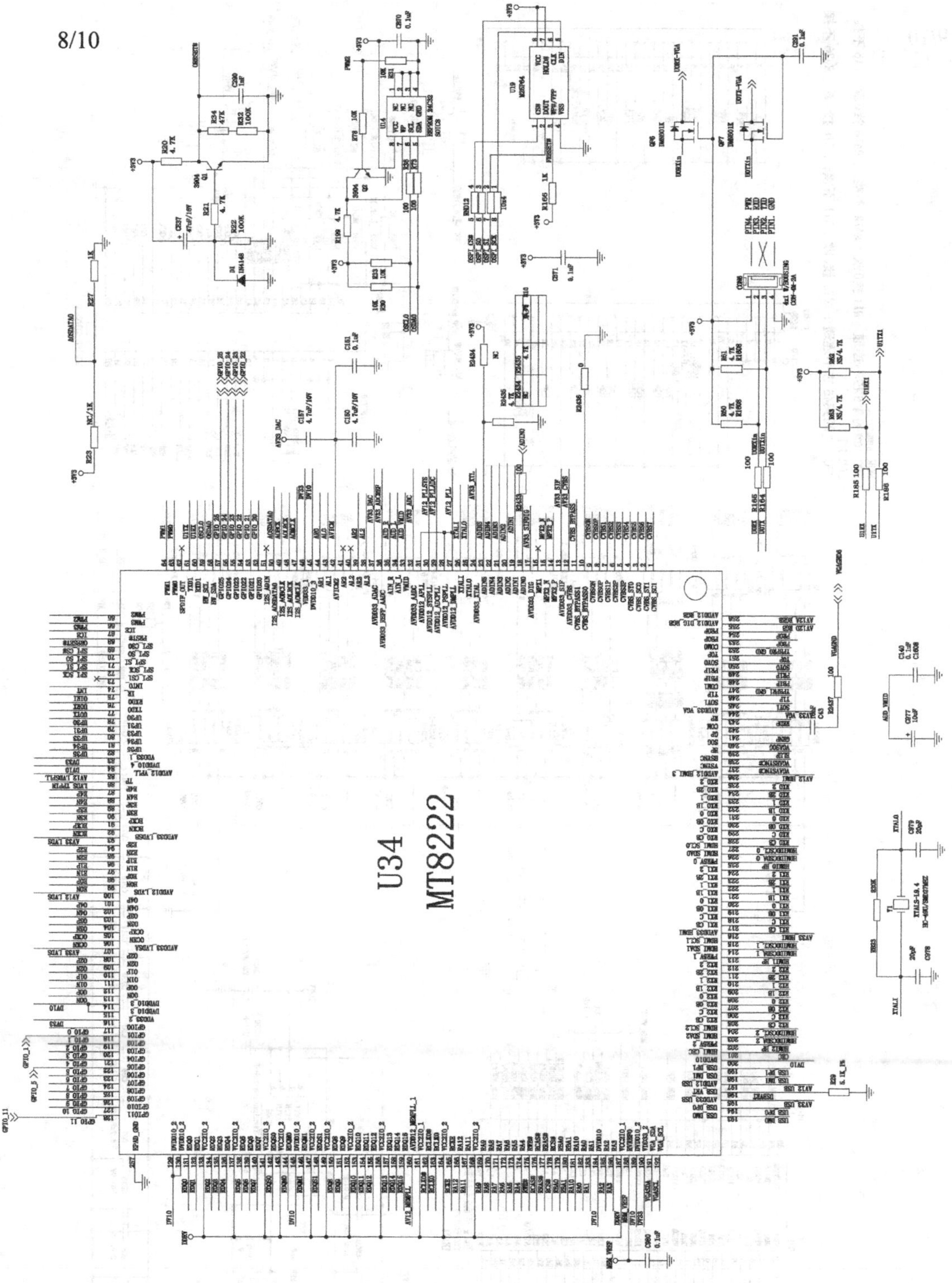

9/10

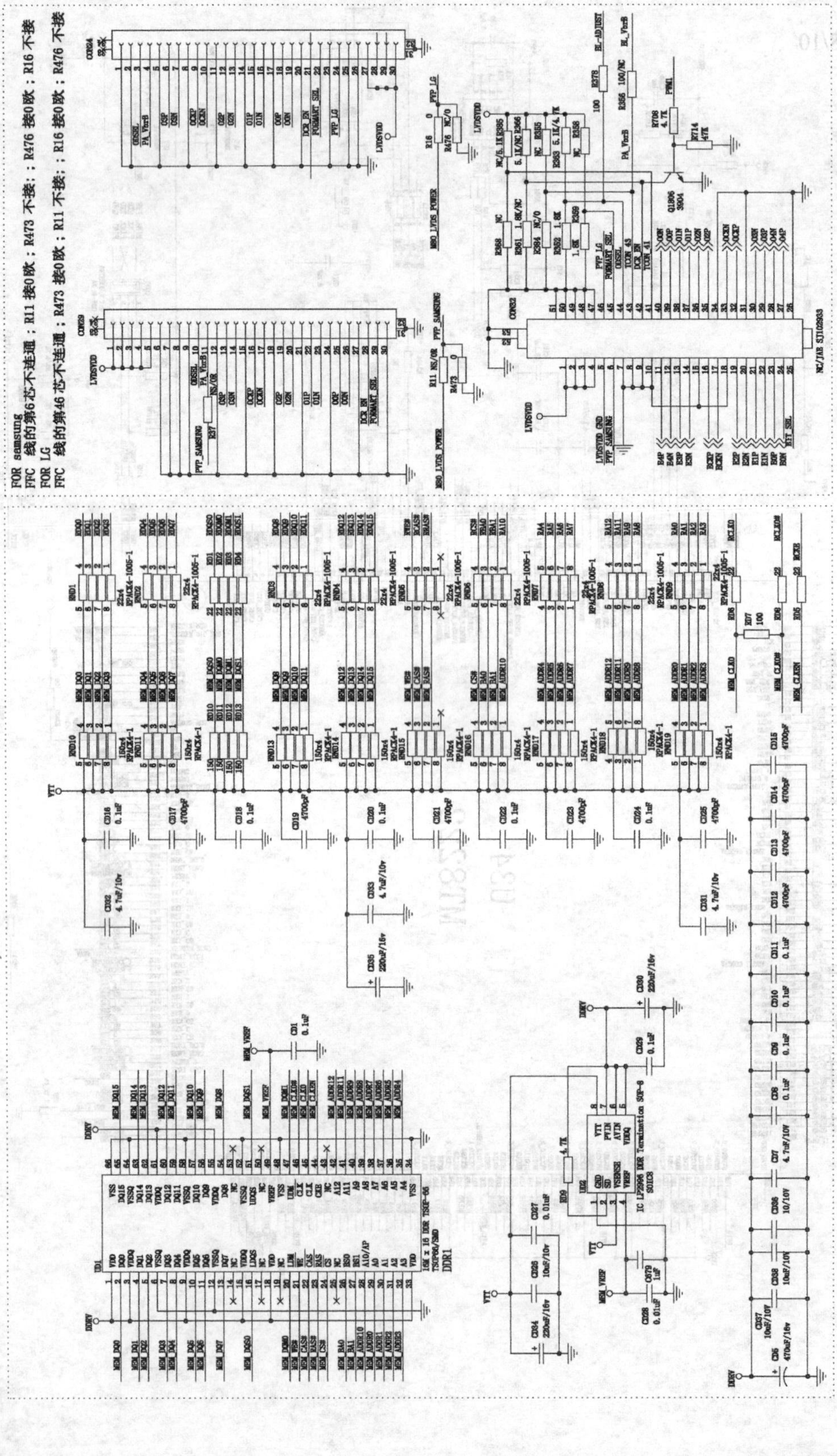
FOR samsung
FFC 线的第6芯不连通；R11 接0欧；R473 不接；R476 接0欧；R16 不接
FOR LG
FFC 线的第46芯不连通；R473 接0欧；R11 不接；R16 接0欧；R476 不接

10/10

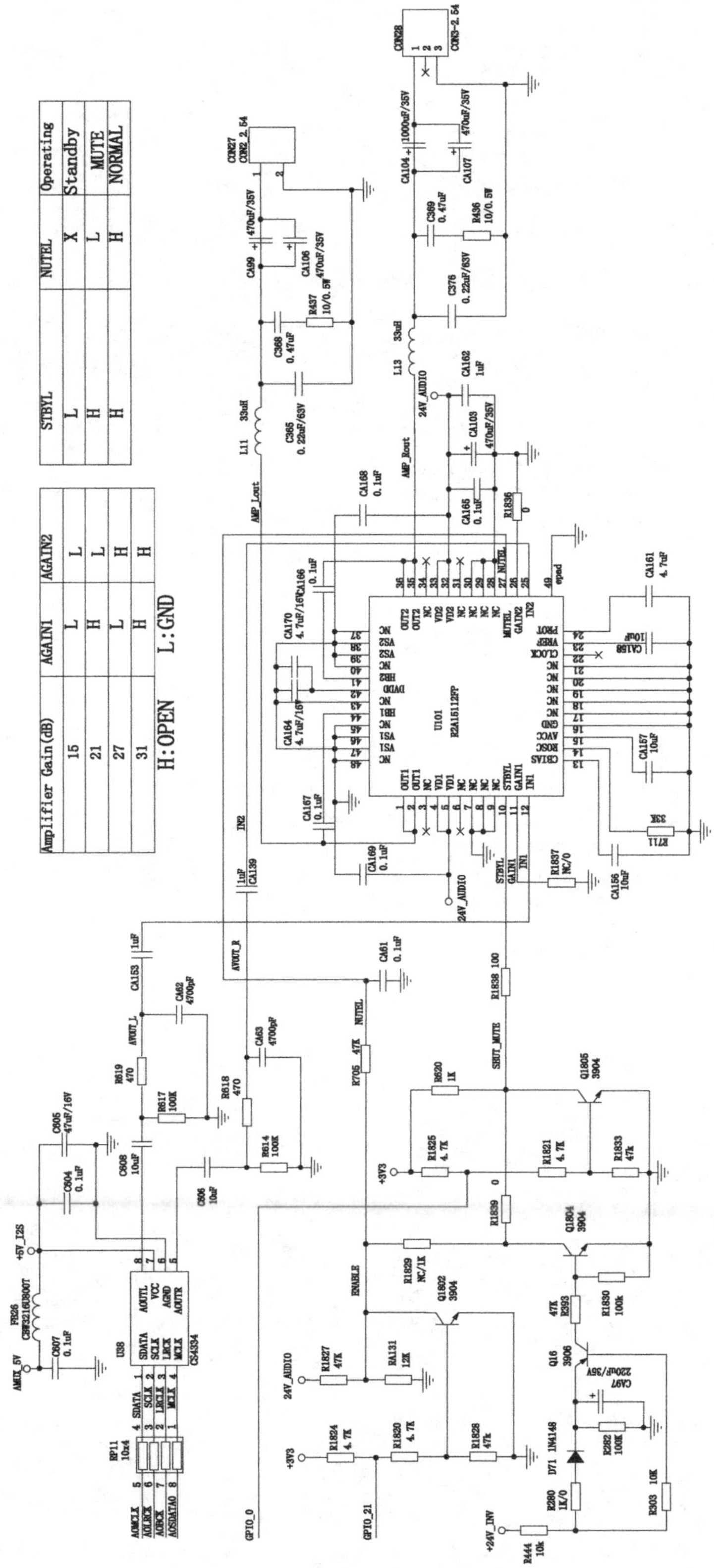

STBYL	NUTEL	Operating
L	X	Standby
H	L	MUTE
H	H	NORMAL

Amplifier Gain(dB)	AGAIN1	AGAIN2
15	L	L
21	H	L
27	L	H
31	H	H

H:OPEN L:GND